LEXICOGRAPHICA Series Maior

LEXICOGRAPHICA

Series Maior

Supplementary Volumes to the International Annual for Lexicography
Suppléments à la Revue Internationale de Lexicographie
Supplementbände zum Internationalen Jahrbuch für Lexikographie

Edited by
Sture Allén, Pierre Corbin, Reinhard R. K. Hartmann,
Franz Josef Hausmann, Ulrich Heid, Oskar Reichmann,
Ladislav Zgusta

83

Published in cooperation with the Dictionary Society of North America
(DSNA) and the European Association for Lexicography (EURALEX)

Franz Schneider

Studien zur kontextuellen Fachlexikographie

Das deutsch-französische Wörterbuch der Rechnungslegung

Max Niemeyer Verlag
Tübingen 1998

Ich bedanke mich ganz herzlich für die hervorragenden Arbeitsbedingungen bei den Kolleginnen und Kollegen der Germanistik der Hokkaido Universität in Sapporo.

Die Deutsche Bibliothek – CIP-Einheitsaufnahme

[Lexicographica / Series maior]
Lexicographica : supplementary volumes to the International annual for lexicography / publ. in cooperation with the Dictionary Society of North America (DSNA) and the European Association for Lexicography (EURALEX). Series maior. – Tübingen : Niemeyer.
Früher Schriftenreihe
Reihe Series maior zu: Lexicographica

83. Schneider, Franz: Studien zur kontextuellen Fachlexikographie. – 1998

Schneider, Franz: Studien zur kontextuellen Fachlexikographie : das deutsch-französische Wörterbuch der Rechnungslegung / Franz Schneider. – Tübingen : Niemeyer, 1998
(Lexicographica : Series maior ; 83)

ISBN 3-484-30983-0 ISSN 0175-9264

Gedruckt auf alterungsbeständigem Papier.
Druck: Weihert-Druck GmbH, Darmstadt
Einband: Industriebuchbinderei Hugo Nädele, Nehren

Inhalt

It is important to understand what I mean by *semiosis*. All the dynamical action, or action of brute force, physical or psychical, either takes place between two subjects ... or at any rate is a resultant of such actions between pairs. But by 'semiosis' I mean, on the contrary, an action, or influence, which is, or involves, a cooperation of *three* subjects, such as a sign, its object, and its interpretant, this trirelative influence not being in any way resolvable into actions between pairs ... my definition confers on anything that so acts the title of a 'sign' (Peirce C.P. 5.484).

0. Einleitung

Die nachfolgenden Ausführungen verstehen sich als "Werkstattbericht" mit einer fachlexikographischen und einer meta-fachlexikographischen Komponente. Wir verbinden fachlexikographische Handlungen, die zur Erstellung eines ***Kontext-Fachwörterbuchs der Rechnungslegung*** (Französisch$_{\mathrm{Index}}$>Deutsch<Französisch) notwendig sind, mit meta-fachlexikographischen Reflexionen. Es handelt sich um eine Darstellung mit einer praktischen und einer theoretischen Komponente. 'Machen' und Reflexion dieses 'Machens' stehen in einem gegenseitigen Bedingungsverhältnis. Wir beschränken uns in der Darstellung der für die Erstellung des Wörterbuchs notwendigen theoretischen und praktischen Voraussetzungen ausschließlich auf Schwerpunkte jener "manuellen" Phase lexikographischer Arbeit (vgl. Földi 1988 - 66), die dem Einsatz des Computers vorausgehen muß und von diesem nur schwerlich übernommen werden kann.

Der Hauptadressat des Wörterbuchs ist der frankophone Benutzer, der mit der deutschen, d.h. ihm unvertrauten, Rechnungslegungssystematik konfrontiert ist und mit seinem germanophonen Fachkollegen in deutscher Sprache darüber kommunizieren möchte.

Die Fachlexikographie - ein unerforschtes Terrain

Wiegand (1990 : 2206/2207) kommt zu dem ernüchternden Ergebnis, daß der derzeitige Forschungsstand keinen Überblick über die deutsche Fachlexikographie der Gegenwart erlaubt. Die entsprechenden Untersuchungen fehlen. Insofern ist es verständlich, daß Bergenholtz/Schaeder (1994 : 3) wenig später zu einem vergleichbaren Fazit kommen:

> Trotz der bedeutsamen Funktionen, die Fachwörterbücher erfüllen können, haben sich weder die Fächer noch die Fachsprachenforschung oder die Wörterbuchforschung bisher in erwähnenswerter Weise mit dem Fachwörterbuch beschäftigt.

Sieht also das Bild schon recht düster in bezug auf eine Fachlexikographie aus, die sich praktisch ausschließlich als eine durch die Funktion der Sprachrezeption dominierte Lexikographie charakterisieren lassen muß, so betreten wir absolute Terra incognita, wenn wir nach den theoretischen und praktischen Voraussetzungen einer Lexikographie fragen, die einen Beitrag speziell zur Förderung der fachlichen Sprachproduktionskompetenz leisten möchte.

Zurückgewinnung einer komplexen Sprachhandlungsfähigkeit im Fach

Die mit diesen Voraussetzungen notwendigerweise verbundenen theoretischen und praktischen linguistischen und lexikographischen Positionsveränderungen gegenüber solchen Phänomenen wie Fachlichkeit, Gemeinsprache, Fachsprache, Sprachwissen, Weltwissen, geistes- und sozialwissenschaftliche Terminologie, naturwissenschaftlich-technische Terminologie, etc. sind in der Tat kapital. Zunächst gilt es, sich "wieder" bewußt zu machen, daß die Kategorie der Fachlichkeit konstitutiv für soziale Organisationsformen ist, d.h. gemeinschaftsbildende Funktion hat (Kalverkämper 1990 : 95). Es geht um die "Zurückgewinnung" einer komplexeren Sprachhandlungsfähigkeit im Fach (Hoffmann 1985). Sie sollte sich mit einem menschlicheren Antlitz darbieten, als es terminologische Datenbanken tun. Hierzu ist die Überwindung einer starren Dichotomie von "Gemein-" und Fachsprache unerläßlich (Kalerkämper 1990; Wichter 1994). Denn diese verhält sich nicht nur kontraproduktiv zur Sprachproduktion selbst, sondern ebenso obstruktiv zu einer fachübergreifenden Gesprächskultur und einem fachübergreifenden Informationsfluß. Die wirtschafts- und sozialpolitische Bedeutung dieser These ist erheblich. Unsere Wörterbuchkonzeption ist Grundpositionen von Hausmann, Hoffmann, Kalverkämper und Wichter verpflichtet.

Qualität, das alles entscheidende Kriterium

Für die zukünftige fachlich orientierte Lexikographie zeigt Hausmann (1989 : 4) eine Perspektive auf, die von besonderer Relevanz für das aktive, produktionsorientierte Fachwörterbuch ist:

> Der weltweit technologische Transfer zieht angesichts der Zunahme der Fachsprachen eine Explosion der Fachsprachenwörterbücher nach sich, die, wenn sie von wirklich praktischem Nutzen sein sollen, für jeden kleinen und kleinsten Industriebereich gesondert und dies in einer Fülle von Sprachenpaaren existieren müssen.

Hieraus leiten wir das alles entscheidende Kriterium der Qualität ab und ordnen ihm methodische, inhaltliche und sprachformale Aspekte unserer (meta-)fachlexikographischen Arbeit unter. Unter einer qualitativen Einstellung zur fachlexikographischen Arbeit verstehen wir das stete Bestreben, den Stellenwert eines Elementes in einem System im Auge zu haben, d.h. jedes Element auf seinen Beitrag zur Kohärenzherstellung zu befragen (Schneider 1994). Wir schließen uns grundsätzlich der Meinung Schaeders (1994 : 16) an, daß die bisherigen Forschungen zur Sprachlexikographie (Hausmann/Reichmann/Wiegand/Zgusta 1989 - 1991) ein solides Fundament für Forschungen im Bereich der Fachlexikographie bilden. Zentrales Anliegen dieser Arbeit muß es aber sein, auf dieser Basis aufbauend, die fachlexikographischen Besonderheiten unseres qualitativen Ansatzes deutlich zu machen.

Ein Blick in vorhandene Wörterbücher

Die Arbeit zur Verdeutlichung unseres Ansatzes können wir relativ unbelastet angehen, da die auf dem Markt vorhandenen zweisprachigen Wirtschaftswörterbücher D-F/F-D qualitativen Kriterien in der von uns vertretenen Bedeutung, ungeachtet gewisser jeweiliger Vorzüge, in einem nur bescheidenen Ausmaß entsprechen bzw. aufgrund anderer Zielsetzungen auch nur entsprechen können. Das gilt für Boelcke/Straub/Thiele D-F/F-D (1989) ebenso wie für Doucet/Fleck D-F

(1977), F-D (1988) und, mit stärkeren Einschränkungen, für Potonnier D-F (1984), F-D (1970). Wenn Schmitt (1995 : 1067) in bezug auf die Äquivalenzqualität der beiden zuletzt genannten Fachwörterbücher feststellt, daß "bereits der flüchtige Blick ins zweisprachige Wörterbuch genügt, um zu der Erkenntnis zu gelangen, daß die Übersetzung von Begriffen aus dem Bausparwesen für das Sprachenpaar Deutsch-Französisch ein schwieriges, oft kaum lösbares Unterfangen darstellt", dann ist diese Aussage über den Äquivalenzaspekt in einem Teilfachbereich hinaus durchaus generalisierbar. Wir werden sie zum Anlaß nehmen, auf die enorme Bedeutung qualitativ-inhaltlicher Kriterien gerade für ein Wörterbuch, das dem L_2-Benutzer bei der Sprachproduktion behilflich sein möchte, hinzuweisen. Wir postulieren damit, daß dieser Wörterbuchtyp in der Lage ist, dem von Schmitt formulierten hohen Anspruch gerecht zu werden. Albrecht (1992 : 76) und Schmitt (1995 : 1082f.) vertreten sicherlich richtungsweisende Positionen, wenn sie die große Bedeutung der Sachnorm bzw. Sachkenntnis für die Sprachnorm bzw. Sprachkenntnis herausstellen.

Der Blick in wörterbuchähnliche zweisprachige Veröffentlichungen über das Teilfachgebiet der Rechnungslegung (z.B. SoGeLex 1988; Siemens 1977) bringt lediglich einzelwortbezogene meist terminologische Einsichten. Es handelt sich dabei um glossarartige Auflistungen von Termini mit der einen oder anderen vereinzelten Kollokation. Sie sind für die Sprachproduktion von äußerst begrenztem Wert.

Besonderes Interesse verdient das belgische Projekt von Jean Binon, Serge Verlinde u.a.. Ihnen dürfte mit dem Dictionnaire d'Apprentissage du Français des Affaires (DAFA) ein entscheidender Vorstoß in das Brachland des einsprachigen fachlich orientierten Lernwörterbuchs mit relativ weiter fachlicher Basis gelingen. Wie sich die einsprachige Konzeption eventuell mit der nachträglichen Hinzufügung einer Äquivalenzkomponente in Einklang bringen läßt, bleibt abzuwarten. Erwähnt werden muß ebenfalls das zweisprachige Wirtschaftslexikon Französisch von Wagner/Morgenroth (1995), dessen vertiefte Analyse wir leider nicht mehr in dieser Arbeit vornehmen konnten. Die definitorische Komponente ist von den Autoren stark akzentuiert. Nach unserer vorsichtigen Einschätzung wird hier für "20 Sachgebiete" aus dem Makrobereich Wirtschaft ein Kompromiß zwischen definitorischem und kollokationärem Element angestrebt. Nach Binons persönlich mitgeteilter Einschätzung handelt es sich um einen "grand progrès par rapport à ce qui existe".

Die von uns vertretene Wörterbuchkonzeption -wir sprechen mit Wiegand (1988) von einem "fachlichen Allbuch"- weist gegenüber den Konzepten von Binon/ Verlinde und Morgenroth/Wagner die folgenden mehr oder weniger großen Unterschiede auf:

- Konsequente "berufssprachliche" Orientierung
- Konzentration auf ein Teilfachgebiet
- Zugrundelegung eines expliziten Handlungspotentials
- Höherer Grad der Vernetzungsdichte unter zusätzlicher Berücksichtigung handlungsfunktionaler Verweise ("Geschehenstypen" von Klix 1984),
- Komplexeres Kollokationsmodell (als das Konzept von Morgenroth/Wagner)

- Integriert-kontrastive sprachformale, sachsystematisch-semantische und handlungsfunktional-fachkulturelle Komponente des Sprachmaterials bzw. der Glossierung
- Eindeutige Betonung der Initialisierung des Sprachproduktionsvorgangs durch die besondere Qualität des Indexes
- Größere fachliche Tiefe bei gleichzeitig größerer operativ-kommunikativer Effizienz in einem begrenzten Fachgebiet

Ein wesentlicher Unterschied zwischen dem eindeutig qualitativ-orientierten Konzept Binon/Verlinde und dem stärker quantitativ-orientierten Konzept Morgenroth/Wagner besteht erwartungsgemäß in der höheren onomasiologischen Qualität des durch die erstgenannten Autoren erfaßten und arrangierten Sprachmaterials. Dies gilt trotz der "thematisch orientierten Gesamtkonzeption", welche die letztgenannten Autoren verwirklicht haben. Insofern steht der von uns vertretene Ansatz in dieser Hinsicht dem von Binon/Verlinde näher.

Qualität des Korpus, der Selektion, der Kollokation und der Äquivalenz

In den nachfolgenden Ausführungen bringen wir das Qualitätskriterium auf drei Ebenen zur Sprache. Im Teil A diskutieren wir es im Zusammenhang mit der Korpusbearbeitung und Lemmaselektion, im Teil B im Rahmen der Kollokation und im Teil C bei der Behandlung von Fragen zur französisch-deutschen/deutsch-französischen Äquivalenz.
Im **Teil A** wird aufgezeigt, daß die Qualität von Korpus und Lemmaselektion im wesentlichen bedingt ist durch:

- die möglichst eindeutige Bestimmung der Wörterbuchbenutzer, der Sprachverwendungssituationen und die unzweideutige Bestimmung der Wörterbuchfunktion,
- die Auswahl der Korpora unter dem Gesichtspunkt, wie gut sie jene Sachstruktur und jenes Handlungspotential widerspiegeln, die zur Erfüllung der Wörterbuchfunktion notwendig sind,
- die möglichst optimale Komplementarität unterschiedlicher Korpusrelevanzen im Hinblick auf die Wörterbuchfunktion,
- die möglichst optimale Herausarbeitung des Sachstrukturspenders,
- die komunikationsfunktionale Delimitierung der prinzipiell auf Unabgeschlossenheit angelegten Sachstruktur durch ein auf Abgeschlossenheit ausgerichtetes Handlungspotential,
- die mit den beiden vorgenannten Aspekten zusammenhängende Ausgewogenheit von terminologischer und operativer Lexik,
- die Selektion des Kollokationsmaterials durch Muttersprachler mit L_2-Kompetenz,
- die absolute Dominanz qualitativer Lemma-Selektionskriterien gegenüber den hierzu lediglich ergänzend fungierenden quantitativen Selektionskriterien,

- die grundsätzlich gleichberechtigte Berücksichtigung von Substantiv einschließlich Kompositum und Mehrwortlexem, Verb, Adjektiv und Adverb.

Im **Teil B** wirkt sich das Qualitätskriterium einerseits in der Akzentuierung semantischer Kriterien bei der Abgrenzung des als Phrasem aufgefaßten Kollokationsphänomens aus (Viehweger 1982; Viehweger 1988_2; Hausmann 1985; Hausmann 1995), andererseits macht es sich dadurch bemerkbar, daß wir dieser semantischen Bestimmung eine sehr flexible syntaktische Struktur zuordnen. Zur Systematisierung der syntaktischen Kollokationsmuster bedienen wir uns u.a. mit dem Potonnier (D-F) des qualitativ besten deutsch-französischen Wirtschaftswörterbuchs auf dem deutschen Markt. Wir benutzen es als Kontrastfolie und stellen ihm eigenes selektiertes Material gegenüber. Wertvolle Dienste leistet uns bei dieser Systematisierungsarbeit außerdem die Untersuchung von Lauterbach (1993) zum System nominaler Relationen im Deutschen.

Ein syntaktisch und semantisch flexibler Kollokationsbegriff bedarf "weicher" Wortkategorien (Naumann 1992) und der Annahme von "core meanings", die sich prototypensemantisch bei der Verbindung von Wörtern verhalten (Ivir 1988). Er setzt die Zugrundelegung eines erweiterten Valenzmodells (Eroms 1991) voraus. Die qualitative Orientierung findet ihre maximale Ausformung in der satzartigen Präsentation der Kollokation mit möglichst maximaler und lexikographisch durch Klammerung arrangierter Stellenbesetzung. Als anregend hat sich hierbei die Arbeit von Storrer (1992) zur Verbvalenz erwiesen.

Im **Teil C** steht der Äquivalenzbegriff im Mittelpunkt. Wir gehen von der Annahme einer grundsätzlichen Irrationalität der Äquivalenzrelation zwischen den Lexemen zweier Sprachen aus (Albrecht 1989) und begegnen dem Äquivalenzdilemma mit einer pragmatischen Form reflektierter Sprachnaivität. Eine sprachformale Kongruenz ordnen wir eindeutig der inhaltlich bestimmten Äquivalenz unter. Durch die feste Einbindung der Kollokation in den Äquivalenzbegriff erfährt dieser über seine traditionelle Wortzentriertheit hinaus eine notwendige textuelle Ausdehnung. Wir zeigen auf, daß mangelndes Sachwissen zu terminologischen Fehlgriffen und vermeidbaren syntaktischen Aufblähungen mit oftmals verständnis- und kommunikationserschwerenden Folgen führt. Als entscheidende Bedingungsfaktoren für die Erreichung einer qualitativ anspruchsvollen Äquivalenz in einem Produktionswörterbuch erweisen sich insbesondere:

- die maximale Ermittlung thematisch entsprechender originaler Paralleltexte in der L_1-Sprache des Benutzers zu den schon terminologisch und kollokationär bearbeiteten L_2-Korpustexten,
- das Sich-bewußt-Machen aller Akteure, die an dem komplexen Übersetzungsvorgang beteiligt sind, welcher schließlich zu dem Übersetzungsprodukt im Wörterbuch führt,
- die Gruppierung der Paralleltexte nach den inhärenten kulturspezifisch bedingten Perspektivierungen inhaltlicher und sprachformativer Art,
- die intensive und exakte Verwendung von "Kulturraummarkern" zur Markierung der Systemzugehörigkeit der Äquivalente,

- die Idealform des Übersetzens als eine Form "qualitativen Matchings" zwischen zwei Begriffssystemen,
- die absolute Gleichbehandlung von Sachwissen und Sprachwissen des Lexikograph-Übersetzers als unabdingbare Voraussetzung für eine gute Übersetzung.

Die Qualität der Übersetzung betrachten wir als eine wesentliche Voraussetzung dafür, daß das Fachwörterbuch seine Produktionsfunktion voll entfalten kann. Im Index muß sie sich daran messen lassen, wie gut sie ihre Aufgabe als hinübersetzende L_1-Einstiegshilfe in den Produktionsvorgang erfüllt. In den Wörterbuchartikeln daran, wie gut die in die L_2-Kollokationen integrierten L_1-Äquivalente als herübersetzende "produktionsfördernde Verstehenshilfen" ihre Aufgabe erfüllen. Die Integration haben wir dort vorgesehen, wo Strukturdivergenzen zwischen dem Sprachenpaar Produktionsprobleme erwarten lassen. Hiermit soll eine Synthese zwischen dem kollokationszentrierten Produktionsansatz Hausmanns und dem verstehenszentrierten Ansatz Scerbas (1982 [1940]) erreicht werden.

Zur Erreichung einer fach(sprach)lichen Handlungskompetenz kommt der kontrastiven Glosse eine außerordentliche Bedeutung zu, da von ihrer Qualität -neben der der Äquivalente selbst- die Trennschärfe der beiden Begriffssysteme abhängt. Zur Verdeutlichung der Sprachhandlungsfunktion der Glosse eignet sich gut die von Wiegand (1994) gemachte Unterscheidung von "gegenstandskonstitutivem Bedeutungswissen" und "fachenzyklopädischem Sachwissen".

Keine Berücksichtigung findet in dieser Arbeit die Mikrostruktur. Es erübrigt sich zu betonen, daß ihrem Arrangement ebenfalls eine erhebliche Bedeutung bei der Erfüllung der Produktionsfunktion des Wörterbuchs zukommt. Zu ihrer befriedigenden Darstellung bedarf es sicherlich einer weiteren Arbeit gleichen Umfanges.

Wir weisen darauf hin, daß die in den Ausführungen angeführten Beispiele, seien es Termini oder Kollokationen, in der Regel Produkte der eigenen Selektionsarbeit sind. Dies gilt in jedem Falle immer dann, wenn die Quelle nicht besonders vermerkt ist.

TEIL A Korpusbearbeitung und Lemmaselektion

1. Gegenstand des Wörterbuchs

1.1 Sachstrukturen

Die Zusammenstellung von Korpustexten und die Selektion von Lemmata für das Fachwörterbuch sind nur auf der Basis einer möglichst genauen Herausarbeitung der Sachstrukturen seines Gegenstandsbereichs möglich. Sie soll daher am Anfang dieser Ausführungen erfolgen. Wegen der Unmöglichkeit einer befriedigenden Definition des Sammelbegriffs "Wirtschaftsfachsprache", verzichten wir auf jegliche deduktive Bemühungen dieser Art und damit auch auf eine besondere Abgrenzung dieses Konglomerats (siehe in diesem Sinne Ihle-Schmidt 1988 : 52; Buhlmann 1989 : 86/87). Zur begrifflichen Klärung sei gesagt, daß wir die Termini "Sachstrukturen" und "Fachstrukturen" in der Regel in der gleichen Bedeutung verwenden.

Das dem Wörterbuch entsprechende "Fach" ist die Betriebswirtschaft, sein "Fachgebiet" das ***betriebliche Rechnungswesen.*** Unter diesem Begriff faßt man sämtliche Verfahren zusammen, deren Aufgabe es ist, alle im Betrieb auftretenden Geld- und Leistungsströme mengen- und wertmäßig zu erfassen und zu überwachen (Wöhe 1992 : 3). Wir kreisen den Gegenstand des Wörterbuchs weiter ein auf das "Teilfachgebiet" der Rechnungslegung mit seinem wesentlichen Dokument, dem ***Jahresabschluß*** (zu den Termini Fach, Fachgebiet, Teilfachgebiet siehe Schaeder 1994 : 75ff.). Dieser bietet eine Gesamtschau über alle Bereiche eines Unternehmens: Beschaffung Fertigung, Lagerung, Verkauf, Vertrieb, Verwaltung (Wolf 1993 : 90). Er ist ein Informationsbündel, in dem das Unternehmensgeschehen einer Abrechnungsperiode zu einem interpretationsbedürftigen Zahlenwerk verdichtet wird (Wöhe 1992 : 841). Weitere Teilbereiche des betrieblichen Rechnungswesens sind die Kostenrechnung, die betriebswirtschaftliche Statistik und Vergleichsrechnung und die Planungsrechnung. Alle Bereiche stehen in enger Verbindung miteinander und verwenden zum Teil das gleiche Zahlenmaterial (Wöhe 1992: 3). Der Jahresabschluß der Einzelunternehmen und Personengesellschaften besteht aus der ***Bilanz*** und der ***Gewinn- und Verlustrechnung***, derjenige der Aktiengesellschaften und der GmbHs noch zusätzlich aus einem ***Anhang.*** Letztere haben als Kapitalgesellschaften außerdem noch einen ***Lagebericht*** zu erstellen (Wöhe 1992: 846). Die aus *Buchführung* und *Inventar* entwickelte Bilanz stellt am Ende eines Geschäftsjahres Vermögen und Kapital bzw. Aktiva und Passiva eines Unternehmens einander gegenüber (Wolf 1993: 20). Zur Beurteilung der Ertragslage tritt zu der Bilanz die Gewinn- und Verlustrechnung hinzu. Sie enthält die Gegenüberstellung der Aufwendungen und Erträge des Unternehmens (Wolf 1993: 25). Der Anhang hat die Funktion, die Bilanz und die Gewinn- und Verlustrechnung zu erläutern und zu ergänzen. Er hat zusätzliche Informationen über die Vermögens-, Finanz- und Ertragslage eines Unternehmens zu liefern. Aufgabe des Lageberichts ist es, einen zusammenfassenden Überblick über die Gesamtlage der Kapitalgesellschaft retrospektiv und prospektiv zu geben. Er soll außerdem Aufschlüsse darüber liefern, ob sich das Unternehmen auf dem Markt behaupten und seinen Verpflichtungen nachkommen kann (Wolf 1993: 35). Neben dem Einzel-Jahresabschluß ist schließlich noch der ***Konzernabschluß*** als Teilbereich der ***Konzernrechnungslegung*** zu erwähnen. In Entsprechung zum Einzelabschluß werden auch hier ***Konzernbilanz***, ***Konzern-Gewinn- und Verlustrechnung***, ***Konzernanhang*** und ***Konzernlagebericht*** unterschieden.

Nach Kalverkämper (1992_1 : 66ff.) ist es in der Fachsprachenforschung notwendig, bei der Wahl von Fachgebieten Über-, Unter- und Nebenordnungen aufzuzeigen, um intuitive Gegenstandsbestimmungen und beziehungsloses Nebeneinander zu vermeiden. Die zukünftigen Fachsprachenanalysen sollten daher einen "Ortungsteil" aufweisen. Diese Forderung erweist sich für die Fachlexikographie in gleichem Maße als dringlich. Die Vorteile sind offensichtlich: erstens für den Lexikographen, der sich eine wichtige Leitlinie für seine Korpuszusammenstellung erarbeitet, zweitens für den Käufer und Benutzer, der erfährt, was er in dem Wörterbuch vorfindet und was nicht, und drittens ist damit eine klare Ausgangsbasis für zukünftige eventuelle Erweiterungen des Wörterbuchs vorhanden. Graphisch stellt sich unser *Ortungsteil* wie folgt dar (siehe nächste Seite):

RECHNUNGSWESEN

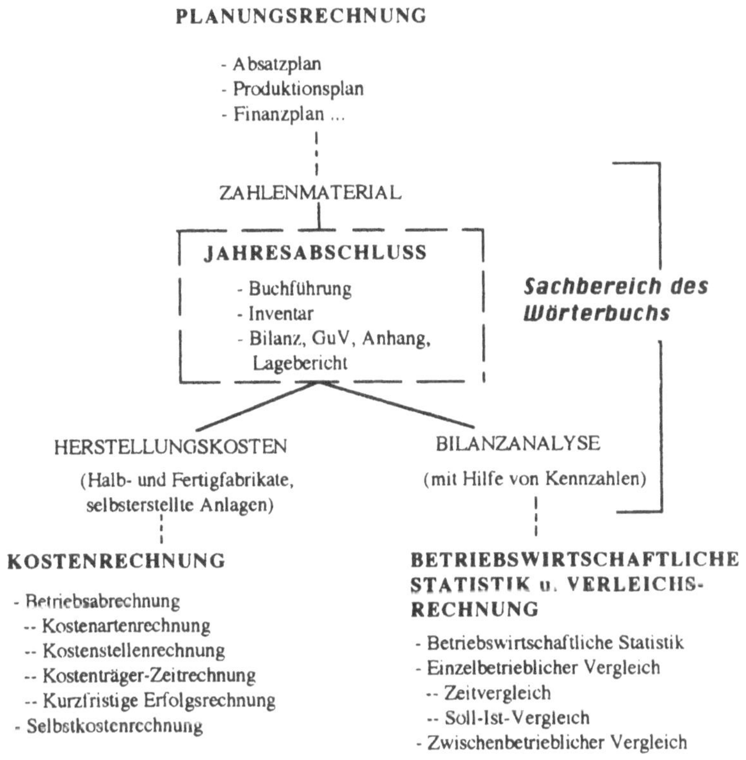

Das Handelsgesetzbuch als Sachstrukturspender

Es ist unbestritten, daß die Qualität eines Fachwörterbuchs in dem Maße zunimmt, wie es gelingt, seinen von ihm abgedeckten Gegenstand konturen- und strukturenscharf zu bestimmen. Im Falle des vorliegenden Wörterbuchprojektes befindet man sich dabei in einer relativ günstigen Lage. Mit dem *Bilanzrichtlinien-Gesetz* wurden nämlich die 4. EG-Richtlinie -sie regelt die einzelgesellschaftliche Rechnungslegung-, die 7. EG-Richtlinie -sie regelt die Konzernrechnungslegung- und die 8. EG-Richtlinie -die sog. Prüfungsrichtlinie- in deutsches Recht transformiert (Küting 1991: 1) und in einem einzigen Gesetzestext zusammengefaßt. Er findet sich im Dritten Buch des Handelsgesetzbuches (HGB) und enthält den größten Teil der handelsrechtlichen Rechnungslegungsvorschriften, die bei der Aufstellung des handelsrechtlichen und durch die Beachtung des Maßgeblichkeitsprinzips auch des steuerrechtlichen Jahresabschlusses beachtet werden müssen (Wolf 1993: 17). Die folgende Feingliederung ist aus diesem Text abgeleitet. Sie wird einen wichtigen Bezugsrahmen für die Erstellung eines Kern-Lemmabestands darstellen:

Aufbau des Dritten Buches des Handelsgesetzgesetzbuches

1. Abschnitt: Vorschriften für alle Kaufleute
1. Unterabschnitt: **Buchführung und Inventar**
- Buchführungspflicht
- Führung der Handelsbücher
- Inventar
- Inventurvereinfachungsverfahren

2. Unterabschnitt: **Jahresabschluß**
- Allgemeine Vorschriften
  -- Pflicht zur Aufstellung
  -- Aufstellungsgrundsatz
  -- Sprache/Währungseinheit
  -- Unterzeichnung
- Ansatzvorschriften
  -- Vollständigkeit, Verrechnungsverbot
  -- Inhalt der Bilanz
  -- Bilanzierungsverbote
  -- Rückstellungen
  -- Rechnungsabgrenzungsposten
  -- Haftungsverhältnisse
- Bewertungsvorschriften
  -- Allgemeine Bewertungsgrundsätze
  -- Wertansätze der Vermögensgegenstände und Schulden
  -- Steuerrechtliche Abschreibungen
  -- Anschaffungs- und Herstellungskosten
  -- Bewertungsvereinfachungsverfahren

3. Unterabschnitt: **Aufbewahrung und Vorlage**
- Aufbewahrung von Unterlagen, Aufbewahrungsfristen
- Vorlegung im Rechtsstreit
- Auszug bei Vorlegung im Rechtsstreit
- Vorlegung bei Auseinandersetzung
- Vorlegung von Unterlagen auf Bild- und Datenträger

4. Unterabschnitt: **Sollkaufleute, Landesrecht**
- Anwendung auf Sollkaufleute
- Vorbehalt landesrechtlicher Vorschriften

2. Abschnitt: Ergänzende Vorschriften für alle Kapitalgesellschaften
1. Unterabschnitt: **Jahresabschluß der Kapitalgesellschaft und Lagebericht**
- Allgemeine Vorschriften
  -- Pflicht zur Aufstellung
  -- Allgemeine Grundsätze für die Gliederung
- Bilanz

- Vorschriften zur Bilanz
- Vorschriften zum Anhang
- Offenlegung

1.2 Das Handlungs- und Entscheidungspotential des Wörterbuchs

Bilanzpolitisches Instrumentarium

Hoffmann (1985 : 30) weist darauf hin, daß im Zusammenhang mit der Konzentration auf die Benennungsfunktion von Fachsprachen jene Neigung der lexikologisch-terminologischen Richtung zu sehen sei, pragmatische Aspekte zugunsten einer ontologischen Betrachtungsweise auszuklammern. Für den hier anvisierten Wörterbuchtyp ist die Berücksichtigung solcher pragmatischer Aspekte -wir werden von dem (Sprach)Handlungspotential des Wörterbuchs sprechen- von fundamentaler Bedeutung. Die bisherige Darstellung fachlicher oder sachlicher Strukturen ist daher durch solche Handlungselemente zu ergänzen, die jenen eigen sind. In dem Gegenstand, der dem Wörterbuch zugrunde liegt, ist ein starkes Handlungspotential vorhanden. Es wird von den Entscheidungsträgern in einem Unternehmen intensiv genutzt. Es handelt sich um ein äußerst differenziertes bilanzpolitisches Instrumentarium. Damit sind im wesentlichen bewertungs-, abschreibungs-, rückstellungs-, rücklagen- und ausschüttungspolitische Entscheidungen gemeint (Wöhe 1992 : 53). Beispielhaft seien nur einige solcher Entscheidungen weiter spezifiziert:

- Nutzung von Bewertungswahlrechten zur Bildung stiller Rücklagen, um zu verhindern, daß Scheingewinne den Betrieb als Gewinnausschüttung verlassen (Wöhe 1992 : 380)
- Bildung von Rückstellungen als Vorsichtsmaße bei möglichen Verlusten (Wöhe 1992 : 538)
- Verwendung von Rücklagen zur Rückzahlung von Fremdkapital (Wöhe 1992 : 594)
- Verwendung von Kapitalrücklage und gesetzlicher Rücklage zum Ausgleich von Verlusten (Wöhe 1992 : 600)
- Herabsetzung des Kapitals zum Ausgleich von Verlusten (Wöhe 1992 : 603)
- bilanzpolitische Maßnahmen zur Steuerminimierung, zur Dividendenstabilisierung, zur Optimierung des Eindrucks von Kreditwürdigkeit usw. (Wöhe 1992 : 844)

Bilanzpolitische Entscheidungen selbst sind wiederum als Folge von Bedingungen zu sehen, die unternehmensinterner oder unternehmensexterner Natur sein können. Sie finden also in einem bestimmten situativen Kontext statt.

Eine Grundentscheidung im Hinblick auf die Wörterbuchkonzeption besteht darin, den bisher abgegrenzten Gegenstand in einen Situationstyp einzubetten, der sich wie folgt beschreiben läßt: das durch das Wörterbuch dargestellte und in einem kasusrollentheoretischen Sinne aufzufassende fiktive Unternehmens-Agens befindet sich in einer schwierigen Ertragslage, die auch die Notwendigkeit der Durchführung von Sanierungsmaßnahmen einschließt. Parallel zu der dargestellten Gegenstandsabgrenzung und der in ihr enthaltenen Möglichkeit zur Ausweitung sind auch hier Erweiterungen denkbar, etwa jene, daß sich das Unternehmens-Agens in einer Gewinnsituation befindet. Wenn in unserem in der Folge beschriebenen Konzept eine solche Erweiterung nicht vorgenommen wird, so geschieht dies lediglich aus Gründen der Arbeitskapazität. Unter lemmastrukturellen Aspekten dürfte sich eine solche Ausweitung des Handlungspotentials als unproblematisch erweisen, jedenfalls als unkomplizierter als eine Gegenstandsausweitung.

Befindet sich ein Unternehmen in einer existenzbedrohenden Situation, fällt der Unternehmensbilanz eine entscheidende Rolle zu. Zunächst sind in ihr jene "Unkorrektheiten" auszumachen, die als Indikatoren von Krisensituationen zu betrachten sind, so zum Beispiel bei der Rückstellungspolitik in Form der Vermeidung von Neubildungen und der Neigung zu Auflösungen von Rückstellungen, bei der Abschreibungspolitik in Form der Nichtgeltendmachung von Sonderabschreibungen etwa für Forschung und Entwicklung oder der Unterlassung von degressiven Abschreibungen bei Neuanschaffungen usw. Durch das Heranziehen von Kennzahlen (Working-Capital, Verschuldungsgrad, Cash-Flow-Rate usw.) wird Ursachenanalyse betrieben (Schedlbauer 1993 : 218). Bei dieser Analyse ist grundsätzlich zwischen exogenen und endogenen Faktoren zu unterscheiden. Die ersten betreffen Bereiche wie den Markt (Käuferverhalten, Konkurrenz, Zugangsmöglichkeiten usw.), die Wirtschaftspolitik (Subventionen, Preisbindungen usw.), die Ökologie (Umweltverträglichkeit der Produktion), die Technologie (neue Produktionsverfahren usw.). Die letzten beziehen sich auf die Bereiche Strategie (Finanzierung, Produktionsprogramm, Ausgliederung von Funktionen usw.), Management (Kompetenz, Führungsstil usw.), den Finanzbereich (Illiquidität, Überschuldung, keine Kreditsicherheiten usw.), Organisation und Planung, Forschung und Entwicklung, Produktion/Investition (Know How-Defizit, hohe Produktionskosten usw.), Personal (hohe Kosten, mangelnde Qualifizierung usw.), Absatz (Vertriebswege, Marktforschung usw.), Rechnungswesen (fehlende Deckungsbeitragskontrolle, kein aktuelles Controlling usw.) (Schewe/Zanger 1991 : 278). Desweiteren gehört in einer solchen Gefahrensituation die Erstellung einer Bilanz zu den ersten Schritten. Dabei wird geprüft, ob Sanierungsfähigkeit besteht.

Die Sanierung als Handlungsbeispiel

Falls die Prüfung der Sanierungsfähigkeit positiv ausfällt, dient die Bilanz auch als Basis für die folgende Sanierung (Baur 1978 : 19). Zur Überwindung der Krisensituation schlägt Baur (1978 : 130 f.) einen Katalog von Sanierungsmaßnahmen vor (Auswahl) (siehe nächste Seite):

Personalwesen	Finanzen	Produktion	Entwicklung	Materialwesen	Vertrieb	Management
Einstellungsstop	Kapitalschrumpfung	Produktionsrückstände abbauen	Entwicklungsprojekte durchleuchten	Lagerbestände abbauen	Absatzmärkte analysieren	geeigneter Führungsstil
Kurzarbeit	Kapitalerhöhung	Qualitätsniveau prüfen	Produktionsänderungen analysieren	Versandzeiten minimieren	Preisgestaltung überprüfen	Profitcenter einrichten
Mitarbeiter entlassen	Abgrenzung der Kosten prüfen	Ferigungszeiten senken	Produkte auf ausländ. Spezifikationen ausrichten	Lieferkonditionen der Zulieferer verbessern	Vertriebswege analysieren	straffe Organisation einführen
keine außertariflichen Gehaltssteigerungen	fixe Kosten senken	auf Eigenfertigung übergehen		kostenminimale Verpakkung prüfen	Exportchancen überprüfen	Rationalisierung in allen Bereichen
vorzeitige Pensionierung	proportionale Kosten überprüfen	Flexibilität der Produktion erhöhen		Beschaffungsseite unabhängiger machen	Zahlungsbedingungen beeinflussen	Standortfragen stellen
Mitarbeiter schulen	Forderungen reduzieren	Fertigungssortiment straffen			Vertriebssortiment straffen	Innovationen einführen
	Skonti ausnutzen					Unternehmensstrategie festlegen
	Währungsrisiken absichern					
	Kalkulation überprüfen					

1.3 Der Zusammenhang von Sach- und Handlungspotential

Die bisherigen Ausführungen dienten zur Gewinnung eines Überblicks über die sach- und handlungssystematischen Grundlagen des Wörterbuchs bzw. über dessen Gegenstands- und Tätigkeitsbereich (vgl. entsprechend Schaeder 1991 : 56). Er hat sich in den Arbeitsphasen der Korpuszusammenstellung und der Erarbeitung eines Kern-Lemma-Bestandes als unerläßlich erwiesen.

Die sachsystematische Delimitierungsfunktion des Handlungspotentials

Daß wir der Frage der situativen Einbettung so große Bedeutung beimessen, erklärt sich aus den Erfahrungen, die wir bei der Lemmaselektion machten. Ein kurzer Rückblick soll dies verdeutlichen:

1. Etwa ein Jahr lang, bei einem täglichen Zeitaufwand von etwa 2 - 3 Stunden, wurden aus der Wirtschaftszeitung Handelsblatt Kollokationen zusammengetragen. Nachdem der vierte Aktenordner gefüllt war, erwies sich ein gewisses Problem als ein immer größeres Hindernis für eine sinnvolle Weiterführung der Arbeit. Die durch die Textsorte "Wirtschaftszeitung" vorgegebenen Sachbereichsgrenzen stellten sich als zu "weich" heraus und führten letzlich zu einem immer weniger überschaubaren

Datenberg. Für einen aktiven, produktionsorientierten Wörterbuchtyp ist dies nicht akzeptabel.

2. Während der intensiven Bearbeitung von Texten der genannten Wirtschaftszeitung schälten sich im speziellen Teil "Unternehmen und Märkte" immer deutlicher drei relevante Situationstypen des Unternehmensgeschehens heraus: Unternehmen befinden sich in einer günstigen Ertragssituation - Unternehmen befinden sich in einer schlechten Ertragssituation - Unternehmen kooperieren miteinander, sei es aufgrund einer schlechten oder einer günstigen Ertragslage.

3. Von nun an erfolgte eine Datenerhebung aus Zeitungstexten, die sich ausschließlich dem Situationstyp "Unternehmen in schlechter Ertragssituation" zuordnen lassen.

4. Die intensive Bearbeitung dieses Situationstyps ließ immer stärker die Frage nach dem Sachbereich aufkommen, der für ihn von Bedeutung ist, eben dem Jahresabschluß.

Infinität der Sache versus Kohärenz und (relative) Abgeschlossenheit der Kommunikation

Interessant an den vorgenannten Erfahrungen ist, daß sich eine zufriedenstellend homogene Datenerhebungsbasis erst ergab, als ein Situationsrahmen mit einem bestim-mten Handlungspotential abgesteckt war. Es ist zu vermuten, daß die Abgrenzung eines bestimmten Situationstyps mit geringeren Problemen verbunden ist als das Ab-stecken eines Sachbereichs. Anders ausgedrückt, die vorgängige Bestimmung eines Situationstyps hat in bezug auf Sachbereiche kohärenzstiftende Wirkung. Das Ge-genteil ist in weit geringerem Maße der Fall.

Diese Erfahrung steht einerseits im Einklang mit den kritischen Hinweisen Kalverkämpers (1990 : 92 ff.) auf die Unmöglichkeit, genaue Fachbestimmungen vornehmen zu können. Andererseits ziehen wir daraus allerdings nicht die Konsequenz Kalverkämpers (1992_2 : 33), daß die Gefahr einer "reductio ad absurdum" bestehe. Wir halten etwa den kommunikativ orientierten Zeichenbegriff Wichters (1988) für eine ausreichende Gewähr, eine "Atomisierung des Gegenstandsbereichs" (97) zu verhindern und somit die "Infinitätsfrage" (117 - 124) zu lösen. Zwischen der Evidenz, daß es Fächer gibt und der enormen Schwierigkeit, einen Konsens über die Grenzen dieser Fächer herzustellen, erweist sich der Kohärenzstifter "Situationstyp" als eine praktikable Lösung. Unserer Meinung nach ergänzen sich dennoch die Ansätze von Kalverkämper und Wichter, sie greifen lediglich auf unterschiedlichen Ebenen auf die Sprache zu. Im übrigen sind die tatsächlichen Probleme, über die es sich lohnt, sich Gedanken zu machen, empirischer Natur. Gegen Hoffmanns (1985 : 47) Lehre von den Subsprachen, der wir zustimmen, läßt sich kritisch anmerken, daß sie trotz pragmatischer Ansprüche zu sehr auf die fachkonstituierende Kraft allein von Inhalten vertraut. Eine Präferierung dieser Auffassung zeigt sich auch in seiner wenig problematisierten Gleichsetzung von "Sach- und Kommunikationsbereichen". Singer (1993 : 80) sagt folgendes: "Wenn man außer der Informationsübertragung auch die Grundeigenschaft des Lebendigen einbezieht, läßt sich Bedeutung als Steuerungsschema (Hervorhebung durch F.S.) im Verhalten von Organismen zu ihrer Umwelt und den darin enthaltenen Organismen gleicher Art begreifen." Er leitet daraus für die Lexikographie die Forderung ab, Wörterbücher in Zukunft stärker auf die Fähigkeit als wie bisher auf das Wissen auszurichten (Singer 1993: 83/84). Wir unterstützen dieses Anliegen nachhaltig, da es so wichtigen Unterscheidungen wie denen in ein deklaratives und ein prozedurales Wissen oder in ein Wissen über Objekte, ein Wissen über Ereignisse und ein Vollzugswissen (Dietze 1989 : 89) Rechnung trägt. Wenn Opitz (1990_1 : 1507) zwischen "scope" und "range" eines Wörterbuchs unterscheidet, wobei er mit ersterem "the thematic extent of its subject" meint und mit letzterem "the degree of completeness to which lexical material which is habitually and characteristically employed in the area of scope, has been included", dann läßt sich diese Differenzierung letzlich auf die erwähnten Wissenstypen zurückführen. Allerdings geht es bei der Bestimmung dieses Verhältnisses nicht um ein mehr oder weniger von Vollständigkeit, wie Opitz offenbar annimmt. Wir halten es nicht für möglich, irgendeine Vollständigkeit ansetzen zu können, da ein "scope" grundsätzlich offen ist, d.h. auf Unabgeschlossenheit und Unbegrenztheit hin angelegt ist. Das von Opitz erwähnte "range"-Konzept dagegen ist auf Abgeschlossenheit und Begrenztheit, auf Systematik und Zusammenhang hin orientiert. Deshalb kann er ihm mit Recht Selektionskraft zukommen lassen. Aber auch ein "range" darf nicht irgendeine Form von Absolutheit für sich in Anspruch nehmen. Mit der Annahme einer Dialektik (siehe zu diesem Begriff Klaus/Buhr 1972 : 239 - 249) zwischen "scope" und "range" kommt man der Eigenart der Beziehung zwischen beiden wohl am nächsten.

Operative Lexik und terminologische Lexik

Wie zentral die hier erwähnten Zusammenhänge für die Lemma- und Kollokationsselektion sind, kommt in der folgenden Erkenntnis von Reinhardt/Köhler/Neubert (1992: 3) zum Ausdruck:

> Im Mittelpunkt zur sprachlichen Darstellung eines Sachverhaltes steht die Terminologie als Träger der wichtigsten Elemente der Information. Sie kann den Sachverhalt jedoch nicht *allein* (Hervorhebung durch F.S.) realisieren, obwohl oder gerade weil der Terminus weitgehend 'kontext-autonom' ist. Wir fassen die zusätzlich benötigte Lexik mit dem Terminus 'operative Lexik' zusammen, im Gegensatz zur informationstragenden oder terminologischen Lexik. Sie dient zur raum-zeitlichen Positionierung der Sachverhalte (z.B. Orts- und Zeitangaben, Angaben allgemeiner Bewegungen wie 'steigen' und 'sinken', von Tätigkeiten ....

Die "operative Lexik" ist etwa vergleichbar mit dem "vocabulaire de fonctionnement" von André Phal. Darunter versteht dieser "noms d'action" und "verbes primaires" (Morgenroth 1994 : 11f.). Man muß sich bewußt machen, daß im lexikalischen Material mit Kasusrollen vergleichbare Benennungskategorien wirksam sind, die als Widerspiegelung von Verhältnissen der objektiven Realität im Bewußtsein des Sprachbenutzers aufzufassen sind (Reinhardt/Köhler/Neubert 1992 : 6 f.). In der Kollokation werden wir jene sprachliche Einheit sehen, in der diese "Verhältnisse" am sinnfälligsten sprachlich aggregiert sind.

2. Wörterbuchtyp und Benutzer

Das Kontextfachwörterbuch ein "fachliches Allbuch"

Nach Wiegand (1988 : 776 ff.) hat die Fachlexikographie drei Ausprägungen: die fachliche Sprachlexikographie, die fachliche Allbuchlexikographie und die fachliche Sachlexikographie. Diesen ordnet er die Wörterbuchtypen des fachlichen Sprachwörterbuchs, des fachlichen Allbuchs und des fachlichen Sachwörterbuchs zu. In dem ersten überwiegen die Informationen über die fachsprachlichen Gegenstände, in dem zweiten erhält der Benutzer Informationen über die fachsprachlichen Gegenstände und über die Sachen des Faches und im letzten bekommt er Informationen über die Sachen im Fach. Wir ordnen unser Wörterbuch dem Typ des "fachlichen Allbuchs" zu. Es scheint am ehesten die von uns in unserer lexikographischen Arbeit gemachten Erfahrungen erkennbar werden zu lassen. Lemmaselektion, auf semantischen Vernetzungen beruhende Verweise, Kollokations-Parsing, Terminologievergleiche, Äquivalentenermittlung, glossierte Darstellung wirtschaftskultureller Differenzen usw. sind ohne "fließende Übergänge" bzw. ohne ein ständiges Rochieren zwischen Sprachstrukturen und Sachstrukturen nicht möglich.

Wörterbuchbenutzer, Benutzungsabsicht, Benutzungssituationen

Der von unserem Wörterbuch anvisierte Benutzer rekrutiert sich zunächst ganz generell aus jenem Personenkreis, für den der Umgang mit Unternehmensbilanzen deutscher Unternehmen von Bedeutung ist. Er gehört also zu den sog. Bilanzadressaten, etwa als Aktionär, als Gläubiger, als Gewerkschafts- oder Belegschaftsvertreter, als Konkurrent, als Kunde, als Lieferant usw. Spezieller kommen jene Personen hinzu, die beruflich unmittelbar oder mittelbar mit dieser Materie befaßt sind, also Wirtschaftsprüfer, Buchprüfer, Steuerberater, Rechtsanwälte, Richter, Controller sowie sämtliche leitende Mitarbeiter von Unternehmen, Vorstandsmitglieder, Geschäftsführer und Unternehmer (siehe auch Chmielewicz/Schweitzer 1993 : 31ff.). Schließlich kommen Personen in solchen Ausbildungsgängen in Betracht, die Fragen deutscher Rechnungslegung behandeln, also insbesondere Studenten der Betriebswirtschaft und des Wirtschaftsrechts. Für den gesamten genannten Personenkreis kommt als Benutzungsbedingung hinzu, daß die deutsche Sprache für ihn eine L_2-Sprache darstellt. Wir können an dieser Stelle unserer Ausführungen die Tatsache, daß wir unser Wörterbuch für den frankophonen Benutzer vorsehen, noch weitgehend vernachlässigen. Die Perspektivierung auf ihn ist ebenfalls als ein Prozeß zu verstehen, dessen Bedeutung erst im Fortgang lexikographischer Handlungen und metalexikographischer Reflexion immer mehr zunimmt. Die primäre Benutzungsabsicht besteht also darin, mündliche und schriftliche Formen der Kommunikation in deutscher Sprache über den besagten Gegenstand durchführen zu können. Als Realsituationen kommen zahlreiche formelle und informelle Formen gegenstandsbezogener inner- und interbetrieblicher Gespäche in Frage: Hauptversammlungen, Gesellschafterversammlungen, Bilanzpressekonferenzen, Vorstands- und Aufsichtsratssitzungen, Jahresabschlußgespräche, Gespräche im Zusammenhang mit Unternehmensprüfungen, Kooperationsverhandlungen, Unternehmensverkäufe, Mitarbeiterbesprechungen, Belegschaftsversammlungen u.ä.

Arndt/Janney/Schaffranek (1990 : 2, 9) und R. Weiss (1992 : 102, 112, 117, 117) weisen darauf hin, daß insbesondere von Mitarbeitern der mittleren und höheren Unternehmenshierarchie aktives Sprachhandeln gefordert wird. Gerade in der mündlichen Kommunikationsfähigkeit bestehe besonderer Nachholbedarf. Da der Gegenstand des Kontext-Fachwörterbuchs die Rechnungslegung ist, hat die Beobachtung von Kramer (1992 : 10) besondere Relevanz, derzufolge die Internationalisierung der Unternehmenskommunikation auch den Finanz- und Steuersektor betreffe. Angesprochen sind hiermit im wesentlichen die entsprechenden frankophonen Mitarbeiter der französischen Tochtergesellschaft einer deutschen Muttergesellschaft oder diejenigen der deutschen Tochter eines französischen Mutterhauses.

Die Frage, inwieweit der von uns erstellte Wörterbuchtyp auch zur Verbesserung der fachsprachlichen Kompetenz des fachlich nicht kompetenten deutschen Muttersprachlers dienen kann, wollen wir nicht vertiefen, wir halten sie aber für überlegenswert. Fluck (1985 : 44) z.B. spricht in diesem Problemzusammenhang von der Notwendigkeit einer Anhebung des allgemeinen Bildungsniveaus zum Abbau von Sprach- und Informationsbarrieren (siehe zu diesem Wörterbuchtyp die Seiten 263ff.).

Unser primär anvisierter Benutzer verfügt auf alle Fälle schon über eine gute fachliche Kompetenz. Was seine fremdsprachlichen Fähigkeiten und Ambitionen angeht, lassen wir Opitz (1983 : 172) zu Wort kommen:

> It is important to appraise the user realistically: as a person generally not too much interested -and much less trained- in language-related problems ... A technical expert feels more at ease with a linguistic approach rather below his real level of proficiency.

Wir setzen bei unserem Benutzer gute Grundkenntnisse der deutschen Sprache voraus, darauf vertrauend, daß ihm seine fachliche Kompetenz im Verbund mit einer relativ gut ausgebildeten passiven L_2-Kompetenz hilft, auch unbekanntes sprachliches Material transparent zu machen. Die Einarbeitung von muttersprachlichen, d.h. L_1-Elementen ist vorgesehen, doch wäre es verfrüht, hierzu im gegenwärtigen Stadium unserer Überlegungen schon Genaueres zu sagen (siehe die Seiten 322ff.).

Konsequente Produktionsorientierung

Wir gehen davon aus, daß sich das zweisprachige Fachwörterbuch im Hinblick auf die Aufgabe, rezeptive oder produktive Benutzungsfunktionen zu erfüllen, grundsätzlich nicht vom entsprechenden Typ des gemeinsprachlichen Wörterbuchs unterscheidet (Kromann/Riiber/Rosbach 1984 : 186). Wenn wir anstelle von "produktivem" oder "produktionsorientiertem" Wörterbuch auch von "aktivem" Wörterbuch sprechen, so betrachten wir diese Termini als gleichbedeutend. Wir fassen "aktiv" nicht als Gegensatz zu einem lediglich "passiven" Verstehen auf. Wir sind uns bewußt, daß auch Verstehen mit "Verstehensaktivitäten" verbunden ist (vgl. Bogaards 1990 : 163).

Allerdings sollte man sich dessen bewußt sein, daß jene "Aktivitäten", die eine reale Sprechsituation dem Sprecher abverlangt, diesen in viel stärkerem Maße global in Anspruch nehmen. D.h., er ist gezwungen, sich mit seiner gesamten Persönlichkeit in die Interaktion einzubringen. Die Rezeptionssituation gewährt Schonräume, die in der realen Sprachproduktionssituation wegfallen. Auch das "aktive" Wörterbuch kann hierzu nur in einem bestimmten Maße Hilfestellung leisten. Davon gehen wir realistischerweise aus.

Das Vorhaben, ein Fachwörterbuch konsequent auf die Produktionsfunktion hin zu konzipieren, ist angesichts des vorhandenen metalexikographischen Diskussionsstandes als auch des dominierenden Standpunktes der praktischen Verlagslexikographie keinesfalls eine Selbstverständlichkeit. Die Situation, hier Polyfunktionalisten, da Monofunktionalisten ist sicher unbefriedigend. Klärung durch praktische Beweise tut not. Hausmann (1989_1 : 94), einer der konsequentesten Verfechter des monofunktionalen Typs in Deutschland, verweist auf den Romanisten Eugen Herzog, der Anfang dieses Jahrhunderts das funktionale Grundgesetz zweisprachiger Wörterbücher formulierte: "Man muß ... den Gedanken aufgeben, daß ein derartiges Werk in gleicher Weise den Anforderungen beider dabei in Betracht kommenden Nationen gerecht werden kann."

Mangelhafte Qualitätskonkurrenz in der Wörterbuchproduktion

Wir möchten den Beweis für die Richtigkeit der Behauptung Herzogs antreten. Nicht zuletzt deshalb, weil die Argumentation von Polyfunktionalisten oftmals eher in die Nähe absatzstrategischen Überlegungen des ängstlichen Marketingdirektors eines Verlagshauses rückt, als daß sie sich zunächst einmal nur davon leiten ließe, wie es zu bewerkstelligen ist, Benutzerbedürfnissen lexikographisch am besten zu entsprechen. Dagegen läßt sich unter dem Aspekt eines wirklich kundenorientierten Qualitätsmanagements schwerlich etwas einwenden. Es kann also von einer Unversöhnlichkeit beider Standpunkte keine Rede sein. Auch für den lexikographischen Markt und die Verlagsverantwortlichen sollte gelten, daß sich das innovativste und adressatengerechteste Produkt am besten verkauft. Diese Einsicht ist angesichts der Tatsache, daß lexikographisches Tun, mehr als es der Sache guttut, durch Tradition und Konvention bestimmt wird (Wiegand 1977 : 43, 47; Battenburg 1991 : 119), schwer umsetzbar. Woran es mangelt, ist unternehmerische Kreativität, und ohne ein wenig Risikobereitschaft geht es auch nicht. Schnorr (1992 : 413) sieht eine Möglichkeit, "aufgeklärte und anspruchsvolle Wörterbuchbenutzer" durch entsprechende Bildungsangebote in Schulen und Universitäten zu schaffen (zur Wörterbuchdidaktik siehe auch: Wiegand 1984; Schaeder 1984). Das ist nicht falsch. Die zu beseitigenden Beharrungskräfte im Benutzerbewußtsein sind jedoch beträchtlich. Hinzukommen muß in jedem Fall der kreative Part der Verantwortlichen in den Verlagen. Man müßte sich schon etwas mehr einfallen lassen, als etwa eine Werbeanzeige auf der letzten Seite einer Fachzeitschrift. Wir meinen, es muß darum gehen, das Wörterbuch nicht als ein Bildungsgut, sondern als einen Gebrauchsgegenstand "zum Anfassen" zu servieren. Das Anfassen ist wörtlich zu verstehen in dem Sinne, daß

Wörterbücher sich als echte Gebrauchsartikel im Bewußtsein des Benutzers festsetzen müssen, die man nach einigen Jahren in den Papierkorb wirft. Handliche Formate, auch zum Mitnehmen und Nachschlagen für unterwegs, elastische Einbände, dünnes Papier, etc. sind nur einige Möglichkeiten, die eben nicht nur für das kleine Reise-wörterbuch Geltung haben sollten.

Noch entscheidender dürfte jedoch sein, daß dem Konsumenten genau gesagt wird, welche Bedürfnisse das Wörterbuch befriedigt. Hier liegt unseres Erachtens der größte Nachholbedarf. Es gibt kein fachlich qualifiziertes Verkaufsgespräch über das Produkt "Wörterbuch". Es verläuft in der Regel in dem Stil "Haben Sie ein deutsch-französisches Wörterbuch oder so etwas Ähnliches da?" – "Wie dick soll es denn sein?" (zur Bedeutung dieses quantitativen Aspekts bei der Kaufentscheidung siehe Zöfgen 1994 : 56). Der qualifizierte Verkäufer müßte dem Kunden bei der genaueren qualitativ ausgerichteten Bedürfnisdefinition behilflich sein. Dem Durchschnittskonsumenten des Wörterbuchs gelingt diese Definition nicht allein.

Die Quadratur des Kreises der Polyfunktionalisten

Die vorhandene Situation entbehrt nicht einer gewissen Schizophrenie. Es wird eindeutig erkannt, daß Rezeptions- und Produktionssituation sich unterscheiden, nur die Konsequenzen werden nicht gezogen, wie die folgende Feststellung von Opitz (1990_1 : 1506) verdeutlicht: "Obviously the language requirements are not the same in both situations, although this is seldom acknowledged in lexicographic practice" (siehe auch Standop 1985 : 77f.). Auch Kromann (1992 : 161) ist aufgefallen, daß die Textproduktion in die Fremdsprache zwar meistens im Vorwort zweisprachiger Fachwörterbücher proklamiert, aber nicht in die Praxis umgesetzt wird. Es kann nicht recht befriedigen, wenn Rossenbeck (1991 : 359), obwohl er sich der Fragwürdigkeit seiner Forderung aufgrund seiner unbestrittenen fachlichen Kompetenz wohl bewußt ist, dann eben doch fordert: "Die Entscheidung über Aufnahme bzw. Ausschluß von Wortschatz sollte immer aus dem Blickwinkel möglichst vieler potentieller Benutzer getroffen werden." Das ist nicht zu erreichen ohne die Gefahr, letzlich keinem der potentiellen Benutzer gerecht zu werden. Opitz (1983 : 171) benennt sie deutlich: "There is a danger in the virtue of broad coverage: without proper indications of subject areas, such bi- or multilingual dictionaries are almost worthless." Bergenholtz/Pedersen (1994 : 166) sagen schon ganz richtig: "Das beste Wörterbuch ist das, das für eine ganz enge und klar umgrenzte Benutzergruppe konzipiert worden ist. Es wird mit großer Wahrscheinlichkeit fleißig von der vorgesehenen Benutzergruppe verwendet." Bergenholtz/Tarp (1994 : 387) halten dagegen die Ausarbeitung von polyfunktionalen Fachwörterbüchern prinzipiell für möglich und für wünschenswert. Sollte nicht vielmehr gerade die Chance wahrgenommen werden, in der Fachlexikographie nicht wider bessere Einsicht zu handeln, zumal hier die Möglichkeiten zum Schneiden von kommunikationsgruppenbezogenen Sachbereichen sehr günstig sind?

Die Frage, welcher Wörterbuchtyp den Benutzerbedürfnissen besser gerecht wird: konsequent nach Rezeption oder Produktion getrennte oder Produktion und Rezeption zusammenfassende Wörterbücher, ist schon längst entschieden. Insofern geht es darum, den von Herzog, Hausmann (1977 : 56-58, 150-156) und Chmielewicz/ Schweitzer (1984) erhobenen Forderungen nach Monofunktionalität endlich Taten folgen zu lassen.

Wir können hier nur andeuten, warum die "Produktionslexikographie" unserer Meinung nach immer noch um eine gesicherte Position in der lexikographischen Landschaft kämpfen muß. Erstens hat es mit der unbegründeten Besorgnis vor dem angeblichen Infinitätsproblem (zum "Unendlichkeitsdilemma" siehe auch die Seiten 114f.) zu tun. Man macht sich in viel zu geringem Maße bewußt, daß Kommunikation sich in relativ gut erfaßbaren Tätigkeits-Schemata "einfangen" läßt. Dahinter verbergen sich Empiriedefizite. Man muß eben schon "vom grünen Tisch" aufstehen und "nachsehen, was in der Kommunikation passiert", wie Wichter (1985 : 14) das so nachsichtig formuliert. Zweitens, und das ist vermutlich eine noch grundlegendere Ursache, steht noch immer die längst überfällige "radikale" und in wirkungsvolle wissenschaftliche Praxis umgesetzte Neudefinition der Beziehung zwischen parole und langue aus, die dem Sprechen jenen Platz zuweist, der ihm gebührt (vgl. Coseriu 1988 : 57 - 89; wir klammern bei dieser Referenz unsere Kritik aus, daß Coseriu der psychisch-dynamischen Dimension des Sprechens zu wenig Beachtung schenkt).

Rezeptiver und produktiver Wörterbuchbenutzer auf einen Blick

Die folgende Gegenüberstellung soll die Unterschiede zwischen den Bedürfnissen eines rezeptiven und eines produktiven Wörterbuchbenutzers deutlich machen:

rezeptiver Benutzer	**produktiver Benutzer**
- möchte verstehen	- möchte sprachhandeln
- geht von einer visuellen oder akustischen Vorlage der fremden Sprache aus	- geht von einem gedanklichen Konzept oder einer muttersprachlichen Vorlage aus
- möchte ein augenblickliches Problem lösen	- möchte dauerhaft etwas behalten
- möchte so schnell wie möglich konsultieren	- nimmt sich Zeit für die Konsultation
- benutzt das Wörterbuch synchron zur Problemsituation	- benutzt das Wörterbuch antizipativ-präparierend
- ist auf die Bedeutung hin orientiert	- ist auf Form und Bedeutung hin orientiert
- kann auf alles Transparente verzichten	- verlangt die Aufnahme alles Nicht-Vorhersagbaren
- tendiert zur Bedeutungsanalyse des einzelnen Lexems	- tendiert zur Ausdehnung morpho-syntaktischer und semantischer Zusammenhänge
- benutzt das Wörterbuch komplementär zur Textvorlage	- ist ausschließlich auf die Hilfe des Wörterbuchs angewiesen

Bei konsequenter Anlegung der genannten Kriterien an den am häufigsten zu findenden passiv-"aktiven" Mischtyp kommt man zu der Feststellung, daß dieser einerseits dem passiven Benutzer viel Zeit stiehlt. Denn, gemessen an dessen Bedürfnissen, enthält er viel Überflüssiges, das den Konsultationsvorgang unnötig erschwert und verlängert. Die Bedürfnisse des produktiven Benutzers andererseits nach Gewinnung von Komplexität, sei es in Form syntaktischer Kohäsion oder semantischer Kohärenz kann er ebenfalls nur ungenügend befriedigen.

Das passive Wörterbuch ein mikrostrukturelles Subtraktionsprodukt

Ein Aspekt erscheint uns im Hinblick auf die Funktionstrennung von Bedeutung. Er betrifft das Verhältnis der Funktionen zu dem im Wörterbuch zu berücksichtigenden Lemmabestand einerseits und den aufzuführenden Sprachstrukturen andererseits. Wir halten eine solche differenzierte Sehweise deshalb für notwendig, weil die Konsequenzen, die sich aus der jeweiligen Funktion für Lemmabestand und Sprachstrukturen ergeben, unterschiedlich sind. Was die lexikographische Erfassung sprachlicher Strukturen betrifft, so sind die Unterschiede je nach Wörterbuchfunktion erheblich. In ihrer mikrostrukturellen Aufbereitung sollte sich diese am stärksten niederschlagen.

Was jedoch die Frage des aktiven und passiven Lemmabestands betrifft, so meinen wir, daß sich hier ein eventueller Gegensatz umso stärker abschwächt -mit Einschränkungen für die Komposita- je schärfer der abzudeckende Fachgegenstand und der Handlungsbereich abgegrenzt sind. Unsere Argumentation läuft darauf hinaus, daß ein rezeptives Wörterbuchs im günstigsten Fall nur als Subtraktionsprodukt eines produktiven Wörterbuchs begriffen werden sollte (vgl. Bogaards 1990 : 172). Wir beziehen unsere Aussage zwar grundsätzlich auf synchronisch angesetzte Wortschatzschnitte, schließen aber die Berücksichtigung diachronisch relevanten Wortmaterials für den Fall nicht aus, in dem auch er Bestandteil eines aktuellen abgrenzbaren Gegenstands- und Handlungsbereichs ist.

Einebnung der Grenzen zwischen gemein- und fachsprachlicher Lexikographie

Sollte sich in Zukunft eine -so wünschenswerte- Neubestimmung des Verhältnisses -wenn sich denn ein solches ausmachen läßt- zwischen Fach- und Gemeinsprache durchsetzen, etwa im Sinne einer skalaren Bestimmung, wie es Kalverkämper (1990) vorschlägt oder im Sinne einer "vertikalen Wissens- und Handlungstheorie", wie sie Wichter (1994 : 70) vertritt, dann müßten sich ähnliche Konsequenzen auch für die gemeinsprachliche Lexikographie ergeben. Albrecht (1992 : 75/76) spricht von den zahlreichen Analogien, die zwischen "den Fachterminologien und ihrem Substrat, dem Wortschatz der Gemeinsprache" bestehen. Reinart (1993 : 109) weist darauf hin, daß die Fachterminologien grundsätzlich nicht anders als die gemeinsprachlichen Wortfelder funktionieren.

Eine von Morgenroth (1994 : 2) im Hinblick auf ein "corpus économique" favorisierte Differenzierung nach "mots généraux", "vocabulaire général d'orientation scientifique" (VGOS), "vocabulaire général d'orientation économique" (VGOE) und "termes spécialisés" bleibt weit hinter den Möglichkeiten zurück, die sich etwa in den Wichterschen Untersuchungsergebnissen andeuten. Muß sie auch, wie eben alle situationsindifferenten und einzelwortisolierenden Globalzugriffe auf das Lexikon. Die von ihm vorgenommenen Zuordnungen lassen sich mühelos in Frage stellen. "Durchschnittswert", "degressiv", die er dem VGOS zurechnet, lassen sich ebensogut unter den "termes spécialisés" einordnen: Durchschnittswert, wenn man ihn mit der Bewertung des Umlaufvermögens in Verbindung bringt (vgl. Wöhe 1992 : 501-503), degressiv, wenn man darin die Spezifizierung eines Abschreibungsverfahren sieht. Die von Morgenroth an der Einteilung von Ihle-Schmidt (1983) geübte Kritik fällt auf ihn selber zurück. Auch seine Zuordnungen können teilweise als "aléatoire" und "intuitif" bezeichnet werden.

Das Ende der Wörterbuchdinosaurier?

Was wir deutlich sagen möchten, ist folgendes: eine produktionsorientierte Lexikographie ist eine lexikalisch qualitativ orientierte Lexikographie. Sie bedarf der Reflexion auf Situations- und Handlungszusammenhänge. Damit würde dann vermutlich das Ende der Ära von Wörterbuch-Ungetümen eingeläutet werden. Möglicherweise stehen wir ja wieder vor einem ähnlichen "Paradigmenwechsel in der Lexikographie" hin zum "schlanken" Wörterbuch, wie ihn Hausmann (1989_1 : 78) zu Anfang des 19. Jahrhunderts ausgemacht hat.

Der Benutzer des Fachwörterbuchs beansprucht mehr als eine terminologische Datenbank

Zwei Beobachtungen, die im Verhalten des Wörterbuchbenutzers gemacht wurden, sind auch für unsere Überlegungen zu den Funktionen des Wörterbuchs von Interesse. Opitz (1983 : 171) berichtet davon, daß der Benutzer eines Fachwörterbuchs im allgemeinen nicht in gleichem Maße wie der Linguist eine Unterscheidung zwischen "general and segmental dictionaries" vornimmt. "Users typically assume to find in the technical dictionary all items and constructions that, without beeing necessarily technical terms, characteristically contribute to the formation of technical texts." Diese ganz natürliche Einstellung zu dem Werkzeug 'Sprache' sollte von der Fachlexikographie sehr ernst genommen werden. Der fachlich Agierende läßt sich nicht auf eine terminologische Datenbank reduzieren.

Schwach entwickeltes Bewußtsein für die produktive Konsultation

Liebaug/Liebaug-Dartmann (1989 : 157 f.) berichten von der Schwierigkeit, in einem Benutzertest von Studenten zu erfahren, inwieweit Ihnen ein Wörterbuch bei der fremdsprachlichen Formulierung eines physikalischen Textes hilft. Die Befragten gaben im wesentlichen die gleichen Antworten, die sie bei der Frage zur Herübersetzung gegeben hatten. Erwähnt werden außerdem zwei aufschlußreiche Bemerkungen: "Ich habe es noch nie versucht" und "Ich halte mich dabei an das Physikbuch". Ohne die Beweiskraft dieses Versuchs überzubewerten, wollen wir folgende Hypothesen daran anschließen:

i) Es ist die rezeptive Konsultationshandlung, die im Bewußtsein des Wörterbuchbenutzers eindeutig dominiert. Das Bewußtsein für die produktionsorientierte Konsultation ist nur schwach ausgebildet.
ii) Das produktionsorientierte Wörterbuch konkurriert mit dem Text.

Wir können zu i) allenfalls Erklärungsversuche unternehmen. Es dürfte so sein, daß die Bewußtseinsdominanz der rezeptiven Konsultation als eine Folge der Dominanz entsprechender Anforderungssituationen erklärbar ist. Diese sind in der Regel eindeutig vorgegeben. Wir haben den Eindruck gewonnen, daß die Reflexionen in der Standardliteratur zum Thema Übersetzung wesentlich durch jene Übersetzungsrichtung geprägt ist, die die Praxis des Berufsübersetzers dominiert, die Herübersetzung. Dies ist einerseits verständlich. Andererseits überrascht aber doch die Selbstverständlichkeit, mit der diese als die einzig gültige vorausgesetzt wird. Bei der der vom Centre de Terminologie de Bruxelles Institut Libre Marie Haps durchgeführten Veranstaltung zur "Analyse de la valeur des dictionnaires spécialisé" (31. Mai bis 1. Juni 1995) erachtete keiner der rund 20 Referent(inn)en die Erwähnung einer Differenzierung nach Her- und Hinübersetzung für notwendig. Will man jedoch dem Übersetzungphänomen im Rahmen der Erstellung eines Wörterbuchs gerecht werden, muß man von einer sehr komplexen Konstellation der Übersetzungsrichtungen ausgehen (siehe die Seiten 250ff.).

Für die produktionsorientierte Konsultation dürfte der Bedarf -unter den gegebenen gesellschaftlichen und beruflichen Bedingungen- grundsätzlich geringer sein. In vielen Bereichen von Beruf und Gesellschaft ist die Vornahme von Sprachproduktions-Handlungen mit einem zuerkannten Privileg der Wortergreifung verbunden ("Wer was ist, hat viel zu sagen" = Werbeanzeige eines Kreditkartenunternehmens im Handelsblatt vom 21./22.1. 1994). Sprachproduktion impliziert soziale Selektion und hat viel mit dem hierarchischen Aufbau von Organisationen zu tun. Es dürfte außerdem mit einem erheblich größeren Reflexions- und Untersuchungsaufwand verbunden sein, das Anforderungsprofil einer produktionsorientierten Konsultation möglichst exakt zu definieren. Aus den genannten Gründen glauben wir, daß wörterbuchdidaktische Strategien, die den Übergang vom zweisprachigen zum einsprachigen Wörterbuch zur Verbesserung produktiver Fähigkeiten verfolgen, dann zu kurz greifen, wenn dieser Übergang auf die Frage des Vorhandenseins oder Nichtvorhandenseins eines verstehbaren "functional basis vocabulary" (Stein 1989 : 405/406) reduziert wird. Natürlich kann dieses Vorgehen hilfreich sein, der angesprochene Sachverhalt ist aber mehr als nur ein Wörterproblem (zur Problematik des Wörterbuchs in produktiver Perspektive siehe auch Zöfgen 1994 : 53).

Aus ii) ergibt sich die nicht ganz einfache Aufgabe, das produktive Wörterbuch zwar textorientiert anzulegen, aber derart, daß es sich nicht selbst überflüssig macht.

Diese Möglichkeit wird in der obigen Bemerkung "Ich halte mich an das Physikbuch" angedeutet.

3. Korpuszusammenstellung

Bedingungszusammenhang von Korpustexten und Wörterbuchfunktion

In Anlehnung an Bergenholtz/Mugdan (1990 : 1620) verstehen wir unter einem Textkorpus eine Menge von Texten oder zusammenhängenden Teilen von Texten, die in kommunikativer Absicht produziert worden sind. Selbstgebildete Beispiele werden damit ausgeschlossen. Über diese Bestimmung hinausgehend, möchten wir in den folgenden Ausführungen zeigen, daß Korpustexte in einem wechselseitigen unauflösbaren Bedingungszusammenhang mit der Wörterbuchfunktion gesehen werden müssen. Die folgende von Chmielewicz/Schweitzer (1991 : 2714) erhobene Forderung läßt sich dem von uns genannten Imperativ unterordnen:

> We need to acknowledge that a bilingual lexicography with any claim to scientific rigour must establish and maintain its own representative corpora in accordance with the nature of the target groups the projects are aiming at.

Diese Einsicht stellt die conditio sine qua non für die Erstellung des aktiven Wörterbuchs dar. Wir verwenden die Korpustexte als empirische Basis für die Gewinnung solcher lexematischer, sprachstruktureller und onomasiologischer Daten, die für die Funktion des Wörterbuchs relevant sind.

Die unterschiedliche Transparenz von Sach- und Handlungssystematik in Korpustexten

Es besteht weitgehende Übereinstimmung darin, daß die genaue Gegenstandsbestimmung (siehe die Seiten 7 - 17) Ausgangspunkt für die Textselektion sein sollte (z.B. Bergenholtz/Pedersen 1994 : 170). Zwei Präzisierungen sind hierzu notwendig. Den Begriff des Gegenstands haben wir zweigeteilt. Wir unterscheiden eine Systematik der Sache/des Fachs und eine Systematik des entsprechenden Handlungspotentials. Diese Differenzierung hat entscheidende Konsequenzen für die Auswahl von Korpustexten. Es spricht einiges dafür, daß die Aufgabe, diese beiden Teilsysteme zu ermitteln, von unterschiedlicher Komplexität ist. Im Vorgriff sei in diesem Zusammenhang auf die von Wiegand (1994) gemachte Unterscheidung zwischen gegenstandskonstitutivem Bedeutungswissen und enzyklopädischem Sachwissen hingewiesen (siehe Seite 315f.). Sie spielt eine Rolle bei der hier angesprochenen Problematik. Für die Erarbeitung der Sachsystematik genügt in der Regel der Griff zu einem guten Lehrbuch. In unserem Falle entschieden wir uns, vor die Wahl gestellt zwischen dem Handbuch "Bilanzierung und Bilanzierungspolitik" von Wöhe (1992) und dem Text des Bilanzierungsgesetzes, für letzteren. Die gesuchte Systematik läßt sich aufgrund ihrer starken Transparenz in Inhaltsangabe oder äußerem Textaufbau in beiden Texten relativ schnell ausfindig machen. Im Falle der Handlungssystematik waren dagegen viele integrale Textkontakte notwendig. Zusammenhänge mußten erschlossen werden, Schwerpunkte mußten erkannt werden, Nebensächliches von Relevantem getrennt werden. Zu einem großen Teil besteht diese Arbeit in der systematischen Erfassung von Handlungsrekurrenzen, d.h. es geht um die Frage, was tut X immer dann, wenn das Problem Y auftaucht. Hierzu war die Lektüre von Fachliteratur notwendig. Der Buchmarkt hält hierzu ein reichhaltiges Angebot bereit. Begünstigt wird dies durch die selbst in der Wirtschaft weit verbreitete Ansicht, der Jahresabschluß werde nur von Fachleuten verstanden. Festzuhalten bleibt, daß sich die Gewinnung eines klaren Überblicks über die beiden genannten Systematiken als zentral für die Absteckung und die Zusammenstellung des Korpus erweist. Dabei geht es nicht um das Finden einer immer größeren Anzahl von Texten. Reichmann (1990 : 1608) spricht völlig zu Recht von dem "absurden Anspruch", Vollständigkeit erreichen zu wollen. Es geht also im Gegenteil darum, nur die Texte ausfindig zu machen, die für die Funktionen des Wörterbuchs unverzichtbar sind. Somit könnte man zugespitzt formulieren: "Die Kunst der Korpuszusammenstellung liegt im Weglassen des nicht Notwendigen". Diese Feststellung hat umso mehr Geltung für das Korpus eines aktiven Wörterbuchtyps, dessen Qualität in hohem Maße von einer möglichst kohärenten und überschaubaren Systematik der Texte abhängt.

Ausgewählte Korpustexte

Folgende Texte bilden in Gänze oder in Ausschnitten das **Korpus** (die Texte, die für die im dritten Teil beschriebene Äquivalentenerarbeitung erforderlich sind, werden hier nicht aufgeführt [siehe die Seiten 202ff.]):

i) **Handelsgesetzbuch: Drittes Buch**
ii) Aktiengesetz
iii) GmbH-Gesetz
iv) Einkommensteuergesetz
v) Einkommensteuer-Durchführungsverordnung
vi) Einkommensteuer-Richtlinien
vii) **Bilanzrichtlinien-Gesetz. Der Leitfaden für den neuen Jahresabschluß** (Buch)
viii) **Prüfungsbericht** (einer Aktiengesellschaft)
ix) **Bilanzanalysen**
x) **Jahresabschlüsse** (aus dem Bundesanzeiger)
xi) zirka **100 Artikel aus dem Handelsblatt** (Wirtschaftszeitung)
xii) **Hauptversammlungs-Reden**
xiii) **Sanierung. Wege aus der Unternehmenskrise** (Buch)
xiv) Wörterbücher, Indizes, Fachlexika

Qualität vor Quantität

Sinclair (1991 : 25) stellt mit Blick auf das gemeinsprachliche Wörterbuch folgendes fest: "There is less need to build up sample corpora slowly and carefully, hoard them, and subject them to intensive examination, when there is not limit to be placed on text length." Er gerät bei dem Gedanken, mehrere hundert Millionen von Wörtern zu scannen, in Begeisterung. Damit eignet er sich sehr gut als Beispiel dafür, wie die Korpuszusammenstellung eines aktiven, gegenstands- und benutzerkreisbegrenzten Fachwörterbuchs nicht aussehen kann (nebenbei sei angemerkt, daß wir uns den Darlegungen Sinclairs [1991 : 110] über das sog. "idiom principle" vorbehaltlos anschließen; siehe Seite 80). Wir möchten hier die Diskussion um Quantitäten bei der Korpuszusammenstellung nicht vertiefen. Äußerst ernst zu nehmen ist allerdings das nach Reichmann (1990 : 1592, 1601) zu beobachtende "Phänomen einer Flucht aus der Verantwortung für qualitative Differenziertheit in die schwer angreifbare Quantität". Wir glauben ganz generell, daß der zukünftige Wettbewerb um die Qualität sowohl der gemeinsprachlichen als auch der fachsprachlichen Wörterbücher nicht durch Quantitäten, sondern durch "qualitative Differenziertheit" entschieden wird: "l'apect qualitatif est plus important que l'aspect quantitatif" (Binon 1991 : 166; ebenso Friederich 1993 : 104f.). Dabei soll nicht bestritten werden, daß quantitative Gesichtspunkte notwendig und nützlich sind, aber eben nur innerhalb eines vorgegebenen qualitativen Rahmens (vgl. Zöfgen 1994 : 259). Wir haben mit der Herausarbeitung der Sach- und Handlungsstrukturen sowie der Wörterbuchfunktionen diesen Rahmen abgesteckt. Damit sind auch die Voraussetzungen zur Erfüllung des Kriteriums der Repräsentativität gegeben. Wir verstehen diesen Begriff im Sinn einer "plausiblen Auswahl" (Bergenholtz/Mugdan 1990 : 1622). Sie soll nun an den einzelnen Texten begründet werden.

Kriterien der Textauswahl

Die ausgewählten Texte lassen sich in drei Hauptgruppen aufteilen:

1. Texte, deren Zuordnungskriterien schwerpunktmäßig im sachsystematischen Bereich liegen: i) - vii) sowie die Bilanzen, Gewinn- und Verlustrechnungen und Anhänge aus x).
2. Texte, deren Zuordnungskriterien schwerpunktmäßig im handlungs- bzw. situationssystematischen Bereich liegen: xi), xii), xiii) sowie die Lageberichte von x).
3. Texte mit einer Affinität zu beiden Systematiken: viii) und ix).

In der ersten Gruppe überwiegen die informationstragenden sprachlichen Elemente, also die Fachtermini.

In der zweiten Gruppe überwiegt das "operative Sprachmaterial". Darunter verstehen wir im wesentlichen: kompositionelle Erweiterungen der Termini, fachspezifisch verwendete Substantive, jedoch mit relativ weitem Bedeutungsumfang, reiche kollokationäre Einbettungen und konnotativ eingefärbte sprachliche Mittel. Rossenbeck (1994 : 274) spricht den hier gemeinten Sachverhalt durch den Hinweis an, daß "es sich bei den fachsprachlichen Kollokationen häufig um Verbindungen von Fachwörtern und Wörtern der Allgemeinsprache handelt".

Das "operative Sprachmaterial" erfüllt die wichtige Aufgabe einer "terminologischen Inszenierung". Es ist so, als ob sich die aus der Sprechakttheorie bekannte Unterscheidung in Proposition und Illokution in einer lexikalisierten Form im Inventar einer Sprache manifestierte. Boelcke/Straub/Thiele (1983 : 257) berichten von der besonderen Schwierigkeit in der ersten Phase, das Korpus so genau wie möglich abzustecken. Diese Schwierigkeit sei besonders durch jene Wörter verursacht worden, die sowohl zur Gemeinsprache als auch zur Fachsprache gehörten. Es ist zu vermuten, daß das von den Autoren erwähnte Problem -abgesehen von der von ihnen wenig problematisierten Tatsache des "Verhältnisses" von Gemein-und Fachsprache- mit der von uns gemachten Unterscheidung in Informationsträger und operatives Sprachmaterial in Verbindung gebracht werden kann. Eine Lösung sehen wir in der Unterscheidung von Sache und Handlungspotential und in einer streng textbezogenen Sehweise des gesamten zu erfassenden wörterbuchrelevanten Sprachmaterials. Mit letzterem möchten wir eine unangemessene Fixiertheit auf das isolierte Einzelwort ausschalten. Hausmann (1993_1 : 479) weist darauf hin, "daß die Sprache sich nur in den Texten lebendig realisiert. Die Sprache ist nur in den Texten Sprache". Dem steht nicht entgegen, daß wir bei der Entscheidung über die Berücksichtigung oder Nichtberücksichtigung von Korpustexten nicht umhingekommen sind, auch terminologisch orientierte Entscheidungen -in textueller Perspektive- zu treffen.

Handelsblatt - Der Spiegel: ein kurzer Terminologievergleich

Eine Frage bestand z.B. darin, ob wir unterhalb der durch die Texte des Handelsblatt abgedeckten fachlichen und fachsprachlichen Systematik noch weniger fachspezifische Textsorten berücksichtigen sollten. In Frage kämen z.B. Texte aus dem Wirtschaftsteil des Spiegel. Wir haben Wortschatzvergleiche an solchen Texten durchgeführt, die in den beiden Medien das gleiche Thema behandelten. Wir konnten feststellen, daß Der Spiegel mit seinen Fachtermini über einen bestimmten Spezialisierungsgrad nicht hinausgeht. In dem Artikel über die Sanierungsdiskussion "Metallgesellschaft (MG)" (Der Spiegel 2/1994, 68-70) findet man z.B. folgende gegenstandsspezifische Substantive: **Bilanzen, Sanierung, Bilanzprüfung, Verluste, Geschäftsjahr, Prüfer, Buchgewinne, Geschäftsbericht, Tochtergesellschaft, Abschreibungstricks, Aktionär, Aufsichtsrat, Umsatz, Kredit, Vergleich, Konkurs, Gläubiger, Jahresabschluß, Konkursrichter, Kapitalerhöhung, Genußscheine, Eigenmittel, Wirtschaftsprüfer, Emission einer Anleihe,** usw. In einem entsprechenden Artikel im Handelsblatt (Nr. 5, 7./8.1.1994) findet man dagegen noch Wortmaterial, daß im Fach-lichkeitsgrad über den Spiegel hinausgeht: **Überschuldung, Genußscheinkapital, genehmigtes Kapital, junge Aktien, Ausschluß der Bezugsrechte, Wandel-Genußkapital, Gesamt-Nominalwert** (der Aktien), **wandelbar, Kapitalschnitt.** Damit ist Der Spiegel im Bereich des informationstragenden Sprachmaterials gegenüber dem Handelsblatt nicht mehr ergiebig. Die im Bereich des operativen Sprachmaterials im Spiegel anzutreffenden Mittel bringen ebenfalls nichts wesentlich Neues gegenüber dem Handelsblatt. Lediglich im Bereich der Sprachregister und der Konnotationen lassen sich Unterschiede feststellen. Die Sprache des Spiegel verwendet verstärkt ein umgangssprachliches Register und diakonnotative, vor allem saloppe, Elemente. Wir halten diese Unterschiede jedoch fachlich und fachsprachlich nicht für so entscheidend, daß sie eine Berücksichtigung dieser Textsorte als Korpustexte rechtfertigten.

Unterschiedliche Korpusrelevanzen und -funktionen

Innerhalb der oben erwähnten drei Text-Gruppen lassen sich weitere Differenzierungen hinsichtlich der den einzelnen Texten zugewiesenen Aufgaben vornehmen.
In der ersten Gruppe kommt den Texten ii) - vi) lediglich eine terminologische Hilfsfunktion zu. Sie dienen zur terminologischen Komplettierung von i) und vii). Es handelt sich bei diesen vier Texten jeweils nur um einige Paragraphen. Zwischen i) und vii) besteht wiederum eine klare Funktionsaufteilung. Der Text vii) umfaßt 185 Buchseiten und besteht hochgerechnet aus etwa 50.000 Worteinheiten. Ihm fällt die wichtigste Aufgabe bei der Erstellung des sachsystematisch akzentuierten terminologischen Grundgerüstes des Wörterbuchs zu. Die Entscheidung zugunsten dieses Textes ist von fundamentaler Bedeutung für den "scope" (Opitz 1990_1) des Wörterbuchs. Daher erforderte seine Auswahl besonders genaue Überlegung. Wir veranschlagen seine Bedeutung für die terminologische Selektion aus drei Gründen sehr hoch. Erstens deckt er den für die Sachsystematik entscheidenden Gesetzestext genau ab. Zweitens ist er von Praktikern verfaßt, d.h. von Wirtschaftsprüfern und Steuerberatern einer Wirtschaftsprüfungsgesellschaft. Damit ist gewährleistet, daß das in der Praxis benutzte Wortmaterial berücksichtigt wird. Bei Lehrbüchern besteht die Gefahr, daß dieser Gesichtspunkt zu kurz kommt. Drittens stellt er gegenüber dem Gesetzestext eine aus der Kenntnis der Praxis erwachsene Interpretation dar. Sachliche bzw. terminologische Schwerpunkte treten deutlicher hervor als im Gesetzestext. Gleiches gilt für die Darstellung sachlicher bzw. terminologischer Kontiguitäten und Zusammenhänge. Mit letzterem ist die so wichtige Vernetzungskapazität eines Textes angesprochen. Dem Gesetzestext haben wir -abgesehen von seiner schon erörterten sachstrukturierenden Aufgabe- im wesentlichen die Funktion der Kontrolle von Termini und Mehrwortverbindungen zugedacht.

In der zweiten Textgruppe übernimmt das Teilkorpus der Zeitungstexte die wichtige Aufgabe der Erstellung eines Grundgerüstes des operativ akzentuierten Wortschatzes. Wir bedienen uns hierzu eines nach Kasusrollen organisierten Selektionsinstruments (vgl. Schneider 1994 : 120, 124 - 127; siehe ähnlich Lauren 1993). Nach unserer Einschätzung ist es nicht nötig, dieses strenge Selektionsverfahren bis zum Ende der Bearbeitung aller Texte durchzuhalten. Wichtig ist aber, daß es in der Anfangsphase der Selektion ein Ordnungsprinzip garantiert, an dem sich die erweiternde oder differenzierende selektierende Bearbeitung der anderen Korpustexte (x), xii), xiii)) orientieren kann.

Die Berücksichtigung der dritten Textgruppe viii) Prüfungsbericht und ix) Bilanzanalyse ergibt sich aus besonderen sach- und handlungssystematischen Bedingungen. Mit Text viii) soll der "Dritte Unterabschnitt. Prüfung" des Handelsgesetzbuches inhaltlich gefüllt werden. Mit den Texten ix) wird der Tatsache Rechnung getragen, daß der Jahresabschluß die wichtigste Informationsquelle für die Bilanzanalyse darstellt (Wöhe 1992 : 846) und der Bilanzanalyse eine wichtige Indikatorfunktion bei Unternehmenskrisen zukommt.

Die Texte xiv) Wörterbücher, Indizes, Fachlexika werden sowohl parallel zur Selektion und Lemmatisierung als auch erst in einer späten Phase zu diversen abschließenden Checks des selektierten sprachlichen Materials eingesetzt. Hier kommen beispielsweise in Frage:

i) Indizes z.B. des BECKschen Steuerberaterhandbuchs und von sonstigen Fachbüchern;
ii) Lexikon der Rechnungslegung von Wolfgang Lück;
iii) Jahres- und Konzernabschluß von A - Z von Herbert Martin Fussan;
iv) Fachbegriffe Finanz- und Rechnungswesen (E-D/)D-E, von Götz Hohenstein, Gabler 1993, etc.

Der unter i) genannte Typ "Indizes" kann wegen seiner klaren Fachspezifik von gutem Nutzen sein. Seine Schwächen sind allerdings nicht zu unterschätzen. Textstrukturelle Bezüge sind nicht mehr vorhanden. In ihrer Zusammenstellung sind Indizes sehr heterogen, da offenbar sehr von der Sorgfalt und der Zeit abhängig, die der Autor des entsprechenden Fachbuchs aufgewandt hat. Unter Umständen fehlen gerade die frequentesten Termini, da diese als selbstverständlich vorausgesetzt werden. Bei qualitativ höherwertigen Indizes erhält man durch begriffliche Unterordnungen zu zentralen Fachtermini partielle sachstrukturelle Hinweise. ii) und iii) zählen zur Gruppe der Fachlexika. Sie dienen weniger zur Lemmakontrolle als vielmehr zu immer wieder notwendig werdenden inhaltlichen Überprüfungen und Vergewisserungen. Als allgemeines Fachlexikon dient uns schließlich das Gabler Wirtschaftslexikon. Wir ziehen es vor, bei allen zur (finalen) Lemmakontrolle eingesetzten Dokumenten von Hilfskorpora oder Referenzkorpora zu sprechen. Unter diesem verstehen wir im wesentlichen "un ensemble de sources diverses dans lesquels les chercheurs puisent pour vérifier l'existence et l'usage de certains termes" (Groffier/Reed 1992 : 22). Ihre Zahl geht weit über die hier beispielhaft genannten hinaus. Unerwähnt bleiben an dieser Stelle z.B. all jene Referenzmaterialien, die sich aus der Sicht der französischen Systematik ergeben werden (siehe die Seite 203.).

Wie Bergenholtz (1992 : 52) bemerkt, ist der Rückgriff auf vorangegangene oder andere Wörterbücher als sekundäre Datenbasis der Selektion gängige Praxis. Groffier/Reed (1990 : 21) meinen: "Toute utilisation d'index que l'auteur d'un dictionnaire n'a pas établi lui-même présente inévitablement des lacunes par rapport à un dépouillement systématique de textes. Cependant, il nous paraît vain de vouloir toujours tout recommencer." Aus grundsätzlichen konzeptionellen Erwägungen haben wir uns auferlegt, bei Null zu beginnen, d.h. nur primäre Datenbasen zu verwenden. Also nicht nur deshalb, um einige Lücken zu vermeiden. Zu dieser idealen Methode, die nach Rossenbeck (1991 : 33) notwendig ist, um ein kommunikativ wirklich brauchbares Fachwörterbuch zu erstellen, haben wir uns aufgrund der bestehenden Wörterbuchsituation entschlossen. Für den von uns abgedeckten Gegenstandsbereich gibt es unseres Wissens kein befriedigendes zweisprachiges Fachwörterbuch, ein aktives "Allbuch" in der Form eines Kontextfachwörterbuchs mit Sicherheit nicht.

Gegenstandsspezifische Lemmakritik am Potonnier

Wir haben den Potonnier (Wörterbuch für Wirtschaft Recht und Handel D -F, 2. Auflage 1982) einer Überprüfung im Hinblick auf den uns vom Gegenstand her interessierenden Lemmabestand unterzogen. Sie gibt uns Gelegenheit, auf Schwächen sekundärer Korpustexte generell hinzuweisen. Die Arbeit wurde unter Mithilfe eines Fachexperten, seines Zeichens vereidigter Buchprüfer, Diplomkaufmann und Steuerberater, durchgeführt. Eine intensive Durchsicht des Potonnier war notwendig, um etwa 5000 gegenstandsspezifische Lemmata auszusondern. Die von uns am Potonnier geübte Kritik verstehen wir als eine wohlwollende, eingedenk der Tatsache, daß die Kritik selbst eines hervorragenden Wörterbuchs immer noch leicht ist (Hausmann 1989_1 : 85). Unter den herausgefilterten Lemmata ist nach Meinung des Experten eine nicht unerhebliche Anzahl in der Praxis insbesondere der gesprochenen Sprache ungebräuchlich:

BEISPIELE: abfallende Abschreibung, Abgabenveranlagung, abnehmende Steuer, Abnutzungsbetrag, Abnutzungsrestwert, Absatzaufwand, Abschlußsaldo, abgesonderte Abschreibung, Abschreibungswagniskonto, Absetzkosten, Abzügekonto, Abzugskapital, freie Aktiva, reine Aktiva, allgemeine Einkommensteuer, Allphasensystem, die Bilanz anerkennen, Anfangskosten, Anfangswert, akkordieren, amortisabel, Apport, Arbeiteraktie, Arbeitermitinhaberschaft, Arbeitermitunternehmerschaft, Aufwandsausgleichskonto, balancieren, Beibuch, Beteiligungsverband, Betriebseinrichtungskosten, Betriebsunkosten, Betriebsvorrat, Bilanzneubewertung, Bilanztabelle, Eigenwirtschaftlichkeit, Einzelstoffkosten, Endkapital, ersatzbedürftig, Erzeugungskosten, Erzeugungstiefe, Eskompte, Exoneration, Fabrikationsertrag, Fabrikationskonten, Fabrikationskosten, Fabrikationssteuern, Fabrikationsunkosten, Fabrikatsteuern, Fachkontenrahmen, Faconwert, Fassonwert, Fertigungswarenbestand, Festkosten, Festkostenanteil, Finanzierungsbilanz, Firmenkern, Freiaktie, Gesamtkostenaufwand, Geschäftsstockung, Gesellschaftsangliedeung, Gesellschaftsbuchhaltung, Gewinnlinse, Gewinnreserve, Gewinnreservezuweisung, Handbuchführung, Hauptbuchprobe, Hauptkosten, Immaterialgüter, Interimsbilanz, Interkalarzinsen, Inventur- und Materialabrechnung, Inventurbilanz, Kapitalbewertung, diskontinuierliche Kosten, teilbewegliche Kosten, Kostenabschreibung, Kostenbild, Kostendeckungszuschlag, Kostenkehre, Kostenverbrauchsabweichung, Kostenverbrauchsgewinn, Kostenverbrauchskalkulation, Kostenverbrauchsverlust, Kostenverzehrskalkulation, Maschinenerneuerungskonto, Mengenabschreibung, Mengenrechnung, Mengenskontration, Mengenumsatz, Nämlichkeitsbescheinigung, Nämlichkeitsprüfung, Nämlichkeitsverfahren, Nebenunternehmer, Niedrigstwertprinzip, Nonvalenz, Normalkontenrahmen, Normalkosten, Normalsatz, Normkosten, Planungsspanne, Preisdifferenzgewinn, Probebilanz, Realfirma, Rechnungsbericht, Rechnungsposition, Richtigbefund, Sachkonzern, Sachsteuer, Schuldabschreibung, Skontration, Skontrieren, Skontro, Sortenskontration, Staffelspanne, Überabschreibung, Übertragungsbuchführung, Umsatzausgleichsteuer, Unkosten, Unkostenanteil, Unkostenaufwand, Unkostenkoeffizient, Unkostenkonto, Unkostenumlage, Vermögensverkehrsteuer, Vermögenszuwachssteuer, Verrechnungsbilanz, Vertreterkosten, Warenschuldnerkonto

Die Entscheidungen des Experten mögen hier und da anfechtbar sein, das wird nie zu vermeiden sein. Das Kriterium "ungebräuchlich" schließt sicherlich recht heterogene Aspekte ein. Die Beispiele, die keinen Anspruch auf Vollständigkeit erheben, genügen dennoch, um auf eine wesentliche Schwäche von Fachwörterbüchern hinzuweisen, die, wie der Potonnier, etwa 80 Bereiche (Wagner 1989 : 212) abdecken wollen. Sie können dem Benutzer nur eine unsichere Garantie hinsichtlich der Gebrauchsnormen der Lemmata geben. Der Fehlgriff stellt sich schnell ein. Zu dem Terminus "Skontration" (Methode zur sofortigen mengenmäßigen Erfassung von Zugängen und Abgängen eines Lagers) und den entsprechenden Komposita sagte der Experte etwa, daß er sie zwar schon irgendwann einmal gehört habe, er gebrauche sie aber überhaupt nicht. Die Bemerkung macht deutlich, daß das eigentliche Problem bei der Ermittlung eines Lemmabestandes weniger in der Unterscheidung von 'passiv' und 'aktiv' liegt, als vielmehr in der Abgrenzungsschärfe des Gegenstands, d.h. der Sache und des Situations- und Handlungstyps. Ganz spezifische Anwendungsbedingungen heißt ja nicht, daß das Wort nicht gebraucht wird. Der allgemein dominierende Typ des zweisprachigen Wirtschaftsfachwörterbuchs, wie etwa Potonnier, schafft hier unvermeidlich Verunsicherung beim aktiven Benutzer. Folgende aus diesem Wörterbuch entnommene Lemmata mögen zeigen, welche enzyklopädischen Parforceritte sich Wörterbuchmacher selbst und dem Benutzer zumuten. Wir konzedieren gern, daß wir besonders "interessante" Belege ausgewählt haben:

> ausbaggern, ausholzen, Auswinterung, Beckengebühr, Beförsterung, Beschädigtenausgleichsrente, Betonung, Bifurkation, Binnenschiffergenossenschaft, Bodmerei, Chomageversicherung, Egartenwirtschaft, Entbindung, Fangopackung, Fernsprechnebenstellenanlage, Fleiverkehr, Gefällemesser, Kabotage, mittelspäte Kartoffel, Kinderbewahranstalt, Klimakunde, Knicklandschaft, Kohlenbergbauerzeugnisse, Kohortensterbetafel, Kommassierungsgebiet, Kopflosreiter, Leibgedinge, Lehde, Pränumerandorente, Schalenwild, Siedewasserreaktor, Umbehandlungsbahnhof usw.

Es ergibt sich die Frage, wer eigentlich in einer extrem arbeitsteiligen Gesellschaft wie der unsrigen von einem solchen Lemmata-Potpourri noch profitieren kann. Hier wird auch das Dilemma deutlich, daß es bisher nicht gelungen ist, den gängigen Fachwörterbüchern eine befriedigende Definition des komplexen Phänomens 'Wirtschaftssprache' zugrunde zu legen.

Einen weiteren Grund, warum es sehr problematisch ist, sich auf sekundäre Korpustexte wie Wörterbücher zu stützen, sehen wir in jenem Mangel, der nach Rossenbeck (1991 : 34) zu den am häufigsten genannten gehört: die Unvollständigkeit. Bei einem produktionsorientierten Wörterbuch, dessen Qualität ganz erheblich von der semantischen Vernetzung seiner Lemmata abhängt, stellen Lücken ein schweres Benutzungshandicap dar. Vor allem dann, wenn sie aus sachsystematischen Gründen kaum entschuldbar sind (siehe Seite 236f.). Die Lückenkritik ist in dem Moment ernst zu nehmen, in dem sie die Lücke in einem nachvollziehbaren sach- und handlungssystematischen Zusammenhang diskutierbar macht. In Wagner/Morgenroth (1995 : 383) erscheinen z.B. die folgenden Abschreibungsmethoden: amortissement arithmétiquement dégressif, constant/dégressif/dérogatoire/exceptionnel/fiscal/linéaire/progressif/technique. Die folgende Diskussion ist möglich: Warum mischen die Autoren französische und deutsche Abschreibungsmethoden, ohne dies kenntlich zu machen?

Warum wird die progressive Abschreibung erwähnt, obwohl sie in Frankreich nicht erlaubt ist (Stawinoga 1994 : 127) und übrigens auch in Deutschland in der Praxis fast nie angewendet werden darf? Macht der damit zu unterstellende Spezialisierungsgrad nicht auch die Erwähnung von amortissement fonctionnel oder variable (Leistungsabschreibung) (vgl. La Villeguérin 1993 : 95; Klee 1992 : 298) und amortissement différé ("aufgeschobene Abschreibungen") erforderlich? Kann er die Nichterwähnung der in Frankreich üblichen amortissement indirect noch entschuldigen? u.s.w.

Bei einer Durchsicht des Potonnier D-F haben wir die folgenden (ungeordnet aufgeführten) Lemmata nicht vorgefunden. Dabei ist allerdings zu berücksichtigen, daß die letzte D-F Ausgabe des Wörterbuchs 1982 erschienen ist und daher alle wichtigen Gesetzesänderungen im Bereich des Rechnungslegungsrechts nach diesem Zeitpunkt nicht berücksichtigt. Allein diese Tatsache macht es für unsere Aufgabe nur sehr eingeschränkt brauchbar:

Aufwendungen für die Ingangsetzung und Erweiterung des Geschäftsbetriebs, Ausgliederung, Konzernabschluß, einheitliche Leitung, Rechnungslegungspflicht, Sonderposten mit Rücklageanteil, Aktivierungswahlrecht, Aktivierungsgebot, Aktivierungsverbot, Passivierungswahlrecht, Passivierungsgebot, Passivierungsverbot, Saldierungsverbot, Verrechnungsverbot, Unternehmensfortführung, Realisationsprinzip, Imparitätsprinzip, Vorsichtsprinzip, Halb- und Fertigfabrikate, Gewinnabführungsvertrag, prüfungspflichtig, Mindestgliederungsschema, Bilanzierungsgebot, Bilanzierungsverbot, Bilanzierungswahlrecht, Pro-Kopf-Umsatz, Leasing-Nehmer, Leasing-Geber, Staffelform, Kontoform, Einstellungen (z.B. in die Kapitalrücklage), Verdrängungswettbewerb, Nominalkapital, Kapitalerhaltung, Gewerbeertragsteuer, Gewerbekapitalsteuer, Bilanzierungshilfe, wirtschaftliche Nutzungsdauer, technische Nutzungsdauer, Gesamtkostenverfahren, Umsatzkostenverfahren, Leverage-Effekt, Hebelwirkung, Deckungsbeitragsrechnung, Bruttoausweis, Eigenmittel, Verlustrücktrag, Beschäftigungsplan, Lohnfertigung, Anlagespiegel, Vorstandsvorsitzender, Eigenfertigung, Aufhebungsvertrag, Maßgeblichkeitsprinzip, Ausleihungen, handelsregisterlich, masseloser Konkurs, Rekordhöhe, Haftungskapital, Freistellung, Arbeitnehmeraktie, Kapitalrücklage, Kerngeschäft, Lagebericht, Erlaß einer Forderung, kostengünstig, Vergabe eines Kredits, Bilanzpolitik, gewinnabhängige Steuern, gewinnunabhängige Steuern, verbundene Unternehmen, beherrschender Einfluß, Gemeinschaftsunternehmen, Marktnische, Steuervorteile usw.

Die angeführten Beispiele sollen genügen, um unsere Entscheidung, nur mit großer Vorsicht auf das Wörterbuch als sekundäre Korpustextquelle zurückzugreifen, zu begründen. Dieser Rückgriff wird, was die Lemmaselektion betrifft, nur einen bescheidenen Beitrag leisten können.

Lemmata, in der Art, wie sie gewöhnlich in einem Wörterbuch vom Typ des Potonnier präsentiert werden, büßen ihre textstrukturellen Bezüge zum größten Teil ein. Darin besteht das Haupthindernis, sie als Korpustexte für ein aktives Wörterbuch zu verwenden. Potonnier verfügt zwar - z.B. im Vergleich zu Boelcke/Straub/Thiele und Doucet/Fleck- über ein relativ gutes Verweissystem, es genügt jedoch nicht für jene Verweisdichte, die in einem aktiven Kontextfachwörterbuch angestrebt werden muß. Zentrale Lemmalücken mindern außerdem beträchtlich den Wert seines Verweissystems. Von größerem Wert werden dagegen die von Potonnier teilweise reichlich aufgeführten Kollokationen sein. Wir werden im weiteren Verlauf unserer Ausführungen zu Einzelaspekten der Lemmaselektion noch mehrfach auf den

Potonnier Bezug nehmen. Dabei werden wir weitere Schwächen aufdecken, aber auch Anregungen für unser Konzept erhalten.

Textsorten und Kohärenz

Wir sprachen weiter oben davon, daß die Qualität eines Korpus für ein aktives Fachwörterbuch in hohem Maße von einer möglichst kohärenten und überschaubaren Sach- oder Handlungssystematik in den zugrunde gelegten Korpustexten abhängt. Hiermit steht die Frage der verwendeten Textsorten und der Textmenge in engem Zusammenhang. Es ist zunächst einmal einleuchtend, daß nicht ganze Bücher verwendet werden sollten, sondern in der Länge begrenzte einzelne Texte verschiedener Textsorten (Bergenholtz/Mugdan 1990 : 1622). Aus unserer Korpuszusammenstellung ist zu ersehen, daß wir die Textsorten Buch, Gesetzestext, Bericht, Zeitungstext, schriftlich fixierte Rede und schließlich Analyse berücksichtigt haben. Die Verwendung der Textsorte "Buch" halten wir im Falle eines aktiven Wörterbuchs deshalb für notwendig, weil durch die Geschlossenheit dieses Textes die Einheitlichkeit der Terminologie und die Geschlossenheit der ihm immanenten Sachsystematik am besten gewährleistet ist. Für die Ausarbeitung des Verweissystems ist diese Bedingung unverzichtbar. Dies erklärt, daß wir sowohl im sachsystematischen (Seite 28 die Ziffer vii)) als auch im handlungssystematischen (siehe Seite 28 die Ziffer xiii)) Korpusteil diese Textsorte vorfinden. Im handlungssystematischen Teil wird diese wichtige Aufgabe zudem, wie weiter oben schon erwähnt (siehe Seite 31), durch die Zeitungstexte übernommen. Die beiden Buchtexte und die Zeitungstexte garantieren das lemmatische Kerngerüst der Teilsysteme. Im Bereich des sachsystematischen Korpusteils vergrößert sich mit zunehmender Textsortenvielfalt und abnehmender Textmenge des Einzeltextes die Gefahr der Zersplitterung systematischer und terminologischer Zusammenhänge. Das Einbringen von Einzeltexten zu sachsystematischen Einzelaspekten kann sehr leicht zu Ungleichgewichten in der lemmatischen Durchdringung und Vertiefung führen. Daher kommt es bei der Auswahl der Korpustexte insbesondere dieses Teilsystems darauf an, solche Ganztexte zu suchen, die fachlich hohen Ansprüchen genügen. Wir sehen hierin die beste Gewähr für die sich im terminologischen Bestand niederschlagende Unterscheidung von sachsystematisch Zentralem und sachsystematisch Nebensächlichem. In unserem Fall sehen wir die von uns gestellten Ansprüche durch die fachliche Kompetenz der Autoren als erfüllt an. Dadurch, daß es sich bei den Verfassern des Buchs "Bilanzrichtlinien-Gesetz. Der Leitfaden für den neuen Jahresabschluß" um mehrere Mitarbeiter einer Wirtschaftsprüfungsgesellschaft handelt, kann auch dem berechtigten Einwand begegnet werden, daß im Falle der Einbeziehung vollständiger Dokumente individuelle Stile zu sehr durchschlagen (Schaeder 1990 : 19). Das Problem des individuellen Stils dürfte jedoch im Bereich <u>fach</u>sprachlicher Korpustexte innerhalb des <u>sach</u>systematischen Teils wegen des hohen Normierungsgrades der Sprache keine allzu große Bedeutung haben. Das gleiche gilt mit geringen Einschränkungen für die intermediären Textsorten "Prüfungsbericht" und "Bilanzanalyse".

Etwas anders stellt sich dagegen die Situation im handlungssystematischen Teil dar. Dies erklärt, daß wir hier der Forderung nach Texten mit beschränktem Umfang leichter nachkommen können, allerdings auch nur auf der Grundlage eines handlungssystematischen Grundgerüsts. Die Dynamik einer Handlungssystematik ergibt sich nämlich aus der Vielfalt von Situationskonstellationen, die allerdings durch einen übergeordneten Situationsintegrator "zusammengehalten" werden muß. Durch möglichst viele Texte kann man diese Vielfalt einfangen. Die Sättigungsgrenze sehen wir für das Teilkorpus xi) bei etwa 100 Zeitungstexten mit einer durchschnittlichen Textmenge von zirka 450 Wörtern erreicht.

Das schwer kalkulierbare Risiko einer maximalen Erfassung von Kollokationspotentialen

Inwieweit die Forderung nach einem ausreichenden Vorkommen der selektierten Lemmata in ihren unterschiedlichen Verwendungsweisen (Bergenholtz/Schaeder 1977 : 9) durch die von uns vorgenommene Korpuszusammenstellung gewährleistet ist, ist nicht einfach zu beantworten. Hier verbirgt sich ein Risikopotential eines lexikographischen Unternehmens, das zwar durch eine konsequent sach- und handlungssystematisch ausgerichtete Korpusauswahl reduziert, aber nicht völlig ausgeschaltet werden kann.

Das Korpus als "Spiegel" des Wörterbuchs

Um zu einem Fazit unserer Ausführungen über die zentrale Frage der Korpuszusammenstellung zu kommen, stützen wir uns ein wenig auf die folgenden Überlegungen Sinclairs (1991 : 9): "The results are as good as the corpus, and we are at a very primitive stage of understanding the character of corpora and the relation between decisions on the constitution of the corpus and information about the language derived from the corpus." Wir beziehen diese auf das Korpus eines gemeinsprachlichen Wörterbuchs zielenden Gedanken auf unser fachsprachliches Korpus und kommen zu folgendem Fazit: Die Erarbeitung von Sach- und Handlungssystematik gründete insbesondere im letzten Fall auf integralen Textkontakten. Dabei wurden immer mehr die typischsten Textrepräsentanten von Teil- und Subsystemen eingegrenzt. Sie bildeten schließlich das Korpus. Das für unseren Wörterbuchtyp anvisierte Sprachmaterial war dabei wesentliche Bedingung und Folge der Entscheidung über dieses Korpus. In diesem spiegeln sich in einer abstrakteren Weise schon makro- und mikrostrukturelle Zusammenhänge des Wörterbuchs.

Zur Frage des Fachexperten

Nicht versäumen möchten wir, einige Bemerkungen zur Frage des Fachexperten zu machen (siehe auch die Seiten 230f., 243ff.). Wir sehen unsere Position hierzu sehr gut durch Opitz (1990_2 : 1630) wiedergegeben:

> "Die Rolle des sachverständigen Informanten wird gelegentlich nicht unerheblich überschätzt. Der Grund hierfür ist in der zweifelhaften lexikographischen Praxis zu suchen, Wörterbücher nicht grundsätzlich auf der Basis eines Textkorpus, sondern durch Kompilation bereits vorhandener Lexika und ihrer Glossierungen zu erstellen. Bei diesem Verfahren ist der Lexikograph allerdings nicht in der Lage, Sachzusammenhänge und Wortbedeutungen in der Sprache eines ihm fremden Sachgebietes zu durchschauen und bedarf in der Tat der beratenden Hilfe eines Fachmanns."

Nach unseren Erfahrungen ist es durchaus möglich und von hohem Reiz, sich für lexikographische Belange in ein fremdes Sachgebiet einzuarbeiten. Die wichtigste Voraussetzung scheint uns das Interesse an der Sache zu sein. Nicht zu unterschätzen ist auch die Einstellung, die der "linguiste-terminologue" gegenüber dem "Phänomen" des Experten hat. Wir stimmen Kocourek (1982 : 155) zu, daß es keine "chasse-gardée des experts" geben sollte. Mit Sicherheit ist der Grad der erforderlichen Fachkenntnisse nach den von Wiegand (1988) unterschiedenen drei Wörterbuchtypen zu differenzieren. Die höchsten fachlichen Ansprüche stellt zweifelsohne das fachliche Sachwörterbuch.

Unsere Arbeit wird, wie schon erwähnt, von einem vereidigten Buchprüfer und Steuerberater begleitet. Er besitzt eine betriebswirtschaftliche Universitätsausbildung und langjährige praktische Erfahrungen als Prüfungsleiter bei einer der größten deutschen Wirtschaftsprüfungsgesellschaften in der Prüfung von Unternehmen und in ihrer betriebswirtschaftlichen und steuerlichen Beratung. Wir verwenden ihn als eine Art "Feuerwehr" immer dann, "wenn's brennt". Darüber hinaus sind in dem gesamten hier dargestellten metalexikographischen Reflexionsprozeß Zwischenstationen vorhanden, an denen eingehendere Besprechungen stattfinden. Bisher wurde der Rat des Experten in intensiverer Form in folgenden Fällen in Anspruch genommen: für die Lemmakontrolle im Potonnier, für den Komplex "Unternehmerische Maßnahmen bei ertragsschwachen Unternehmen" und für die Frage der mit dem Jahresabschluß befaßten Gesprächstypen. Sein Urteil wird immer wieder notwendig sein bei schwierigen Lemma-Selektionsentscheidungen.

Insgesamt sollte man bei der Mitarbeit von Fachexperten realistisch bleiben. Für einen Fachvertreter ist die Mitarbeit in einem lexikographischen Projekt nicht sonderlich attraktiv. Für sein berufliches Fortkommen bringt sie ihm, wenn überhaupt etwas, nur wenig. Wichtig ist die Frage der zeitlichen Beanspruchung des Experten. Langfristige Setzung von Terminen mit gut getimter Erreichung von Zwischenzielen ist ebenso notwendig, wie die flexible Reaktion auf kurzfristige terminliche Verschiebungen.

4. Allgemeine Aspekte der Selektion

Wort, Lexem, Lemma, Lemmabestand, Makrostruktur

Bevor wir uns mit der Selektionsproblematik beschäftigen, ist es notwendig, sich über einige "Arbeits-Termini" Klarheit zu verschaffen. Für die lexikographische Arbeit empfiehlt es sich, von praktisch handhabbaren Definitionen auszugehen.

Unter "Wort" verstehen wir eine Kette von Graphemen in einem Text, die von Nullgraphemen oder Satzzeichen eingeschlossen ist (Dietze 1989 : 45). Wir definieren das Wort also als eine Einheit, wie sie der Alltagserfahrung entspricht.

"Lexeme" fassen wir als Bestandteile des Lexikons auf. Sie bestehen aus einem oder mehreren Wörtern und können auf der semantischen Ebene als Träger relativ geschlossener Bedeutungen interpretiert werden (Lewandowski 1985 : 638).

Mit dem "Lemma" bezeichnen wir jene Wortform, die in das Wörterbuch eingetragen wird. Es ist, mit den Worten Wiegands (1983 : 451), entweder das 'Lemmazeichen' oder ein Teil des Lemmazeichens, das bzw. der als Element eines Lemmabestandes einer der lexikographischen Ordnungen (X) unterworfen ist. Zu den einzelnen Definitionen von 'Lemmazeichen', 'Eingangslemma', 'Sublemma' und 'Teillemma' verweisen wir ebenfalls auf Wiegand (1983 : 450ff.). Die Unterscheidung zwischen der im Text auftretenden Wortform und dem Lemma ist durch die Type (Lemma) - Token (Wortform)-Relation zu veranschaulichen (Dietze 1989 : 46). Im Hinblick auf das aktive Wörterbuch läßt sich feststellen, daß in bestimmten Fällen Annäherungen der lemmatischen Präsentation an textnähere Token-Formen notwendig sein werden. Den 'Lemmabestand' beschreiben wir mit Wiegand (1983 : 431) als geordnete Menge aller Lemmata. Die in dieser Menge definierten Relationen, die die Lemmata ordnen, bilden die Makrostruktur des Wörterbuches. Die Lemmata sind daher nicht Teile der Makrostruktur, sie werden vielmehr durch diese geordnet.

Reflexionen über die fruchtlose Opposition von Gemein- und Fachsprache

Nach Hoffmann (1985 : 129) sind die Kriterien für die Aufnahme einer lexikalischen Einheit in ein Fachwörterbuch noch recht unterschiedlich. Groffier/Reed (1990 : 33) meinen, die Berücksichtigung von Elementen aus der "langue générale" und der "langue de spécialité" "dépend des options précédentes du modèle, de la constitution du corpus et des critères sélectifs des auteurs. Les critères de choix sont évidemment très subtils et difficiles à manier." Die Selektion der Lemmata ist mit einer Unzahl von Einzelproblemen behaftet. Eine möglichst klare Position zu beziehen in bezug auf die Frage, nach welchen Kriterien die Selektion erfolgt, ist von erheblicher Bedeutung für die Qualität des Wörterbuchs. Die üblicherweise getroffene Feststellung, daß sich die Selektion nach der Wörterbuchfunktion, den Benutzerbedürfnissen u.ä. zu richten habe, ist zwar nicht zu beanstanden, sie bleibt aber oft zu allgemein und deshalb relativ schwer zu operationalisieren. Unter diesen Voraussetzungen ist sie wenig hilfreich als Entscheidungsinstrument bei dem einzelnen Selektionsakt.

Zunächst ist es wichtig, sich bei der Selektionsarbeit von einer nur auf den isolierten Terminus fixierten Betrachtung freizumachen. Trotz ihres großen Allgemeinheitsgrades erweist sich die Hoffmannsche Definition von Fachsprache (1985 : 53) recht hilfreich dabei, so etwas wie eine adäquate Grundeinstellung zum zu selektierenden Sprachmaterial anzunehmen:

"Fachsprache ist die Gesamtheit aller sprachlichen Mittel, die in einem fachlich begrenzbaren Komunikationsbereich verwendet werden, um die Verständigung zwischen den in diesem Bereich tätigen Menschen zu gewährleisten."

Reinhardt/Köhler/Neubert (1992 : 2) kommen mit ihrer Auffassung von Fachsprache als einer "funktionalen Variante einer natürlichen Sprache" der unsrigen ziemlich nahe. Wenn die gleichen Autoren weiter sagen, daß sich die Fachsprache "spezieller sprachlicher Mittel ... aber auch weitgehend der allgemeinsprachlichen Mittel" bediene, erheben wir (ein wenig polemisch) Einspruch. Wir tun dies, obwohl wir auch mit ihrer Behauptung, daß bei den allgemeinsprachlichen Mitteln mit "formalen und inhaltlichen Spezifizierungen - Erweiterungen, Verschiebungen, Restriktionen ..." zu rechnen sei, absolut einverstanden sind. Wir erheben Einspruch gegen einen Sprachgebrauch, der bei einer Reihe von Autoren zu beobachten ist, die durchaus bereit sind, die fruchtlose Opposition von Gemeinsprache und Fachsprache zu überwinden, in diesem Bemühen aber auf halber Strecke stehenbleiben. Und dies geschieht wider die bessere Einsicht, daß eine "strenge Unterscheidung zwischen der Allgemeinsprache und der Wissenschafts/Fachsprache nicht zu leisten ist" (Neubauer 1980 : 173, 177). Nehmen wir etwa Bergenholtz (1994 : 299). Einerseits sagt er: "Es spricht einiges dafür, die problematische Grenzziehung zwischen fach- und gemeinsprachlichen Wörtern dadurch zu vermeiden, daß man alle Wörter in einem fachsprachlichen Text als funktionale Elemente dieses Textes sieht und prinzipiell bei der Lemmatisierung berücksichtigt." Andererseits heißt es ein paar Zeilen weiter: "Vorschlagen möchte ich eine Lemmaauswahl nach dem Kriterium -Fachtermini und andere Ausdrücke, die in einer gegebenen Fachsprache anders als in der Gemeinsprache sonst üblich gebraucht werden ...".

Diese beobachtbare ambivalente Haltung zur -von Linguisten erzeugten- (Pseudo)Problematik 'Gemeinsprache-Fachsprache' kann mit Hilfe des Vorschlages von Kalverkämper (1990 : 98f.), anstatt der Polarität der beiden Kategorien, ihre Vereinbarkeit ins Visier zu nehmen, weitgehend überwunden werden. Er plädiert deshalb für eine "merkmalorientierte 'Fachlichkeits'-Skala anstelle einer Gegensatzbeziehung". Die logische Konsequenz besteht in dem Verzicht auf die "rein sprachlich" letzlich nicht faßbare Kategorie 'Gemeinsprache' (Kalverkämper 1990 : 106). Es geht also immer nur um ein mehr oder weniger von Fachlichkeit des Wortschatzes einer Fach- oder Subsprache. Unserer Meinung nach läßt sich auch die Vertikalisierung des Lexikons durch Wichter (1994) mit dem Ansatz Kalverkämpers vereinigen. Die Abgrenzungsversuche Wichters (1994 : 25) gegenüber Kalverkämper vermögen uns nicht recht zu überzeugen. Tatsache ist, daß die "Rettung" der Gemeinsprache durch die Berufung auf "die Dinge des einfachen Lebens" auf schwachen Füßen steht. Bei dem Versuch, die schwer definierbare "peau de chagrin" Gemeinsprache zu retten, halten wir jedenfalls die Aufrechterhaltung der Vorstellung von einer Opposition zwischen diesem quantitativ und funktional völlig unsymmetrischen Paar Gemeinsprache - Fachsprache für obsolet.

Wir sind überzeugt, daß alle innerlinguistischen Versuche zur Bestimmung des "Verhältnisses" von Gemein- und Fachsprache zu kurz greifen. Wir halten vielmehr eine umfassende Reflexion auf die sich ereignenden "Umbrüche gesellschaftlicher Arbeit" für unerläßlich. Voss (1994 : 269) wirft die Frage von dem "Ende der Teilung von 'Arbeit und Leben'?" auf und macht darauf aufmerksam, daß wir uns "an der Schwelle zu einem neuen gesellschaftlichen Verhältnis von Betriebs- und Lebensführung" befinden. Er spricht von der "Entwicklung ..., daß der betriebliche Zugriff auf die Eigenschaften von Arbeitenden ... der Tendenz nach 'ganzheitlich' ist, d.h. immer mehr die ganze Person erfaßt" (Voss 1994 : 275). Diesen totalen Zugriff der Arbeit auf Person und Leben versuchen die Arbeitenden "mit Hilfe einer aktiven, reflexiven und schließlich verstärkt zweckrationalen Organisation ihrer alltäglichen Lebensführung zu verarbeiten" (Voss 1994 : 288). Das Konzept der sogenannten "Gemeinsprache" wird in Zukunft immer stärker in Annäherung an "zweckrationale" Handlungsweisen der Arbeitswelt definiert werden müssen.

Über das bisher Gesagte hinaus, glauben wir, daß alle globalen und abstrakt-deduktiven Fragestellungen des Typs "Gemein- oder Fachsprache ?" (z.B. Baldingers Wortschatzmodell in Malige-Klappenbach [1980]) letzlich nicht von einer langue-Linguistik zufriedenstellend beantwortbar sind. Was nottut ist die von Coseriu (1988 : 57) mit Recht geforderte "radikale Änderung des Gesichtspunkts" hin zu einer parole-Linguistik, innerhalb derer das "Subjekt der Zeichenpragmatik" den ihm gebührenden Stellenwert erhält (vgl. Vigener 1979 : 108 ff.). In Absetzung von Coseriu (1988) halten wir aber eine systematische Rückbindung sprachlicher Erscheinungen an ihre aktionale Grundlage (Piaget 1981 : 24) für unerläßlich. Befriedigende Antworten auf Fragen des genannten Typs lassen sich daher nur finden, wenn das Phänomen Sprache innerhalb von Tätigkeits- und Handlungszusammenhängen angegangen wird (Knobloch 1994 : 52ff.). Innerhalb dieser dürften sich solche Unterscheidungsversuche wie die nach Gemein- und Fachsprache als obsolet, aber typisch für eine Langue-Linguistik entlarven.

Wir haben eine interessante Parallele zwischen dem von Kalverkämper vertretenen Primat der Fachlichkeit und der davon abgleiteten Negativ-Kategorie des Laientums und dem folgenden Hinweis von Opitz (1983 : 164) entdeckt: "A glance at the history of lexicography is sufficient to show that technical dictionaries are by no means a recent achievement. On the contrary, they provided the very basis on which all lexicograpy as we know it today is built: from the interlinear versions of early Bible translations to the medieval glossaries ...".

Wir schließen uns desweiteren dem Vorschlag Hoffmanns (1985 : 128) an, "nicht so viel vom Fachwortschatz allgemein, sondern mehr über den "Wortschatz der Subsprache X oder der Fachsprache Y zu sprechen."

Groffier/Reed (1990 : 123) beschreiben, ungeachtet ihres ebenfalls ambivalenten Sprachgebrauchs und einer gewissen Fixiertheit auf das terminologische Element, die Aufgabe, vor der wir stehen, so: "La relation du vocabulaire du droit avec la langue générale se manifeste à toutes les étapes de l' élaboration du dictionnaire. Le choix des entrées doit tenir compte de la plus ou moins grande juricité des termes." Für die

Sprache der Betriebswirtschaft dürfen wir von den gleichen Bedingungen ausgehen. Der Betriebswirtschaftler Kroeber-Riel (1969 : 45) bemerkte Ende der sechziger Jahre: "Die Fachsprachen sind nichts anderes als die für den Zweck eines Faches normierte und 'durchgeistigte' Umgangssprache" (Kroeber-Riels Arbeit ist übrigens alles andere als eine "Analyse ... spezieller morphologischer und syntaktischer Einzelprobleme", wie Bolten [1991 : 72] meint). Wichtig an der Bemerkung Kroeber-Riels ist die unterstellte Permeabilität bzw. Skalarität -im Sinne Kalverkämpers- der beiden Konzepte.

Beispiele für das skalare Konzept von Fachsprache

Wie sehr die Aussage Kroeber-Riels auf das von uns selektierte Sprachmaterial zutrifft, möchten wir an den folgenden Beispielen aufzeigen. Wir haben die etwa 1400 aus dem Korpustext vii) "Bilanzrichtlinien-Gesetz. Ein Leitfaden für den neuen Jahresabschluß" entnommenen Lemmakandidaten auf jene Substantive hin untersucht, die erst durch ein spezifisches attributives Umfeld mehr oder weniger starke fachliche Bedeutungsspezifizierungen erhalten:

Abgang, Abberufung, Abgrenzung Absatz, Abschluß, Abschreibung, Abwertung, Ausgaben, Aktien, Aktionär, Aktivierung, Ausstattung, Anlagen, Angaben, Anhang, Anleihe, Ansatz, Anspruch, Anteile, Ausschüttung, Arbeitnehmer, Auflösung, Aufrechnung, Aufwand, Art, Ausweis, Aufwendungen, Abteilung, Ausleihungen.
Betrag, Besitz, Beschäftigte, Bühne, Bereich, Beseitigung, Betrieb, Beihilfe.
Entlastung, Ertrag, Erlös, Eingang, Einrichtungen, Ergebnis, Einlagen.
Forderungen, Fertigung, Fähigkeit.
Gesellschaft, Güter, Gesetz, Grundsatz, Gitter, Geräte, Gewinn, Gemeinschaft.
Handel.
Instandhaltung.
Kosten, Kapital, Konsolidierung, Konto.
Leistungen, Lizenz.
Methode, Minderung, Mitglieder.
Notierung.
Organ.
Posten, Periode, Prüfer, Pflicht, Phase, Planung, Preis, Prüfung.
Rate, Reserven, Region, Rat, Rückstellung.
Satz, Spiegel, Steuern, Seite, Stoff, Sperre, Schwankungen, Stetigkeit.
Tag, Tätigkeit.
Unternehmen, Übernahme.
Vermögen, Vertrag, Verfahren, Verbot, Voraussetzungen, Vorschriften, Versicherung, Versorgung.
Wert, Wahlrecht, Wesen, Waren.
Zahl, Zuschreibung, Zahlung.

Was überrascht, ist die relativ geringe Zahl der uns interessierenden Nomen. Der von Kroeber-Riel festgestellte Normierungs- und Durchgeistigungsprozeß besteht nun darin, daß aus Abgrenzung Steuerabgrenzung aus Ausgaben Betriebsausgaben, aus Betrag

Auflösungs-, Aufzinsungs-, Ausgabe-, Fehl-, Steuerabgrenzungs-, Unterschiedsbetrag, aus Besitz Minderheits-, Anteilsbesitz usw. werden. Unter Selektieren verstehen wir die Ermittlung all jener sprachlichen Elemente, die einen Beitrag zu diesem Normierungsprozeß leisten. Dabei gehen wir davon aus, daß alle Elemente einen gleichwertigen Beitrag leisten. Die Ermittlung erfordert ein sich möglichst sicheres Bewegen auf einer Fachlichkeitsskala, an deren einen Ende ein merkmalreicher Terminus wie etwa strenges Niederstwertprinzip und an deren anderen Ende ein merkmalarmer Terminus wie etwa Betrag steht.

Notwendigkeit qualitativer Selektionsentscheidungen

Die notwendigen Selektionsentscheidungen für ein aktives Wörterbuch haben primär qualitative Entscheidungen zu sein. Dies gilt für das gesamte zu selektierende Sprachmaterial, also für Substantive, Verben, Adjektive, Adverbien, Mehrwortausdrücke und Kollokationen. Die Entscheidungen finden in jedem Einzelfall in einem sach- und handlungssystematischen Bezugsrahmen statt. Dieser konkretisiert sich immer nur in Texten, denn "die fachsprachlichen Signale sind an den jeweiligen Text gebunden. In ihm entscheidet sich, welche Möglichkeiten -von '(extrem) merkmalreich' bis zu '(extrem) merkmalarm'- umgesetzt worden sind (Kalverkämper 1990 : 122). Es ist klar, daß dieses Vorgehen die vorgängige Auswahl der Korpustexte zu einem ganz entscheidenden Kriterium machen muß. Wir sprechen deshalb allerdings nicht, wie Bergenholtz (1994 : 297), von einer "Verschiebung des Problems" (der obsoleten Bestimmung von Gemein- und Fachsprache), sondern sehen in diesem Vorgehen das einzig sinnvolle. Wir sagen es ganz deutlich: In einem Lemmaselektionsprozeß für ein aktives Wörterbuch ist ein Hinausgehen über die Logik von nach strengen sach- und handlungssystematischen Kriterien ausgewählten Texten ebenso wenig möglich, wie ein Zurückbleiben hinter dieser Logik akzeptabel ist. Qualitative Selektionsarbeit besteht in einer äußerst intensiven und geduldigen Analyse der Korpustexte. Für die systematische Erfassung der oben erwähnten 1400 Lemmakandidaten aus dem Korpustext vii) benötigte der Verfasser bei einer täglichen Arbeitszeit von 2 Stunden 4 Monate. Dabei muß allerdings betont werden, daß die Erfassung mit der Vernetzung der Lemmata verbunden wurde, was besonders zeitaufwendig ist. Andererseits wäre es methodisch ungeschickt und unökonomisch, diese beiden Aspekte nicht miteinander zu verbinden.

Qualitative Selektionskriterien

Wie lassen sich nun primär qualitative Selektionsentscheidungen genauer begründen? Wichtig ist zunächst einmal die Frage, ob das selektierte Sprachmaterial professionellen und/oder theoretisch-wissenschaftlichen und/oder pädagogisch-didaktischen Ansprüchen genügen soll. Hoffmanns (1985 : 246) Hinweis, daß für die Ermittlung des wichtigsten Wortgutes Hochschul- und Fachschullehrbücher mit Über-

blickscharakter besonders gut geeignet seien, hat besondere Gültigkeit für Adressatengruppen, deren Konsultationsbedürfnisse theoretisch-wissenschaftlicher Natur sind und gleichzeitig eine didaktische Rücksichtnahme verlangen.
Eine von Kroeber-Riel (1969 : 161) getroffene Unterscheidung von "empirischer Sprache" und "theoretischer Sprache" verdeutlicht, worauf es uns besonders ankommt. Der erste Sprachtyp macht direkte Aussagen über die sinnlich wahrnehmbare Wirklichkeit, z.B. "Die Gesamtkosten dieses Betriebes betragen X DM". Die theoretische Sprache bezieht sich dagegen nur indirekt oder gar nicht auf die empirische Wirklichkeit, z.B. "Die Gesamtkosten setzen sich aus einem konstanten und einem proportionalen Bestandteil zusammen" oder "Das unternehmerische Handeln sollte ethisch fundiert sein". Aussagen dieses Typs sehen wir vor allem im didaktisch-pädagogischen und wissenschaftlich-theoretischen Diskurs angesiedelt (siehe zu diesem Problemkreis unsere kritischen Bemerkungen zu Morgenroth/Wagner Seite 239ff.). Unsere Selektionsentscheidungen werden sich in besonderem Maße an dem Kriterium "empirische Sprache" ausrichten. Sie dürfte der von Ohnacker (1992 : 55, 95) so genannten "praktisch-fachlichen Schicht" der Wirtschaftssprache oder der "Berufssprache" nach Bolten (1991 : 76) entsprechen.

Ein weiteres qualitatives Kriterium für unsere Selektionsentscheidungen ergibt sich aus dem Konkretisierungs- und Differenzierungsgrad, den wir mit dem Sprachmaterial des Wörterbuchs anstreben. Es ist anzunehmen, daß es einen Zusammenhang zwischen sprachlich-begrifflicher Differenzierung und Handlungs- und Entscheidungsebenen innerhalb eines Unternehmens gibt. Der Buchhalter oder Finanzbuchhalter muß sich in die Details jedes einzelnen Kontos vertiefen, die Führungskraft ist zur detailübergreifenden synthetisierenden Gesamtschau verpflichtet.

Von besonderer Bedeutung für die Selektion dürfte das sein, was wir mit Sach- und Handlungsrelevanzen bezeichnen. Sie schälen sich bei der Lektüre einschlägiger Fachliteratur heraus. Wir geben nachstehend einige solcher Relevanzindikatoren (das Begriffszentrum ist durch Unterstreichung hervorgehoben):

- In der <u>Break-even</u>-Analyse ist die Ermittlung der kostendeckenden Ausbringungsmenge von besonderem Interesse, weil das Unternehmen an dieser Stelle aus der Verlustzone herauswächst und in die Gewinnzone eintritt (Wöhe 1992 : 906).
- Ein Gesamturteil bezüglich der wirtschaftlichen Lage und der wahrscheinlichen Entwicklung eines Unternehmens setzt eine detaillierte Analyse des Jahresabschlusses und der <u>Kennzahlen</u> voraus (Wöhe 1992 : 916).
- Die praktische Relevanz der <u>Rückstellungen für latente Steuern</u> ist gering (Wöhe 1992 : 586).
- Die <u>Rücklagen</u> sind eines der wichtigsten Instrumente der Bilanzpolitik (Wöhe 1992 : 596).
- Die größten Möglichkeiten zur Beeinflussung des Vermögens- und Erfolgsausweises durch bilanzpolitische Entscheidungen liegt im Bereich der <u>Abschreibungs</u>politik (Wöhe 1992 : 741).
- Die <u>Vorräte</u> und die <u>Forderungen</u> sind im Umlaufvermögen die entscheidenden Posten aus Unternehmersicht (Grosjean 1993 : 75).

- Die 'aktivierten Aufwendungen für die Ingangsetzung und Erweiterung des Geschäftsbetriebs' ist eine nicht sehr häufig anzutreffende Bilanzposition (Grosjean 1993 : 104).
- Zuschreibungen haben in der Praxis keine große Bedeutung (Grosjean 1993 : 126).
- Ganz im Mittelpunkt jeglicher Jahresabschlußbeurteilung steht der Umsatz und seine Entwicklung (Grosjean 1993 : 160).
- Entscheidende Größe zur Messung des Unternehmenserfolgs ist das Betriebsergebnis (Grosjean 1993 : 184).
- Die Umsatzrentabilität ist einer der besten Maßstäbe für die Effizienz der geschäftlichen Tätigkeit (Grosjean 1993 : 222).
- Zentrale Größen der Gewinn- und Verlustrechnung stellen der Materialaufwand und die Personalkosten dar (Grosjean 1993 : 223).
- Der Cash-flow ist von großer Bedeutung, wirft er doch ein Licht auf die finanzielle Leistungsfähigkeit des Unternehmens (Grosjean 1993 : 232).
- In der Bundesrepublik dominiert eindeutig die Gliederung der Gewinn- und Verlustrechnung nach dem Gesamtkostenverfahren (Wolf 1993 : 30).
- Für jedes Unternehmen stellt der Return on Investment die wichtigste Kennzahl dar, mit der der Einstieg in die Bilanzanalyse beginnt (Wolf 1993 : 151).
- Der wichtigste Punkt bei der Aufbereitung des Jahresabschlusses ist die Aufdeckung von stillen Reserven (Wolf 1993 : 93).
- Eine der wichtigsten Sanierungsmaßnahmen muß heißen: Senkung der fixen Kosten (Baur 1978 : 147).
- Die Maßnahme 'Lagerbestände abbauen' ist oft einer der Eckpfeiler der Sanierung (Baur 1978 : 187) etc.

Da wir es bei diesen Relevanzindikatoren mit dem wichtigsten Selektionskriterium zu tun haben, ist es notwendig, sich einen möglichst umfassenden Überblick über sie zu verschaffen. Die zentralen Lemmata, für die sich eine besondere typographische Hervorhebung (z.B. durch starken Fettdruck oder Farbdruck) anbietet, gehen hieraus hervor.

In engem Zusammenhang mit diesem Selektionskriterium steht jegliche Art von zusammenfassenden Darstellungen. In Frage kommen komprimierende Überblicke, Tabellen und Schemata, wie z.B. jenes, das das Bundesaufsichtsamt für Versicherungswesen bei der Beurteilung der Finanz- und Erfolgslage von Unternehmen zugrunde legt (BECK'sches Steuerberater-Handbuch 1988 : R 229), oder Bilanzanalyseschemata (Luckey 1992 : 110 f.; Grosjean 1993 : 176).

Ein weiteres bedeutendes Selektionskriterium ergibt sich aus den semantischen Relationen eines Begriffs und seinem Stellenwert innerhalb der Sach- und Handlungssystematik. In letzterer spielt das Kasusrollenmodell eine besondere Rolle. Wir werden weiter unten (siehe Seite 92) auf dieses Kriterium näher eingehen.

Ein besonderes Augenmerk bei der Selektion verdienen außerdem solche Lemmata, an denen Differenzen der Wirtschaftskultur zwischen L_1- und L_2-Bereich deutlich werden (siehe die Seiten 101, 315ff.).

Das an ein Lemma gebundene Kollokationspotential ist ebenfalls ein Relevanzindikator (vgl. in Konerding [1993 : 118] das "Relevanzprinzip" von Ballmer/ Brennstuhl).
Und schließlich soll der Vollständigkeit halber auf typographische Indikatoren hingewiesen werden, die in einigen Publikationen vorhanden sind. Durch Fett- oder Kursivdruck werden bedeutendere Termini hervorgehoben.

Selektierte Wortarten

Von Bedeutung für die Selektion ist schließlich die Frage, welche Wortarten berücksichtigt werden sollen.

An erster Stelle ist das (ein- und mehrwortige) Substantiv zu erwähnen, ebenso das Verbalsubstantiv. Substantive stellen in Texten der deutschen Gegenwartssprache immerhin 85% aller Wörter (Wellmann 1991 : 9). Es folgen das Verb, das Adjektiv -welcher von beiden Wortarten eine bedeutendere Rolle zufällt, ist nach unseren Erkenntnissen schwerer zu entscheiden als man allgemein annimmt-, das Partizip und das Adverb. Ihren Platz im Wörterbuch werden die vier zuletztgenannten vor allem, jedoch nicht ausschließlich, ihrer Eigenschaft zu verdanken haben, so wie das Substantive über terminologische Merkmale zu verfügen (Hoffmann 1985 : 177). Der Notwendigkeit einer besonderen Berücksichtigung dieser Wortarten liegt die folgende Erkenntnis zugrunde: "In the specialized dictionaries one can notice that nouns are overrepresented while the other categories (verbs and adjectives e.g.) are neglected or absent" (Binon/Verlinde 1994 : 2). Von Funktionswörtern werden wir absehen. Die besonders wichtige Präposition wird innerhalb der Kollokationen ausreichend abgehandelt. Es sei herausgestellt, daß jede einzelne Wortart mit spezifischen Selektionsproblemen behaftet ist.

Die Rolle des Frequenzkriteriums

Welche Rolle spielt nun bei all diesen Überlegungen das so häufig in der Literatur genannte Kriterium der Frequenz? Die Antwort ist einfach: als rein quantitativem Maßstab kommt ihm lediglich eine sekundäre Funktion zu.

Unseres Erachtens wird mit dem Kriterium der Frequenz zu sorglos umgegangen. Die oben erwähnten qualitativen Zusammenhänge sind mit ihm nicht in den Griff zu kriegen. Wichtige Fachtermini können ohne weiteres durch seine Maschen fallen (Bergenholtz 1992 : 53). Mit Sicherheit reduziert sich der mit rein quantitativen Kriterien arbeitende Fach-Lexikograph auf eine Art black box. Der von ihm bearbeitete Fachgegenstand bleibt im Halbdunkel. Dies ist inakzeptabel für ein aktives Fachwörterbuch. Hausmann (1985 : 124) warnt vor der Frequenzzählung als einzigem Kriterium für die Aufnahme von Kollokationen ins Wörterbuch, da viele nicht frequent, aber dennoch verfügbar sind. Es führt kein Weg an der grundlegenden Einsicht vorbei, daß quantitative Ergebnisse durch qualitative Vorgaben nicht nur bedingt, sondern auch fast beliebig beeinflußbar sind. Dabei ist noch nicht einmal entscheidend, ob diese Vorgaben bewußt oder unbewußt erfolgten.

Aber selbst wenn man der Behauptung Dietzes (1989 : 55), daß die Gebrauchshäufigkeit eines Wortes im Text als Indikator für seine Signifikanz als Terminus dienen kann, eine gewisse Berechtigung nicht absprechen möchte, so ist das eigentliche Problem damit noch nicht benannt. Von Hoffmann (1985 : 149) erfahren wir, daß sich aus den Häufigkeitswörterbüchern folgende Tendenz ablesen läßt: Die oberen Ränge sind nur mit einem Wort besetzt. Je weiter man hinabsteigt, desto größer wird die Zahl der Wörter, die ein und denselben Rang einnehmen, also mit der gleichen Häufigkeit im Text auftreten. Es ist in der Tat so, daß einem schon bei der einfachen Lektüre der von uns verwendeten Korpustexte solche Termini wie Gewinn, Verlust, Eigenkapital, Anschaffunngs- und Herstellungskosten, Abschreibung, Umsatz, Aktiva, Passiva etc. auch ohne Computerauswertung ins Auge fallen. Dort aber, wo die eigentlich schwierigen Selektionsentscheidungen anfallen, rücken die Häufigkeitswerte immer näher zusammen. Es wäre unverantwortlich und fachsystematisch blind, solche Entscheidungen bei einem mehrere zehntausend und mehr Einheiten umfassenden Korpus letzlich von Häufigkeitsdifferenzen abhängig machen zu wollen, die sich im Einer-Bereich bewegen. Man sehe sich hierzu etwa die Frequenzauswertung des 15000 Wörter umfassenden Wöhe-Korpus von Morgenroth (1994 : 175 - 194) an, das 1664 Wörter mit der Frequenz 1 aufweist.

Das von uns nicht verkannte schwierige Problem, schließlich in jedem Einzelfall eine endgültige Selektionsentscheidung treffen zu müssen, ist nur mit einem qualitativen Ansatz zufriedenstellend zu bewältigen. Hier muß auf die Unterstützung des Experten insbesondere in Zweifelsfällen zurückgegriffen werden. Dennoch gilt letzlich für die Gesamteinschätzung dieser Arbeit, was Sinclair (1991 : 39) sagt: "Ultimately the lexicographic decisions will be personal evaluations by the lexicographer, giving due consideration to all the evidence that he or she has amassed."

Anzahl der selektierten Lemmata

Was die Zahl der für unseren Sach- und Handlungsbereich zu selektierenden Lemmata betrifft, sehen wir bei etwa 5000 eine obere Grenze. Eine nur schwerlich zu unterschreitende Untergrenze setzen wir bei 1000 Einheiten an. Für die von uns weiter oben erwähnten wörterbuchartigen Publikationen gelten folgende Zahlen: Hohenstein zirka 1200 (Einwort- und Mehrwortausdrücke, Komposita, Verben und Adjektive), Lafond/Vaughan "plus de trois mille mots", SoGeLex knapp 5000 (einschließlich aller prä- und postpositionaler Erweiterungen der Lemmata, z.B. augmentation de CAPITAL, CAPITAL nominal). Erwähnt sei außerdem der Dictionnaire de la Comptabilité et des disciplines connexes von Ferdinand Sylvain (1982 : Préface), der 5140 "termes" enthält.

Die Angabe von Zahlen ist nicht unproblematisch, da das, was gezählt wird, sehr unterschiedlich sein kann. Als zu zählende Einheiten kommt neben dem einfachen auch das zusammengesetzte Substantiv in Frage. Das letztere kann sowohl in Lemma- als auch in Sublemmaposition auftreten. Desweiteren ist an das Mehrwortlemma zu denken, das ebenfalls, je nach Relevanz, in beiden Lemmapositionen auftreten kann. Außerdem das Verb, das Adjektiv und das Adverb in Lemmaposition. Eine weitere Gruppe bilden Präfixoide mit Teillemmastatus. Ob diese allerdings in einem aktiven Wörterbuch eine gesonderte Lemmatisierung erfahren sollen, werden wir noch eingehender untersuchen müssen (siehe Seite 62).

Beispiele informationstragender und operativer Lemmata

Gegen Ende des Selektionsprozesses werden sich zwei wesentliche Aufgaben stellen. Zunächst muß das informationstragende und das operative Lemmamaterial zusammengeführt und integriert werden. Danach muß es auf die vorgesehene Wörterbuchdimension hin reduziert werden. Um eine Vorstellung von der Eigenart des jeweiligen Lemmamaterials zu bekommen, präsentieren wir nachstehend Ausschnitte aus beiden Bereichen. Sie geben zugleich einen kleinen Einblick in den Stand der von uns bis zum jetzigen Reflexionsstadium betriebenen Lemmaselektion (bis auf das adjektivische Attribut und das Präfixoid wird auf alle sonstigen parallel selektierten Kollokatio-nen und Verweise verzichtet, ebenso auf jede Form einer besonderen morphologi-schen Bearbeitung).

Informationstragender Lemmabereich (Korpustext vii): Die Lemmata sind in diesem Stadium, aus Gründen der Arbeitsvereinfachung, noch streng alphabetisch -der erste Buchstabe der selektierten Einheit ist maßgebend- geordnet):

Abgang
abberufen
abgeführte Gewinne
abgelaufenes Geschäftsjahr
abgeleiteter Wert
abgesetzte Betriebsleistungen
abgesetzte Leistungen
Abgrenzungsposten
Abgrenzungsposten für aktivisch latente Steuern
abhängige Gesellschaft
abhängiges Konzernunternehmen
abhängiges Unternehmen
abnutzbare Anlagegüter
abnutzbares Anlagevermögen
Abrechnungsperiode
Absatz
Absatzvertrag
Abschluß
Abschlußprüfer
Abschlußstichtag
abschreiben
Abschreibung

Operativer Lemmabereich (Korpustext xi) - Kasusrolle 'Instrument'):

Abberufung
Abfindung
Abfindungsansprüche
Akquisition
Akquisitionsprogramm
Ansprüche
Anstrengungen
Anteile
Arbeit
Arbeitsplätze

Aktie
Aktienpaket
Allianz
Amt
Amtsgericht
Angestellte
Anlagen
Anmietung
Anpassungsmaßnahmen
Arbeitsplatzabbau
Arbeitsplatzaufbau
Arbeitsplatzverluste
Arbeitsproduktivität
Arbeitsschicht
Arbeitsverhältnisse
Arbeitszeit
Auffanglösung

5. Lemmatisierung

Wir wenden uns nun Einzelfragen der Lemmatisierung zu, die sich in der Selektionsarbeit herausgeschält haben. Jede dieser Fragen wird bei der Erstellung eines Wörterbuchs eine definitive Antwort verlangen. Wir werden Fragen aufwerfen und eventuelle Lösungsmöglichkeiten aufzeigen. Die gemachten Vorschläge müssen gegebenenfalls noch mehrfach geändert werden. Dieser Unsicherheitsfaktor ist der unverzichtbare Garant eines dynamischen Erstellungs- und Reflexionsprozesses. Wir werden häufig eine Blick in den Potonnier und gelegentlich auch in den Hamblock/Wessels werfen, um Vergleiche anzustellen. Sollten sich daraus positive Ansätze für unseren Wörterbuchtyp ergeben, werden wir sie verwerten.

5.1 Das Kompositum

Besondere Berücksichtigung des Nominalkompositums

Nach Mugdan (1984 : 238) betrifft eine der grundlegenden Entscheidungen des Lexikographen, nämlich welche Einträge überhaupt ins Wörterbuch aufgenommen werden sollen, die Wortbildungen. Wir verstehen darunter die Komposition und die Derivation (Naumann 1986 : 61ff.). In diesem Kapitel soll nur von der nominalen Komposition die Rede sein (zur Definition des Kompositums siehe z.B. Wolf 1990 : 22 - 26). Nach Wellmann (1991 : 3) besteht der deutsche Wortschatz zu etwa zwei Dritteln aus Nominalkomposita. Er hebt hervor, daß der Anteil der Bildungen mit substantivischem Bestimmungswort heute besonders durch die Verbindung mit einem Firmennamen rasch wächst, wie z.B. Didier-Gruppe, Didier-Werke, Didier-Weltabschluß. Mugdan (1984 : 247) weist darauf hin, wie häufig solche Komposita wie "Rumpfgeschäftsjahr, Jahresumsatz, Jahresüberschuß" im Zeitungskorpus von Rosengren (1977) vertreten sind und wie stiefmütterlich diese von den einschlägigen Wörterbüchern wie Duden das grosse Wörterbuch der deutschen Sprache behandelt werden. Was selbst für die allgemeine Lexikographie kaum akzeptabel ist, ist für ein aktives Kontextfachwörterbuch nicht tolerierbar. Eine der wichtigsten Erkenntnisse unserer Arbeit besteht darin, daß den Wortbildungen aufgrund ihrer sehr hohen Frequenz im selektierten Material eine ganz herausragende Rolle bei der Lemmatisierung zukommen muß. Das deckt sich mit der Beobachtung Morgenroths (1994 : 97, 100), daß es gerade die zwei- und mehrgliedrigen Substantivkomposita sind, die sich im Gegensatz zu dem Einwort-Substantiv durch eine besondere Fachspezifik auszeichnen. Die nachstehenden Beispiele mit dem Determinativ Ertrag- mögen dies verdeutlichen:

Ertragsanstieg	Ertragsprognose
Ertragsausfall	Ertragsqualität
Ertragsausschüttung	Ertragsrechnung

Ertragsaussichten
Ertragsausweis
Ertragsbelastungen
Ertragsbild
Ertragsdruck
Ertragseffekte
Ertragseinbruch
Ertragsentwicklung
Ertragskraft
Ertragslage
Ertragsmöglichkeiten
Ertragsniveau
Ertragsoptimierungsmaßnahmen
Ertragsperspektiven
Ertragsprobleme
Ertragsrückgang
Ertragsschwäche
Ertragsschwelle
Ertragssituation
Ertragsstärke
Ertragssteigerung
Ertragstrends
Ertragsverbesserung
Ertragsverfall
Ertragsvergleiche
Ertragsverschlechterung
Ertragsverwendung
Ertragswerte
Ertragszahlen

Potonnier erwähnt von den angeführten 35 Komposita lediglich 8, nämlich Ertragsausfall, Ertragsaussichten, Ertragskraft, Ertragslage, Ertragsrechnung, Ertragsrückgang, Ertragssteigerung und Ertragswert. Dafür erscheinen in Potonnier 15 Komposita, die von uns nicht erwähnt wurden. Der gewichtige Hamblock/Wessels führt ungefähr 90 an.

Komplexe semantische Relationen

Die besonders hohe Frequenz der Nominalkomposita in den Fachsprachen des Deutschen (Hoffmann 1985 : 122) bedarf keines weiteren Nachweises. Ein wenig mehr Überlegung ist angebracht, um sich die Probleme vor Augen zu führen, die die Komposita dem L_2-Wörterbuchbenutzer bereiten können. Die größte Schwierigkeit ergibt sich für ihn aus der großen Heterogenität der zwischen den Kompositionselementen möglichen semantischen Relationen (siehe z.B. Møller 1988 : 505/506). Sie resultiert aus der "ungeheuren sprachökonomischen Konzentration der Sachverhalte" (Benes 1976 [1966] : 95), die durch Komposita möglich ist. Nach Ortner (1991 : 119) lassen sich 34 Haupttypen der Komposition unterscheiden. Die für den Muttersprachler in der Regel problemlose semantische Transparenz darf beim L_2-Lerner für den Rezeptionsakt nur mit Einschränkungen vorausgesetzt werden. Wie soll er wissen, daß unterschiedliche Beziehungen der Komponenten zueinander einheitliche Bildungen zulassen (Reinhardt/Köhler/Neubert 1992 : 161), wie z.B. Umsatzsteigerung und Umsatzentwicklung? Duhme (1991 : 69) spricht bei einem Kompositum vom Typ Muttergesellschaft von "Einwortphraseologismus" und weist damit auf die -für einen L_2-Lerner nicht immer einfach durchschaubare- semantische Komplexität solcher Zusammensetzungen hin. Piirainen/Airismäki (1987 : 88) sind sich ebenfalls dieser Komplexität bewußt. Sie sehen in der Verwendung einer Zusammensetzung anstatt einer Wortgruppe unter Umständen ein Zeichen unklaren Denkens oder unvollkommener Bearbeitung eines Gedankens. Deshalb präferieren sie in diesem Fall die Verwendung einer Wortgruppe, die den Benutzer zur Darlegung der semantischen

Verhältnisse anhält (siehe die Seiten 299/300 zu unterschiedlichen Verwendungskontexten von Kompositum und entsprechender Wortgruppe).

Die in Potonnier vorfindbaren Übersetzungen einzelner Komposita sind ein Indiz für die in diesen oftmals enthaltene semantische Komplexität. Sie verdeutlichen, daß deren Erfassung ohne das Einbringen von "Weltwissen" nicht möglich ist: Ertragsausfall : déficit, résultat déficitaire; Ertragsbeteiligung : participation aux bénéfices, Ertragsgrenze : seuil de productivité, plafond de rendement, Ertragsschmälerung : recul dans la production, affaiblissement du résultat. Der von Lötzsch (1991 : 2780) gemachte Vorschlag, daß letzlich das Äquivalent in der Zielsprache über die Aufnahme oder Nichtaufnahme entscheiden müsse, halten wir für einen unsicheren Wegweiser. Wenn die Rezeption schon höchste Interpretationsleistungen von dem L_2-Benutzer verlangt, so gilt für ihn als L_2-Produzent erst recht das, was Kromann (1984 : 219) sagt: Er besitzt nicht die Kompetenz, die möglichen Konstruktionen in der Fremdsprache zu überblicken. Er braucht daher im aktiven Wörterbuch diese Zusammensetzungen als Lemmata. Es geht also nicht nur um jene Fälle von idiomatisierten Kompositionen wie z.B. Wertschöpfung oder Schachtelprivileg, deren Inhalt nicht mehr aus der Kenntnis der Wortbestandteile -wenn man diese übliche Ausdrucksweise akzeptiert- erschließbar ist. Die Schwierigkeiten beginnen für den L_2-Benutzer schon weit unterhalb dieser Ebene. Daher kann zumindest für ein aktives Wörterbuch nicht gelten, daß, wie Mugdan (1984 : 284) meint, eine Wortbildung nur dann aufgenommen werden sollte, wenn die durch sie gelieferte Information über Banales hinausgehe. Unser Benutzer bedarf des Banalen. Er muß sehen, daß es eine bestimmte Komposition GIBT. Es mag sein, daß es für einen dänischsprachigen Benutzer wegen seiner Vertrautheit mit Komposita einfacher als für einen frankophonen Benutzer ist, die Generierungsmechanismen deutscher Komposita zu durchschauen (so die Grundtendenz bei 1988), dennoch bleiben wir dabei: das deutsche Kompositum stellt für den nicht-deutschen Muttersprachler eines der schwierigsten Probleme in der Produktionssituation dar. Wenn Møller (1988 : 509) gar noch die kompositionale Kreativität des L_2-Benutzers in Gang setzen möchte, dann ergeben sich aus einer fachsprachlichen Perspektive sehr große Bedenken. Über die semantischen Probleme hinaus lauern nämlich noch viele andere Tücken morphosyntaktischer Art. Ertragslage ist üblich, aber kaum die Lage des Ertrags.

Schwierige Allomorphie des Erstglieds

Wellmann (1991 : 51) führt aus: Die Vielfalt der Regeln, Regularitäten und Sonderfälle, die die Allomorphie des Erstgliedes in der Wortbildung bestimmen, hat es im Horizont der Lexikographie als das Zweckmäßigste erscheinen lassen, diese Allomorphie bei dem betreffenden Lemma durch Beispielkomposita zu verzeichnen. Das Kompositum verlangt also seine Präsenz, um korrekt verwendet werden zu können. Unsicherheiten in der Fuge lassen sich schnell ausfindig machen. So findet man Betriebsteuern ebenso wie Betriebssteuern, Anlagespiegel ebenso wie Anlagenspiegel. Barz (1993) weist auf das zunehmende Phänomen graphischer Varianten bei der Komposition hin. Eine hilfreiche Anregung erhielten wir bei unserer Selektionsarbeit. Im Handelsblatt (Nr. 224,

19./20.11. 1993) stießen wir auf folgenden Gebrauch des Bindestrichs: Sanierungs-Schritte, Unternehmens-Umstrukturierung, Aktien-Gesellschaft, Gewinn-Zuwachsraten. Insbesondere bei dreigliedrigen Komposita, die sich durch eine "schwebende Struktur" (Wellmann 1991 : 14) auszeichnen, kann der Bindestrich zur Erleichterung der Segmentierung eingesetzt werden: Kostensenkungs-Maßnahmen, Personalkosten-Anteile, aber Lager-Umschlagzahl.

Möglichst vollständige Erfassung

In dem vorgenannten Zusammenhang stellt sich die Frage, inwieweit überhaupt Komposita aus drei und mehr Konstituenten im Wörterbuch berücksichtigt werden sollen. Wir meinen, ihre Erwähnung darf nicht ausgeschlossen werden, zumal solche Bildungen, wenn auch viel seltener als das zweigliedrige Kompositum, für die Sprache der Wirtschaft durchaus typisch sind (de Cort 1982).

Wir kommen zur zentralen Frage: in welchem Umfang und in welcher lexikographischen Darstellungsweise sind Komposita zu berücksichtigen? Rossenbeck (1991 : 36) fordert "größtmögliche Vollständigkeit". Wir halten dies für richtig. Aufgrund seiner großen Bedeutung für den L_2-Benutzer sehen wir in jedem Kompositum ein vollwertiges Lemma. Die Redeweise von der Gefahr einer Überlastung der Mikrostruktur wird den bestehenden Benutzeransprüchen nicht gerecht. Wir schlagen folgende lexikographische Präsentation vor:

der **ERTRAG**

.

.

der Ertragsanstieg

.

der Ertragsausfall

.

die ERTRAGSKONSOLIDIERUNG

.

die Ertragskraft

Alle Komposita werden also 'unter' dem Determinativ-Lemma, hier: **Ertrag**, eingetragen. Es erscheint in Fettdruck und gegenüber den anderen Komposita in größeren Buchstaben. Innerhalb der Komposita wird eine Zweiteilung je nach ihrem Stellenwert in der Sach- und Handlungssystematik vorgenommen. Die Komposita, die hierin eine große und stark autonome Bedeutung haben, erscheinen wie das Lemma in Großbuchstaben, aber in der gleichen Buchstabengröße wie die anderen Komposita, hier: Ertragskonsolidierung. Alle anderen Komposita werden durch den gleichen Fettdruck, aber nicht durch Großbuchstaben hervorgehoben. Um ihre Autonomie zu betonen, werden alle Komposita an den linken Rand herausgerückt, allerdings nicht völlig. Sie werden gegenüber dem Determinativum und den stark bedeutungsautonomen Komposita leicht eingerückt. Wir verwenden die Tilde nicht, da die optische Präsenz des gesamten Kompositums eine wichtige Voraussetzung für die obengenannte Notwendigkeit ist, daß der L_2-Benutzer erkennt, 'es gibt dieses Kompositum'. Der Verzicht auf die Tilde erspart im übrigen dem Benutzer alle mit der Darstellung der Fuge zusammenhängenden Konsultationserschwernisse.

Zur überfälligen lexikographischen Statusaufwertung der Komposita trägt zudem der Vorschlag Mugdans (1984 : 259 f., 287) bei, diese mit den gleichen Angaben zu versehen wie die Simplizia. In Erweiterung dieses Vorschlags haben wir die Singularformen mit den voll ausgeführten bestimmten Artikeln versehen. Der L_2-Benutzer wünscht keine grammatische Geheimschrift, sondern "Redundanz in der Darstellung von grammatischen Sachverhalten" (Bertrand 1990 : 369). Die mit Punkt(en) markierten Zwischenräume werden mit den jeweiligen Kollokationen gefüllt. Bei den vorgenannten Komposita Ertragsanstieg, Ertragsausfall und Ertragskraft verdienen die Basiselemente -anstieg, -ausfall, -kraft besondere Aufmerksamkeit. Deshalb wenden wir uns ihnen nun zu.

5.1.1 Das Basiselement mit großem Bedeutungsumfang

Hochproduktive Basen

Nach Ortner (1991 : 112) folgen 7/8 aller Substantivzusammensetzungen dem Typ des Determinativkompositums, bei dem B (Grundwort oder Basiselement) durch A (Determinativ oder Bestimmungswort) direkt modifiziert wird. Kroeber-Riel (1969 : 118 ff.) gibt hierzu ein Beispiel. Das Wort Organisation zeichne sich wie viele betriebswirtschaftliche Wörter durch starke Mehrdeutigkeiten aus. Wenn es jedoch nicht mehr als selbständiges Wort, sondern als Bestandteil einer Wortzusammensetzung wie in Absatzorganisation auftauche, dann hätten wir es mit einem feststehenden und in der Fachsprache gleichbedeutend angewandten Terminus zu tun. Wellmann (1991 : 32 ff.) spricht in diesem Zusammenhang von "hochproduktiven Basen", die zu der vielfältigen Komposition in der deutschen Gegenwartssprache beitrügen. Reinhardt/Köhler/Neubert (1992 : 7, 44) sehen in dieser "allgemeinen Lexik" "Benennungskategorien", denen sich "Begriffskategorien" wie z.B. 'Mittel', 'Vorgang', Objekt', 'Eigenschaft' zuordnen lassen. Die Verbindung zu unserem Kasusrollenmodell (siehe die Seiten 92-94) wird deutlich.

Aspekte der kollokativen Behandlung

Wir möchten die besondere Problematik dieser Lexik im Hinblick auf die Lemmatisierung näher betrachten. Die Frage der Verbalsubstantive klammern wir hier aus, da wir gesondert auf sie eingehen werden (siehe die Seiten 69 - 73). Wir stellen zunächst einige Überlegungen zur kollokativen Behandlung der Basiselemente an, betonen aber, daß die Kollokation erst im Teil B ausführlich abgehandelt wird. Nehmen wir z.B. die folgenden Komposita (die Basen in Großbuchstaben): WeltmarktANTEIL, EigenkapitalBASIS, SynergieEFFEKTE, SpartenERGEBNIS, AbsatzKRISE,

ErtragsLAGE, LiquiditätsPROBLEME, AusschüttungsPROGNOSE, InvestionsPROGRAMM, SteuerSATZ, KonzernZAHLEN. Wir sehen drei Lemmatisierungsmöglichkeiten:

i) Die Basiselemente werden lemmatisiert (Effekte, Prognose). In den jeweiligen Artikeln werden die dazu passenden Kollokationen aufgeführt. Am Endes des Artikels eines jeden Basiselementes erfolgen Verweise auf die Determinativa (Synergie-, Ausschüttungs-). In den entsprechenden Artikeln erscheint das Kompositum ohne Kollokationen.
ii) Die Basiselemente werden als Teillemmata (-effekte, -prognose) aufgeführt. In dem Artikel werden alle Komposita aufgeführt und kollokativ bearbeitet.
iii) wie i), allerdings werden auch beim Determinativkompositum lemmaspezifische Kollokationen gegeben.

Potonnier verfährt teilweise nach i). "Teilweise" deshalb, weil sich große Unterschiede in der Art feststellen lassen, wie die Basiselemente dargestellt werden. Das Basiselement Bedingung z.B. erfährt eine äußerst ausführliche kollokative Behandlung. Unter Lage (in der Bedeutung von situation, position) erscheint dagegen keine einzige Kollokation. In der Bedeutung von implantation, emplacement (im gleichen Artikel) erscheint in guter Lage. Wir stoßen hier auf einen Aspekt, der natürlich berücksichtigt werden muß: die Polysemie dieser Basiselemente. Unter Prognose findet man lediglich Prognose des Wirtschaftsablaufs. Auch nach den gängigsten Verbkollokatoren (aufstellen, wagen) oder Adjektivkollokatoren (günstige, ungünstige) hält man vergeblich Ausschau. Unter Funktion erscheint selbst der naheliegendste Verbkollokator erfüllen nicht. Das ist nicht immer so im Potonnier. Es gibt durchaus ausführlich abgehandelte Basiselemente. Was eben ins Auge fällt, ist die mangelnde Systematik. Es ist kein konsequent durchgehaltenes Prinzip erkennbar. Wir führen dies auf einen im Potonnier sicher nicht reflektierten Sachverhalt zurück, auf den wir erst im Laufe unserer Selektionsarbeit nach und nach aufmerksam wurden. Man betrachte folgende Kollokationen. In der ersten Zeile erscheint der Kollokator mit dem Kompositum, in der zweiten Zeile nur mit dem Basiselement:

a) Haftungsverhältnisse zugunsten einer Person eingehen
aa) +Verhältnisse zugunsten einer Person eingehen
b) hochvolumiges Investitionsprogramm
bb) hochvolumiges Programm
c) Anschaffungspreisminderungen absetzen
cc) Minderungen absetzen
d) der Anhang unterliegt der Prüfungspflicht
dd) +der Anhang unterliegt der Pflicht
e) die Herstellungskosten zu Vollkosten ansetzen
ee) +die Herstellungskosten zu Kosten ansetzen
f) Saldierungsverbot für Posten der Aktivseite und Passivseite
ff) Verbot für Posten der Aktivseite und Passivseite

In dem Moment, in dem das Determinativ wegfällt, sind viele -nicht alle- Kollokationen nicht mehr möglich. Wir haben nur die eindeutig inakzeptablen Fälle markiert (+). In den anderen Fällen müssen spezifische Kontexte vorausgesetzt werden. Es besteht also teilweise die Gefahr, unsinnige oder sinnlose Aussagen zu produzieren.

Die hieraus sich ergebende Erkenntnis besteht darin, daß die Zuteilung der Kollokationen zu dem Basiselement oder zum Kompositum oftmals sehr differenzierter Überlegungen bedarf. Es ist davon auszugehen, daß sich mit dem Verzicht auf das Determinativ und mit der damit einherhergehenden Ausweitung des Bedeutungsumfangs des Basiselementes das Kollokationsverhalten nicht unerheblich verändern kann. Im übrigen würde die bequemste Lösung, nämlich alle Kollokatoren bei dem Basiselement aufzuführen, zu dem äußerst fragwürdigen Ergebnis führen, daß das, was typischerweise zusammensteht, wieder auseinandergerissen wird. Für die fachlexikographische Darstellung ist dies inakzeptabel, weil dadurch auch Sachzusammenhänge verfälscht oder ungenau dargestellt werden.

Unter welchem Element lemmatisieren?

Ein weiterer Aspekt bedarf ebenfalls der Überlegung. Groffier/Reed (1990 : 130) geben das folgende auch für unseren Problemkreis gültige Beispiel: "Au cas où le syntagme ne présenterait pas une individualité linguistique suffisante, il figurerait sous l'une de ses composantes. Mais laquelle? Faut-il s'attendre à trouver question de principe sous question où sous principe?" Da Groffier die Möglichkeit, das Syntagma unter dem Element mit der "plus forte attraction sémantique" wegen der Gefahr zu subjektiver Entscheidungen ablehnt, meint er; "il est possible d'éviter les difficultés de repérage par un renvoi approprié". Unter einem solchen Verweis verstehen wir für unsere Zwecke einen nach sach- und handlungssystematischen Gesichtspunkten erfolgenden Verweis. Wir wollen nun versuchen, auf die obengenannten drei Lemmatisierungsmöglichkeiten Antworten zu geben:

i) Diese Lemmatisierungsmöglichkeit trägt der Tatsache des veränderten Kollokationsverhaltens des Basiselementes bei autonomer Verwendung und im Rahmen eines Kompositums nicht genügend Rechnung. Ihr Vorteil besteht darin, daß sie sachsystematische und sprachstrukturelle Zusammenhänge berücksichtigt. Sachsystematischen Erfordernissen wird sie dadurch gerecht, daß sie das Kompositum auch in der alphabetischen Position des Determinativums präsentiert, das -wenn auch nicht immer, so doch i.d.R.- den Informationsschwerpunkt trägt. Eine primär sprachstrukturelle Hilfestellung -mit einer sekundären sachsystematischen Komponente- bietet sie durch die Auflistung vieler Determinativa am Ende des Artikels des Basiselementes. Die erwähnte sekundäre sachsystematische Funktion verliert jedoch ihren Wert, wenn, wie im Potonnier, unter dem Lemma Kosten 229 Determinativa aufgelistet werden. Eine solche Anzahl löst Sachkohärenz auf. Die Frage, welchem Benutzer diese Auflistung wirklich nützt, ist kaum beantwortbar.

ii) Die Aufführung aller Komposita unter dem teillemmatischen Basiselement ist unter dem Gesichtspunkt der Sachkohärenz nicht ratsam. Hier wird zu Heterogenes in einen Artikel hineingezwängt. Ein entsprechendes aktives Konsultationsbedürfnis ist schwer vorstellbar.

iii) Es handelt sich um die beste Form der Lemmatisierung für den von uns anvisierten Benutzer, da sie das beschriebene unterschiedliche Kollokationsverhalten brücksichtigt. Allerdings sind weitere Modifizierungen notwendig, die sich durch den Benutzer ergeben. Sein normaler Konsultationseinstieg verläuft über den (französischsprachigen) L_1-Index (siehe die Seiten 262ff.) direkt zu dem gewünschten Lemma, sagen wir einmal Sanierungsmaßnahme. Er wird sich dagegen nur dann zum Lemma Maßnahme begeben, wenn er damit rechnen kann, dort Hilfen zur Präzisierung und Verfeinerung seines für eine exakte Enkodierung noch zu groben oder zu allgemeinen Konzeptes vorzufinden (Hinweis: Wir gebrauchen die Termini "Enkodierung" und "Dekodierung" nicht in dem engen nachrichtentechnischen Sinne eines spiegelbildlichen Entschlüsselns eines vorher verschlüsselten Gedankens (vgl. Herrmann/Grabowski 1994 : 56).

Viel wichtiger als so viel wie mögliche Determinativa aufzuführen, wie Potonnier das tut, ist für uns die Frage, zu welchen Lemmata von dort aus verwiesen wird. Unser Benutzer hat kein "rein sprachlich" motiviertes Konsultationsbedürfnis, etwa derart, alle Lemmata des Wörterbuchs mit der Basis -maßnahme auswendig zu lernen. Wir gehen davon aus, daß sich seine sprachliche Frage immer im Rahmen eines von ihm bestimmbaren oder ihm vorgegebenen Sach- und Handlungsrahmen bewegt. Die Liste der Determinativa am Ende eines Artikels im Potonnier ist für uns nur insoweit interessant als sich damit für den Benutzer genügend kohärente Zusammenhänge erschließen lassen. Das können weitere Komposita mit dem gleichen Basiselement sein, dies ist aber keine Bedingung. Von dem Lemma Maßnahme halten wir Verweise zu z.B. Sanierungsmaßnahme, Restrukturierungsmaßnahme, Kosteneinsparungsmaßnahmen für sinnvoll. Deshalb für sinnvoll, weil sich die drei genannten Konzepte in ihrem Abstraktionsgrad noch in einer überschaubaren "Entfernung" von dem sehr allgemeinen Konzept 'Maßnahme' befinden. Weitere speziellere Verweise werden erst bei den genannten drei Konzepten bzw. Lemmata vorgenommen.

Die Determinativliste im Sinne Potonniers scheint für unseren Wörterbuchtyp eher angebracht, wenn es sich bei der Linkserweiterung des Basiselementes um Präfixe oder Präfixoide handelt, die kein vollständiges oder autonomes Konzept ausgebildet haben. Es stellt sich allerdings die Frage, ob es nicht besser ist, diese in den Artikel des Basiselementes zu integrieren.

Wir halten demnach die Berücksichtigung eines Informations- oder semantischen Schwerpunktes für notwendig. Es ist anzunehmen, daß er die produktionsorientierte Konsultationshandlung stark steuert. Der Normalfall der Thema-Rhema-Struktur eines Kompositums liegt dann vor, wenn der Informationsschwerpunkt auf dem Basiselement liegt. Es kommt jedoch zu Abweichungen von diesem Normalfall, wenn die zweite Konstituente bedeutungsschwach ist. Das ist z.B. bei reihenhaft verwendeten suffixoidnahen Basis-Konstituenten wie -material, -tätigkeit der Fall (Ortner 1991 : 120; Wolf 1990 : 43 - 45 spricht von Halbsuffixen). Da großer Bedeutungsumfang und Bedeutungsschwäche oft zusammen auftreten, liegt bei vielen der hier interessierenden Komposita der Informationsschwerpunkt nicht auf dem Basiselement, sondern auf dem Determinativum. Unser Benutzer wird bei der Konsultation des Lemmas Ertragslage von dem prägnanteren Konzept 'Ertrag' gesteuert und nicht von dem unscharfen Konzept 'Lage', Das ist eine Grundannahme, von der wir ausgehen. Die Lage des Informationsschwerpunktes sollte über die alphabetische Einordnung des Lemmas entscheiden. Ertragslage erscheint also unter Ertrag. Von dort erfolgt zur kollokativen Vervollständigung ein Verweis auf das Basiselement. Damit der Benutzer diese Konsultationshandlung auch durchführt, schlagen wir vor, das Basiselement mit einem Verweissymbol (*) zu versehen (Ertrags<u>lage</u>*: die Unterstreichung hilft ihm bei der eindeutigen Identifizierung des Basiselementes).

Wenn der Informationsschwerpunkt auf dem Basiselement liegt oder aber eine Entscheidung über den genauen Ort dieses Schwerpunktes schwerfällt, halten wir folgendes Verfahren für angebracht: Bilanzstichtag z.B. wird in die Artikel beider Kompositionselemente integriert. Der Unterschied zu dem Fall, in dem das Basiselement bedeutungsschwach ist, besteht darin, daß Bilanzstichtag <u>in jedem Fall in beiden</u> Artikeln aufgeführt wird, also unter Bilanz und unter Stichtag. Wir sehen in diesem Verfahren einen vertretbaren Kompromiß zwischen den Erfordernissen alphabetischer Anordnung und semantischer Gesichtspunkte.

Im Zusammenhang mit einem großen Bedeutungsumfang steht das Phänomen der Polysemie. Es ist darauf zu achten, daß der Benutzer von dem Kompositum schnell und sicher zu der richtigen Bedeutungsvariante des Basiselementes geleitet wird. Durch Degruppierung und dem Arbeiten mit Ziffern sollte dies erreichbar sein (Ertrags<u>lage</u>* 1).

Degruppierung

Die Degruppierung ist nicht nur im Zusammenhang mit der Behandlung merkmalarmer Basiselemente von Komposita von Bedeutung, sondern im weiteren Rahmen von Substantiven mit polysemer Qualität. An ihr wird die von Kalverkämper (1990) beschriebene Skalarität der Fachlichkeit in Form eines Mehr oder Weniger von Merkmalen besonders deutlich. Betroffen sind solche Lemmata wie Belastung, Engagement, Entlastung, Ertrag, Erfolg, Leistung etc. (für das Französische nennt Ihle-Schmidt [1983 : 70 Anm. 1] Entsprechungen wie profit, inflation, prix). Bei jedem lassen sich merkmalärmere und merkmalreichere Bedeutungen beobachten. Im Falle von Leistung kommt man mühelos auf ein halbes Dutzend. Potonnier versucht dies mit einer Anzahl von Glossen zu verdeutlichen. Hamblock/Wessels macht sich diese Mühe nur für zwei Nuancen (Maschine, Versicherung) und zieht ansonsten die Aufzählung von 21 Äquivalenten vor, die durch Semikolon in 8 Gruppen aufgeteilt werden. Man darf also von 10 unterschiedlichen Bedeutungen ausgehen. Groffier/Reed (1990 : 34) bemerken zu dem Problemkreis : "Il serait préférable d'avoir une nouvelle entrée pour chaque sens, surtout si l'on accepte le principe que chaque entrée du dictionnaire devrait être uninotionnelle."

Wir sprechen uns ebenfalls für die hier angesprochene Degruppierung polysemer Lemmata -jeder Wortart- aus. Bei dieser Degruppierung stellt sich allerdings das Problem der Zuteilung der Kollokatoren. Wir befürchten, daß es nicht möglich ist, die degruppierten Lemmata jeweils mit trennscharfen Kollokatoren zu versehen. Dies hätte Wiederholungen zur Folge. Möglicherweise bietet sich bei allen Degruppierungen folgendes Vorgehen als eine Lösung an. Unter einem an erster Stelle plazierten mit allen Ziffern der degruppierten Lemmata versehenen Lemma werden alle Kollokationen angeführt, die mit allen Lemmata kompatibel sind. Unter den degruppierten werden dagegen die nur mit diesen verträglichen angegeben. Jedenfalls werden die Schwächen einer unterlassenen Degruppierung im Potonnier und im Hamblock/Wessels sehr deutlich. Die alphabetische Anordnung von Verb-, Adjektivkollokatoren u.a. durchkreuzt jede sachlogische Ordnung in dem polysemen Gefüge des Artikels. Daß in beiden Wörterbüchern zudem noch ein terminologisiertes Mehrwortlemma wie eigene Leistungen (= innerbetriebliche Leistungen) weder typographisch hervorgehoben noch unterscheidbar von z.B. bedeutende Leistung (Hamblock/Wessels) dargeboten wird, erschwert eine sichere Orientierung noch zusätzlich.

Textuelle Kompositasubstitution

Während der Selektionsarbeit stießen wir immer wieder auf ein -an sich banales- Problem. Im Text einmal genannte Komposita werden in der Folge durch Kurzversionen substituiert. Kocourek (1982 : 39) erwähnt mehrere "types de remplacement". Stein (1993 : 44) hat beobachtet, daß bei Erstnennung oder am Textanfang die prädikativen Nominalkomposita (z.B.Verschleißkabel, Defekterkennung) attributiv erweitert sind und diese Erweiterung im weiteren Text fortfällt. Folgende Beispiele sollen das Phänomen verdeutlichen:

Jahresabschluß > Abschluß
Abschlußprüfer > Prüfer
Gegenstände des Vorratsvermögens > Vorräte
Rechnungsabgrenzungs-/Steuerabgrenzungsposten > Abgrenzungsposten
Jahresergebnis > Ergebnis
abgesetzte Betriebsleistungen > abgesetzte Leistungen
Wertuntergrenze der Herstellungskosten > Untergrenze der Herstellungskosten

Wellmann (1991 : 4, Anm. 3) bemerkt hierzu: Die nominale Zusammensetzung kann im Text durch Isomorphie satzverbindend wirken, in der Form, daß ihre Basis bei wiederholter Erwähnung des Gemeinten auch stellvertretend ('anaphorisch') für das ganze Kompositum stehen kann. Seltener kommt es dagegen vor, daß das Determinativum diese Aufgabe übernimmt (z.B. Tochtergesellschaft > Tochter). Barz (1993 : 169) spricht im Zusammenhang mit diesem letzten Beispiel von "Lockerungserscheinungen bei komplexen Wörtern". Darunter versteht sie die Entstehung neuer Sememe bei Simplizia (Tochter) als Folge eines vorangegangenen Wortbildungsprozesses (Tochtergesellschaft). Das von uns konstatierte Phänomen ist somit gleichermaßen ein solches von Textorganisation und Lexikon. Diese Tatsache unterscheidet es von den oben abgehandelten Problemkreisen.

Primär geht es also weder um die Erscheinung des großen Bedeutungsumfangs noch um die der Polysemie. Damit soll nicht gesagt sein, daß diese Erscheinungen nicht als Folge der Substitution auftreten könnten. Primär geht es vielmehr um eine Erscheinung in der Organisation der von uns bearbeiteten Korpustexte. Wir betrachten sie als ein typisches sprachökonomisches Merkmal jener fachlichen Kommunikation, die unser Wörterbuch abdeckt. Von seinem Vorteil, schwerfällige Konstruktionen zu vereinfachen (Reinhardt/Köhler/Neubert 1992 : 24), wird der Benutzer in der Produktionssituation gern profitieren. Wir halten daher die Erwähnung dieser Kurzformen in dem aktiven Wörterbuch für notwendig. Die raumökonomischste Präsentation sehen wir in der Klammerung des Determinativums: (Abschluß)Prüfer, (Betriebs) Prüfer. Es versteht sich von selbst, daß der Benutzer über diese und ähnliche Dinge in der Benutzungsanleitung des Wörterbuchs informiert werden muß. Dem eventuellen Einwand, daß unter einem möglichen Lemma Prüfer eine entsprechende semantische Glosse sowieso darauf hinweist, daß Prüfer 'Jahresabschlußprüfer' bedeutet, halten wir entgegen: die Glossierung sagt nichts über eine mögliche fachtypische Lexikalisierung dieser Bedeutung in Form von Jahresabschlußprüfer aus. Der L_2-Benutzer kann dies auf keinen Fall wissen.

5.1.2 Präfigierte Grundmorpheme (Präfixoide)

Keine separate Lemmatisierung

Unter Präfixoiden verstehen wir Wortbildungsmorpheme, die vor das Grundmorphem treten, eine lexikalisch-begriffliche Bedeutung haben, reihenbildend wirken und wortfähig sind. Es ist weitgehend üblich, solchen Morphemen in Kombination mit Basiswörtern eine Zwischenstellung zwischen Grundmorphem und Affix zuzuweisen und sie deshalb Halbaffixe oder Affixoide zu nennen (Fleischer/Barz 1992 : 27). Aus Gründen der terminologischen Unterscheidbarkeit sprechen wir von Präfixoiden, ohne damit die Gründe, die Fleischer/Barz veranlassen, diesen Begriff abzulehnen, in Zweifel ziehen zu wollen. Von folgenden Einheiten in unserem Sprachmaterial ist die Rede:

Bruttoentgelte
Bruttoergebnis (vom Umsatz)
Bruttoprinzip
Dauerabnahmevertrag
Dauerschuldverhältnisse
Fremdkapital
Fremdleistungen
Fremdreparaturen (an Produktionsanlagen)
Fremdwährungsposten
Gesamtaufwendungen
Teilbetriebsstillegung
Teilgewinnabführungsvertrag
Teilkonzern
Teilkonzernabschluß
Teilkosten
Teilkostenrechnung
Teilwert
Teilzahlungszuschläge
Überschuldung
Überkapazitäten

Gesamtbetrag (der Verbindlichkleiten ...)
Gesamtleistung
Gesamtschuldverhältnis
Gesamtsituation (der Unternehmung)
Gesamtstimmenzahl der Mehrstimmrechtsaktien
Gesamtwert
Nettoumsatzerlöse
Nichtaktivierung
Nicht-Bilanzierung
Nicht-Einbeziehung
Nicht-Konsolidierung
Sondereinzelkosten (der Fertigung)
Sonderkosten (der Fertigung)
Sonderposten mit Rücklageanteil
Sonderregelung
Teilausschütuung
Unterbewertung
Unterbilanz
Untergesellschaft
Untergrenze der Herstellungskosten
Vollabschreibung
Vollausschüttung
Vollkonsolidierung
Vollkosten
Vollkostenrechnung
Vorjahr
Vorjahresbilanzgewinn
Vorjahresbuchwerte
Vorjahreszahlen
Vorjahresvergleichszahlen
Vorperiode
Vorspalte

Chmielewicz/Schweitzer (1984 : 221) sind der Meinung, daß produktive reihenbildende Elemente, anders als etwa im Falle des passiven Wörterbuchs, nicht in das aktive Wörterbuch als Lemmata einzutragen sind. Dem ist beizupflichten. Nach Rossenbeck (1991 : 37) ist es für den Benutzer wichtig, wenn er produktive Wortbildungselemente erkennt. Dies sei aber von geringerer Bedeutung, wenn das betreffende Element als Vorderglied auftrete, weil es dann in der alphabetischen Ordnung des Wörterbuches erscheine. Rossenbeck präzisiert leider nicht, für welchen Wörterbuchtyp seine Aussage Geltung beansprucht. In diesem Zusammenhang möchten wir bemerken, daß es für die Effektivität der (fach)lexikographischen Diskussion von großem Vorteil wäre, wenn immer genau gesagt würde, auf welchen Wörterbuchtyp diese oder jene Behauptung zu beziehen ist. Nicht zu bezweifeln dürfte sein, daß Präfixoide in das passive Wörterbuch als Lemmata hineingehören. Dabei ist es noch nicht einmal notwendig, danach zu fragen, welchen semantischen Stellenwert das Präfixoid innerhalb des Gesamtbegriffs einnimmt. Bei dem für ein aktives Wörterbuch notwendigen qualitativen Ansatz dagegen ist es geboten, sich die einzelnen Wortbildungen genauer anzuschauen. Folgende Lemmatisierungs- bzw. Verweismöglichkeiten bieten sich an:

- Das präfigierte Wort wird als linkserweitertes Sublemma unter das als Lemma aufgeführte Grundmorphem eingetragen, also Vorjahr unter Jahr.
- Ein Lemma wie z.B. Vorjahr erscheint an seinem alphabetischen Ort.
- Am Ende des Artikels eines Grundmorphems wie z.B. Jahr wird durch Auflistung des Präfixoids Vor- auf das Lemma Vorjahr verwiesen.

Lemmatisierungskriterium der präfigierten Wortbildung

Welche Lemmatisierung für das aktive Wörterbuch die beste ist, kann nur aufgrund der jeweiligen begrifflichen Merkmale entschieden werden. Von ganz entscheidender

Bedeutung ist, ob die präfigierte Wortbildung einen stabilen, eigenständigen Standort in der Fachsystematik innehat. Von den oben angeführten Beispielen trifft das für die überwiegende Mehrheit zu. **Gesamtleistung** beispielsweise ist nicht lediglich ein Additionsbegriff von irgendwelchen Einzelleistungen, sondern stellt eine wohldefinierte Größe (Wolf 1993 : 156) dar:

Umsatzerlöse
± Bestandsveränderungen
± Andere aktivierte Eigenleistungen
= Gesamtleistung

Die gleichen begrifflichen Bedingungen liegen bei Bruttoergebnis vom Umsatz, Bruttoprinzip, Dauerschuldverhältnisse, Fremdkapital, Teilkosten, Vollkosten, um nur einige wenige herauszugreifen, vor. Selbst ein so banaler Begriff wie Gesamtbetrag besetzt in diesem System eine Stelle, sobald er im Zusammenhang mit Verbindlichkeiten mit einer Restlaufzeit von mehr als fünf Jahren erwähnt wird. Hierüber ist nämlich im Anhang des Jahresabschlusses zu berichten.

In den überwiegenden Fällen werden wir also die hier besprochenen Lemmata an ihrem alphabetischen Platz aufführen. Dies deshalb, weil sie für den fachlich vorgebildeten aktiven Benutzer autonome begriffliche Einheiten darstellen, die sich nicht einem anderen begrifflichen Konzept unterordnen lassen. In den Fällen, in denen dies möglich ist bzw. nicht so genau entschieden werden kann (Situation - Gesamtsituation, Jahr - Vorjahr, Bilanzierung - Nicht-Bilanzierung etc.), werden wir das präfigierte Wort als Sublemma unter das Grundmorphem einordnen. Die Frage, ob man es auch an seinem alphabetischen Ort, eventuell mit einem Verweis zu dem begrifflich umfassenderen Grundmorphem aufführt, sollte unter dem Aspekt der Optimierung der Zugangsmöglichkeiten gesehen werden. Im Falle des Beispiels Bilanzierung - Nicht-Bilanzierung erfolgt ein reziproker Verweis im übrigen schon aufgrund der antonymischen Beziehung.

Verweispraxis im Potonnier

Ein Blick in den Potonnier zeigt, bei insgesamt recht guter Verweispraxis, einige Unsicherheiten und Unregelmäßigkeiten in der Behandlung des beprochenen Lemmatyps. Eindeutig dominierend ist die Lemmatisierung am alphabetischen Ort. Für uns interessanter sind die Verweise, die nicht gegeben werden, aber eigentlich gegeben werden müßten. Unter Kapitalisierung erfolgt ein Verweis auf Unterkapitalisierung, aber der ebenso berechtigte Verweis auf Überkapitalisierung unterbleibt, obwohl letzteres in der alphabetischen Ordnung erscheint. Unter Kapazität werden viele Verweisdeterminativa angegeben, aber das Präfix Über- erscheint nicht. Das entsprechende Lemma Überkapazität ist nur in der alphabetischen Anordnung auffindbar. Die in den Präfixoiden angelegten Verweismöglichkeiten auf Gegensatz-Relationen (Untergesellschaft > Obergesellschaft, Teilkosten > Vollkosten) werden nach unserer Erkenntnis nicht von Potonnier genutzt.

Wir halten es für notwendig, in den Benutzungshinweisen auf die lexikographische Darstellungsweise der präfigierten Lemmata einzugehen.

5.2 Akronyme, Namen, Mengen, Zahlen, Zeitangaben

Akronyme und ihre Darstellung in Wörterbüchern

Als sprachökonomische Reduktionsform spielt das Akronym in unserem Sprachmaterial eine auffällige Rolle:

GmbH = Gesellschaft mit beschränkter Haftung
AG = Aktiengesellschaft
GWG = geringwertige Wirtschaftsgüter
KGaA = Kommanditgesellschaft auf Aktien
KGV = Kurs-Gewinn-Verhältnis
AfA = Absetzung für Abnutzung
AfaA = Absetzung für außergewöhnliche Abnutzung
Lifo = last-in-first-out (Bewertungsverfahren für das Vorratsvermögen)
SoPo = Sonderposten mit Rücklageanteil
EEV-Steuern = Einkommen-, Ertrag-, Vermögensteuer
ROI = Return on Investment (Kennzahl, die die Verzinsung des in den Betrieb eingesetzten Kapitals angibt)
Steubi = Steuerbilanz
Habi = Handelsbilanz (die beiden letzten in Luckey 1992 : 53)

Unser Experte gibt den Hinweis, daß die Verwendung solcher Reduktionsformen in der Praxis unterschiedlich gehandhabt werde. Leute, die sich als Theoretiker darstellen wollten, wie oftmals der Wirtschaftsprüfer, würden ihren Gebrauch eher vermeiden. Auch auf höherer Unternehmensebene und bei offiziellen Gesprächsanlässen seien sie nicht üblich. Dagegen würden sie von nicht akademisch Ausgebildeten stärker bevorzugt. Nach Reinart (1993 : 111, Anm. 17) kommt allerdings den Abkürzungen in den (technischen) Fachwortschätzen der Status eigenständiger terminologischer Einheiten zu. Dies gilt zumindest auch für einen geringen Teil in unserem Sprachmaterial. Über eventuell dennoch vorhandene unterschiedliche Gebrauchsnormen für Abkürzungen im wirtschaftlichen und im technischen Bereich können nur genauere Untersuchungen Aufschluß geben.

Beim Blick in den Potonnier machen wir folgende Beobachtungen. Unter GmbH wird Gesellschaft mit beschränkter Haftung aufgeführt. Unter Gesellschaft mit beschränkter Haftung erfolgt kein Verweis auf GmbH. Ein lediglich einseitiger Verweis wird auch bei KGaA gegeben. Bei AG ist der Verweis reziprok. KGV, AfaA, Lifo, ROI, etc. und die ausgeschriebenen Entsprechungen erscheinen nicht im Potonnier. Im Hamblock/ Wessels fällt besonders auf, daß AfA nicht erwähnt wird, dafür aber Absetzung für

Abnutzung mit direkt folgendem (AfA). "Kursgewinnverhältnis" erscheint. Es wird aber überhaupt kein Akronym gegeben. Bei Lifo ist es genau umgekehrt, man sucht vergeblich nach dem Lemma last-in-first-out. Wir ziehen aus diesen Beispielen die Lehre, auf eine konsequent durchgehaltene Systematik, d.h. eine ausnahmslos reziproke Darstellung, zu achten.

Unternehmensnamen, geographische Namen

Hinweisen möchten wir noch auf den besonderen Gebrauch von Unternehmensnamen (zu Namen siehe Kocourek 1982 : 73). Oft erscheinen sie in Form eines in Majuskeln gesetzten Abkürzungswortes, z.B. MG-Manager, MG-Experte, MG-Zentrale, MG-Tochter etc. (MG = Metallgesellschaft). Auch sonstige Verwendungsweisen von Namen sind hier zu erwähnen, z.B. Berthold-Gläubiger, der Triebwerkhersteller Rolls Royce plc etc. Bergenholtz (1992 : 52) stellt zu Recht die Frage, ob das Wörterbuch auch Namen als Lemmata enthalten sollte. Deren korrekter Gebrauch ist nämlich für den L_2-Benutzer mit spezifischen Problemen verbunden. Daher ist eine exemplarische Darbietung möglicher Verbindungen in den Benutzer-Hinweisen zu empfehlen. Ein spezielles Lemmatisierungsproblem stellen die in unserem Korpusmaterial (speziell in der Textsorte "Lagebericht") zahlreich vorhandenen geographischen Namen dar: die ostdeutsche Wirtschaft, die GUS-Länder, die Länder der früheren Ostblockstaaten, die alten Bundesländer, etc. Die Bedeutung dieses Sprachmaterials angesichts weltweiter Verflechtungen der wirtschaftlichen Beziehungen steht außer Frage. Wir schlagen hier eine konzentrierte Darbietung in der Einleitung vor. Der Benutzer findet dort dann neben der Rubrik "Gebrauch von Unternehmensnamen" auch eine Rubrik "Gebrauch geographischer Namen".

Beträge, Mengen, Zeiten

Beträge, Mengen, Zeiten und Zahlen generell spielen in dem Sachbereich des Wörterbuchs eine herausragende Rolle. Piirainen/Airismäki (1987 : 59) haben festgestellt, daß die für unser Korpusmaterial sehr wichtige Rubrik "Unternehmen und Märkte" von allen im Handelsblatt vorhandenen den höchsten Prozentsatz an Numeralien aufweist (10,9 % von allen Wortarten). Das Anstellen von Vergleichen zwischen Daten der Vergangenheit und gegenwärtigen Daten sowie das Projizieren von Zahlen und Werten in die Zukunft sind wichtige Operationen, die von den Entscheidungsträgern in Unternehmen verlangt werden (Baur 1978 : 98). Diesem Umstand muß die Lemmaselektion (und die Kollokations- und Beispielpräsentation) Rechnung tragen. Das folgende Sprachmaterial ist angesprochen:

per 30.6.1993	im ersten Quartal dieses Jahres
per anno	die Produktion in 1992

per Ende April
in 1992
die 35-Stunden Woche
das Geschäftsjahr 1992
im Verlauf des Jahres 1992
unsere Umsätze 1992
im 3. und 4. Quartal

die Entwicklung im ersten Halbjahr
ein Preisverfall von 10 Prozent
der 3-Prozent-Anteil
ein 19 Mrd. DM Umsatz
ein 50-prozentiges Umsatzwachstum
die Produktionsmenge von 68 000 t
1,27 Millionen Fahrzeuge etc.

Angaben zur Lautung

Am benutzerfreundlichsten dürfte es sein, das vorgenannte Sprachmaterial in einem eigenen Kapitel zu Beginn des Wörterbuchs aufzuführen. Dabei kann es aber nicht darum gehen, in dem Stil zu verfahren, wie üblicherweise Längen- und Flächenmaße präsentiert werden, sondern es muß die syntaktische und die phonetische Dimension ausreichend berücksichtigt werden. Der letzte Aspekt ist für ein aktives Wörterbuch von besonderer Bedeutung, denn in einer Reihe von Fällen ergibt sich eine für den L_2-Benutzer nicht überwindbare Kluft zwischen graphischer und lautlicher Realisation. Kocourek (1982 : 22, 189) beklagt zu Recht:

> Rares sont les dictionnaires et les manuels techniques ou scientifiques qui indiquent la prononciation des termes difficiles, des symboles, des abréviations, des sigles, des acronymes.

Hier gilt es also, Abhilfe zu schaffen. Die Verwendung der Lautschrift halten wir nicht immer für ratsam; das einfache Ausschreiben z.B. von Zahlen dürfte dem in der Regel linguistisch ungeschulten Benutzer angemessener sein (1,27 Millionen t = eins Komma siebenundzwanzig Millionen Tonnen). Informationen zur Lautung sind natürlich ebenso bei den obenerwähnten Abkürzungen zu geben. Wüster (1991 : 41ff.) spricht etwa bei AG von einer "gesprochenen Abkürzung" und weist außerdem darauf hin, daß auch bei der Betonung von Kürzungen manchmal Zweifel auftreten können (z.B. LIFO, GmbH > geembeha). Kocourek (1982 : 189) erweitert mit gutem Grund seine Kritik, indem er auf die generelle Vernachlässigung der Angaben zur Aussprache durch die Fachwörterbücher hinweist (ebenso Moulin 1979 : 77). Wir ergreifen diese Gelegenheit, um an dieser Stelle die für ein aktives Wörterbuch selbstverständliche Verpflichtung zu unterstreichen, dem Benutzer das Lautbild der Lemmata -im Wörterbuchartikel- zu präsentieren (siehe auch Seite 272).
Für das gesamte vorgenannte Material gilt, daß es sich zwar auch in den Lemmabestand integrieren ließe, doch ergibt sich dann das Problem der Auffindbarkeit. Es ist nicht in allen Fällen evident, wo man es am besten aufführt, oder wie man das Lemma darstellen soll.

5.3 Flexionsformen

Pluralformen und weibliches Genus

Was die Darstellung von Flexionsformen betrifft, so interessieren hier die Pluralformen und die weiblichen Genusformen der Substantive. Von einer systematischen Behandlung, wie in der Regel im allgemeinen Wörterbuch üblich, kann in Fachwörterbüchern nicht die Rede sein.

Im Normalfall werden Pluralformen nicht erwähnt. In der Realität des Potonnier gibt es nur Personen männlichen Geschlechts, im Hamblock/Wessels regiert in dieser Hinsicht das Zufallsprinzip. So gibt es zwar eine Gläubigerin und sogar eine Vorsitzende, jedoch nur einen Unternehmer und nur einen Manager. Dabei ist der Gebrauch der weiblichen Form keinesfalls immer an die Existenz einer weiblichen Person geknüpft. Bei einer Emittentin kann es sich z.B. um die Deutsche Bank handeln.

Bei den Pluralformen fällt eine bestimmte Gruppe von Substantiven auf. Wir haben den Eindruck, daß immer dann, wenn in der fachlichen Kommunikation der Gebrauch der Pluralform dominiert, bei der Lemmatisierung eine Unsicherheit entsteht. Hierunter fallen z.B. Anteil/Anteile, Abschreibung/Abschreibungen, Ausgabe/Ausgaben, Einnahme/Einnahmen, Rücklage/Rücklagen, Rückstellung/Rückstellungen, Schuld/Schulden, Verbindlichkeit/ Verbindlichkeiten. So erscheinen im Gabler Wirtschaftslexikon nur die Formen Anteil, Ausgaben, Betriebsausgaben/Betriebseinnahmen, Rückstellungen, Verbindlichkeiten. Potonnier macht im Artikel von Verbindlichkeit die Angabe "meist Plural: Verbindlichkeiten". Im Artikel von Schuld erfolgt zu Schulden die Angabe "eines Unternehmens: als Sammelbegriff". Unter Zins wäre ein besonderer Hinweis auf die Pluralform sicher ebenso angebracht. Dieser erfolgt jedoch nicht, obwohl alle Kollokationen mit der Pluralform erscheinen. Im Artikel von Aktie erscheint in allen Beispielen die Singularform, was bisweilen künstlich wirkt. Hamblock/Wessels setzt Schuld und Schulden als jeweils eigenes Lemma an, während es im allgemeinen die Pluralform nach dem Muster Rücklage ... R.n aufführt. Daß die Pluralform zu Aufwand Aufwendungen ist und daß Aufwendungen in der uns interessierenden fachlichen Bedeutung keine Singularform besitzt, erfährt der Benutzer -mit gewissen Einschränkungen für Potonnier- in keinem der genannten Wörterbücher explizit.

Die hier beschriebene Problematik dürfte sich teilweise aus den in der Buchführungs- und Bilanzierungspraxis üblichen Kontenbezeichnungen erklären. Im "Gemeinschaftskontenrahmen der Deutschen Industrie GKR" wird nur die Pluralform verwendet: Abschreibungen, Forderungen, Verbindlichkeiten etc. Auch in den bearbeiteten Korpustexten dominieren beim genannten Wortmaterial die Pluralformen.

Aus der Literatur sind zu unserem Problem folgende Hinweise zu entnehmen. Groffier/Reed (1990 : 47): "En français, comme en anglais, les substantifs sont présentés au singulier, sauf les pluriels lexicalisés." Von unseren Beispielen wäre hiervon nur Aufwendungen betroffen, was ein wenig dürftig ist. Dieser minimalistischen Position steht eine maximalistische von Sinclair (1991 : 42) gegenüber: "An interesting question is how to decide what the physical form of a lemma should be. Traditionally, the 'base', or uninflected form is used even when that form is hardly ever found on its own, or hardly ever found at all. But some case could be made for any or a number of alternatives, for example, that the most frequently-encountered form should be used for the lemma." Bergenholtz (1994 : 301) sieht für die Lemmatisierung dann ein Problem, wenn nur die Pluralform eines Substantivs üblich ist.

Wir halten folgenden Vorschlag für eine vertretbare Lösung: immer dann, wenn in den Korpustexten eine Dominanz der Pluralformen eines Lemmas erkennbar ist, ist folgender Eintrag vorgesehen:

die **VERBINDLICHKEIT, V.en** (häufiger im Plural) ...

Die aufgeführten Kollokationen und Beispiele werden dem dominierenden Gebrauch dadurch gerecht, daß sie mit der Pluralform erscheinen. Bei allen anderen substantivischen Lemmata wird nur die Pluralform ohne den Kommentar gegeben. Was die Feminina betrifft, halten wir die Ausschreibung für angebracht:

der **EMITTENT, E.en**; die **EMITTENTIN, E.nen**

5.4 Das Verb

Grundsätzlich gleicher Lemmastatus wie das Substantiv

Boelcke/Straub/Thiele (1983 : 257) berichten, daß die Selektion von Verben (und Adjektiven) schwieriger als die von Substantiven sei. Opitz (1990_2 : 1629) stellt fest, daß Fachwörterbücher im allgemeinen sehr wenig Verbalausdrücke verzeichnen, obwohl gerade sie in der Fachsprache seiner Meinung nach - wenn auch nur im Rahmen der Nominalisierungstendenz - eine herausragende Rolle zu spielen scheinen. Hierin spiegele sich vielleicht ein allzu simples Sprachverständnis. Hoffmann (1985 : 107) leistet Erklärungshilfe durch den Hinweis auf die Deverbalsierung. Das Verb als Wortart spiele insgesamt in den Fachsprachen eine geringe Rolle. In seiner Funktion als Prädikat werde es durch adjektivische und andere nominale Konstruktionen bedrängt. Nach Groffier/Reed (1990 : 31) wiederum sind Verben (Adjektive und Adverben) für die mit unserem Gegenstand zumindest verwandte Disziplin des Rechts neben dem Nomen als "forme linguistique référentielle par excellence" ebenfalls wichtig.

Gemäß dem sprachintegralen Ansatz von Hoffmann (1985) und dem merkmalorientierten Ansatz von Kalverkämper (1990) kommt dem Verb im aktiven Kontextfachwörterbuch grundsätzlich die gleiche Bedeutung zu wie dem Substantiv. Das gleiche gilt für jede andere Wortart. Die entscheidende Frage besteht darin, welche Verben aufgeführt werden sollen.

Kritischer Blick in Potonnier

Versuchen wir zunächst wieder, durch einen kritischen Blick in vorhandene Wörterbücher, Anregungen -auch ex negativo- zu gewinnen. Erwähnt sei, daß wir dem kollokationären Aspekt hier nur insoweit Beachtung schenken, wie er für unsere Fragestellung unvermeidlich ist. Im Potonnier stößt man nur auf einige Verben, deren Fachspezifik schwierig zu begründen sein dürfte: feststellen (mit Einschränkung), geben, nehmen, stellen, tragen. Schwerer wiegt dagegen die Kritik, daß unter fachspezifischen Verben auch die naheliegendsten substantivischen Kollokationsbasen nicht erscheinen. Unter aktivieren, bilanzieren, kontrollieren, passivieren, kontrollieren und vielen anderen findet man keine einzige. Andererseits ist aber eine ganze Reihe von Verben mit Basen ausgestattet. Schwierig ist es zu ergründen, warum einmal Basen aufgeführt werden und ein anderes Mal nicht. Das gilt auch für die Tatsache, daß man z.B. unter aufweisen und ausweisen die Kollokationen einen Verlust aufweisen und einen Verlust ausweisen findet, unter Verlust aber diese Kollokationen nicht findet.

Recht amüsant ist es, in den Hamblock/Wessels hineinzuschauen. Bei allem Respekt vor dem Volumen dieses Wirtschaftsfachwörterbuchs, stellt man sich doch in nicht wenigen Fällen die Frage, wie denn dieses oder jenes Wort in dieses dicke Buch hineingeraten ist. Gehen, haben, kommen, machen findet man, aber man stößt auch auf glotzen, knurren, lauschen, sich lichten, lynchen, piepsen, poltern, quatschen, quetschen, quietschen, rangeln, rezitieren etc. Bei Erklärungsversuchen befällt uns hier eine gewisse Ratlosigkeit.

Kriterien und Beispiele für die Verblemmatisierung

Im Hinblick auf die Verbselektion für das aktive Wörterbuch sollte auf folgende Punkte besonders geachtet werden:

i) die fachspezifischen semantischen Merkmale der Verben müssen so reichlich vorhanden sein, daß ihr Bezug zur Sach- und Handlungssystematik evident ist.
ii) die nach i) selektierten Verben werden mit den typischsten substantivischen Basen und adverbialen Kollokatoren versehen.

Beispiele zu i) mit typischen (hier nur:) substantivischen Basen in Klammern:

abberufen (Vorstandsmitglied)
abführen (Gewinne)
abschreiben (Vermögensgegenstände)
absetzen (Aufwendungen, Betrag)
aktivieren (Aufwendungen)
ansetzen (Herstellungskosten, Schulden)
auflösen (Rücklagen, Rückstellungen)
ausschütten (Gewinne) etc

Es geht bei den Verben, die lemmatisiert werden, keineswegs darum, die Substantivbasen mehr oder weniger erschöpfend aufzuführen. Wir gehen davon aus, daß der L_2-Benutzer, der auf der Suche nach der Kollokation eine Rücklage auflösen zuerst unter dem Substantiv Rücklage nachschlägt. Dort findet er selbstverständlich diese Kollokation. Wir halten uns hier an Hausmann (1989 : 7) der bemerkt, daß der wichtigste Ausgangspunkt des Formulierens das Substantiv ist, denn in den Substantiven sind die Dinge und Begriffe dieser Welt versprachlicht, über die und zu denen es etwas zu sagen gibt. Daß eine bestimmte Anzahl von Verben lemmatisiert wird, verdanken diese in unserem Selektionskonzept primär ihren terminusähnlichen Qualitäten. Es sollte also vermieden werden, daß, wie es Potonnier tut, Abzinsung erscheint, abzinsen aber nicht gegeben wird.

Generell läßt sich sagen, daß die aus den sachsystematischen Korpustexten selektierten Verben größere Chancen haben, lemmatisiert zu werden. Die aus dem handlungssystematischen Korpusmaterial ermittelten erscheinen eher als Kollokatoren unter lemmatisierten Substantivbasen. Allerdings gilt für sie wie für die erste Gruppe, daß das typische Auftreten ihrer verbalsubstantivischen Entsprechungen zumindest ein zu beachtendes Kriterium bei der positiven Entscheidung über eine eventuelle Lemmatisierung ist. Verbalsubstantive wie Steigerung, Rückgang, Verschlechterung etc. bedürfen daher noch besonderer Überlegungen (siehe die Seite 71).

Dem bei den Substantiven erwähnten Aspekt der Polysemie ist auch bei den Verben Aufmerksamkeit zu zollen. Potonnier erwähnt etwa unter dem Verblemma einstellen mindestens drei klar unterscheidbare Bedeutungen ('anstellen', 'beenden', 'in die Bilanz einstellen'). Auch hier wird für den Benutzer die Orientierung dadurch erschwert, daß die alphabetische Anordnung der Basen auf die unterschiedlichen Bedeutungen keine Rücksicht nimmt. Somit ist in den gegebenen Fällen eine Degruppierung polysemer Verblemmata ebenfalls geboten.

5.4.1 Das Verbalsubstantiv

Dem Wortbildungstyp der (expliziten und impliziten) Derivation zuzuordnende Verbalsubstantive spielen insbesondere im handlungssystematischen Korpusmaterial eine auffallende Rolle. In einer etwas abstrakten Weise ist das durch die Dynamisierung zu erklären, die dort das statisch abbildende Wortmaterial der Sachsystematik erfährt. Es geht also z.B. um den Abbau/die Abdeckung/den Ausweis/die Ausweitung/die Deckung/die Finanzierung/den Rückgang/den Rücktrag/die Verrechnung/die Verringerung/den Vortrag etc. von Verlusten.

Lemmatisierungskriterien und -beispiele

Nach Hoffmann (1985 : 137) zeichnet sich das Verbalsubstantiv gegenüber dem normalen Verb durch einen Gewinn an Präzision und Sachlichkeit aus, was dafür spricht, auch dem Verbalsubstantiv -so wie schon beim Kompositum geschehen- einen autonomen Status zu gewähren. Dies wird besonders deutlich an streng sachsystematischen Derivationen, wie z.B. Abschreibung, Absetzung, Aktivierung, Bilanzierung, Konsolidierung, Passivierung, Wertminderung, Zuschreibung. Alle gennanten Bezeichnungen besitzen vollen Fachterminusstatus.

Nach Sinclair (1991 : 90 f.) ist es bei den sog. "double-headed nominal groups" schwierig, das Element mit den stärksten "lexical forces" zu bestimmen. Er versteht darunter "cases, where neither noun seems to be pivotal or dominant, and where the structure simply requires both of them". Das ist z.B. der Fall, wenn zwischen den beiden Substantiven eine Verb-Subjekt- oder eine Verb-Objekt-Relation besteht: "the collaboration of auctioneers" oder "the payment of social security". Mit diesem Konkurrieren um die stärkste "lexical force" ist ein wichtiger Aspekt -allerdings nicht der entscheidende- bei der Lemmatisierung der Verbalsubstantive angesprochen. Keine Probleme bereiten die erwähnten Derivationen mit vollem Terminusstatus. Sie werden natürlich lemmatisiert.

Wie sieht es aber z.B. bei der Kollokation die Steigerung des Umsatzes aus? Uns stellen sich hier mindestens drei Fragen, die einer Beantwortung bedürfen:

i) soll Steigerung lemmatisiert werden?
ii) macht die Anführung der Kollokation den Umsatz steigern die (nochmalige !?) Erwähnung der Kollokation die Steigerung des Umsatzes nicht eher überflüssig?
iii) welche Bedeutung kommt dem Verhältnis zwischen der Genitvstruktur die Steigerung des Umsatzes und dem Kompositum die Umsatzsteigerung im Hinblick auf die Lemmatisierung von Steigerung bzw. Umsatzsteigerung zu?

Schauen wir uns zur Illustration von i) einige selektierte Beispiele von Verbalsubstantiven an, die mit Ertrag kollokieren:

die Abschmelzung der Erträge
die Ausschüttung der Erträge
der Druck auf die Erträge
die Erosion der Erträge
die Errechnung des Ertrags
die Reduzierung des Ertrags
die Steigerung der Erträge
die Verbesserung der Erträge
die Versteuerung der Erträge
die Wiederanlage der Erträge
die (steuerliche) Erfassung der Erträge

Bei Potonnier erscheint keine einzige der genannten Kollokationen unter Ertrag. Das ist schon deshalb nicht möglich, weil die Kollokationsstruktur Substantiv + Substantiv im Genitiv in diesem Artikel nicht berücksichtigt wird. Warum das so ist, können wir nur vermuten, denn bei anderen Lemmata (z.B.Aktie, Anleihe, Auftrag, Forderung, Preis, Recht, Schuld, Steuer, Wechsel) wird dieser Kollokationstyp reichlich abgehandelt.

Berg-und-Tal- Verbalsubstantive im Potonnier

Es fällt auf, daß ein bestimmter Typ von Verbalsubstantiven, der in unseren Beispielen recht gut vertreten ist, bei den vorgenannten Lemmata im Potonnier so gut wie nicht vorhanden ist. Wir meinen die Verbalsubstantive, denen die Bedeutung eines 'quantitativen mehr-oder-weniger-Werdens' oder eines 'qualitativen besser-oder schlechter-Werdens' zugrunde liegt. Wir nennen sie "Berg-und-Tal-Substantive" (Verlinde [1995] spricht in diesem Zusammenhang vom "vocabulaire des fluctuations"). Ihre besondere Eigenschaft könnte eine Erklärung dafür sein, daß sie nicht nur bei Ertrag, sondern auch bei Ergebnis, Gewinn, Verlust nicht anzutreffen sind. Potonnier geht vermutlich von der Annahme aus, daß sie nicht genügend Fachlichkeitsmerkmale besitzen, um eine Erwähnung als Kollokator zu rechtfertigen. Diese Schlußfolgerung erhält eine gewisse Bestätigung durch die ziemlich starke Sachspezifik derjenigen Verbalsubstantive, die aufgeführt werden. Möglicherweise spielt auch eine Rolle, daß dieser Typ Verbalsubstantiv wegen seiner relativ starken Rekurrenz zu viel Platz bei zu vielen Lemmata beansprucht. Andererseits erscheint der besagte Typ Verbalsubstantiv dennoch recht häufig als eigenes Lemma im Potonnier. Das gilt z.B. für Abbröckeln, Abflachung, Abfall, Anstieg, Rückgang, Sturz, Verbesserung, Verminderung, Verringerung, Verschlechterung etc.

Wir vermuten deshalb, daß zwar eine gewisse Einsicht vorhanden ist, diesen Lemmatyp in einem Fachwörterbuch der Wirtschaftssprache aufzuführen, daß aber letzlich eine Unsicherheit über dessen Menge, das Wie der Präsentation und die Orte besteht, an dem er erscheinen soll.

Eine Grundannahme von uns ist, daß die typische aktive Konsultationssituation nicht in der Lösung eines punktuellen Problems besteht. Vielmehr wird die Konsultationshandlung im Rahmen eines ziemlich präzisen fachlichen Konzepts vorgenommen. Der Benutzer möchte durch diese Handlung die in diesem Konzept vorhandenen Lücken semasiologischer oder onomasiologischer Art schließen. Wenn die Annahme von einer primär konzeptgeleiteten Konsultationshandlung richtig ist, dürfte es wenig wahrscheinlich sein, daß er direkt das verbalsubstantivische Lemma konsultiert. Nehmen wir einmal an, ein aktiver Benutzer möchte die Kollokationen die Verbesserung des Ertrags/der Ertragssituation produzieren. Wir halten es dann für wahrscheinlicher, daß er unter Ertrag/Ertragssituation nachschlägt. Dies deshalb, weil wir Konzepte wie Ertrag/Ertragssituation für schärfer konturiert und strukturiert halten als ein solches wie Verbesserung. In einem aktiven Wörterbuch sollten also in jedem Fall alle mit den Basen Ertrag/Ertragssituation kollokierenden Verbalsubstantive auch bei diesem Lemma aufgeführt werden.

Besondere kollokative Leistungsfähigkeit des Verbalsubstantivs

Halten wir nun einen Augenblick inne und blicken zurück auf die bisherige Gedankenführung. Wir erkennen, daß sie noch nicht befriedigen kann, da sie zu einseitig, weil zu terminuszentriert, ist. Wir müssen also, gemäß unserem sprachintegralen Ansatz, die Notwendigkeit einer eigenen Lemmatisierung des Verbalsubstantivs, und zwar des Verbalsubstantivs generell, rechtfertigen. Trotz der Entwicklung terminusgleicher oder -ähnlicher Qualitäten durch das Verbalsubstantiv kann diese Rechtfertigung nicht primär durch eine auf diese Merkmale ausgerichtete Argumentation erfolgen. Da zieht es letztlich doch den kürzeren. Sie erfordert vielmehr eine gleichermaßen notwendige Besinnung auf jene Eigenschaften, die diesen Wortbildungstyp in markanter Weise auszeichnen.

Reinhardt/Köhler/Neubert (1992 : 146) weisen auf die besonderen sprachökonomischen Leistungen der Verbalsubstantive hin. Sie eignen sich zur Komprimierung ganzer Sätze und Wortgruppen, wirken also syntaktisch verkürzend, können aber zugleich, wie das Prädikat im Satz, andere Satzglieder an sich binden. Die veranschaulichende sprachstrukturell differenzierte Darstellung dieser Bindungskräfte (siehe die Seiten 165ff.) legt eine eigene Lemmatisierung nahe. Wir sehen in dem Verbalsubstantiv einen prominenten Vertreter des "operativen Sprachmaterials", in dem Entwicklungen, Prozesse, Verfahren, Entscheidungen, Planungen, Organisieren und ähnliche Phänomene ihren sinnfälligen sprachlichen Ausdruck finden. Die entsprechende kollokative Bearbeitung ist nicht in der Mikrostruktur des dominierenden Konzeptes, also z.B. unter dem Lemma Ertrag zu bewältigen. Sie ist nur unter dem Lemma des Verbalsubstantivs selbst zu leisten.

Einige Beispiele aus selektiertem Material mit dem Verbalsubstantiv Steigerung mögen dies veranschaulichen: eine eindrucksvolle Steigerung - die Hälfte der Steigerung - die Steigerung des Konzernumsatzes - Steigerungen in allen Produktionssparten - Steigerungen bei Nutzfahrzeugen - eine Steigerung von 10% - eine Steigerung für das Geschäftsjahr um 33% auf 163 Mill. DM - ein Jahresabschluß mit kräftigen Steigerungen - eine Steigerung ausweisen/erzielen/fällt mager aus/resultiert aus etc. Es wird deutlich, daß der am stärksten konzeptzentrierte Vertreter (unterstrichenes Beispiel) nur eine von vielen sonst noch möglichen Kollokationsstrukturen des Verbalsubstantivs darstellt.

Überprüft man nun den Potonnier daraufhin, wie er diese starke kollokative Leistungsfähigkeit des Verbalsubstantivs darstellt, kommt man schnell zu einem ernüchternden Ergebnis: so gut wie gar nicht. Wir sehen in der ausgiebigen Bearbeitung der sorgsam ausgewählten Verbalsubstantive -neben der der Komposita- ein weiteres bedeutendes Mittel, einem aktiven Wörterbuch sein besonderes Profil zu geben.

Unsere Gedankenführung bedarf daher noch einer Abrundung. Wir sagten oben, daß der Benutzer in der Regel unter dem konzeptstärkeren Lemma, z.B. Ertrag/Ertragssituation nachschlägt. Deshalb ist es notwendig, daß er von dort zu den Verbalsubstantiven geleitet wird, um seine Produktionsbedürfnisse maximal zu befriedigen. Wir schlagen dazu vor, die in der genitivischen Kollokationsstruktur auftretenden Verbalsubstantive mit einem Verweissymbol * zu versehen:

der **ERTRAG** ... die **Steigerung* des Ertrags**

Was die Erwähnung konzeptstarker Lemmata (Ertrag, Umsatz, Produktion) unter den lemmatisierten Verbalsubstantiven betrifft, halten wir das gleiche Verfahren wie bei den Verblemmata für das beste: Aufführung der zwei oder drei typischsten Kombinationen.

"Die Betriebsabrechnung" ist nicht gleich "die Abrechnung des Betriebs"

Kommen wir nun zur zweiten ii) der drei oben gestellten Fragen. Sie beruht auf der Überlegung, daß der Benutzer -ausgestattet mit einem Basiswissen der L_2-Sprache- aus den vorfindbaren Verbkollokatoren selber die entsprechenden Substantivierungen vornehmen kann. Die Antwort ist einfach: dies hieße eindeutig den Benutzer überfordern. In vielen Fällen verlaufen die Transformationen sehr unterschiedlich. Es wäre daher nicht zu verantworten, ja geradezu abenteuerlich, etwa zu sagen, daß die Transformation in der Regel nach dem Muster die Verluste verringern > die Verringerung der Verluste verläuft. Zu berücksichtigen ist zudem das zuvor festgestellte besondere Kollokationsverhalten des Verbalsubstantivs. Das Verb als Kollokator und seine verbalsubstantivische Entsprechung sind jeweils als eigenständige sprachliche Einheit aufzufassen. Sie lassen keine wie auch immer geartete platzeinsparende gegenseitige Aufrechnung zu.

Frage iii) stellten wir, weil man sowohl im Potonnier, zumindest teilweise, als auch im Hamblock/Wessels eine Art Exklusionsbeziehung zwischen der verbalsubstantivischen Genitivkonstruktion und der entsprechenden Komposition feststellen kann.

Hamblock/Wessels verfährt ganz rigoros und verzichtet völlig -abgesehen vom Adjektivattribut- auf jegliche Art von Linkserweiterung. Der Benutzer findet also unter "Forderung" die Abtretung einer Forderung ebensowenig wie die Fälligkeit einer Forderung. Das auffälligste Beispiel für den hier besprochenen Sachverhalt findet man im Potonnier unter dem Lemma Kosten. Es wird keine einzige Genitivkonstruktion angegeben. Wir finden ausschließlich Komposita vor. Wollte man dem Benutzer zumuten, aus diesen selber Genitivkonstruktionen zu bilden, so wäre das der sichere Weg in ein (vermeidbares) Chaos. Aus Betriebsabrechnung würde womöglich +die Abrechnung des Betriebs, aus Kostenrechnung +die Rechnung der Kosten etc. Der Korrektheit halber muß hier gesagt werden, daß dieses Problem für alle Formen der Komposition gilt, nicht nur für jene mit Verbalsubstantiv.

Ein weiterer Aspekt, der in diesem Problemzusammenhang zu berücksichtigen ist, liegt mehr im stilistischen Bereich, ist aber auch nicht zu unterschätzen. Im Potonnier findet man z.B. den juristischen Terminus Sorgfaltspflichtverletzung im Hamblock/Wessels sogar SorgfaltspflichtSverletzung. Warum in keinem Verletzung der Sorgfaltspflicht aufgeführt wird, ist unverständlich. Die Wortspielereien ließen sich lange fortsetzen.

Wir kommen zu dem Schluß: Auch das Kompositum und (eventuelle) genitivische Entsprechungen lassen sich nicht miteinander verrechnen. Auf keinen Fall in einem aktivischen Wörterbuchtyp, für das im Zweifel immer zu gelten hat: "Nichts ist vorhersehbar für den L_2-Benutzer".

Degruppierung gegen Polysemie

Abschließend möchten wir noch auf die auch beim Verbalsubstantiv bestehende Polysemie und die sich daraus ergebende Notwendigkeit der Degruppierung hinweisen. Es ist nämlich für den Benutzer zu mühsam, wenn er, wie z.B. im Potonnier, zuerst in allen möglichen Abfällen herumwühlen muß, bis er schließlich seinen gewünschten Abfall der Leistung findet.

Verbaufspaltung

Reinhardt/Köhler/Neubert (1992 : 150 ff.) berichten von der sog. Verbaufspaltung (siehe auch Seite 332), die sich beim Verbalsubstantiv beobachten lasse. Danach geben diese in dem Maße, wie sie terminologische Qualität gewinnen, Teile ihrer syntaktischen Leistung an andere Verben ab. Deren Inhalt ist meist stark eingeschränkt. Die Anzahl der verschiedenen Verbalsubstantive ist ungleich größer als die der verschiedenen Verben. Folgende Beispiele aus unserem selektierten Material veranschaulichen das Gemeinte:

eine Abschreibung VORNEHMEN/TÄTIGEN/KOMMT IN BETRACHT
eine Bewertung der Vermögengegenstände VORNEHMEN
die Bilanzierung ERFOLGT

der Ausweis ERFOLGT im Sonderposten im Rücklageanteil
eine Ertragsverbesserung ERZIELEN

Es ist in der Tat so, daß dieser Typ von Verben in hohem Maße produktiv ist. Selbstverständlich sind diese Verben unter den einzelnen Substantiv-Lemmata zu erfassen. Wir meinen aber, daß wir dem Benutzer eine zusätzliche Produktionsanleitung nicht vorenthalten sollten und ihn auf diese besondere Eigenschaft in den Benutzerhinweisen aufmerksam machen sollten. Da wir eine eigene Lemmatisierung dieser Verbgruppe wegen ihrer Merkmalarmut nicht für angebracht halten, wäre durch diese Hinweise ein Ausgleich für die Nicht-Lemmatisierung gegeben.

5.5 Adjektiv und partizipiales Attribut

Terminusqualität als Lemmatisierungskriterium

Nach Hoffmann (1985 : 109) erklärt sich die große Bedeutung von Adjektiven in Fachtexten aus einer starken Attribuierungstendenz, d.h. aus dem Bedürfnis nach Präzisierung und Differenzierung. Er vermerkt allerdings einschränkend für das Deutsche, daß diese Funktion auch durch die Komposita übernommen wird. Für die Sprache der Technik stellen Reinhardt/Köhler/Neubert (1992 : 16) fest, daß Adjektive (und Partizipien) im allgemeinen nicht als selbständige Termini, sondern als charakterisierende Elemente, d.h. in Verbindung mit einem Substantiv auftreten. Dadurch erhalte dieses oft erst seinen besonderen terminologischen Charakter. Des weiteren weisen sie auf die Tendenz hin, Adjektive (bzw. Adverbien) so zu verwenden, daß sie in semantischer Opposition zueinander stehen. Aufgrund unserer Selektionserfahrungen können wir diese Einschätzung auch für das von uns bearbeitete Sprachmaterial bestätigen.

Die Frage, ob die selektierten Adjektive einen Lemmastatus erhalten oder oder nicht, ist, wie bei allen bisherigen Fragen dieser Art, nur durch die Reflexion auf die zugrunde liegende Sach- und Handlungssystematik zu entscheiden. Wer käme z.B. auf die Idee, eine solche Reflexion bei so harmlosen Adjektiven wie klein oder groß für notwendig zu halten. Für den Gegenstand unseres Wörterbuchs ist sie relevant aufgrund der im Bilanzrichtlinien-Gesetz vorgenommenen Unterscheidung nach kleiner, mittelgroßer und großer Kapitalgesellschaft. Diese sog. Größenklassen sind mit entscheidenden Konsequenzen für die jeweilige Bilanzierungspraxis verbunden. Es ist also Vorsicht geboten bei einer Kritik, wie sie Morgenroth (1994 : 52) an Ihle-Schmidt übt, weil diese "petit" in die Kategorie "vocabulaire général d'orientation économique" einordnet. An dem Beispiel werden übrigens auch die von Reinhardt/ Köhler/Neubert (1992) erwähnten Oppositionsbeziehungen zwischen Adjektiven deutlich.

Sach- und handlungssystematische Adjektivtypen

Nach unserer Einschätzung lassen sich im Hinblick auf die lexikographische Bearbeitung drei verschiedene Adjektivtypen unterscheiden. Die beiden ersten haben ihren Schwerpunkt in der Sachsystematik, die dritte Gruppe hat den ihren in der Handlungssystematik. In der letzten Gruppe sind Adjektive wertenden Charakters zahlreich:

i) Adjektive mit dem stärksten Fachlichkeitsgrad. Sie verfügen auch ohne Kontext über einen relativ hohen Grad terminologischer Autonomie. Diese verdanken sie in der Regel dem entsprechenden substantivischen Fachterminus. Sie können mit einem Substaniv in typischer Weise verbunden sein, sind es aber nicht unbedingt: Aktivierung > aktivierungsfähig, Betrieb > betrieblich, Betrieb > überbetrieblich, Bilanz > bilanziell, Bilanzierung > bilanzierungsfähig, Handelsregister > handelsregisterlich, Offenlegungspflicht > offenlegungspflichtig, Prüfungspflicht > prüfungspflichtig, Steuern > steuerlich etc.

ii) Adjektive, die mit einem Substantiv in typischer Weise verbunden sind und ein relativ stark fixiertes terminologisches oder terminusähnliches Wortgruppenlexem bilden. Die alleinige Nennung des Adjektivs evoziert beim Fachmann mit ziemlicher Wahrscheinlichkeit das entsprechende Substantiv: abnutzbare Wirtschaftsgüter, voll abzugsfähige Betriebsausgaben, außerplanmäßige Abschreibungen, derivativer Firmenwert, eigene Aktien, eigene Leistungen, fiktive Anschaffungs- und Herstellungskosten, einheitliche Leitung, geregelter Markt, unfertige Erzeugnisse, historische/tatsächliche/ursprüngliche Anschaffungskosten, lineare/degressive/progressive Abschreibung, immaterielle Vermögensgegenstände, rote Zahlen, schwarze Zahlen, unfertige Leistungen etc.

iii) Adjektive, deren wesentliche Funktion in der wertenden Beurteilung von Phänomenen und Sachverhalten des fachlichen Gegenstandes durch die Entscheidungsträger u. ä. liegt. Typische Verbindungen sind nicht ausgeschlossen: dramatische/erschreckende/existenzbedrohende/häßliche/herbe/schmerzhafte/schmerzliche/verkraftbare Verluste, anhaltende/aufgelaufene/beachtliche/deutliche/erhebliche/exorbitante/große/hohe/horrende/massive/schwere Verluste, begrenzte/geringe/geringfügige/kleine/leichte Verluste etc.

Als am komplexesten erweist sich die lexikographische Bearbeitung der Adjektive der ersten Gruppe. Von den erwähnten erscheinen übrigens nicht im Potonnier: aktivierungsfähig, bilanziell, bilanzierungsfähig, handelsregisterlich, offenlegungspflichtig, prüfungspflichtig. Das ist erstaunlich und läßt vermuten, daß der Lemmatisierung der Adjektive nicht die Aufmerksamkeit zuteil wurde, die ihr gebührt. Selbst unter dem lemmatisierten Suffixoid -pflichtig erscheinen die beiden letztgenannten Adjektive nicht.

Lexikographische Darstellung

Eine wesentliche Frage ist die, wie diese Adjektive in einem aktiven Wörterbuch optimal präsentiert werden können. Zunächst halten wir es für wichtig, daß der Benutzer auf die morphologische Verwandtschaft zwischen dem substantivischen Fachterminus und der adjektivischen Derivation hingewiesen wird. Wir werden generell auf morphologische Verwandtschaften hinweisen. Wir schlagen vor, diese Hinweise, neben anderen, in einer Leiste am rechten Rand der Wörterbuchseite zu geben. Das Adjektiv erscheint dann, optisch gut abgehoben, in dieser Leiste:

BILANZ	**WF:** Bilanzierung bilanzieren bilanziell
BILANZIERUNG	**WF:** Bilanz bilanzieren bilanzierungsfähig

Die optisch komprimierte Darstellung der Wortfamilien in der Leiste betrachten wir als eine wertvolle Produktionshilfe für den aktiven Benutzer. Wir betonen dies im Hinblick auf die mögliche Kritik, daß die Mitglieder der Wortfamilien sowieso in alphabetischer Nachbarschaft stünden. Ein weiteres Mal erscheint das Adjektiv in der alphabetischen Anordnung. Wie schon beim Verb und beim Verbalsubstantiv werden hier nur die typischsten Kombinationen mit einem Substantiv aufgeführt, z.B. bilanzielle Abschreibungen. Sollte der Typizitätsgrad nicht ausreichen, so würde diese Kollokation in jedem Fall unter dem Lemma Abschreibung erscheinen.

Bei allen Adjektiven, selbst bei jenen der ersten Gruppe, gehen wir davon aus, daß sie letzlich nicht mit den konzeptstärkeren Substantiven konkurrieren können. Der Benutzer wird also z.B., ausgehend vom französischen L_1-Index, über das Äquivalent bzw. Lemma Altersversorgung zu der (in diesem Fall terminusartigen) Kollokation betriebliche Altersversorgung geleitet. Im Potonnier erscheint dieser Zweiwort-Terminus nur unter dem Lemma betrieblich.

Kommen wir nun zur zweiten Adjektivgruppe. Die lexikographische Darstellung hat hier vor allem den Mehrwortterminus-Charakter herauszustellen. Dies geschieht auf zweierlei Weise. Zuerst erscheinen alle Kombinationen als Lemma am alphabetischen Ort des Adjektivs, also einheitliche Leitung unter E. Von dort wird mit Verweissymbol* auf Leitung verwiesen (einheitliche Leitung*). Unter dem Lemma Leitung erhält das Mehrwortlemma typographisch den gleichen Sublemma-Status wie die Komposita, wird also, gegenüber dem Lemma leicht eingerückt, an den linken Rand des Artikels plaziert. Auch hier unterstellen wir grundsätzlich, daß der Zugriff direkt auf das substantivische Lemma erfolgt. Wir konnten uns, das sei schon im Vorgriff auf die Mehrwortlemma-Problematik gesagt, nicht dazu entschließen, diesen Lexemtyp am alphabetischen Ort des ersten Wortes lexikographisch zu bearbeiten:

LEITUNG

einheitliche Leitung

Die dritte Grupe der Adjektive wird nur unter dem jeweiligen Substantiv-Lemma aufgeführt.

Zu überlegen ist noch, wieviele bedeutungsmäßig nahe beieinanderliegende Adjektiv-Kollokatoren im Artikel einer lemmatisierten substantivischen Basis aufgeführt werden sollen. Man desorientiert den aktiven Benutzer eher, wenn man ihm, wie z.B. im obigen Fall, zum Ausdruck des Sachverhalts 'große Verluste' elf verschiedene Adjektive präsentiert. Die Gefahr philologischer Wortverliebtheit lauert hier. Als Kompromiß bietet sich an, in solchen Fällen eine Obergrenze zu bestimmen, z.B. fünf Kollokatoren, und den oder die zwei zu unterstreichen, die nach Ansicht des Lexikographen am gebräuchlichsten sind: erhebliche/große/hohe/massive/schwere Verluste.

Attributives Partizip

Beim attributiven Partizip geht es, angesichts der in den Fachwörterbüchern vorherrschenden Situation, zunächst einmal darum, daß es überhaupt berücksichtigt wird oder aber, daß es systematischer behandelt wird. In Potonnier etwa finden sich auf einer Seite die drei nachstehenden Lemmatisierungstypen:

gezielt orienté, dirigé, spécial, etc. (ohne Kollokationen)
gezogen *s.* ziehen
gewogen pondéré ll gewogener Durchschnitt, ... gewogene Zusammenfassung

Worin das Systematisierungsprinzip besteht, ist schwer zu sagen. Wenn man an den Terminus gezogener Wechsel denkt, so hätte dessen Erwähnung mit dem gleichen Recht unter dem lemmatisierten gezogen erfolgen können, wie das bei gewogener Durchschnitt unter gewogen der Fall ist.

Wir halten uns beim Partizip an die bei den Adjektiven gemachten Unterscheidungen:

i) Partizipien, die sich auf einen stabilen substantivischen bzw. verbalen Terminus zurückführen lassen: Aktivierung > aktivieren > aktivierte Aufwendungen, Bilanzierung > bilanzieren > bilanzierter Geschäfts- oder Firmenwert, Einstellungen > einstellen > eingestellte Beträge, Entnahmen > entnehmen > entnommene Beträge, etc.

ii) Partizipien, die mit einem Substantiv in einer typischen Weise verbunden sind und mit diesem zusammen ein relativ stark fixiertes Wortgruppenlexem mit Terminusqualität bilden: beherrschender Einfluß, eingeforderte Nachschüsse, erhaltene Anzahlungen, geleistete Anzahlungen, gewährte Rabatte, gezeichnetes Kapital, kumulierte Abschreibungen, verbundene Unternehmen, etc.

iii) alle sonstigen Partizipien, die durch ihre Frequenz im Korpus auffallen: abgelaufenes Geschäftsjahr, abnehmende Erträge, noch nicht eingegangene Mieten, gestiegene Verluste, etc.

Für die lexikographische Darstellung der Partizipattribute schlagen wir ein zu den Adjektiven paralleles Vorgehen vor:

EINSTELLUNG .... **WF:** einstellen
eingestellt

EINSTELLEN .... **WF:** eingestellt
Einstellung

Erwähnt sei an dieser Stelle noch der Gebrauch des sog. Gerundivs (Reinhardt/Köhler/Neubert 1992 : 166) und des Partizip Präsens, wie z.B. anzusetzende Herstellungskosten, zu erwartende Abwertungen, (vom Handelsrecht) abweichende Bewertungsmaßnahmen, etc. (siehe eingehender die Seiten 162ff.). Wir halten ihre Erwähnung für notwendig, berücksichtigen sie aber lediglich nach dem Verfahren der dritten Gruppe.

5.6 Das Adverb

Nach Hoffmann (1985 : 138) spielt das einfache Adverb in Fachsprachen nur eine geringe Rolle, da es zum Ausdruck komplizierter Sachverhalte nicht ausreicht. Diese Einschätzung können wir bestätigen. Für unser Fachgebiet haben sich lediglich einige sprachliche Einheiten herausgeschält, die wegen ihrer auffallenden Rekurrenz berücksichtigt werden müssen:

ANTEILIG verrechnen
DEGRESSIV abschreiben
LINEAR abschreiben
ERFOLGSNEUTRAL behandeln
ERFOLGSWIRKSAM verrechnen
eine Rückstellung ERGEBNISWIRKSAM passivieren
eine Verbindlichkeit GEWINNERHÖHEND auflösen
das Eigenkapital GESONDERT ausweisen
PERIODENANTEILIG verrechnen
den bilanzierten Geschäfts- oder Firmenwert STEUERLICH PLANMÄSSIG abschreiben
den Ansatz von Herstellungskosten auf Einzelkostenbasis STEUERLICH anerkennen
STEUERLICH abzugsfähige Betriebsausgaben
STEUERRECHTLICH zulässig
STEUERLICH bedingte Wertberichtigung

UNTER DER BILANZ vermerken
VOLLSTÄNDIG abschreiben

Sowohl der Kreis der einfachen Adverbien als auch die mit ihnen in typischer Verbindung auftretenden Verben und Adjektive sind begrenzt und lassen sich ziemlich genau bestimmen. Wir halten eine eigene Lemmatisierung der Adverbien und ihre kollokationäre Darstellung mit den betroffenen Verben oder Adjektiven sowie ihre Erwähnung als Kollokator bei den lemmatisierten Verben und Adjektiven für sachsystematisch am angemessensten. Außerdem erscheinen sie bei den Substantivlemmata, mit denen sie typischerweise auftreten. Bei dem sehr kollokationspotenten Lemma steuerlich bietet sich eine optisch erkennbare Aufteilung des Artikels nach dem Gebrauch als Adjektivattribut und als Adverb an. Im letzten Fall ist wiederum ein adverbialer Gebrauch in bezug auf ein Verb (steuerlich ANERKENNEN) und in bezug auf ein anderes Adjektiv (steuerlich ABZUGSFÄHIGE ...) zu unterscheiden.

5.7 Mehrwortverbindungen und Wortpaare

Lexikographischer Nachholbedarf beim Mehrwortterminus

In diesem Abschnitt schneiden wir einen äußerst wichtigen Aspekt der Selektions- und Lemmatisierungsarbeit an. Er trägt neben dem Kompositum und dem Verbalsubstantiv entscheidend zu dem besonderen Profil des aktiven Wörterbuchs bei. Ganz allgemein gesprochen geht es um das schwierige Problem, in welcher lexikographischen Präsentation aus mehreren Wörtern bestehende Lexemeinheiten am benutzerfreundlichsten dargestellt werden können. Bergenholtz/Tarp (1994 : 389) sprechen von Mehrwortverbindungen (Mwvb), worunter sie Mehrworttermini und Kollokationen verstehen. Nach ihrer Einschätzung ist diesen bisher in den Fachwörterbüchern nicht die nötige Beachtung geschenkt worden. Dem ist grundsätzlich zuzustimmen, mit der Nuancierung, daß der Nachholbedarf nach unseren Erfahrungen im Bereich der Mehrworttermini größer ist als im Bereich der Kollokationen. Im Potonnier etwa findet man einige Lemmata (z.B. Aktie, Anleihe, Auftrag, Forderung, Kosten, Preis, Produktion, Recht, Schuld, Steuer, Wechsel), die im Hinblick auf Kollokationen recht gut bearbeitet sind. Unter dem Lemma Preis sind immerhin sechs Kollokationsstrukturen bearbeitet.

Größerer Realitätsgehalt durch das "idiomatische Prinzip"

Machen wir uns zunächst einige für die Selektion von Mehrwortverbindungen wichtige Einsichten bewußt. Sinclair (1991 : 104) wirft der konventionellen Grammatik ein "decoupling of lexis and syntax" vor. Dieses Auseinanderreißen "leads to the creation of a rubbish dump that is called 'idiom', 'phraseology', 'collocation' and the like". Hierüber ist Sinclair zu Recht verärgert, denn für ihn funktioniert eine Sprache nach dem "idiom principle". Er beschreibt dies so:

> To some extent, the nature of the world around us is reflected in the organization of language and contributes to the unrandomness. Things which occur physically together have a stronger chance of being mentioned together.

Was diese Position, insbesondere aus einer fachsprachlichen Perspektive, so verständlich macht, ist, daß sie zusammengehörende Dinge der Welt und damit auch Sprache und Realität wieder enger zusammenrückt. Die Berücksichtigung schematisierbarer Kontiguitäten beinhaltet für all jene Linguisten, welche der "immanentistischen Illusion" (Ickler 1985 : 367) aufsitzen, die unbequeme und mühevolle Aufforderung, sich um Realitäten zu kümmern. Sie nimmt aber auch in einer über eine Engperspektive hinausgehenden Weise der Fachsprachenforschung und der Fachlexikographie ihre Exklusivität und bestimmt den mehr oder weniger fachlichen Umgang mit der Realität im Sinne Kalverkämpers (1990) als Normalfall der sprachlichen Auseinandersetzung mit Realität.

Hausmann (1993_2 : Manuskript 3 f.) schlägt aufgrund der Tatsache, daß (fast) alles in einer Sprache idiomatisch ist, einen Terminus und Oberbegriff zur Bezeichnung der idiomatischen Grundeinheit der Sprache vor: "Formulierung". Eine Formulierung bedarf immer mehr als einer einzigen Worteinheit. Nimmt man also das idiomatische Prinzip Sinclairs und den Gedanken der Formulierung tatsächlich ernst, dann hat sich unser Blick primär auf Mehrwortverbindungen zu richten.

Identifizierung von Mehrwortverbindungen

Nach Bergenholtz (1994 : 301) müssen Überlegungen angestellt werden, inwiefern Mehrwortausdrücke als Mehrworttermini gelten und daher lemmatisiert werden sollen, oder als Teil der fachlichen Phraseologie und daher als Kollokation anzuführen sind. Wir haben die Erkenntnis gewonnen, daß es um drei entscheidende Dinge bei der Bearbeitung dieser Mehrwortverbindungen geht:

i) die Identifizierung von Mehrwortverbindungen
ii) die Segmentierung von Mehrwortverbindungen in untergeordnete Einheiten
iii) die Entscheidung über den begrifflichen Status einer Mehrwortverbindung innerhalb eines jeweils zu bestimmenden sach- und handlungssystematischen Bezugsrahmens

Die für i) und ii) notwendige Arbeit wird durch jene Eigenschaft von Sätzen erschwert, die Sinclair (1991 : 111) so treffend als "indeterminate extent" beschreibt. Piirainen/Airismäki (1987 : 162f.) dürften das Phänomen jener "Satzspannung" unterordnen, die ihrer Meinung nach für den deutschen Satz eine erhebliche Bedeutung hat. Das nachfolgende Beispiel aus unserem Korpus soll den Sachverhalt verdeutlichen:

Die Haftung ...
Die Haftung der Gesellschafter ...
Die Haftung der Gesellschafter für (die) Verbindlichkeiten ...
Die Haftung der Gesellschafter für die Verbindlichkeiten der Kapitalgesellschaft ...
Die Haftung der Gesellschafter für die Verbindlichkeiten der Kapitalgesellschaft gegenüber den Gläubigern ...

Die Haftung der Gesellschafter für die Verbindlichkeiten der Kapitalgesellschaft gegenüber den Gläubigern ist beschränkt ...
Die Haftung der Gesellschafter für die Verbindlichkeiten der Kapitalgesellschaft gegenüber den Gläubigern ist beschränkt auf das gezeichnete Kapital

Neben dieser kontinuierlichen Erweiterung lassen sich noch weitere diskontinuierliche Verbindungen herstellen:

die Haftung ist beschränkt
die Haftung für die Verbindlichkeiten
die Verbindlichkeiten gegenüber den Gläubigern
die Haftung der Gesellschafter gegenüber den Gläubigern

Die Hinweise auf die Schwierigkeiten bei der Isolierung von Mehrworteinheiten vom Kontext und auf das Fehlen verläßlicher Methoden zur Bewerkstelligung dieser Arbeit sind zahlreich (z.B. Sinclair 1991 : 8; Rossenbeck 1991 : 38). Groffier/Reed (1990 : 26) stellen die Frage: "Comment reconnaître et découper les unités de signification, en particulier les unités syntagmatiques?" Die folgenden Beispiele aus unserem Korpustext vii) illustrieren, worum es genau geht (die isolierten Segmente sind kursiv und fettgedruckt):

1. Neu ist der getrennte Ausweis von ***Forderungen an Unternehmen, mit denen ein Beteiligungsverhältnis besteht***
1.1 Forderungen an ***Unternehmen, mit denen ein Beteiligungsverhältnis besteht***
1.1.1 Unternehmen, ***mit*** denen ***ein Beteiligungsverhältnis besteht***
2. Bei der AG sind ***in die Kapitalrücklage*** solche ***Beträge einzustellen***, die bei einer ***vereinfachten Kapitalherabsetzung*** und ***Kapitalherabsetzung durch Einziehung von Aktien*** frei geworden sind
2.1 Kapitalherabsetzung durch ***Einziehung von Aktien***
2.2 ***Kapitalherabsetzung*** durch Einziehung von Aktien

Bei der Identifizierung von Mehrwortverbindungen spielen zunächst einmal Frequenz und Rekurrenz eine große Rolle. Es geht um das Wiedererkennen des Gleichen. Hinzu tritt die Fähigkeit zum Erkennen sprachlicher Strukturen. Hoffmann (1985 : 184) spricht in diesem Zusammenhang von Syntagma. Hierunter versteht er eine relativ selbständige Verbindung von Wörtern, die kleiner als der Satz ist. Sie ergibt sich aus einer Segmentierung, die keine Rücksicht auf die Funktion der Verbindung im Satz nimmt, sondern nur die Relationen innerhalb der Verbindung beachtet. Hiervon zu unterscheiden ist die Phrase, die konstituierender Teil des Satzes ist.

Interdependenz von begrifflicher Autonomie und Sach- bzw. Handlungs-systematik

Das Erkennen typischer sprachlicher Strukturen muß von einer ständigen Reflexion auf die Sach- und Handlungssystematik begleitet werden. Damit kommen wir zu dem obengenannten Aspekt iii) des Bearbeitungsprozesses von Mehrwortverbindungen. Im Segmentierungsvorgang muß entschieden werden, ob dieses oder jenes Segment in den besagten Systematiken wichtig ist bzw. so wichtig ist, daß es verdient, ausgeschnitten zu werden. Es geht hierbei darum, festzustellen, ob einer Mehrwortverbindung eine begriffliche Autonomie zukommt. Mit zunehmender begrifflicher Autonomie nimmt die Berichtigung zu, von einem Mehrwortterminus zu sprechen. Dient eine solche Verbindung z.B. zur Bezeichnung einer Bilanzposition, dann ist diese Entscheidung relativ unproblematisch. Im obigen ersten Beispiel trifft das für die Verbindung Forderungen gegen Unternehmen, mit denen ein Beteiligungsverhältnis besteht zu. Wenn nun zu entscheiden ist, ob auch der Verbindung Unternehmen, mit denen ein Beteiligungsverhältnis besteht Begriffsautomie zukommt oder nicht, ist es wichtig zu wissen, daß diese Beteiligungsform zu unterscheiden ist von sog. verbundenen Unternehmen. Diese Opposition spricht für die Zuerkennung eines eigenen begrifflichen Status.

Begriffliche Autonomie, das wird bei dieser Segmentierungsarbeit deutlich, ist nichts Statisches, Unteilbares oder dergleichen. Man hat es mit sehr flexiblen begrifflichen Konstrukten zu tun, die je nach zugrunde gelegtem Bezugssystem modulartig expandiert oder reduziert werden können.

Visuelle Erfaßbarkeit auch längerer Mehrwortverbindungen

Ein gewisses Problem ergibt sich für die Mehrwortverbindungen unseres Fachgebietes aus ihrer oftmals nicht unerheblichen Länge. Nachstehend einige Beispiele:

Abschreibungen auf Abgänge des laufenden Geschäftsjahres
Abschreibungen auf aktivierte Aufwendungen für die Ingangsetzung und Erweiterung des Geschäftsbetriebs
Abschreibungen auf den niedrigeren am Abschlußstichtag beizulegenden Wert

Die Frage nach der lexikographischen Darstellung dieser Gebilde ist nicht einfach zu beantworten. Wir haben es hier mit einer ziemlich komplexen Form syntaktisch-semantischer Blöcke zu tun, deren Existenz auch kognitionspsychologisch begründbar ist. Das operative Gedächtnis des muttersprachlichen Fachmanns ist durchaus in der Lage, diese Gebilde aufzunehmen und zu reproduzieren (vgl. Dietze 1989 : 57). Für den L_2-Benutzer stellt sich die Situation aber um einiges schwieriger dar. Bis zu einem gewissen Grad wird ihm zwar die fachliche Kompetenz behilflich sein, aber sie wird nur schwerlich zur Speicherung und Reproduktion der fremden sprachlichen Einheiten ausreichen.

Trotz dieser sicherlich nicht befriedigenden Sachlage, halten wir einen Verzicht auf die lexikographische Präsentation auch relativ umfangreicher Mehrwortverbindungen aus fachlichen und sprachlich-kommunikativen Gründen für nicht vertretbar. Ein wesentlicher Grund spielt hierbei der von Hausmann (1993_2 : Manuskript 4) gemachte Hinweis, daß die idiomatische Enkodierung -im Gegensatz zur Dekodierung- der ganz besonderen Hilfestellung bedarf. Das heißt, daß auch die umfangreichen Mehrwortgebilde für den Benutzer auf jeden Fall visuell erfaßbar sein müssen.

Produktionsfunktionaler Zusammenhang zwischen Index und Wörterbuchteil

Für die Frage der Lemmatisierung oder Nicht-Lemmatisierung von terminologisierten Mehrwortverbindungen ist die Berücksichtigung des produktionsfunktionalen Zusammenhangs zwischen dem Französisch-Deutschen Einstiegs-Index und dem jeweiligen Lemmakandidaten äußerst wichtig (siehe die Seiten 267ff.). Sie ordnet sich daher dem Aspekt des Einstiegs über die konzeptstärksten Elemente der Verbindung unter. Es ist davon auszugehen, daß der L_2-Benutzer in der Regel die Verbindung über die muttersprachlichen Äquivalente dieser Elemente an deren alphabetischem Ort im Index zu ermitteln versucht. Das Mehrwortgebilde Abschreibungen auf uneinbringliche Forderungen wird er also mit einiger Sicherheit über die Termini amortissement oder créance angehen, Ergebnis der gewöhnlichen Geschäftstätigkeit über résultat (courant) und activités (ordinaires). Auf die zusätzlich zu berücksichtigende Problematik von Divergenzen in den beiden terminologischen Systemen können wir an dieser Stelle noch nicht eingehen (siehe die Seiten 211ff., 316ff.). Entscheidend ist, daß der Benutzer an den genannten Stellen im Index, erstens, auf die Existenz der Mehrwortverbindungen und, zweitens, auf den Ort ihrer Auffindbarkeit im D-F-Wörterbuchteil informiert wird. Durch diese Information erhält die visuelle Präsentation der terminologisierten Mehrwortverbindung in Form einer geschlossenen syntaktisch-semantischen Einheit im Wörterbuchteil, sei es als Lemma oder als Sublemma, ihren notwendigen produktionsfunktionalen Bezug.

Wo ein sehr hoher Grad von begrifflicher Autonomie vorliegt, wie z.B. bei den Termini Ergebnis der gewöhnlichen Geschäftstätigkeit oder gezeichnetes Kapital (in Potonnier nur unter zeichnen (!) auffindbar), erscheinen diese auch als gesonderte Lemmata. In den meisten Fällen sollten aber die Mehrwortgebilde, selbst wenn sie einen relativ hohen Grad begrifflicher Autonomie aufweisen, nicht als eigene Lemmata präsentiert werden (z.B. neue Rechnung, das Gabler [1988 : 580] lemmatisiert). Sie werden vielmehr, visuell hervorgehoben, in den bzw. die Artikel des bzw. der konzeptstärksten deutschen Termini der Verbindung eingeordnet.

Maniable Zerlegung

Verweisen möchten wir noch auf Fälle, in denen gewisse Manipulationen an einer vorgegebenen Mehrwortverbindung notwendig sind. Betrachten wir etwa den folgenden Fall, entnommen aus dem Korpustext vii) (es handelt sich um eine Position aus dem Gliederungsschema der Gewinn- und Verlustrechnung):

1. Erträge aus Beteiligungen, davon aus verbundenen Unternehmen
1.1 Erträge aus Beteiligungen
1.2 Beteiligungserträge aus verbundenen Unternehmen

Der Autor des betreffenden Korpustextes hat die unhandliche Mehrwortverbindung in zwei sprachlich besser zu handhabende Teilgebilde zerlegt. Beide verfügen wiederum über eine sachsytematisch korrekte begriffliche Autonomie, was natürlich eine Grundbedingung für solche Zerlegungen ist. Wir sagten oben zwar, daß wir auch relativ umfangreiche Mehrwortverbindungen darstellen. Das schließt aber nicht aus, aus besonders komplizierten Gebilden Elemente (sachlogisch korrekt) herauszulösen und sie ebenfalls zu präsentieren. Dies ist schon allein deshalb notwendig, weil diese Verbindungen sich wegen ihrer referentiellen Heterogenität gar nicht zu einem thematisch zentrierten Gebrauch in einem fachlichen Gespräch eignen, z.B. sonstige Verbindlichkeiten, davon aus Steuern, davon im Rahmen der sozialen Sicherheit. Im Index des BECK'sches Steuerberater-Handbuch (1988 : 1848) findet man dieses Gebilde zerlegt in Verbindlichkeiten aus Steuern und Verbindlichkeiten im Rahmen der sozialen Sicherheit. In diesem Zusammenhang verdienen auch sprachökonomische Verkürzungen komplexer Mehrwortgebilde des folgenden Typs Erwähnung. Aus Forderungen gegen Unternehmen, mit denen ein Beteiligungsverhältnis besteht kann auf diese Weise Forderungen an Beteiligungsgesellschaften werden (Pfeiffer/Strouhal [1989 : 21] weisen auf vergleichbare ökonomische Verkürzungsverfahren in der juristischen Fachsprache hin).

Tandem-Wörter

Die Selektionsarbeit brachte die häufige gemeinsame Erwähnung von zwei Wörtern in unmittelbarer Folge zum Vorschein. Wir wollen von Tandem-Wörtern sprechen. Duhme (191 : 84) nennt sie "nichtidiomatisierte Wortpaare". In den meisten Fällen handelt es sich um zwei Substantive, die durch die Konjunktion und verbunden sind. Gelegentlich findet man auch oder als Konjunktion. Diese Erscheinung ist so auffällig, daß sie auch im Wörterbuch berücksichtigt werden sollte. Wellmann (1991 : 46) kommentiert dieses Phänomen folgendermaßen: Die Verbindung gleichrangiger Begriffe zu einer Bestimmungskonstituente ist besonders beliebt, wo ein weiter Bereich zusammenfassend nach charakteristischen Gliedern oder Teilgebieten benannt werden soll, z.B. Betriebs- und Abnahmevertrag. Nachstehend einige weitere Beispiele aus unserem Korpusmaterial:

Wandel- und Optionsrechte	Beherrschungs- und Gewinnabführungsvertrag
Umsatz- und Ertragsverbesserung	Betriebs- und Geschäftsausstattung
Konkurrenz- und Preisdruck	Anschaffungs- oder Herstellungskosten

Preis- und Wettbewerbsdruck	Bewertungs- und Abschreibungsmethoden
Absatz- und Ertragsaussichten	Herstellungs- und Erhaltungsaufwand
Gebühren und Entgelte	handels- und steuerrechtlich
Gebühren und Beiträge	

In Ergänzung zu Wellmann sei gesagt, daß in den genannten Beispielen die gemeinsame Erwähnung meist durch enge Nachbarschaft in der Sachsystematik oder durch einen typischen Geschehenszusammenhang motiviert ist. Bei der lexikographischen Darstellung ist auf absolute Reziprozität zu achten, also auf die Erwähnung unter jedem der beiden Bestandteile eines Wortpaares. Potonnier schenkt den Wortpaaren, von einigen wenigen abgesehen (z.B. Ein- und Verkaufsvereinignung), keine besondere Beachtung. Im Hamblock/Wessels findet man zwar die Kombinationen Anschaffungs- oder Herstellungskosten und Betriebs- und Geschäftsausstattung. Die rigide gehandhabte Linkserweiterungsbeschränkung führt allerdings zu dem fragwürdigen Ergebnis, daß der Benutzer die Kombination nur unter Anschaffungskosten bzw. Betriebsausstattung nicht aber unter Herstellungskosten bzw. Geschäftsausstattung findet. In vielen Fällen finden sich die Wortpaare als Bestandteile der Gliederungsschemata von Bilanz, Gewinn- und Verlustrechnung und Kontenrahmen. Uns geht es aber nicht nur um dieses Material aus der Sachsystematik, sondern auch um solches aus der Handlungssystematik.

6. Vernetzung der Lemmata

Unterschiedliche Sprachhandlungsrelevanz semantischer Relationen

Eine unter allen denkbaren Aspekten auszuarbeitende Vernetzung der Lemmata halten wir für eine Grundbedingung eines aktiven Wörterbuchs. Sie ist als die logische Konsequenz eines sehr textintensiven bzw. textanalytischen Selektionsverfahrens zu begreifen. Dieses Vorgehen ermöglicht, wie Opitz (1990_2 : 1629) deutlich macht, die Ableitung eines funktionalen und semantisch kohärenten Lexikons aus dem Text. Groffier/Reed (1990 : 64, 66) bemerken mit Recht: "La valeur d'un dictionnaire comme outil de travail dépend beaucoup de la richesse de ses renvois. Les articles peuvent signaler notamment les synonymes, les antonymes, les notions voisines."

Die Vernetzung eines aktiven Wörterbuchs muß allerdings über den Typ der letztgenannten Bedeutungsrelationen hinausgehen, um so etwas wie eine fachliche Sprachhandlungskompetenz zu vermitteln (siehe Schneider 1994 : 119; ähnlich Binon 1991 : 170). Eine synonymische oder eine antonymische Relation etwa haben nur eine sehr abstrakte handlungssteuernde Relevanz. Bildhaft könnte man in ihrem Falle von einem Sich-Bewegen in einem nur vage definierten Raum anhand von Hell-dunkel-Kontrasten sprechen. Wir glauben, daß auch eine -selbstverständlich zu befürwortende- Verfeinerung der onomasiologischen Analyse, also etwa eine distinktiv verfeinerte Synonymie (Ickler 1994 : 84f.), an dem relativ geringen Beitrag dieser Relationen zu einem (fach)sprachlichen Handeln nichts Wesentliches ändert. Natürlich sind sie im Fachwörterbuch zu erwähnen, über ihren eingeschränkten Beitrag zur Entwicklung einer letzlich nur in Abhängigkeit von (typischen) Situationen und Tätigkeiten bestimmbaren Sprachhandlungskompetenz sollte man sich aber im klaren sein. Hausmann (1995 : Manuskript S. 2) spricht genau diese Problematik der distinktiven Synonymie an, indem er ihre Tendenz zur Unendlichkeit bei "mangelnder kontextueller Basis" aufzeigt.

6.1 Synonymie

"Begriffsschwelgerei" als sprachpraktischer Normalfall

Eine "echte" Synonymie in dem Sinne, daß eine Übereinstimmung von Denotation, Konnotation und Verwendung anzunehmen ist, betrachten wir als sprachpraktisch inexistent. Jedenfalls gilt für die Sprache unseres Fachgebietes, wie allgemein für Sprachen fachlichen Charakters, "que le nombre de vrais synonymes est extrêmement restreint" (Groffier/Reed 1990 : 64). Wenn wir dennoch von Synonymie sprechen, nehmen wir im Kern zwar gemeinsame Bedeutungselemente an, lassen aber in der für die Sprachpraxis entscheidenden Peripherie Unterschiede in "konnotativer" Hinsicht zu. Auch morphologische Variationen sind hier zu erwähnen. Gerade an ihnen wird deutlich, wie eng Form- und Situations- oder Kontextvarianz zusammengehören (Sager 1994 : 56).

Das hier Gesagte ist die logische Konsequenz aus der festgestellten Tatsache, daß weder "Eindeutigkeit" noch gar "Eineindeutigkeit" besonders charakteristische Merkmale des von uns bearbeiteten Sprachmaterials sind (vgl. Drozd 1978 : 284 f.). Ob mit solchen Bezeichnungen überhaupt der Eigenart einer Fachsprache entsprochen werden kann, wird in dem Maße fragwürdig, wie man sich mit ihr im einzelnen und eben auch inhaltlich befaßt. In diesem Arbeitsauftrag verbirgt sich eine große Herausforderung für eine zukünftige Linguistik in einem kulturtechnologischen Gesellschaftstyp wie dem unseren. Seine Erfüllung kann dazu beitragen, daß die Linguistik ihre verdiente "Daseinsberechtigung zurückerlangt" (Kleiber 1993 : 6).

Die lexikographische Darstellung des Sprachmaterials hat dem Umstand Rechnung zu tragen, daß nicht der eindeutig fixierte Wortgebrauch die Regel ist, sondern vielmehr eine Art "betriebswirtschaftliche Begriffsschwelgerei" (Kroeber-Riel 1969 : 51, Anm. 27). Müller (1985 : 204) bezeichnet die fachsprachliche Synonymie als ein unvermeidbares Übel. Die angemessene Beurteilung der fachsprachlichen Synonymie erfordert unseres Erachtens äußerst differenzierte Kenntnisse der Bedingungen fachlicher Kommunikation.

Wir halten jedenfalls das Phänomen der "Synonymie" in jeder Form von Sprache, ob mehr oder weniger fachlich, für völlig natürlich (ähnlich für le français des affaires siehe Binon 1991 : 170, Anm. 62). Sie ist das Ergebnis der sprachlichen Energeia in dem Sinne, daß sich hier der textuell determinierte "Sprachusus" bzw. die "Gebrauchsnorm" (vgl. Reinart 1993 : 75ff.) Ausdrucksvarianten offenhalten muß. Das aktive Wörterbuch muß daher die jeweiligen Textzusammenhänge deutlich machen, in denen "Synonyme" auftreten. Eine lediglich paradigmatisch ausgerichtete Auflistung von Synonymen ist dagegen wenig sprachproduktiv. Wie massiv das von uns beschriebene Phänomen der "Synonymie" auftritt, sollte aus den nachstehenden (aus der Fachliteratur und dem Korpusmaterial entnommenen) Beispielen deutlich werden. Der völlige Austausch von Wörtern findet sich ebenso wie die sog. "Wortbildungssynonymie" (Fleischer/Barz 1992 : 73 f.), bei der ein identisches Morphem erhalten bleibt:

- Bewegungsbilanz - finanzwirtschaftliche Bilanz - Kapitalverwendungsrechnung - Kapitalflußrechnung - Wertflußrechnung - Zeitraumbilanz
- Umsatzsteuer - Mehrwertsteuer - Vorsteuer
- Abschlußübersicht - Hauptabschlußübersicht - Abschlußtabelle - Bilanzübersicht - Betriebsübersicht
- Verrechnungsverbot - Saldierungsverbot - Bruttoprinzip
- Kontokorrentenbuch - Kunden- und Lieferantenkartei - Geschäftsfreundebuch
- Bilanzkontinuität - Bilanzstetigkeit - Bilanzverknüpfung - Bilanzidentität - Bilanzkongruenz
- Zuschreibung - Wertaufholung
- Cash-Flow - Umsatzüberschuß - Finanzmittelüberschuß
- Gründungsaufwendungen - Gründungskosten (siehe genauer Seite 236)
- Abschlußstichtag - Bilanzstichtag
- Nennkapital - Nominalkapital - Haftungskapital - Stammkapital - Grundkapital - Risikokapital
- Anleihe - Schuldverschreibung - Obligation
- gesonderter Ausweis - getrennter Ausweis
- Damnum - Disagio - Abgeld

- Schutzklausel - Schweigepflicht
- Verpflichtungen - Verbindlichkeiten
- Einbeziehungspflicht - Konsolidierungspflicht
- Generalnorm - Generalklausel
- liquide Mittel - flüssige Mittel
- Ausweis- und Bilanzierungsvorschriften - Ausweis- und Bilanzierungsgrundsätze
- Posten - Position
- aktive latente Steuern - aktivisch latente Steuern
- tatsächliche Anschaffungskosten - historische Anschaffungskosten - ursprüngliche Anschaffungskosten
- kumulierte Abschreibungen - aufgelaufene Abschreibungen
- Wertaufholungsgebot - Aufwertungsgebot
- steuerliche Vorschriften - steuerrechtliche Vorschriften
- dauerhafte Wertminderung - dauernde Wertminderung
- steuerfreie Rücklagen - unversteuerte Rücklagen - gewinnmindernde Rücklagen
- freie Aktionäre - außenstehende Aktionäre
- Einstandspreise - Anschaffungs- und Herstellungkosten etc.

Konstruktionssynonymie

Unter dem Aspekt der Synonymie sticht ein weiteres Merkmal des bearbeiteten Korpusmaterials ins Auge. Er läßt sich den schon besprochenen Erscheinungen der Komposition und der Mehrwortverbindungen unterordnen. Beide treten häufig als Konkurrenzformen nebeneinander auf (Reinhardt/Köhler/Neubert 1992 : 19). Schippan (1992 : 109 ff.) spricht in diesem Zusammenhang von "Konstruktionssynonymie", die den engen Zusammenhang zwischen Wortbildung und Syntax deutlich macht. Hierzu wieder eine Reihe von Beispielen:

- Gründungsaufwendungen - Aufwendungen für die Gründung des Unternehmens
- Kosten der Eigenkapitalbeschaffung - Aufwendungen für die Beschaffung des Eigenkapitals
- Vorsichtsprinzip - Grundsatz der Vorsicht
- Instandhaltungsaufwendungen - Aufwendungen für Instandhaltung
- Going-concern-Prinzip - Grundsatz der Fortführung der Unternehmenstätigkeit
- formelle Bilanzkontinuität - Ausweisstetigkeit
- Ingangsetzungs- und Erweiterungsaufwendungen - Aufwendungen für die Ingangsetzung und Erweiterung des Geschäftsbetriebs - Kosten der Ingangsetzung und Erweiterung des Geschäftsbetriebs - Aufwendungen für die Ingangsetzung des Geschäftsbetriebs und dessen Erweiterung
- Wandeschuldverschreibungen - Schuldverschreibungen für Wandlungsrechte - Schuldverschreibungen für Optionsrechte - Optionsanleihen
- Thesaurierungssteuersatz - Steuersatz bei Thesaurierung
- unfertige Erzeugnisse - Halberzeugnisse - Halbfabrikate - in Ausführung befindliche Aufträge
- fertige Erzeugnisse - Fertigerzeugnisse - Fertigfabrikate
- Abschreibungen für zukünftige Wertschwankungen - Abschreibungen zum Ausgleich künftiger Wertschwankungen - Abschreibungen zum Ausgleich von Wertschwankungen in der nächsten Zukunft
- Fremdwährungsumrechnung - Umrechnung von Fremdwährung

- Kulanzrückstellungen - Rückstellungen für Gewährleistungen ohne rechtliche Verpflichtung
- nicht durch Eigenkapital gedeckter Fehlbetrag - auf der Aktivseite ausgewiesener Fehlbetrag - negatives Eigenkapital, etc.

Diatechnische Synonymie

Als eine diatechnisch bedingte Synonymie lassen sich solche Termini betrachten, die aus unterschiedlichen Perspektiven zweier (oder mehr) Unterfachgebieten auf die "gleiche" Sache referieren, sich aber in der Form unterscheiden:

- Wirtschaftsgut (Steuerrecht) - Vermögensgegenstand (Handelsrecht)
- planmäßige Abschreibung (Handelsrecht) - Absetzung für Abnutzung (Steuerrecht)
- steuerfreie Rücklagen (Handelsrecht) - gewinnmindernde Rücklagen (Steuerrecht)
- Geschäftsjahr (Handelsrecht) - Wirtschaftsjahr (Steuerrecht)
- Mutter-/Tochterunternehmen (Konzernlegungsrecht) - Ober-/Untergesellschaft (Aktienrecht) etc.

Maximale lexikographische Darstellung

Was die lexikographische Darstellung all dieses "synonymen" Sprachmaterials betrifft, ist unsere Position eindeutig: es muß berücksichtigt werden. Synonymie ist keineswegs ein Redundanzphänom, sondern erfüllt wichtige kommunikative und kognitive Funktionen. Sie kann zur Aspektbetonung dienen, Erläuterungsfunktionen übernehmen und gefühlsmäßige Beteiligung ausdrücken (Schippan 1992 : 209 ff.), d.h. Aufgaben erfüllen, die von eminenter Bedeutung für ein aktives Wörterbuch sind. Gerade bei der Konstruktionssynonymie wird deutlich, wie durch Wortgruppenlexeme und integrierte Präpositionen Beziehungen zwischen den Konstituenten ausgedrückt werden, die im entsprechenden Kompositum (für den L_2-Benutzer oftmals) verborgen bleiben. Wüster (1991 : 51) spricht in diesem Zusammenhang sehr anschaulich von der "Selbsterklärungskraft", welche mit der syntaktischen Komplexität zunimmt.

Im Potonnier haben wir die Synonymie anzeigenden Vermerke wie "auch:" und "vgl." ausgemacht. Allerdings wird "vgl." auch für analogische Beziehungen verwendet (z.B. Betriebsaufspaltung vgl. Doppelgesellschaften). Wie so oft gilt auch hier, daß ein Element lexikographischer Systematik nicht konsequent ausgebaut ist. Ein Grund für dieses Phänomen, dies sei nebenbei bemerkt, liegt sicher in der oft zu beobachtenden personellen Heterogenität und Fluktuation lexikographischer Teams und in der mangelnden nachträglichen Kohärenzherstellung zwischen heterogenen Elementen in lexikographischen Teilprodukten.

6.2 Polarität

Antonyme, komplementäre, konversive Lexeme

Nach Duhme (1991 : 134ff.) besteht ein charakteristisches Merkmal der "wirtschaftsspezifischen Phraseologie" in der Kontrastbildung in Form von "phraseologischen Antonymen", z.B. hoher - gesunkener Dollarkurs. In Anlehnung an Schippan (1992 : 214 ff.) unterscheiden wir drei gegensätzliche oder polare Beziehungen im Wortschatz: Antonyme Lexeme sind graduierbar, komplementäre Lexeme schließen einander aus, konversive Lexeme drücken die gleiche Handlung unter unterschiedlichen Sehweisen aus. Da Antonyme in unserem Korpusmaterial meist dort auftreten, wo Werturteile gefällt werden, findet sich diese Beziehung vor allem im Kollokationsmaterial des handlungssystematischen Bereichs (schwere Verluste - leichte Verluste). Beim informationstragenden Material haben wir es dagegen vor allem mit komplementären und in geringerem Maße mit konversiven Beziehungen zu tun. Nachstehend einige Beispiele aus dem Korpusmaterial:

Muttergesellschaft - Tochtergesellschaft
Personengesellschaft - Kapitalgesellschaft
Abschreibung - Zuschreibung
Gesamtkostenverfahren - Umsatzverkostenverfahren
Aufwand - Ertrag
fixe Kosten - variable Kosten
Betriebsausgaben - Betriebseinnahmen
Jahresüberschuß - Jahresfehlbetrag
Inhaberaktie - Namensaktie
Eigenkapital - Fremdkapital
Einzelkosten - Gemeinkosten
Teilkosten - Vollkosten, etc.

Hinweise auf diese Art von Beziehungen sind für den Benutzer des aktiven Wörterbuchs trotz der weiter oben gemachten Einschränkungen in Bezug auf ihre Hilfe bei der unmittelbaren Handlungssteuerung von großem kognitivem Wert. Es ist allgemein bekannt, welch wichtige Funktion die Gegensatzrelation als "Basiskategorie unseres Denkens" (Kalverkämper 1990 : 95) erfüllt.

Ein Blick in den Potonnier

Potonnier gebraucht den Hinweis "Ggs:" recht unsystematisch und lückenhaft. Neben wechselseitigen Verweisen (fixe Kosten - variable Kosten) erfolgen entweder überhaupt keine Hinweise (Muttergesellschaft - Tochtergesellschaft, abhängiges Unternehmen - herrschendes Unternehmen), oder die Hinweise werden nur einseitig gegeben (von Personengesellschaft auf Kapitalgesellschaft aber nicht umgekehrt), oder die Hinweise sind im Artikel versteckt und nur mühsam auffindbar (Aufwendungen im

Artikel von Ertrag). Merkwürdig ist, daß Potonnier auch den Vermerk "vgl." benutzt, um auf Gegensatzrelationen hinzuweisen (z.B.Betriebsausgaben - Betriebseinnahmen). Wegen der wichtigen begriffsklassifizierenden Funktion der Gegensatzrelation halten wir es für vorteilhaft, den entsprechenden Vermerk in unmittelbarer Nähe des Lemmas und nicht 'fern' von ihm in der Leiste zu präsentieren.

Schwer unterscheidbare Termini

Groffier/Reed (1990 : 66) sprechen von einem "renvoi particulièrement utile pour la compréhension et la traduction des notions - 'à distinguer de' = DIST - qui signale les notions voisines ou les faux amis". Potonnier verwendet zum gleichen Zweck den Verweis "anders". Es geht hierbei um eine eingrenzbare Anzahl von Termini, die leicht verwechselt werden können, oft aufgrund graphemischer Ähnlichkeit (Paronymie). Da sich aber mit den Termini nicht selten entscheidende begriffliche Differenzierungen verbinden, kann dies zu nicht unerheblichen Mißverständnissen führen (Kocourek 1982 : 159). Zu dieser Gruppe zählen z.B.:

- Rückstellung - Rücklage
- Herstellungskosten - Herstellkosten
- Zahlungsschwierigkeit - Zahlungseinstellung - Zahlungsunfähigkeit - Überschuldung - Insolvenz
- steuerliche Sonderabschreibungen - erhöhte Absetzungen - Bewertungsabschläge
- gegenseitige Beteiligungen - wechselseitige Beteiligungen
- Instandhaltung - Instandsetzung

Ein Vermerk direkt bei den betroffenen Lemmata ist die beste Gewähr, um Verwechslungen auszuschließen:

RÜCKSTELLUNG (anders: Rücklage).

6.3 Analogische Relationen

Wichtige Kohärenzfunktion

Groffier/Reed (1990 : 64) verweisen auf sog. "notions voisines". Hierzu geben sie das Beispiel "religion, foi, croyance, culte, conviction" mit dem Kommentar: "On peut penser que de tels renvois sont inutiles si tous les termes se trouvent au dictionnaire. Pourtant, ces recoupements sont bien intéressants pour le lecteur désireux de cerner une notion." Keineswegs unnütz, ist gerade dieser zuletzt genannte auf die analogischen Relationen zielende Aspekt von besonderer Bedeutung für den Transfer der Kohärenz des Korpustextes in das Wörterbuch. Kroeber-Riel (1969 : 72) untermauert die Notwendigkeit unseres Anliegens: Ein betriebswirtschaftlicher Autor, der das Wort Absatz verwendet, hat im Hintergrund seines Denkens mehrere Wortfelder parat. Das Wort Absatz ist wie jedes andere Wort gleichzeitig in verschiedene "parataktische" Wortfelder eingeordnet. So in ein Wortfeld, das die betrieblichen Funktionen Beschaffung - Fertigung - Absatz gliedert oder in das Wortfeld Distribution - Handel - Marketing - Absatz - Vertrieb - Verkauf - Umsatz.

Potonnier kennzeichnet die hier angesprochene Relation durch "vgl.". So findet man z.B. unter abschreiben hinter vollabgeschriebene Produktionsmittel den Verweis "vgl. angedeutete Werte, Erinnerungswert".
Nachstehend geben wir einige Beispiele solcher Zusammenhänge, die im wesentlichen sachlogisch begründet sind. Sie sind aus der Bearbeitung des Korpustextes vii) hervorgegangen. Wir präsentieren die analogischen Verweislemmata in der Leiste:

KAPITALRÜCKLAGE	Eigenkapital, Gewinnrücklage, offene Rücklagen, eingestellte Beträge, entnommene Beträge
KG (= Kommanditgesellschaft)	Personengesellschaft, OHG
KGaG (= Kommanditgesellschaft auf Aktien)	Kapitalgesellschaft, AG, GmbH
KONZERNABSCHLUSS	Muttergesellschaft, Tochterunternehmenen, Konsolidierungskreis
KRANKENVERSICHERUNG	soziale Abgaben, Personalaufwand
NIEDERSTWERTPRINZIP	Wertansätze, Grundsatz der Vorsicht, Imparitätsprinzip, außerplanmäßige Abschreibungen
gemildertes Niederstwertprinzip	Anlagevermögen
strenges Niederstwertprinzip	Umlaufvermögen

6.4 Geschehenstypische Relationen

Das Modell des "Geschehentyps" übernehmen wir von Klix (1984), der dieses in Anlehnung an die Kasustheorie Fillmores (1968) ausgearbeitet hat (siehe auch Schneider 1994 : 125f.). Geschenstypen sind klassifizierte Ereignisse. Sie zeichnen sich dadurch aus, daß Dinge und Personen mit ganz bestimmten Rollen und Funktionen in ihnen vorkommen. Das Wissen über diese Regelmäßigkeiten ist valenzartig um einen prädikativen semantischen Kern in Form von "zwischenbegrifflichen Relationen" zentriert und mental fixiert. Von dieser Annahme gehen wir aus.

Demonstration an einem Text des Handelsblatt

Wir haben die Selektionsarbeit an dem Korpus xi) auf der Basis des Geschehenstyps 'Ein Unternehmen befindet sich in einer ertragsschwachen Situation' durchgeführt. Zur Lemmagewinnung haben wir jeden Text auf folgende Kasusrollen hin analysiert: Agens, Tempus, Kausalität/Kontext, Objekt und Instrument. Nachstehend der bearbeitete Text aus dem Handelsblatt vom 21./22.8. 1992:

Deutsche BP AG / Radikalkur kostet bis 1994 fast jeden Arbeitsplatz - Ergebnisverschlechterung im laufenden Jahr

Organisatorische Straffung mit Konzentration auf Kerngeschäft

Handelsblatt, Donnerstag 20.8.1992 beu HAMBURG.
Die Deutsche BP AG, Hamburg hat sich ein rigoroses Schlankheitsprogramm verordnet, in dessen Rahmen bis 1994 rd. 800 Arbeitsplätze eingespart werden sollen.

Wie der Vorstandsvorsitzende Dr. Peter Bettermann in Hamburg erklärte, wird sich der Konzern in Deutschland auf seine Kerngeschäfte, d.h. das Downstream-Ölgeschäft sowie die Beteiligungen in der Petrochemie und im Gasgeschäft konzentrieren. Aus Bereichen, die nur geringe Ergebnisbeiträge liefern oder in denen keine starke Marktposition besteht, zieht sich BP zurück. So wurde im Juli eine Übereinkunft mit der britischen Jeynes-Gruppe erzielt, wonach die BP AG ihre 75%ige Beteiligung an der im Bereich Haushaltschemie tätigen Globol-GmbH, Neuburg, an Jeynes abgibt. Damit hat sich die Mitarbeiterzahl seit Jahresende 1991 von 4199 bereits auf jetzt 3750 verringert.

In den kommenden zwölf Monaten steht nun die Straffung der Ölsparte an. Um eine "erheblich vereinfachte Organisation" zu erreichen, wird das Ölgeschäft am 1. Januar 1993 in einer Gesellschaft, der BP Oil Deutschland GmbH, Hamburg, zusammengefaßt, die Mitte 1993 operabel sein soll. Auf diese Gesellschaft werden auch die derzeit in der AG für das Ölgeschäft wahrgenommenen Service-Funktionen übertragen. Die bestehenden Profit Center bleiben erhalten.

Die Deutsche BP AG wird in Deutsche BP (Holding) AG umfirmiert. Sie bildet das Dach für die BP Oil Deutschland GmbH sowie die anderen Tochter- und Beteiligungsgesellschaften und Joint Ventures aus dem Öl-, Chemie- und Gasbereich. Von den 3750 Beschäftigten im Konzern seien in der Ölsparte und den für sie tätigen Funktionsbereichen gegenwärtig rd. 3500 Mit-arbeiter tätig, erläuterte Bettermann. Dies sei angesichts der Markt- und Wettbewerbsperspektiven ein für das Geschäftsvolumen zu hoher Personalstand. Bettermann: "Wir müssen ihn spürbar reduzieren. In 1994 wollen wir in Ölsparte und Konzern einen Personalstand von unter 3000 Mitarbeitern erreichen".

Bettermann geht davon aus, den Stellenabbau weitgehend durch Frühpensionierung, weitere Übertragung einzelner Aktivitäten auf Dritte unter Fortbeschäftigung von BP-Mitarbeitern, normale Fluktuation sowie "andere sozial-verträgliche" Maßnahmen erreichen und finanzielle Härten möglichst vermeiden.

Im laufenden Geschäftsjahr registriert die BP eine deutliche Ergebnisverschlechterung im Ölgeschäft. Konnte im ersten Halbjahr 1991 bezogen auf einen Liter Mineralölprodukt ein Gewinn vor Steuern von 2 Pfennig erzielt werden, so liegt der Wert für die ersten sechs Monate 1992 bei einem halben Pfennig. Dies, so Bettermann, entspreche dem Ergebnis vor zwei Jahren. Zwar habe sich die Ertragssituation im Juli und August etwas verbessert, doch sei mit einem nur annähernd guten Ergebnis wie 1991 nicht zu rechnen. Auch das Gesamtergebnis aller Sparten dürfte deutlich unter Vorjahresniveau bleiben. Zwei Gründe sind nach Bettermann ursächlich für die Ergebnisverschlechterung: der Wegfall der im ersten Halbjahr 1991 guten Raffineriemargen sowie die niedrigen Handelsmargen.

Im Geschäftsjahr 1991 hatte die Deutsche BPAG bei einem von 9,40 auf 9,55 Mrd. DM gestiegenen Nettoumsatz (ohne Mineralölsteuer) einen Jahresüberschuß von 158 (102) Mill. DM erzielt, aus dem 150 Mill. DM an die britische Mutter ausgeschüttet werden. Nach 293 Mill. DM Investitionen, davon 260 Mill. DM im Ölgeschäft, in 1991 will das Unternehmen 1992 in gleicher Größenordnung investieren. Im Vordergrund steht der Ausbau des Tankstellengeschäfts in den neuen Bundesländern, wo sich die Zahl der Stationen bis Jahresende von jetzt 27 auf 40 erhöhen soll. Daneben fließen fin 1992 und 1993 zusammen 200 Mill. DM in die Raffineriegesellschaft Vohburg/Ingolstadt.

Aus dem vorhergehenden Zeitungstext haben wir durch "Rohextraktion" die folgenden Lemmakandidaten gewonnen (in einigen kollokationären Verbindungen bedürfen die lemmatisierbaren Elemente einer weiteren Aussonderung):

AGENS: Deutsche BP AG, Vorstandsvorsitzender, Konzern, Jeynes-Gruppe, Gesellschaft, Deutsche BP Holding AG, das Dach (= die Dachgesellschaft), Tochtergesellschaft, Beteiligungsgesellschaft, Joint Ventures, die Mutter (= die Muttergesellschaft), Unternehmen

TEMPUS: im laufenden Jahr, im Juli, seit Jahresende, bis Jahresende, in den kommenden zwölf Monaten, am 1.Januar 1993, derzeit, Mitte 1993, gegenwärtig, in 1994, im laufenden Geschäftsjahr, im ersten Halbjahr 1991, für die ersten sechs Monate 1992, unter Vorjahresniveau, im Geschäftsjahr 1991,

KAUSALITÄT/KONTEXT: in Deutschland, im Bereich Haushaltschemie, Bereiche, Funktionsbereiche, Marktposition, Ölsparte, Markt- und Wettbewerbsperspektiven, Wegfall der guten Raffineriemargen, die niedrigen Handelsmargen

OBJEKT: Ergebnisverschlechterung, geringe Ergebnisbeiträge, Geschäftsvolumen, Gewinn vor Steuern, Ergebnis vor zwei Jahren, Ertragssituation, Gesamtergebnis, Nettoumsatz ohne Mineralölsteuer, Jahresüberschuß

INSTRUMENT: Radikalkur, organisatorische Straffung, Straffung der Ölsparte, Konzentration auf das Kerngeschäft, ein rigoroses Schlankheitsprogramm, Arbeitsplätze einsparen, die Beteiligungen in der Petrochemie konzentrieren, sich aus Bereichen (mit geringen Ergebnisbeiträgen) zurückziehen, 75%ige Beteiligung abgeben, Mitarbeiterzahl verringern, eine vereinfachte Organisation erreichen, das Ölgeschäft (in einer Gesellschaft) zusammenfassen, die Deutsche BP AG in Deutsche BP Holding AG umfirmieren, Personalstand reduzieren, Stellenabbau, Frühpensionierung, Übertragung einzelner Aktivitäten auf Dritte, Fortbeschäftigung von BP-Mitarbeitern, normale Fluktuation, sozialverträgliche Maßnahmen

Wir können erkennen, daß durch die rollensemantische Proportionierung der ermittelten Spracheinheiten Rückschlüsse auf die Spezifik des dem Text zugrunde liegenden Geschehenstyps möglich sind. Während die Kasusrolle 'Kausalität' (= Ursachen der Ergebnisverschlechterung) nur schwach ausgeprägt ist, ist die Kasusrolle 'Instrument' (Mittel zur Überwindung der schlechten Ergebnissituation) stark entwickelt. Aus dieser geschehenstypischen Selektion lassen sich für das fachliche (Sprach)Handeln des Wörterbuchbenutzers wichtige und hilfreiche Relationen gewinnen, insbesondere jene der Kausalität und Instrumentalität. Nachstehend geben wir einige Beispiele solcher Relationen, mit denen wir aus dem Korpusmaterial xi) gewonnene Lemmata versehen haben:

ABFINDUNG > Entlassung, Interessenausgleich, Sozialplan
AMTSGERICHT > Vergleich
ANTEILE > Beteiligung, Aktie, Mehrheit
KURZARBEIT > Personalabbau, Auftragslage
AUSSERORDENTLICHE AUFWENDUNGEN > Wertberichtigungen, Rückstellungen
BETEILIGUNG > Partner, Joint Venture, Anteile, Majorität, Minorität
BEZUGSRECHT > Kapitalerhöhung, neue Aktien
DESINVESTITION > Rückzug, Schließung,Verkauf
EINSTIEG > Partner, Investor
ENTLASSUNG > Stellenabbau, Sozialplan
FORDERUNGSVERZICHT > Gläubiger, Vergleich
FRANCHISE > Kooperation
KERNGESCHÄFT > Bereinigung, Kapazitätsabbau

INTERESSENAUSGLEICH > Betriebsrat, Arbeitgeber, Sozialplan , Abfindung
KAPAZITÄTSAUSLASTUNG > Produktivität, Maschinenlaufzeiten
KNOW-HOW > Spezialisierung, Technologien, Spezialprodukte
KONKURS > Gesamtvollstreckung, Vergleich, Gläubiger, Schuldner etc.

Indem dem Benutzer "geschenstypische" Verweise in der Leiste angeboten werden, kann in ihm eine lexikalische "spreading activation" in Gang gesetzt werden. Damit sollte auch jene Erkenntnis Singers (1993 : 78 f.) in lexikographische Praxis umsetzbar sein, welche lautet, daß wir die meisten Wörter nicht durch rein definitorische Erklärungen, sondern durch Aufweisung in Situationen lernen. Die Aufgabe der Vernetzung kann im übrigen auch durch die syntaktische Nähe vernetzbarer Lemmata innerhalb des lexikographischen Beispiels übernommen werden:

Für **Werkzeuge** sind **Festwerte** gebildet worden

Ein Assoziationsexperiment mit zwei Experten

Welch eine zentrale Rolle assoziative Verbindungen im "Kopf" von Experten spielen, ist uns durch ein Assoziationsexperiment bewußt geworden, das wir durchführten. Hörmann (1977 : 72) beschreibt diesen Experimenttyp wie folgt: "Man gibt der Vp eine einzelne Einheit (ein Wort) mit der Instruktion, auf diese Einheit das folgen zu lassen, was ihr gerade als erstes dazu einfällt". Bei unseren beiden Experten handelt es sich zum einen um den unsere gesamte Arbeit begleitenden Steuerberater und Buchprüfer mit einer Universitätsausbildung als Diplomkaufmann und fast zwanzigjähriger Berufspraxis (EXPERTE 1), zum anderen um einen in dessen Kanzlei arbeitenden Diplom-Betriebswirt mit Spezialisierung in der Rechnungslegung und etwa achtjähriger einschlägiger beruflicher Praxis (EXPERTE 2). Beiden wurden die folgenden Termini gegeben (wir geben hier nur eine Auswahl):

Abschreibungen - Umsatz - Eigenkapital - Rückstellungen - Rohertrag

Beiden Experten wurde der Auftrag gegeben, in möglichst kurzer Zeit weitere Termini zu nennen, die sie mit den genannten assoziieren. Der Experte mit der längeren Berufserfahrung (EXPERTE 1) erhielt außerdem die Instruktion, daß er sich ein Unternehmen vorstellen solle, das sich in einer Verlustsituation befindet. Nachstehend die Ergebnisse:

EXPERTE 2:

Abschreibungen
- periodengerechter Werteverzehr für Wirtschaftsgüter, die dem Unternehmen dauernd dienen

Umsatz
- Preis x Menge

Eigenkapital
- Passiva
  - Bilanzgröße vor Fremdkapital

Rückstellungen
- Verbindlichkeit, die feststeht, Zahlung und Fälligkeit in späterer Periode

Rohertrag
- Aufschlagsatz

Cash-Flow
- Liquidität
  - Bilanzkennzahl
    - Aussage über Kreditwürdigkeit von Unternehmen für Banken

EXPERTE 1

Abschreibungen
- Nicht-Inanspruchnahme steuerlicher Sonderabschreibungen
  - Verlängerung der Nutzungsdauer
    - Hinausschieben von Investitionen

Umsatz
- Umsatzeinbruch
  - Verstärkung der Betriebsaktivitäten
    - Preisverfall
      - Absatzrückgang

Eigenkapital
- Aufzehrung des Eigenkapitals
  - Kapitalzuführung
    - keine Ausschüttung

Rückstellungen
- Verzicht auf Risikovorsorge
  - Verletzung von Gläubigerschutzvorschriften
    - Änderung von Bilanzierungsgrundsätzen

Rohertrag
- Rückgang des Rohertrags
  - Überdenken der Einkaufs- und Verkaufskonditionen
    - Ermittlung von verlustbringenden Aufträgen/Kunden
      - operatives Controlling-Instrument

Cash-Flow
- Liquiditätsprobleme
  - Rückgang des Selbstfinanzierungspotentials
    - Rückgang der Bonität bei Banken

Wir können hier nicht auf die interessante und komplexe semantische Problematik eingehen, die diese Ergebnisse andeuten. Wir meinen, daß die folgende von Sarcevic (1989 : 283) gemachte Beobachtung gut auf das von uns gemachte Experiment zutrifft (siehe auch Wichter [1994 : 218] zum Zusammenhang von Wissen und Erfahrung):

> As I see it, the main difference between linguists and lawyers is in the approach. Whereas the linguist poceeds from the concept itself, the lawyers approach is functional, i.e. he proceeds from the problem at hand.

In unserer Experimentanordnung würde demnach dem Experten 2 die Rolle des Linguisten zufallen, der sich auf entsituierte Definitionsbemühungen mit geringen Erfahrungsqualitäten beschränken muß. Der "functional approach" zeichnet dagegen den Experten 1 aus. Nicht unerwähnt bleiben soll schließlich unsere Assoziation der Wiegandschen Unterscheidung zwischen gegenstandskonstitutivem Bedeutungswissen und enzyklopädischem Wissen (siehe Seite 316f.) mit dem hier angesprochenen Problemkreis. In bezug auf unser Experiment möchten wir uns mit folgenden Feststellungen begnügen:

Experte 2 beschränkt sich stark auf rein definitorische Bedeutungselemente. Ihr fachliches Sprachhandlungs- und Problemlösungspotential ist gering. Experte 1 assoziiert so gut wie keine definitorischen Elemente, dagegen assoziiert er in starkem Maße instrumentale, konsekutive und kausale Bedeutungsrelationen. Ihr fachliches Sprachhandlungs- und Problemlösungspotential ist hoch. Die unterstrichenen Lexeme sind Lemmakandidaten, die in einem aktiven Wörterbuch in einem "geschehenstypischen" Verweiszusammenhang dargestellt werden müssen.

7. Diasystematische Aspekte

Hierunter fallen Fragen des Gebrauchs von nicht mehr aktuellen (u.a. gesetzlichen) Bezeichnungen, von Anglizismen und konnotativem Sprachmaterial sowie die Frage wirtschaftsjournalistischer Idiosynkrasien.

Berücksichtigung von Beharrungstendenzen

Durch das untersuchte Korpusmaterial wird deutlich, daß bei einigen Termini die sprachliche Praxis hinter der terminologischen Erneuerung zurückbleibt. Was die lexikographische Berücksichtigung nicht mehr aktueller Termini betrifft, teilen wir die Auffassung Rossenbecks (1991 : 40). Danach wäre es von Nachteil, wenn die Verbindungen zur (jüngsten) sprachlichen Vergangenheit gekappt würden. Nach unserer Einschätzung hat der Gebrauch offiziell nicht mehr korrekter Termini oftmals etwas mit dem Alter und dem Zeitpunkt der Ausbildungsphase des entsprechenden Sprachbenutzers zu tun. Die Macht sprachlicher Gewohnheiten ist in der Regel stärker als die neueste Sprachregelung der letzten Gesetzesänderung. Wir geben in der Folge eine Reihe von Termini, bei denen entschieden werden muß, ob sie wegen nicht mehr gegebener Aktualität dennoch lexikographisch berücksichtigt werden sollen oder nicht:

- Geschäftsbericht : an die Stelle des Geschäftsberichts nach § 160 AktG 1965 tritt in erweitertem Umfang der Anhang. Der bisherige Erläuterungsbericht des Geschäftsberichts wird als Anhang Teil des Jahresabschlusses (Fussan 1988 : 136).
- Generalversammlung: frühere Bezeichnung für Hauptversammlung (Büschgen 1991 : 290).
- Rohertrag/Rohaufwand: der bisherige Posten Nr. 6 des aktienrechtlichen Gliederunsschemas der GuV entfällt (Fussan 1988 : 255). Der Rohertrag spielt dennoch in der internen Bilanzanalyse noch eine wichtige Rolle (Gesamtleistung minus Materialaufwand). Bei kleinen und mittelgroßen Kapitalgesellschaften wird der Roh-ertrag unter der Bezeichnung Rohergebnis als zusammengefaßter Wert von gewis-sen Positionen der GuV-Rechnung ausgewiesen (Wolf 1993 : 162 ff.).
- Betriebsprüfung: Im Gegensatz zur älteren Bezeichnung Betriebsprüfung soll in der Bezeichnung Außenprüfung zum Ausdruck kommen, daß das Verfahren nicht auf Betriebe beschränkt ist, sondern auch bei anderen Steuerpflichtigen Anwendung finden kann (Gabler 1988 : 479).
- Rücklage für eigene Aktien (vormals) - Rücklage für eigene Anteile (jetzt).
- freie Rücklagen: früher als Gegenbegriff zu offene Rücklagen, heute andere Gewinnrücklagen (Wöhe 1992 : 614).
- Preissteigerungsrücklage: nach dem 31.12.1989 nicht mehr zulässig (Wöhe 1992 : 820).

- Besitzwechsel: Wegfall der gesonderten Bilanzpositionen der Besitzwechsel. Zur besseren Beurteilung der Finanzsituation wäre in Zukunft ein freiwilliger Vermerk in der Bilanz oder im Anhang wünschenswert (BECK'sches Steuerberater-Handbuch 1988 : B 651).
- Gestehungskosten: im Sinne von Herstellungskosten. Der Terminus konnte von uns in keinem relevanten fachlichen Nachschlagewerk ermittelt werden. Duden führt ihn auf.
- Gesamtleistung: der sehr nützliche Begriff der Gesamtleistung spielt im Schema der GuV- Rechnung keine Rolle mehr. Er ist aber für Analysezwecke und zum Aufstellen wichtiger Bilanz- und Ertragskennzahlen unerläßlich (Grosjean 1993 : 93).
- Anlagespiegel (nach altem Aktienrecht) - Anlagegitter (nach Bilanzrichtlinien-Gesetz)
- Gesellschaftsteuer (abgeschafft 1992)
- Börsenumsatzsteuer (abgeschafft 1991), etc.

Keine Gewähr können wir für eine Auskunft des Duden übernehmen. Dort erfährt der Benutzer unter verbriefen/Verbriefung, daß man es mit einer veralteten und gehobenen Ausdrucksweise zu tun habe, was unter wirtschaftsfachsprachlichen Gesichtspunkten schlicht falsch ist.

Im Kontext-Fachwörterbuch werden die genannten Lemmata mit erläuternden Glossen versehen. Insgesamt gilt aber, daß die hier dargestellte Problematik in einem aktiven Wörterbuch nur von untergeordneter Bedeutung sein kann. Es handelt sich eher um ein "passives" Problem. Der Benutzer soll lediglich auf den nicht auszuschließenden Fall vorbereitet werden, daß er die genannten Termini versteht, wenn sie in einem Gespräch auftreten, an dem er teilnimmt.

Anglizismen

Aufmerksamkeit hat das Wörterbuch auch den recht zahlreichen Anglizismen zu schenken, die in dem Fachgebiet Verwendung finden. Die Rechnungslegungspraxis steht weltweit unter sehr starken anglo-amerikanischen Einflüssen. Wir ersparen uns also sprachreinigende Ambitionen, wie dies etwa in der französischen Rechnungslegung zumindest von regierungsoffizieller Seite zu beobachten ist. Für die angelsächsische Bezeichnung des Verbrauchsfolgeverfahrens F.I.F.O. (first in, first out) z.B. wird die französische Bezeichnung P.E.P.S. (premier entré, premier sorti) per Erlaß verfügt (La Villeguérin 1993 : 604). Jeder weiß, daß die (Sprach)Praxis sich herzlich wenig um solche Bemühungen schert. Nachstehend einige Beispiele für Anglizismen:

- Return on Investment (ROI): wichtige Kennzahl
- Break-even(-point): Kostendeckungspunkt, d.h. Stelle, an der das Unternehmen aus der Verlustzone herauswächst und in die Gewinnzone eintritt
- Working-Capital: wichtige Kennzahl
- Cash-Flow: wichtige Kennzahl
- asset deal (Treuhand-Jargon für den Verkauf von Sachanlagen, Handelsblatt 13./ 14.5.1994)

Der in der Wirtschaftspraxis übliche Gebrauch von Anglizismen hat nichts mit einer für diese Praxis dysfunktionalen Anhäufung von Fremdwörtern zu tun, wie man sie im Potonnier beispielsweise am alphabetischen Ort der Einleitungssilbe DIS antrifft: "diskrepant, distrahieren, etc." Hier scheint eher ein gewisses bildungsbürgerliches Sprachwissen die Feder geführt zu haben als Erfordernisse beruflicher Praxis.

Wirtschaftsjournalistische Besonderheiten

Bei unserer Selektionsarbeit (Korpustext xi)) fielen uns einige Ausdrücke auf, deren Existenz wir vor allem auf Besonderheiten wirtschaftsjournalistischen Sprachgebrauchs zurückführen (zur Sprache des Wirtschaftsjournalisten siehe Ruß-Mohl/ Stuckmann 1991 : 111-125). Wir schließen das aus der Tatsache, daß sie in keinem einschlägigen Fachlexikon u.ä. auszumachen sind. Dabei ist es nicht immer möglich, die intendierte Bedeutung dieser Bezeichnungen genau zu ermitteln. Das gilt z.B. für die häufige Verwendung von Gruppe (etwa im Sinne von Konzern). Hier könnte die Anlehnung an eine im englischen und französischen Sprachraum übliche Benennungspraxis (the group, le groupe) eine Erklärung liefern (Zur Frage der Internationalismen siehe auch Seite 313). Geringe fachliche Definitionsbemühungen liegen auch im Falle von Kerngeschäft, Geschäftsergebnis (vermutlich im Sinne von Ergebnis der gewöhnlichen Geschäftstätigkeit), Ergebnis der betrieblichen Tätigkeit (eventuell im Sinne von Ergebnis der gewöhnlichen Gechäftstätigkeit oder eher von Betriebsergebnis), faulen Krediten vor. In einer sehr pauschalen Weise wird der Terminus Ergebnis gebraucht.

Wir meinen, daß der Wörterbuchbenutzer durch kurze Hinweise auf die besonderen Bedingungen der Verwendungspraxis solcher und ähnlicher Ausdrücke aufmerksam gemacht werden sollte. Schließlich ist noch an Sprachmaterial mit konnotativen Merkmalen zu denken, durch das der Wirtschaftsjournalist ebenso wie der Unterneh-menssprecher ihre Unternehmensberichterstattung beleben möchten. Dabei kann es sich um Ausdrücke handeln, mit denen Prestigeeffekte verbunden sein können (Performance, Synergieeffekte, etc.), oder solche, in denen sich Jargonhaftes kundtut (Flop, Pleite, Schieflage, etc.). Auch Euphemismen sind zu erwähnen (Freistellung, bereinigte Personalstruktur, Anpassungsmaßnahmen, etc.). Diese gehen allerdings in der Regel auf das Konto ängstlicher Entscheidungsträger und nicht auf jenes der Journalisten. Dann "mutieren Konkurse flugs zu Wertberichtigungen" (Der Spiegel 38/ 1995 : 102).

8. Wirtschaftskulturelle Differenzen der Rechnungslegungssysteme

Die letzte in diesem Teil A angesprochene Problematik ordnen wir in den großen Rahmen Interkulturelle Wirtschaftskommunikation (1991) ein, tun dies allerdings mit einer bewußten fachsprachensemantischen Pointierung. Zunächst hat man sich bewußt zu machen, daß schon die Rechnungslegung als solche ein kulturspezifisches Phänomen darstellt. In diesem Sinne stellen Bollinger/Hofstede (1992 : 118) fest:

> La comptabilité est un moyen d'absorber l'incertitude ... Le rôle principal de la comptabilité est de maintenir le moral face à l'incertitude. En bref, le comptable est la personne qui permet à une société moderne, industrielle et inquiète de survivre en la rassurant.

Chmielewski (1992 : 105) präzisiert im Hinblick auf die in Deutschland und Frankreich übliche Rechnungslegungspraxis:

> Les différences de présentation entre bilans allemand et français ont une portée plus importante que les aspects formels: elles illustrent, à notre avis, la permanence de certains traits de la culture et de la pratique comptables, différents en Allemagne et en France, et la volonté de tenir compte, dans le bilan allemand, de la directive européenne en matière de consolidation. On pourrait peut-être également voir, dans la position allemande, une approche plus financière que dans la position française, qui privilégie une démarche comptable.

Kulturelle Unterschiede bzw. unterschiedliche länderspezifische Rahmenbedingungen der Rechnungslegung, schlagen sich in Termini nieder. Diese können dadurch "eine völlig unterschiedliche Bedeutung haben" (Küting/Weber 1994 : 32). Die nachstehend angeführten sollen dies in einer ersten Annäherung an die Problematik illustrieren. Vertiefende Überlegungen über die notwendigen lexikographischen Konsequenzen werden im Teil C im Rahmen der Äquivalenz und speziell im Zusammenhang mit der kontrastiven Glosse angestellt (siehe die Seiten 315ff.). Die folgenden jeweils von Chmielewski (1992) gemachten Kommentare spiegeln (teilweise in einer Art impliziten kulturellen Kontrastivität) die Differenzen beider Systeme:

Abschlußprüfer: un "gardien de la légalité" beaucoup plus que le commissaire aux comptes (7)
Bilanzierungshilfe: facilités qui sont données par la loi allemande permettant d'atténuer la rigueur de l'application de certaines règles comptables (288)
Eigenkapitalanteil: souvent plus élevé en Allemagne qu'en France (10)
Kapitalerhöhung: les banques jouent un rôle important dans le financement, la Bourse n'y a qu'un rôle mineur (10)
Lieferantenkredit: sa durée est plus réduite qu'en France (9)
Pensionsrückstellungen: constitution obligatoire, obligation de comptabilisation (12)
Satzung: les statuts représentent un véritable contrat (6)
Scheck: peu usité, offre moins de garanties qu'en France
Überweisung: moyen de paiement le plus couramment utilisé (9)
Vorsichtsprinzip: reflète la tendance dans les méthodes comptables de produire le résultat le plus pessimiste (11)
Wechsel: peu usité (9), etc.

Die hinter den Termini angebrachten Bemerkungen sollen sensibilisieren für die Programmatik, der sich unsere Ausführungen insgesamt verpflichtet fühlen und die in den folgenden Worten von Baumgratz-Gangl (1992 : 214) gut zum Ausdruck kommt. Sie beziehen sich auf die notwendige Vorbereitung für den Austausch von Wissenschaftlern zwischen französischer Grande École de Commerce und deutscher Hochschule:

> Terminologisch orientierte Vorbereitung führt hier nicht sehr weit, wenn Termini und die dahinter stehenden Konzepte nicht in ihren fach-, organisations- und wissenschaftskulturellen Zusammenhang eingeordnet werden. Die lexikalische Äquivalenz **Comptabilité – Rechnungswesen** erfaßt nur die allgemeinste Ebene des kleinsten gemeinsamen Nenners, indem sie darauf verweist, daß etwas Ähnliches wie *comptabilité* oder Rechnungswesen existiert, aber nicht, wie es eingebettet ist und gehandhabt wird. Das Wiedererkennen, das ... terminologische Äquivalenz erlaubt, ist für ein interkulturelles Verständnis zu oberflächlich, wenn nicht irreführend.

TEIL B Die Kollokation: Ihre lexikographische Aufbereitung

In diesem Teil werden wir Gedanken über Fragen anstellen, die im Zusammenhang mit der lexikographischen Aufbereitung des sprachlichen Materials auftreten, das in den Artikeln des "aktiven Kontext-Fachwörterbuchs" berücksichtigt werden soll.

1. Bestimmung des Kollokationsbegriffs

Die Kollokation, ein komplexes Phänomen

Etwas sprachmystisch könnte man formulieren, daß Wörter wie Magnete funktionieren. Sie ziehen einander an, verbinden sich zu Wortketten, und es bedarf des menschlichen Eingriffs, um diesen Attraktionsprozeß zu unterbrechen:

(1) **Die 68. Ordentliche Hauptversammlung hat am 15. Juli 1993 dem Antrag der Verwaltung gemäß beschlossen, aus dem Bilanzgewinn von DM 7 800 000,– eine Dividende von DM 7,– je Stammaktie im Nennbetrag von DM 50,– auf DM 25 000 000,– = DM 3 500 000,– auszuschütten** (aus dem "Gewinnverwendungsbeschluß" eines Jahresabschlusses)

Wir haben es offenbar mit einer grundlegenden sprachlichen Erscheinung zu tun. Wir wollen uns ihr über den Begriff der Kollokation nähern. Viehweger (1988_2 : 121) meint, die Kollokation sei ein komplexes Phänomen, ebenso Krahl (1991 : 163). Sinclair (1991 : 36) ergänzt: "The notion of collocation turns out to be not clearly as simple as it looks."

Die Kollokation ein Phrasem

Wir fassen die Kollokation als eine phraseologische Erscheinung auf. Hausmann (1995 : Manuskript S. 4) zählt sie zu den Phrasemen, Rossenbeck (1994 : 273) zur fachsprachlichen Phraseologie. Das Ansinnen von Donalies (1994 : 342), die Kollokation lediglich als eine "Vorstufe" zu dem "Phrasem" anzusehen, vermag uns nicht recht zu überzeugen. Nachdem sie "Idiomatizität" und "Stabilität" (344) als unterscheidende Kriterien wegfallen läßt, verbleiben noch die beiden Kriterien "Mehrwortcharakter" und "Einheitsstatus" (344). Da die Kollokation problemlos das Kriterium des Mehrwortcharakters erfüllt, gelangt Donalies nur zu einem einzigen Unterscheidungskriterium. Doch auch dieses bleibt problematisch, da nicht deutlich genug wird, ob eine "semantische" oder eine "sprachformative" Einheit oder beides gemeint ist. Für den von uns angelegten Kollokationsbegriff spielt jedenfalls die Vorstellung der gedanklichen Ganzheit bzw. des abgrenzbaren "Konzeptes" eine zentrale Rolle. Wir schließen uns daher der Zuordnung Hausmanns (1995) an.

Nur fließende Übergänge

Es wird nicht unsere Ambition sein, an der Tatsache der erwähnten Komplexität zu rütteln. Offenbar ist es ungeheuer schwierig, zwischen den beiden relativ eindeutigen Polen der freien Fügung und des vollidiomatisierten Ausdrucks weitere klare Trennungslinien zu ziehen (siehe Binon [1991 : 148, Anm. 14]). Es ist wie so oft bei dem Versuch, Sprache zu "ordnen". Die Pole lassen sich gerade noch bestimmen, dazwischen liegt das "Chaos" (Hausmann 1993_1). Die Kollokation bietet sich allerdings als eine noch einigermaßen überschaubare textuelle Zwischenebene (Hausmann 1995 : Manuskript S.3) an, um dieses Chaos ein wenig in den Griff zu kriegen.

Bei näherer Betrachtung bisheriger Unternehmungen, all das, was in der Sprache mit dem Etikett "phraseologisch" versehen werden könnte, mühevoll zu ordnen, wird man ein eigenartiges Gefühl von Skepsis nicht los. Die betreffenden Autoren werden auch nicht müde, dieser Skepsis immer wieder neue Nahrung zu geben. Burger (1973 : 7f.) gesteht freimütig, daß der Bereich des Phraseologischen nicht überall eindeutig abgrenzbar sei und daß es innerhalb des Phraseologischen "fließende Übergänge" zwischen festeren und weniger festen Verbindungen gebe.

Im Rückgriff auf den Topos des fließenden Übergangs dürfte sich die Erkenntnis ausdrücken, daß auch linguistisches Tun sich nicht der Verantwortung entziehen kann, näher an die "tatsächlichen Sachverhalte" (Bechert 1991 : 62) heranzurücken (vgl. für die Wortarten Naumann 1992 : 105). Die jahrzehntelange oftmals pedantisch-weltfremde Valenzdiskussion um die Abgrenzung von obligatorischer Ergänzung, fakultativer Ergänzung und Angabe u. dgl. ist nur ein markantes Negativ-Beispiel für der Sprache unangemessen starre Kategorisierungsversuche (hierzu kritisch z.B. Storrer 1992 : 89ff).

Der Phraseologieforscher Fleischer (1982) weist den Leser an zahlreichen Stellen seiner Ausführungen auf die Schwierigkeit hin, die sprachliche Erscheinung des Phraseologismus abzugrenzen und begrifflich zu bestimmen. Dann allerdings bemüht er sich klarzustellen, daß die Schwierigkeiten bei der Idiomatizitätsfeststellung nicht das Prinzip dieser Differenzierung und seine Bedeutung für die Abgrenzung und Kennzeichnung von Phraseologismen in Frage stellten (1982 : 41).

Es könnte mühelos gezeigt werden, wie unterschiedlich von verschiedenen Autoren Einordnungen von sprachlichem Material vorgenommen werden und mit welchen Unsicherheiten der Gebrauch solcher Begriffe wie freie Fügung, Funktionsverbgefüge, Kollokation, teilidiomatisierter Ausdruck, vollidiomatisierter Ausdruck usw. behaftet ist. Auch Kollokationsexperten entgehen nicht diesem Dilemma. In der von Benson/Benson/Ilson (1986) vorgeschlagenen Aufteilung "free combinations, idioms, collocations, transitional combinations, and compounds" schleicht sich mit der "obligatory collocation" eine Kombination ein, die das gerade aufgestellte Gefüge zwischen den konsensfähigen Polen wieder durcheinanderbringt. Roberts (1991 : 228) muß konzedieren: "It is often very difficult for lexicographers to determine whether a specific example should be classified as a free combination or a collocation".

Immerhin verbirgt sich hinter der Ausdrucksweise des fließenden Übergangs das Eingeständnis, daß die empirische Realität in der Regel komplexer und, Gott sei Dank, reichhaltiger ist, als es abstrakte linguistische Kategorisierungsversuche suggerieren möchten.

Das Phraseologische als Normalfall

Opitz (1990_2 : 1629) sieht den Grund, warum der Kontext eines einzelnen Wortes in einem Fachwörterbuch eine so fundamentale Rolle spielt, darin, die differenzierende Eigenschaft der Lexik am konkreten Detail darzustellen. Sollte diese Differenzierungsarbeit so anspruchsvoll sein, daß ihr mit einem auf das Einzelwort fixierten, semantisch naiven "slot-filler-Modell" nicht mehr beizukommen ist (Sinclair 1991: 110)? Phraseologie kann jedenfalls nur dann als das Besondere hingestellt werden, wenn das Einzelwort seines syntaktisch-semantischen Verknüpfungspotentials entledigt und mit der zweifelhaften asyntaktischen Potenz einer "elementaristischen", litteralen Bedeutung ausgestattet wird (vgl. zu dieser semantischen Problematik Woetzel 1984 : z.B. 230, 240ff.).

Schon Burger (1973 : 8) bemerkt ahnungsvoll: "Wie hoch der Anteil des Phraseologischen am Zustandekommen von Monemketten tatsächlich ist, ist vorläufig schwer zu sagen. Doch wird man ihn kaum überschätzen können." Hausmann (1991_2 : 39) läßt in dieser Hinsicht keine Illusionen aufkommen: "l' idiomaticité ... est immense". Ähnlich bemerkt Sinclair (1991 : 111): "The principle of idiom is far more pervasive and elusive than we have allowed so far." Wie sehr das von uns für die mikrostrukturelle lexikographische Aufbereitung bearbeitete Sprachmaterial eben nicht ein "Wörterschatz", sondern ein "Schatz von syntagmatischen Einheiten" (Hausmann 1993_1 : 479) ist, ist uns in hohem Maße bewußt geworden. Wir sind zu der Einsicht gelangt, die syntaktisch-semantische Verkettung von Wörtern als den Normalfall, die "freie Fügung" als die Ausnahme zu betrachten. Eine wesentliche Aufgabe für uns wird darin bestehen, in das Sprachmaterial zwischen den relativ unproblematischen Polen der "freien Fügung" und der festen idiomatischen Einheit eine Ordnung hineinzubringen, um sie für die lexikographische Erfassung nutzbar zu machen.

Syntaktisch flexibel und semantisch hierarchisiert

Es ist allgemein bekannt, daß der Begriff der Kollokation in der von J.R. Firth begründeten Forschungstradition des britischen Kontextualismus seinen ursprünglichen Platz hat. Man verstand darunter das Miteinandervorkommen zweier oder mehrerer beliebiger Wörter in syntagmatischen Verbindungen. Obwohl die Kontextualisten in der Regel von zwei oder drei Wörtern ausgingen, war die Zahl der Wörter einer Kollokation dennoch nicht definitiv festgelegt. Auch die Unterscheidung von idiomatisch und nicht-idiomatisch hatte in dem Konzept keine besondere Relevanz (Lehr 1993 : 5). Es ist diese in der Weite des Begriffs liegende Toleranz, die sich als gute Ausgangsbasis für -allerdings notwendige- weitere Präzisierungen anbietet.

Als gute Arbeitsbegriffe erweisen sich die mit dem Kollokationskonzept gegebenen Unterscheidungen zwischen Kollokationspotential (engl.: collocational range), Kollokationsfeld (engl.: collocational set) und Kollokationsspanne (engl.: span). Hausmann (1985 : 126) semantisiert dieses Konzept und behebt damit ein entscheidendes Defizit. Die Semantisierung erweist sich gerade im Hinblick auf die Bearbeitung von Sprachmaterial mit reichen fachlichen Merkmalen als unerläßlich. Hausmann macht darauf aufmerksam, daß die Kontextualisten (z.B. Sinclair) zwar von "node" und "collocate" sprechen, damit aber keinen hierarchischen Unterschied implizieren. Er führt diesen mit der Unterscheidung von Kollokationsbasis und Kollokator ein. Generell läßt sich sagen, daß er in der Kollokationsbasis eher autosemantische und in dem Kollokator eher synsemantische Qualitäten ansetzt (Hausmann 1989_3 : 1010). Als wichtigstes Basiswort bezeichnet er das Substantiv, "weil es die Substantive sind, welche die Dinge und Phänomene dieser Welt ausdrücken, über die es etwas zu sagen gibt" (Hausmann 1985 : 119). Die von Hausmann vertretene hierarchisierte Semantik der Kollokationspartner ist deshalb so wichtig, weil sie sich für die lexikographische Aufbereitung der Kollokationen als gut praktibabel erweist ist.

Prototypensemantisches Bedeutungskonzept

Viehweger (1988_2 : 115) weist darauf hin, daß methodologische Zugänge zu einer Explikation des Kollokationsbegriffs der leitenden Hypothesenbildung über Funktionsprinzipien des menschlichen Gedächtnisses bedürfen. Für die Erklärung der Struktur- und Organisationsprinzipien des Lexikons ist es wichtig, sich die Begriffe als Stützpunkte des Wissens vorzustellen Sie sind nach unserer Auffassung im Gedächtnis in Form "geschehenstypischer" Merkmalstrukturen fixiert. Zwischen den Begriffen existieren spezifische Relationen, die die Begriffe wie ein Netz miteinander verbinden (Schneider 1994). Wir sind der Meinung, daß die von Viehweger erwähnten stereotypensemantischen Strukturen der Begriffe einem Lexikonmodell, das von der mehrwortigen syntagmatischen Einheit als Normalfall ausgeht, am adäquatesten sind (Zur Differenzierung zwischen 'stereotypensemantisch' und 'prototypensemantisch', siehe Kleiber [1993 : 1]). Ivir (1988 : 45), plädiert für "the notion of the prototype of core meaning" mit den folgenden Worten: "Rather than having no meaning as they enter into collocations, or having all the possible meanings, words are best regarded as bringing into collocations core meanings or non-specific semantic potential, which is made specific in particular ways favoured or allowed by particular collocates" (siehe auch Welke [1988 : 194 - 205] zur prototypischen Bestimmung von Kasusrollen). In der Hausmann (1995 : Manuskript : 5) eigenen anschaulichen Sprache haben wir es mit Wörtern zu tun, die, semantisch gesehen, "schwabbeln und glitschen". Dauses (1994 : 91) spricht in dem Zusammenhang von dem "Paradoxon Sprache".

Wir gehen mit der von Wichter (1988 : 173) herausgestellten Erkenntnis konform, "daß weder der Signifikant noch der Kontext jeweils allein die Geltung der Textstelle festlegen." Beide liefern lediglich Selektions-"Angebote" für die Herstellung einer Zeichenbedeutung. In aller Kürze formuliert, gilt für den Bedeutungsbegriff, den wir unserem terminologischen Konzept zugrunde legen, folgendes: Er läßt sich gut zwischen dem semantisch privativen Bedeutungskonzept Saussures und der generativ orientierten Peirceschen Semiose verorten (vgl. Vigener 1979 : 64f., 72, 73ff., 110). Das an dieser Stelle angesiedelte prototypische Gebilde fassen wir als eine semantisch positiv definierte (vgl. Kleiber 1993 : 142) Klammer, eine Art Klebstoff zwischen einem eher statischen, stark normierten, vergangenheitsorientierten und einem dynamischen, wenig normierten, zukunftsorientierten Bedeutungsbegriff auf. Wir sehen dieses Gebilde zwischen dem sedierten "gemeinsprachlichen" und dem innovierenden fachsprachlichen Bedeutungskonzept angesiedelt.

Zwischenergebnis der Begriffsbestimmung

Als Zwischenergebnis unserer bisherigen Überlegungen halten wir fest: die Erfassung der wörterbuchrelevanten Kollokationen basiert auf zwei entscheidenden Voraussetzungen:

i) Im Sinne des britischen Kontextualismus gehen wir von einem weiten, im Hinblick auf Strukturtypen und Anzahl der Elemente neutralen Begriff der syntagmatischen Einheit (Kollokation) aus.

ii) Unser Kollokationsbegriff ist ein dezidiert semantisch-qualitativer, hierarchisiert und mit prototypischen Strukturmerkmalen ausgestattet.

Die beiden Prämissen sind durch die Annahme verbunden, daß die auf konzeptueller Ebene angelegte Möglichkeit von Konzepten auf der Sprachebene durch Syntagmenbildungen realisiert wird (Krahl 1991 : 159; siehe auch Brause 1987 : 305). Wir halten die Prämisse ii) für absolut kompatibel mit dem Konzept des Fachterminus. Sie ergibt sich -im Sinne Kalverkämpers (1990_1)- aus der Überwindung eines starren Dualismus zwischen einem 'unscharfen' Begriff in der Gemeinsprache und einem 'scharfen' Begriff in der Fachsprache (vgl. Fraas 1989 : 108f.).

Der Kollokationsbegriff von Viehweger

Da wir die theoretische Durchdringung des Kollokationsbegriffs mit am weitesten bei Viehweger vorangeschritten sehen (vgl. entsprechend Hausmann 1985 : 128), greifen wir auf seine Überlegungen zurück. Viehweger (1988_2 : 121) definiert die Kollokation wie folgt:

> Kollokationen sind Resultate sprachlicher Komplexbildungen, die ganz entscheidend durch die semantische Repräsentation eines Lexikoneintrages determiniert werden, jedoch keineswegs allein durch diese erklärt

werden können, da syntaktisches Wissen für Kollokationen ebenso einschlägig ist wie das Wissen über den Gebrauch der Lexikonzeichen.

Im Komplex 'Kollokation' unterscheidet Viehweger (1982 : 27) drei Formen der Vereinbarkeit bzw. Verknüpfung von Einzellexemen:

i) Die *semische Vereinbarkeit*. Sie spiegelt Beziehungen zwischen Erscheinungen der Wirklichkeit wider. Hier kommt das Fachwissen zum Tragen.

ii) Die *sememische Vereinbarkeit*. Sie reflektiert die idiosynkratischen Züge einer Einzelsprache. Hier kommt lexikalisch-semantisches Wissen zum Tragen.

iii) Die *grammatische Verknüpfung*. Hier kommt grammatisches Wissen zum Tragen.

Was den Benutzer des aktiven Kontext-Fachwörterbuchs betrifft, so setzen wir i) aufgrund seiner Fachkompetenz als weitgehend gewußt voraus. Eindeutige Hilfestellung muß ihm das Wörterbuch dagegen für ii) und iii) geben. Hier geht es um die semantische, lexikalische und grammatische Korrektheit seiner Äußerung.
Ein Verstoß gegen die in i) formulierten Bedingungen liegt in der Regel in den folgenden Aussagen vor:

(2) **Wir haben eine Abschreibung auf Grund und Boden vorgenommen.**

(3) **Wir haben die Aufwendungen mit den Erträgen verrechnet.**

Grund und Boden werden normalerweise nicht abgeschrieben, weil man diese Vermögensgegenstände als nicht einer Abnutzung unterliegend betrachtet. Diese aber ist Voraussetzung für die Vornahme einer Abschreibung. In (3) führt die Mißachtung des sog. Saldierungsverbotes zu einer sachlich unkorrekten Aussage.

Verstöße gegen sememische und grammatische Verknüpfungsregeln (Beispiele)

Zur Illustration von ii) und iii) führen wir defektive Syntagmen an, die wir einem Aufsatz eines (uns bekannten) japanischen Wirtschaftswissenschaftlers über eine Problematik der Bilanz und der Gewinn- und Verlustrechnung entnommen haben. Die Defekte sind deshalb erstaunlich, weil sie sich trotz einer hervorragenden deutschsprachigen Kompetenz des Verfassers eingeschlichen haben (hinter dem Pfeil erscheinen Verbesserungsvorschläge, Interpretationsspielräume sind dabei nicht immer zu vermeiden):

Sememische Defekte:

Veraltetes Sprachmaterial

(4) **die nachmalige Aktiengesellschaft > die spätere Aktiengesellschaft**

Dieses Beispiel ist im Hinblick auf Viehwegers Konzept nur eingeschränkt gültig, da man es mit einem stilistischen Phänomen zu tun hat.

Unpassende, fach(sprach)lich unkorrekte Adjektivattributverbindung

(5) **"gemischtes Werk" > diversifiziertes Unternehmen, Unternehmen mit eine diversifizierten Produktionsprogramm, Mischkonzern**

(6) **die repräsentativen Unternehmen > die führenden Unternehmen**

(7) **die aufgelisteten Abschreibungen > die ausgewiesenen Abschreibungen,** vielleicht auch:**die kumulierten Abschreibungen**

(8) **besondere Abschreibungen > außerplanmäßige Abschreibungen, Sonderabschreibungen, erhöhte Abschreibungen**

(9) **eine niedrige Dividendenpolitik > eine vorsichtige Dividendenpolitik , eine Dividendenpolitik mit niedrigen Ausschüttungssätzen**

Ungenauer, vager Fachterminus, dem die nötige Präzisierung fehlt

(10) **die Aktiengesellschaft ... mit 10 Millionen Kapital > ... mit 10 Millionen Grundkapital**

(11) **die Summe der von ihnen herausgegebenen Aktien und Anleihen betrug ... > der Gesamt-nennwert/Gesamtnennbetrag der von ihnen . . .**

Unkorrekter Gebrauch eines Fachterminus, Gebrauch eines nicht vorhandenen Terminus

(12) **die Abschreibungserträge > der gewinnmindernde Abschreibungsaufwand**

Hier liegt eigentlich eine semische Unverträglichkeit vor, da Abschreibungen keine Erträge, sondern Aufwand darstellen.

(13) **die Zunahme der Anlagen > die Zunahme/der Anstieg des Anlagevermögens/der Anlageinvestitionen**

(14) **durch Umgestaltungen der bisherigen verschiedenen Apparate > durch Umbau/ Modernisierung/Verbesserung veralteter technischer Anlagen/Einrichtungen/Maschinen**

(15) **der Einfluß der Preisbewegungen solcher Rohstoffe > die Einflüsse/Auswirkungen von Preisschwankungen ...**

(16) **in den Zweigstellen > in den Niederlassungen**

Umständlicher Ausdruck, der durch knappen Fachterminus ersetzt werden kann

(17) ... sind die Bilanzsummen ... mit ihren Unterposten und zeitlichen Schwankungen dargestellt > ... werden Zeitvergleiche angestellt/... werden die Bilanzposten mit den Vorjahreswerten verglichen

(18) die Art und Weise der Abschreibungen > die Abschreibungsmethode/das Abschreibungsverfahren

(19) eine Neuerrichtung und Vermehrung der Anlagen > Neu- und Erweiterungsinvestitionen/ Erneuerung und Erweiterung der Anlagen

Unpassender Verbkollokator beim Objekt/Subjekt

(20) ... wurden ... Abschreibungen angewandt > wurden Abschreibungen vorgenommen

(21) wenn ein neuer Produktionsbereich erfunden wurde > ... eingerichtet/aufgebaut wurde

(22) der Betrag ... nahm ... 10% der Bilanzsumme ein > der Betrag entsprach 10% der Bilanzsumme

(23) ... Gründungsgewinne. Der Teil davon, der in die Unternehmen einfloß, wurde nach den Bestimmungen des Aktienrechts auf die Reserven übertragen > ... in die Unternehmen floß, wurde ... in die Rücklagen eingestellt/wurde ... den Rücklagen zugeführt

(24) ..., weil diese Unternehmen ... Einlagen bei den Banken eingerichtet haben > ... vorgenommen/getätigt/geleistet haben/bei den Banken besitzen/unterhalten

(25) ... wurden ... 10% des Gewinns als Reserve ... zurückgelegt > ...einbehalten/... des Gewinns den Reserven/Rücklagen zugeführt/in die Rücklagen eingestellt

Unpassendes/fachlich unkorrektes Verbalsubstantiv

(26) die Auflistung des Anlagevermögens > der Ausweis/der (Wert)Ansatz des Anlagevermögens

(27) der Fall des Alizarinpreises > der Rückgang/der Sturz des Alizarinpreises/der Preisverfall des Alizarins

(28) die Herabsetzung der Produktionskosten > die Reduzierung/Verringerung der Produktionskosten

(29) durch Umgestaltungen der ... Apparate > durch Umbau/Modernisierung/Verbesserungen der Anlagen/Maschinen

(30) die Bewegung der Eisen- und Stahlunternehmen > die Entwicklung der ...

Problematische Eigenschöpfungen

(31) **die jährlichen Anlageinvestitionen wurden von dem geschäftlichen Prinzip dieser einzelnen Unternehmen bestimmt > ... von der Unternehmenspolitik/von den Geschäftsgrundsätzen/von der Bilanzpolitik ....**

(32) **... und der Verkaufsmechanismus gut organisiert wurde > der Absatz gut .../eine gute Absatzorganisation ...**

Grammatische Defekte:

Unsicherheit im Gebrauch von Singular/Plural

(33) **... Schritt mit der konjunkturellen Schwankung der gesamten Wirtschaft ... zu halten > ... mit den konjunkturellen Schwankungen ...**

Unsicherheit im Gebrauch des Passivs und der Kongruenzherstellung

(34) **die Entwicklung des Anlagevermögens und der jährlichen Anlageinvestitionen, die in Tab. 1, 2 und 3 gezeigt sind > ... dargestellt ist ...**

Vermeidbare Redundanzen

(35) **die Halbwaren und die Fertigwaren > die Halb- und Fertigwaren**

(36) **in den Verkaufsstellen und in den Zweigstellen > in den Verkaufs- und Zweigstellen**

Verhältnis von Kompositum und entsprechender Konstruktion mit Genitivattribut

(37) **die Gesellschaftszahl > die (An)Zahl der Gesellschaften**

Die angeführten Beispiele können nicht mehr als einen winzigen Ausschnitt aus der Unzahl von Problemen illustrieren, mit denen der Wörterbuchbenutzer bei seinen Formulierungsbemühungen konfrontiert ist. Sie sollten aber dafür sensibilisieren, wie ausserordentlich wichtig es ist, sich vor der mikrostrukturellen Aufbereitung des Sprachmaterials Gedanken über diese Schwierigkeiten zu machen. Wir tun dies, indem wir uns um eine möglichst erschöpfende Erfassung aller für das Sprachmaterial des aktiven Wörterbuchs typischen Kollokationsmuster (und Satzmodelle) bemühen. Zuvor haben wir jedoch noch eine Reihe grundsätzlicher Fragen zu klären.

2. Die Identifizierung der Kollokation

Die Relevanz einer Kollokation - eine vor allem qualitative Frage

In der praktizierten gemeinsprachlichen Lexikographie, der wir uns hier zunächst zuwenden, stellt sich wegen der unscharfen Grenzen des erfaßten Wirklichkeitsbereichs das Problem, daß eine befriedigende kollokative Erfassung gar nicht möglich ist. Die Menge der möglichen Wortverbindungen tendiert gegen unendlich (Baskevic/ Levickij 1991 : 209).

Die Kriterien, die zur Bewältigung der unendlichen Fülle vorgebracht werden, sind eigentlich immer wieder die gleichen: wiederholtes Miteinanderauftreten gleicher Verbindungen (z.B. Benson 1985 : 61), Häufigkeit der Verwendung (z.B. Duhme 1991: 80, Bergenholtz/Tarp 1994 : 16, 22). Hierbei zeigt sich, daß mit rekurrenter Kookkurrenz (Kocourek 1982 : 172) und Frequenz im wesentlichen das Gleiche gemeint ist. Lehr (1993 : 5) begnügt sich dagegen -im Sinne des britischen Kontextualismus- mit dem alleinigen Kriterium der Kookkurrenz und verzichtet bewußt auf das der Häufigkeit. Eine weiteres Kriterium gründet sich auf den interlingualen Vergleich (z.B. Hausmann 1989_3 : 1013; Cop 1990 : 37). Hausmann (1993_1 : 477) gibt hierzu den Hinweis, daß bei Betrachtung der deutschen Sprache aus der Sicht aller Sprachen dieser Erde am Ende alles für idiomatisch erklärt werden muß. Hierzu nur zwei Beispiele. Selbst für die unverdächtigen "freien Fügungen" **ein Haus/eine Brücke/eine Straße bauen** können im Japanischen drei verschiedene Verben, **tateru/ kakeru/kensetsu suru**, verwendet werden.Von der zur "regelrechten Kollokation", d.h. freien Fügung, erklärten Verbindung **Werner schenkt seiner Mutter Blumen** behauptet Kromann (1989 : 266), sie sei durch keine soziale Norm beschränkt. Und doch ist sie es. Wer käme in Deutschland auf die Idee zu sagen **Er schenkt ihr getrockneten Tang**, was in Japan gang und gäbe ist? Natürlich unterliegen auch die schenkbaren Dinge sozialen Normen. Schließlich werden noch die Merkmale des Charakteristischen (Rossenbeck 1987 : 199), Typischen und des Usuellen (Kromann 1989 : 267) angeführt.

All diesen Bemühungen, das Kollokationsphänomen einzugrenzen, geht es letzlich darum, "wirklich relevantes Material ..., dem der Status einer phraseologischen Einheit wirklich zukommt" (Rossenbeck 1991 : 41) zu ermitteln. Wir sind der Auffassung, daß dem qualitativen Aspekt der Relevanz einer Kollokation mit lediglich quantitativen oder formalen Kriterien nur teilweise beizukommen ist. Nehmen wir die etwa die folgende Definition der Kollokation von Bergenholtz/Tarp (1994 : 17):

> Eine Kollokation ist das gemeinsame Auftreten von mindestens zwei grammatischen Wörtern, die Teil einer Phrase sind, eine Phrase darstellen oder mehrere Phrasen in einer syntaktischen Beziehung ausmachen.

Diese Definition soll der von Hausmann verwendeten -nach Meinung der Autoren- intuitiv-semantischen Bestimmung der Kollokation aufgrund intersubjektiver Nachprüfbarkeit überlegen sein. Sie lasse außerdem auch Funktionswörter als Teil einer Kollokation zu. Dieses letzte Bestreben kann nur gutgeheißen werden. Zur Klarstellung sei dennoch gesagt, daß Hausmann (1989_3 : 1010) sehr wohl die Struktur 'substantif + (prép) + substantif' erwähnt. Es entspricht auch nicht ganz den Tatsachen, daß Hausmann und Viehweger "nur" die "wesenhaften Bedeutungsbeziehungen" des Typs **der Hund bellt** als Kollokation bezeichneten, wie Bergenholtz/Tarp (1994 : 15) behaupten.

Relevanzkriterien

Entscheidend für die schwierige Diskussion ist, daß man sich der mühsamen Aufgabe einer semantischen Bestimmung der Kollokation nicht entzieht. Viehweger (1982) sieht einen solchen qualitativen Ansatz in der Herausarbeitung sememischer Vereinbarkeitsbereiche. Sie sollen der Systematisierung der Kollokationen dienen. Seine "Blume-Kollokationen" zeigen dies. Dennoch ist auch bei Viehweger, unserer Meinung nach, das Problem der Relevanz nicht geklärt. Zwei Dinge sind nämlich auseinanderzuhalten: zum einen die Herausarbeitung typischer Vereinbarkeitsbereiche, zum anderen die Frage, welche Kollokationen innerhalb dieser typischen Vereinbarkeitsbereiche berücksichtigt werden sollen. Für diese letzte und entscheidende Frage findet man bei Viehweger den Hinweis, daß die Vereinbarkeitsbereiche nur die Kollokationen aufführen, denen innerhalb einer bestimmten menschlichen Gesellschaft eine "bestimmte Relevanz" zukomme (Viehweger 1982 : 38). Bei Cop (1990 : 43) findet man eine ähnliche Argumentation. Danach entscheidet die "target group" über die Relevanz. Festzuhalten bleibt, daß 'Relevanz' hier jeweils im Sinne einer 'Relevanz für jemanden' begriffen wird.

Unter Berücksichtigung der vornehmlich in der gemeinsprachlichen Lexikographie gewonnenen eher ernüchternden Erkenntnisse sehen wir innerhalb der Fachlexikographie eine maximal erreichbare Objektivierung des Relevanzkriteriums an folgende Voraussetzungen gebunden:

- Es ist unerläßlich, die Kollokation als ein Phänomen zu betrachten, in dem verschiedene Wissenssysteme (Handlungswissen, fachliches Wissen, lexikalisch-semantisches Wissen, grammatisches Wissen) interagieren. Nur so ist "die Problematik der Qualität in den Griff zu bekommen" (Galinski/Nedobity 1987 : 273).
- Vor der Selektion der Kollokationen ist der vom Wörterbuch abzudeckende Fachbereich scharf abzustecken und mit einem entsprechenden Korpus zur Deckung zu bringen.
- Die Selektion der für das Wörterbuch bestimmten Lemmata muß sach- und handlungssystematisch begründet sein.
- Die selektierten konzeptstarken Lemmata müssen sach- und handlungssystematisch intensiv miteinander vernetzbar sein.
- Die mit den selektierten Kollokationen vorliegenden syntaktischen Strukturen müssen sach- und handlungssystematisch relevante Beziehungen widerspiegeln. Relevanz bestimmt sich dabei als 'für die Handlungsfähigkeit im betreffenden Fachgebiet notwendig'.
- Redundanzen, die immer noch, trotz des konsequent qualitativen Ansatzes, innerhalb der mit den konzeptstarken Lemmata verbundenen Kollokatoren auftreten, sind auf ein nach produktionspragmatischen Gesichtspunkten vorzunehmendes

vertretbares Maß zu reduzieren. Auf stilistische Feinheiten ist zu verzichten. Verweismöglichkeiten sind optimal auszuschöpfen.

Exkurs: Das selbstverschuldete Unendlichkeitsdilemma der gemeinsprachlichen Lexikographie

Wir glauben, daß das so häufig vorgebrachte Frequenzkriterium in vielen Fällen Ausdruck einer selbstverschuldeten Ohnmacht gegenüber der prinzipiellen Unendlichkeit (z.B. Kocourek 1982 : 178f.) des Wortschatzes ist. Das gilt insbesondere für die gemeinsprachliche Lexikographie. Wir können auch nicht jenen Optimus gegenüber Ansätzen teilen, die dieser Unendlichkeit mit sog. "lexical functions" wie etwa Mel'cuk und Zolkovsky beizukommen versuchen (vgl. Benson 1985 : 62 - 66). In "The World's First Production Dictionary", dem Longman Language Activator (1993 : F8) geht man davon aus, daß der Produktionsvorgang von sog. "key words or concepts" in Gang gesetzt werden könne. Dagegen ist zunächst nichts einzuwenden. Editorial Director Della Summers rechtfertigt dieses Vorgehen folgendermaßen:

> We believe that concrete nouns, and content words in general, present fewer, less serious problems of correct use for students, so you will not find different types of transport, dogs, machinery or buildings here.

Wir glauben, daß hier eine falsche Alternative aufgebaut wird. Es geht nicht um die Frage Konkreta oder Abstrakta. Im Hinblick auf die syntaktische Realisierung sind beide jedenfalls mit den gleichen Schwierigkeiten behaftet. Nach Wierzbicka (1985 : 330) weisen Konkreta sogar semantisch komplexere Strukturen als Abstrakta auf, wenn man den von ihr -mit Recht- favorisierten bedeutungsfunktionalen Ansatz vertritt.

Worum es unseres Erachtens geht, wird an Einwänden deutlich, die Gansel (1992 : 85) gegen den Versuch Ballmer/Brennenstuhl erhebt, den Verbwortschatz zu gliedern. Für diesen Versuch gilt, daß mit situationsabstrakten semantischen Grobstrukturen, welcher Art auch immer, nicht bis zu den Bedürfnissen in konkreten -aber dennoch nicht infiniten!!- Kommunikationssituationen vorgedrungen werden kann.

Ich muß mich mit einem Wörterbuch, das, wie der Language Activator, den Anspruch erhebt, der Sprachproduktion zu dienen, auf meinen Besuch beim Zahnarzt vorbereiten können, auf die Überprüfung meines Autos beim technischen Überwachungsverein, auf das Gespräch mit dem Versicherungsvertreter beim Abschluß meiner Autoversicherung, auf das Gespräch mit dem Vermieter über die Bedingungen meines Mietvertrags, auf das Gespräch mit dem Angestellten des Ausländeramtes über die Verlängerungsbedingungen meines Visums, auf das Gespräch für meinen Wagenkauf, auf das Vorstellungsgespräch mit all seinen arbeitsvertraglichen Inhalten oder auch auf eine geistreiche Unterhaltung über philosophische Fragen u.v.m. Wir haben große Zweifel, ob der Longman language activator hierzu dienlich ist. Selbst wenn man sich der unter semantischen Aspekten erfolgten positiven Bewertung des Language Activators durch Friederich (1994 : 109) anschließen möchte, so ändert das wenig an unseren Bedenken: Es fehlt ihm die sachliche und situative Tiefendimension, durch die erst eine Kommunikation im eigentlichen Sinne ermöglicht wird.

Wirklich kommunikations- und situationsrelevante Hilfestellungen für die Sprachproduktion können nur durch ein innerhalb von Tätigkeitsbereichen sach- und handlungssystematisch situierbares Sprachmaterial, ob konkret oder abstrakt, gegeben werden.

Die tieferen Ursachen für das "Unendlichkeitsdilemma" der allgemeinen Lexikographie -das gilt für das Lemma ebenso wie für die Kollokation- liegen u.a. in einer unreflektierten und empirisch wenig abgestützten Ausdehnung des sog. allgemeinsprachlichen Wortschatzes über einen relativ gut konsensfähigen Gebrauchswortschatzes hinaus. Automatisch stellt sich das Problem des Kriteriums für die Berücksichtigung einer merkmalreicheren Terminologie. Für diesen Fall trifft die folgende Beurteilung zu: "Whatever care has been taken to make up the corpus representative, the lexicographer runs the risk of ending up with a selection of words that constitute a ‹patchy›, or even unfair, coverage of each domain in particular and of sciences and techniques in general" (Bejoint 1988 : 366, zit. nach Rey/Delesalle). Sie gilt auch für Rossenbeck (1994 : 270, 271 u.a.), wenn er die Problematik in das vage bleibende Kriterium der "Tiefe des für das Wörterbuch gewählten Bearbeitungsprofils" verlegt oder aber den Bekanntheitsgrad eines Wortes heranzieht und dafür die "Wirtschaftsberichterstattung der Tagespresse" (273) zum Maßstab nimmt. Die Willkür stellt sich zwangsläufig ein.

Die Ursachen des Unendlichkeitsdilemmas liegen desweiteren in einer nicht vorurteilsfreien und wenig reflektierten Einstellung gegenüber den Phänomenen des "Allgemeinen" und des (zweckhaft) "Fachlichen". Durch die Zugrundelegung eines "weitgehend reduzierten Sprachbegriffs" (Wiegand 1977 : 48) wurde diese Einstellung begünstigt. Sie liegen ganz wesentlich in einem ungeheuren Empiriedefizit von Linguistik und Lexikographie bezüglich des sogenannten Alltäglichen und Banalen. Seine Behebung würde sehr schnell die vielfach gestufte Fachlichkeit des sog. Alltagswissens aufdecken und eine grundlegend neue und reflektiertere Einstellung zu diesem Phänomen bewirken. Der konsensfähige Gebrauchswortschatz dürfte je nach Sprache etwa 3000 bis 6000 Einheiten umfassen (Tamamura [1993 : Preface] setzt für das Englische 2000 und für das Japanische 6000 Wörter an). Die Problematik beginnt jenseits dieser Zahl.

Wir sind uns der Komplexität dieser Problematik bewußt, glauben aber, daß alle über diesen Gebrauchswortschatz hinausgehenden Erfassungen von merkmalreicherem Sprachmaterial empirische auf Tätigkeitsbereiche hin ausgerichtete Untersuchungen erfordern (siehe auch Knobloch [1994 : 35]). Bei der genannten Zahl des Gebrauchswortschatzes unterstellen wir, daß dieser nur punktualisierte und atomisierte Formen von Kommunikation zuläßt. Die Ausdehnung und Vertiefung kommunikativer Begegnungen kann nur durch einen tätigkeits-, situations-, handlungs- und gegenstandsbezogenen Wortschatz geleistet werden. Hierzu kommen Erhebungsmethoden in Frage, wie sie etwa Wichter (1994 : Kap. 6) anwendet (siehe z.B. Brinckmann [1975], dort [199] auch den interessanten Verweis auf Holzer-Steinbacher 1972; Neubauer [1980 : 181] mit dem Verweis auf Beling/Wersing 1979; ebenso Munsberg 1993). Wir glauben, daß die genannten Arbeiten interessante

Aspekte enthalten, die sehr gut kompatibel sind mit dem korpusgestützten sach- und handlungssystematischen, d.h. dezidiert qualitativen Ansatz dieser Arbeit. Hier ergeben sich Entwicklungsmöglichkeiten für eine zukünftige -insbesondere produktionsorientierte- Fachlexikographie, die über den Rahmen dieser Arbeit hinweisen. Sie müssen von einer intensiven Reflexion über das Zusammenspiel von Wissensgebieten und entsprechenden organisatorisch-funktionalen Aufteilungen innerhalb von Unternehmen bzw. in der Arbeitswelt allgemein begleitet sein (siehe z.B. Hahn 1983 : 126-160; Möhn/Pelka 1984 : 71-103). Dabei ist sicherlich auch dem Umstand Rechnung zu tragen, daß sich nicht alle Wissensgebiete in direkter Weise betriebs- und arbeitsorganisatorisch niederschlagen (vgl. Schneider o.J. : AKAD Rechnungswesen I, Lektion 1 Einleitung).

Schneiden von Kollokationen: eine Demonstration

Um anschaulich zu machen, worüber wir uns in der Folge Gedanken machen werden, sei folgendes Beispiel aus einem Lagebericht aus dem Korpus "x) Jahresabschlüsse" (siehe Seite 28) gegeben:

(38) **Darüber hinaus haben Bilanzmaßnahmen zum Jahresende das Ergebnis mit zusätzlich12,4 Millionen DM verschlechtert.**

In welcher Weise läßt sich dieser Satz bzw. lassen sich syntagmatische Einheiten dieses Satzes am benutzerfreundlichsten für die lexikographische Präsentation in dem aktiven Wörterbuch aufbereiten? Wir wollen einige syntaktische Operationen, die mit behutsamen Manipulationen verbunden sein können, durchführen und kommentieren:

(38a) **Bilanzmaßnahmen zum Jahresende haben das Ergebnis mit zusätzlich12,4 Millionen DM verschlechtert.**

Kommentar: Wir haben das adverbiale Element am Satzanfang beseitigt, da sich sein Gebrauch aus okkasionellen Textmerkmalen erklärt. Es erhebt sich dennoch die grundsätzliche Frage, inwieweit initiale adverbiale Elemente berücksichtigt werden müssen. Dies ist deshalb zu bedenken, weil eine auf die "syntaktische Normalform" "geglättete" S-V-O-Struktur nur einen seiner zeitlichen, räumlichen und argumentativen Parameter entledigten Ausschnitt der Sprachrealität wiedergibt. Die syntaktische Struktur von (38a) ist noch ziemlich "schwer". Andererseits hat sie den Vorteil, modellhaft auf mögliche Stellenbesetzungen hinzuweisen.

(38b) **Bilanzmaßnahmen zum Jahresende haben das Ergebnis verschlechtert.**

Kommentar: Wir haben die syntaktische Struktur "leichter" gemacht. Die Entfernung des adverbialen Elementes **mit zusätzlich 12,4 Millionen DM** rechtfertigen wir damit, daß der Eintrag (38b) unter dem Lemma **Bilanzmaßnahme** vorgesehen ist. Das adverbiale Syntagma steht zu ihm in einer weniger engen sachsystematischen Beziehung als zu **Ergebnis.** Die Beibehaltung des Syntagmas **zum Jahresende** rechtfertigen wir mit seinem sachtypischen und attributiven Charakter. Lauterbach (1993 : 75) weist diesbezüglich auf die besondere Schwierigkeit für fremdsprachige Deutschlerner hin, im sog. "Junktionsbereich" Beziehbarkeiten nachzuvollziehen. In diesem Beispiel könnte sich für ihn das Problem ergeben, das Attribut fälschlicherweise als ein adverbiales Element zu betrachten.

(38c) Bilanzmaßnahmen haben das Ergebnis mit 12,4 Millionen DM verschlechtert.

Kommentar: Dieser Eintrag ist unter dem Lemma **Ergebnis** vorgesehen. Wir haben das Attribut **zum Jahresende** entfernt, weil es für das Lemma keine besondere Relevanz besitzt. Da aber das adverbiale Element **mit 12,4 Millionen DM** in einer wichtigen sachsystematischen Beziehung zu dem Lemma steht, haben wir es aufgeführt.

(38d) Bilanzmaßnahmen haben das Ergebnis verschlechtert.

Kommentar: Dieser Eintrag verhält sich gegenüber den beiden Kernkonzepten 'Bilanzmaßnahme' und 'Ergebnis' neutral. Seine Benutzerfreundlichkeit besteht in der Berücksichtigung der Subjektvalenz (siehe die Seiten 187ff. und 197ff.). Sie trägt damit der semantischen Agensspezifik Rechnung.

(38e) Bilanzmaßnahmen zum Jahresende

Kommentar: Dieser Eintrag unter dem Lemma **Bilanzmaßnahme** weist kein verbales Prädikat mehr auf. Er hat daher gegenüber den bisherigen Einträgen den Satzcharakter verloren. Sein Wert für den Benutzer besteht in der Information über die spezielle präpositionale Anbindung des Attributs und die sachtypische Information, daß das Jahresende einen geeigneten Zeitpunkt für die Durchführung spezieller Bilanzmaßnahmen darstellt.

(38f) das Ergebnis verschlechtern

Kommentar: Diese in den Wörterbüchern in der Regel am häufigsten anzutreffende V-O-Struktur birgt Probleme. Sie ergeben sich im wesentlichen aus ihrem infinitivischen Charakter als Folge der gekappten Subjektstelle und aus anwendungserschwerenden, d.h. benutzerunfreundlichen Bedingungen im Hinblick auf das Verb, z.B. im Falle von trennbaren Verben.

(38g) das Ergebnis mit 12,4 Millionen DM

Kommentar: Diese Kollokation ist ein lexikographisches Kunstprodukt, insofern als es die ursprünglich vorhandenen syntaktischen Beziehungen verändert. Aus einem adverbialen Element ist ein Präpositionalattribut geworden. Diese Art von Eingriffen ist in aller Regel zu vermeiden.

Kompromiß von Sach-, Sprachstrukturen und Speicherkapazität

Wir sprechen in allen genannten Fällen von Kollokationen. Sie machen deutlich, daß die Anzahl der Elemente in unserem Kollokationsbegriff im Grunde irrelevant ist. Entscheidend für die Anzahl der Elemente ist zum einen die Frage, inwieweit wir mit bestimmten syntaktischen Mustern am ehesten sachlichen Strukturen gerecht werden können. Andererseits wird die Rücksichtnahme auf syntaktische und lexikalische Verarbeitungs- und Speicherkapazitäten des Benutzers ein ebenso notwendiges Gegengewicht zu den genannten sachstrukturellen Zwängen darstellen müssen. Inwiefern allerdings syntaktische Modelle mit maximaler Stellenbesetzung auch eine lexikographische Berechtigung haben können, werden wir noch diskutieren müssen (siehe die Seiten 124ff., 187ff.). Die syntaktischen Strukturen, die von unserem Kollokationsbegriff abgedeckt werden, reichen minimal vom zweiwortigen Syntagma bis maximal zum Satz (vgl. Hoffmann 1985 : 184f.).

Bei der Gewinnung einer Kollokation spielt die Festlegung eines oder auch mehrerer konzeptstarker Wörter in dem Beleg eine wichtige Rolle. In der Regel handelt es sich dabei um ein Substantiv. Das Schneiden einer Kollokation, ausgehend vom Verb oder vom Adjektiv, kann dann in Frage kommen, wenn beide jeweils ein ausreichendes Maß an Konzeptstärke aufweisen.

Über jene Kollokationen, die ein verbales Prädikat enthalten, werden wir uns noch besonders intensiv Gedanken machen müssen (siehe die Seiten 185ff.). Es liegt nahe, daß dem Verb als "pivot", um den sich die Satzglieder bewegen lassen (Helbig/Buscha 1991 : 533), besondere Aufmerksamkeit zuteil werden muß. Insoweit wir Kollokationen von ihrem Kern (ihren Kernen) ausgehend schneiden, ist das Verfahren einem Grundprinzip der dependenziellen Analyse verpflichtet. Danach bestimmen der Kern und dessen lexikalisch-semantische Eigenschaften den Aufbau von sprachlichen Einheiten (Lauterbach 1993 : 35). Da wir von einem nicht auf das Verb eingeschränkten, erweiterten Valenzbegriff ausgehen werden (siehe die Seiten 124f.), heißt dies, daß wir auch dem Substantiv und gegebenenfalls dem Adjektiv Regensqualitäten zusprechen.

Für die verblose, nur einen substantivischen Kern (mehrere substantivische Kerne) aufweisende Kollokation ist das Schneiden relativ unproblematisch. Nach der von Lauterbach (1993 : 7ff., 20ff.) vorgenommenen Aufteilung des von einem "head" regierten nominalen Syntagmas in einen vorgelagerten Kongruenzbereich und einen nachgelagerten Junktionsbereich, könnte man entsprechend von dem Typ einer Kongruenzkollokation und dem Typ einer Junktionskollokation sprechen. Im ersten Fall steht der "head" am Ende der Kollokation, im zweiten Fall am Anfang. Im Normalfall ist die Trennung der beiden Bereiche ohne weiteres möglich. Dennoch ist es in speziellen Fällen, wie dem folgenden, ratsam, keine Trennung der Bereiche aus Rücksicht gegenüber zusammengehörigen Sachstrukturen vorzunehmen:

(39) **ein versicherungsmathematisches Gutachten nach dem Teilwertverfahren** (aus Korpus x)'Anhang')

Kommentar: Es besteht ein enger Sachzusammenhang zwischen versicherungsmathematischen Grundsätzen und der Ermittlung des Teilwertes bei der Bildung von Pensionsrückstellungen.

Die Kollokationsspanne

Beim Schneiden von Kollokationen ist schließlich noch auf die Frage der Kollokationsspanne hinzuweisen. Die Rahmenbildung, das für den deutschen Satz typische Grundprinzip (Helbig/Buscha 1991: 566-569), kann diese Spanne beträchtlich ausdehnen:

(40) ***Das*** **von der Gesellschaft bei der Hoogovens Aluminium GmbH als dem Verpächter des Anlagevermögens initiierte** ***Investitionsprogramm*** **für ein hochmodernes Kaltwalzwerk mit nachgeschalteten Verarbeitungsanlagen** ***wurde*** **nach dreijähriger Bauzeit in 1992 innerhalb des Zeit- und Kontenrahmens weitgehend** ***abgeschlossen.*** (aus Korpus x) 'Lagebericht')

(41) **Im Gegenteil** ***entwickelte sich die Konjunktur*** **in der Bundesrepublik Deutschland in der zweiten Jahreshälfte spürbar** ***negativ.***

Man kann nicht behaupten, daß sich die ermittelten Kollokationen **das Investitionsprogramm wurde abgeschlossen** und **die Konjunktur entwickelte sich negativ** besonders computerfreundlich verhielten. Wir können bei dem untersuchten Korpusmaterial in vielen gerade sachsystematisch wichtigen Fällen eher von computerunfreundlichem Kollokationsverhalten sprechen. Die engen Kollokationsspannen sind nur für bestimmte Kollokationsmuster typisch. In weit geringerem Maße trifft das für Kollokationen mit verbalem Element zu. Es scheint sogar, daß sich die besondere Qualität des mikrostrukturellen Materials erst aus dessen natürlich mühevoller 'manuellen' Erarbeitung ergibt. Wir sind jedenfalls skeptisch, ob es die riesigen Textmengen sind, wie Sinclair (1991 : 18, 28 u.a.) meint, die die eigentliche Qualität des kollokativen Materials ausmachen.

Notwendige lexikographische Manipulationen

Rossenbeck (1991 : 44) ist der Meinung, daß sich die Bildung eigener Beispiele durch den Lexikographen nicht immer ganz vermeiden lasse. Diese Beispiele sollten jedoch eine Stütze im authentischen Material haben. Wir möchten das Gesagte an folgendem Beleg demonstrieren:

(42) **Einschließlich der Zugänge bei den immateriellen Anlagewerten von rd. 20 TDM ... stellten sich die *Anlagenzugänge* insgesamt auf *544 TDM*. Ihnen *standen Abschreibungen von 672* TDM = 124 vH der Zugänge *gegenüber*.** (aus dem Korpus ix) Bilanzanalysen)

Wir haben jene Elemente, die wir für die Kollokation verwenden wollen, kursiv markiert. Wir bilden aus ihnen die Kollokation:

(42 a) **den Anlagenzugängen (von 544 TDM) standen Abschreibungen (von 672 TDM) gegenüber.**

Die geklammerten Teile kann man eventuell als fakultative Elemente betrachten. Diese Frage ist jedoch isoliert nicht zufriedenstellend zu beantworten. Dies ist nur im Rahmen der gesamten Mikrostruktur der betreffenden Lemmata möglich. Unsere Abstützung im authentischen Material läßt sich wie folgt präzisieren:

- Herstellung eines Sinnzusammenhangs zwischen zwei Sätzen, der zur Identifizierung der beiden "Stützwörter" der Kollokation führt.
- Zusammenführung der beiden konzepstarken Substantive in einem Satz durch das Ersetzen einer Proform (**Ihnen**) durch das entsprechende Substantiv (**Anlagenzugängen**).
- Entfernung von Elementen, die für die Kollokation von geringer bzw. keiner Relevanz sind.
- Überführung eines Präpositionalobjektes (**auf 544 DM**) in ein Attribut (**von 544 DM**).

Beim Schneiden von Kollokationen spielt schließlich noch die Frage der Abgrenzung von Satzgliedern eine gewisse Rolle. Betroffen sind vor allem das Attribut, das Präpositionalobjekt und die adverbiale Bestimmung.

3. Systematisierung der Kollokationsmuster

Das Schneiden von Kollokationen erfordert eine klare Vorstellung von den zu berücksichtigenden Kollokationsmustern. Indem wir also einerseits immer wieder auf die große Bedeutung sachsystematischer Zusammenhänge hinweisen, andererseits aber syntaktischen Strukturmustern eine wichtige Systematisierungsfunktion zuweisen, glauben wir am besten eine Balance zwischen inhaltlichen und sprachstrukturellen Erfordernissen zu erreichen (Moulin 1979 : 81). Schauen wir uns nun einige nach morphologisch-syntaktischen Kriterien erfolgende Klassifikationen näher an.

Modelle bei Fleischer, Hausmann, Duhme

Fleischer (1982 : 64-66) unterscheidet bei den "Nominationsstereotypen", die -bei allen weiter oben gemachten Vorbehalten gegenüber umfassenden Systematisierungsversuchen im Bereich der Phraseologie- den von uns anvisierten Kollokationstypen am nächsten kommen, die folgenden Verbindungen: "nichtidiomatisierte Wortpaare" (**Bruder und Schwester**), "nominale und verbale Klischees" (**Suche nach neuen Lösungen, neue Maßstäbe setzen**), "Klischees in der mündlichen Kommunikation des Alltags" (**die Gelegenheit benutzen**), "Wortverbindungen aus Attribut + Substantiv" (**breites Spektrum**), stabile Wortverbindungen aufgrund eines politischen Schlagwortes (**brennende Frage, soziale Frage**), "Terminologisierung einer Wortgruppe" (**friedliche Koexistenz**), "nichtidiomatisierte onymische Wortgruppen" (**Nördliches Eismeer**). Von diesen hebt er dann noch jenen Typ von Wortverbindungen ab, der natürliche Kontaktbeziehungen von Gegenständen und Zuständen widerspiegelt (**Tasse Kaffe**). Der Nachteil einer solchen Klassifikation besteht in der Heterogenität der Klassifikationskriterien. Die Unschärfe der Trennungen stellt sich prompt ein. Unserem Anliegen bedeutend näher kommt die folgende ebenfalls von Fleischer (1982 : 142-165) vorgenommene rein morphologisch-syntaktische Klassifikation. Dabei unterscheidet er substantivische, adjektivische, adverbiale und verbale Phraseologismen. In der ersten Gruppe führt er z.B. auf:

- ADJEKTISCHES ATTRIBUT + SUBSTANTIV: **üble Nachrede**,
- SUBSTANTIV + ADJEKTIVISCHES ATTRIBUT: **Forelle blau**,
- SUBSTANTIIV + SUBSTANTIVISCHES ATTRIBUT IM GENITIV: **der Abschaum der**
  Gesellschaft,
- SUBSTANTIV + PRÄPOSITIONALES ATTRIBUT: **der Mann von der Straße**,
- SUBSTANTIV + SUBSTANTIV OHNE FLEXION: **ein Häufchen Elend**,
- ATTRIBUTIVES SUBSTANTIV IM GENITIV + SUBSTANTIV: **des Pudels Kern**,
- WORTPAARE IN SUBSTANTIVISCHER FUNKTION: **Kommen und Gehen**.

Unter den verbalen Phraseologismen findet man folgende Strukturen:

- EINFACHES SUBSTANTIV MIT ODER OHNE ARTIKEL: **die Karten aufdecken,**
- ADJEKTIVISCH-ATTRIBUTIV ERWEITERTES SUBSTANTIV: **sein blaues Wunder erleben**
- ERWEITERUNG DES SUBSTANTIVS DURCH ATTRIBUTIVE PRÄPOSITIONALGRUPPE: **Nägel mit Köpfen machen,**
- ERWEITERUNG DER VERBALKOMPONENTE DURCH (ADVERBIALE) PRÄPOSITIONALGRUPPE: **die Kastanien aus dem Feuer holen,**
- SUBSTANTIVISCHES WORTPAAR: **Mittel und Wege finden,**
- SUBSTANTIV MIT PRÄPOSITION, ZUM TEIL ATTRIBUTIV ERWEITERT: **etw. zu den Akten legen,**
- SUBSTANTIVISCHES WORTPAAR MIT PRÄPOSITION: **vom Regen in die Traufe kommen**, usw.

Wir finden ein vergleichbares formales Prinzip auch in Hausmanns (1989_3 : 1010) Systematik der charakteristischen Kombinationen: SUBSTANTIF + ADJECTIF/ SUBSTANTIF + VERBE/VERBE + SUBSTANTIF(objet)/VERBE + ADVERBE/ ADJECTIF + ADVERBE/SUBSTANTIF + (PREP) + SUBSTANTIF.
Duhme (1991 : 104-113) lehnt sich für die Einteilung der von ihm untersuchten wirtschaftssprachlichen Phraseologie an die von Fleischer gemachte Vierteilung in substantivische, adjektivische, adverbiale und verbale Phraseologismen an.

Wir halten es arbeitsökonomisch gesehen für am zweckmäßigsten, das Kollokationsmaterial im Sinne der genannten Struktur-Beispiele aus dem Korpusmaterial herausziehen. Wir gehen dabei davon aus, daß die weiter unten ermittelten Strukturtypen die Abdeckung der vorhandenen Sachstrukturen gewährleisten.

Zusammenspiel von Substantiv und Verb

Es erscheint uns außerordentlich wichtig für eine systematische Erfassung des Kollokationsmaterials, sich über die syntaktisch-semantische Leistungsfähigkeit des Substantivs und des Verbs für die lexikographisch aufbereitete Kollokation Klarheit zu verschaffen. In einem sehr grundsätzlichen Sinne gilt ja, daß der zentrale Ort des Substantivs in Gestalt des Lemmas in der paradigmatischen 'Vertikale' des Wörterbuchs liegt. Der zentrale Ort des Verbs liegt dagegen in der syntagmatischen Horizontale auf der mikrostrukturellen Ebene des Wörterbuchs. Der zuerst stattfindende Zugriff auf die Dinge der Welt erfolgt auf der Vertikalen, die anschließende Herstellung einer differenzierten (Sprach)Handlungsfähigkeit dagegen auf der Horizontalen. Wichtig an dieser Tatsache ist, daß es sich dabei um eine im Sprachproduktionsvorgang festgelegte Reihenfolge handelt. Storrer (1992 : 166 Anm. 132) unterschätzt unseres Erachtens die Bedeutung dieses Sachverhaltes, wenn sie meint, die geringe Nutzung von Verbvalenz-Wörterbüchern erkläre sich lediglich durch die geringe Anzahl der dort aufgeführten Verben. Wir sind vielmehr der Meinung, daß sie an einem ganz wesentlichen an Sprach- und Berufspraxis orientierten Benutzerbedürfnis vorbeigehen.

Nun findet man aber auch Hinweise auf die besondere Relevanz des Verbs. Hoffmann (1987 : 100) macht darauf aufmerksam, daß die "verbal group" bisher von der Fachsprachenforschung vernachlässigt worden sei, obwohl es doch das Verb (!!) sei, mit dessen Hilfe etwas über die Dinge dieser Welt ausgesagt würde. Er sieht jedoch eine gute Möglichkeit zur Behebung dieses Defizits in der Besinnung auf dependenzgrammatische Einsichten. Dieser Nachholbedarf ist eigentlich erstaunlich, wenn man sich einmal die folgende von Warner (1976[1966]) vor fast dreißig Jahren angestellte Überlegung genau bewußt macht: "Der Bedarf an Verben ist primärer als der von Substantiven, denn bevor der Ingenieur seiner Erfindung eine treffende Benennung gibt, versucht er anderen klarzumachen, was das 'Ding' leistet und wie es arbeitet." Sommerfeldt (1993 : 48) meint im Hinblick auf die satzerzeugende Potenz des Verbs: "Das Verb wird nicht immer das erste Wort sein, in dem das Gemeinte (zum Teil) aufgeht; aber das Verb ist immer das wichtigste" (siehe auch die interessanten Ausführungen von Götzinger (1992[1836] : 87 - 91) zu "Verbum und Nennwort" und zur besonderen Bedeutung des ersteren für das Sprechen). Es kann also nicht um ein Ausspielen des Substantivs gegen das Verb gehen. Es geht vielmehr darum, auf die zum Substantiv komplementäre und unverzichtbare Funktion des Verbs hinweisen, so etwas wie differenzierte kooperative (Sprach)Handlungen zu erlauben.

Produktionsorientierte syntaktische Strukturen

Ohnacker (1992) vertritt den Ansatz einer produktionsorientierten Syntaxvermittlung (10), der der Zielsetzung unseres Wörterbuchs in besonderer Weise entgegenkommt. Er weist auf folgende Merkmale der von ihm untersuchten fachlich-praktischen Schicht der Wirtschaftssprache hin: Haupsätze dominieren (55), die häufigste Form der Attribuierung ist das Genitivattribut, frequent ist aber auch das Präpositionalattribut (62), bei den anteponierten Attributen werden vorrangig die Partizipialattribute erweitert (64), das Präsens dominiert zum Ausdruck gegenwärtiger Vorgänge, Feststellungen, Mitteilungen und Regeln (67), die Modalverben **können, müssen, sollen** konkurrieren zum Ausdruck der Modalität mit modalen Infinitivkonstruktionen **sein + zu + Inf., haben + zu + Inf., lassen sich + Inf.** (71), Passivgefüge sind hoch frequent (75), ebenso das Funktionsverbgefüge (76), Adjektive finden sich vorwiegend in attributiver Stellung (82). Als Nebensätze werden bevorzugt Relativ- und Konjunktionalsätze verwendet (84).

Ergänzend lassen sich von Neubauer (1980 : 176), stellvertretend für viele andere Autoren, noch folgende besonders frequente Merkmale von Fachsprachen anführen: präpositionale Wortgruppen mit verbalsubstantivischem Kern und das Auftreten von erweiterten Adjektiv- und Partizipialattributen.

Aus der Untersuchung des Handelsblatt durch Piirainen/Airismäki (1987) lassen sich folgende für uns relevante Informationen entnehmen: die Präposition ist hinter dem Substantiv die zweithäufigste Wortart (58), sie stellt ein adverbiales, ein attributives und ein Objektverhältnis her (72), sie erfüllt eine wichtige Funktion als sprachstrukturelles Mittel und als Verbindungsglied von Bedeutungsträgern (82), das häufigste Satzmodell ist das des Verbs mit zwei obligatorischen Aktanten (248).

Mit der Aufzählung aller genannten syntaktischen Verbindungen erhalten wir so etwas wie eine Grobeinstellung für die Kollokationsermittlung in unserem Sprachmaterial. Die an dieses Material angepaßte Feineinstellung, werden wir in drei Etappen erreichen. Zunächst befragen wir einen erweiterten Valenzbegriff nach der Relevanz für unser Anliegen, danach werden wir anhand einiger Untersuchungen, die wir am Potonnier durchgeführt haben, relevante syntaktische Strukturen ermitteln und schließlich werden wir durch den Rückgriff auf eigenes Sprachmaterial diese Strukuren, zum Teil mit dem Potonnier kritisch kontrastierend, veranschaulichen und kommentieren.

Erweiterte Valenzmodelle

Eroms (1991 : 220) stellt folgende Überlegung an:

> Bei einer Radikalisierung des Valenzbegriffs, das heißt einer Ausdehnung auf alle Wörter, läßt sich sagen, daß der Wortschatz einer Sprache so angelegt ist, daß sich Wörter verketten und dadurch Syntagmen und Sätze bilden können. Ihre Fügungspotenzen machen sich dadurch bemerkbar, daß Leerstellen eröffnet werden, die durch Wörter oder Wörterketten anderer Wortklassen zu füllen sind.

Wir werden nicht nur beim Verb, sondern auch beim Substantiv (vgl. Sandberg 1982), dem Adjektiv und sogar der Präposition von Valenzeigenschaften ausgehen. Wir nehmen desweiteren, im Sinne von Eroms (1991 : 220f.), nicht nur die Leerstellenbesetzung, sondern auch die "Angabenkontrolle" als grundlegende Prinzipien der Wortverkettung an. Mit den Angaben betrifft die Valenz auch solche Wörter, die nicht Leerstellen besetzen. Sie müssen vielmehr einen "Filter" passieren, der ihre Zulässigkeit garantiert. Wir werden sehen, wie unerläßlich die Aufnahme solcher Angaben in unsere Kollokationsmuster ist, um eine angemessene Wiederspiegelung von Sach- und Handlungsstrukturen zu gewährleisten. Mit diesem erweiterten Valenzbegriff ist der Weg geebnet für die Einlösung der Forderung Storrers (1992 : z.B. 307) nach der Berücksichtigung des kompletten Rolleninventars. Storrer sagt dies zwar nur im Hinblick auf das Verb. Da jedoch auch Substantiv und Adjektiv in der Lage sind, potentielle Prädikate zu bilden (Gansel 1992 : 19), sehen wir keinen Grund, diese Forderung nicht auch auf diese Wortarten auszudehnen.

Von Lauterbach (1993 : 52) erfahren wir, daß ein solcher Valenzbegriff nicht nur ein syntaktischer sein kann, sondern in hohem Maße von semantischer Natur ist. Im Bereich des Substantivs, den er untersucht, unterscheidet er daher drei Valenzebenen: eine syntaktische, eine lexikalisch-semantische und eine logisch-semantische:

i) Die syntaktische Valenz ergibt sich aus syntaktischen Eigenschaften der zugrunde liegenden Verben oder Adjektive: **die Preise gehen zurück > der Rückgang der Preise.**
ii) Die lexikalische Valenz ergibt sich aus einer bei Abstrakta zu beobachtenden Notwendigkeit zur Behebung eines autosemantischen Defizits: **die Maßnahmen zur Reduzierung der Kosten.**

iii) Die semantisch-logische Valenz ergibt sich aus dem Bestehen z.B. possessiver oder Teil-Ganze-Verhältnisse: **der Vorsitzende des Aufsichtsrats**

Wir können sagen, daß dem Genitivattribut und dem Präpositionalattribut die Hauptrollen bei der Valenzstellenfüllung beim Substantiv zufallen.

Lauterbach (1993 : 172ff.) führt als dritte nominale Relation noch die Komposition auf und erklärt sie ebenfalls mit dem Valenzmodell. Wir werden uns jedoch im Rahmen der Kollokation nicht mit der Komposition beschäftigen, obwohl dies durchaus denkbar wäre. Wir bezweifeln, daß sich der relativ hohe theoretische Aufwand lexikographisch lohnt. Wir gehen von der Dominanz ihres Wortcharakters aus und fragen nicht explizit nach ihren internen syntaktisch-semantischen Verhältnissen, welche für den fremdsprachigen Benutzer in jedem Einzelfall ein hohes Maß an analytischen Einsichten erfordern. Wir halten die Präsentation der Komposita und jener syntaktischen Varianten, welche diese internen semantischen Relationen anschaulich machen, ganz einfach für erforderlich: **Kosteneinsparungsmaßnahmen > Maßnahmen zur Kosteneinsparung.**

Besondere Produktionspotenz satzartiger verbaler Kollokationen

Unser Bestreben, die in dem ausgewählten Kollokationsmaterial vorhanden Valenzen so zu füllen, daß sachsystematische Zusammenhänge in optimaler Weise in syntaktischen Strukturen anschaulich werden, hat besondere lexikographische Folgen für jene Kollokationen die ein verbales Prädikat besitzen.

Kromann (1985 : 352f.) weist darauf hin, wie sehr sorgfältig selektierte Beispiele Einsichten in richtige syntaktische Konstruktionen vermitteln und wie sehr sie wichtige semantische Indikatoren für die Besetzung der Satzglieder sein können. Er stellt also den für die Textproduktion so zentralen Zusammenhang zwischen Beispielen und Satzbauplänen her. Dieser Hinweis stellt die konsequente Realisierung der von Chmielewicz/Schweitzer (1984 : 228/229 Anm. 19) getroffenen Aussage dar, daß die Satzbaupläne im Deutschen eine explizitere Darbietung im aktiven Wörterbuch als im passiven erfordern. Es geht uns bei der hier angesprochenen Problematik um die Frage, ob es wirklich so ist, wie Bergenholtz/Tarp (1994 : 394) meinen. Daß nämlich die Fachlexikographie mit Vorteil zwischen Kollokationsangaben und Beispielen unterscheiden könne. Mit "mit Vorteil" kann wohl nur gemeint sein "mit Vorteil für den Benutzer". Wir verstehen die Behauptung in bezug auf die verbale Kollokation so, daß satzartige **(43)** und nicht-satzartige **(44)** Kollokationen aufgeführt werden sollen. Also etwa so:

(43) **Hohe Verluste sind bei der Krone AG aufgetreten,**

(44) **Verluste (sich ergeben aus, unter dem Strich stehen)**

Wir können in einer Kollokationsangabe des Typs **(44)** keine Benutzerfreundlichkeit entdecken und plädieren daher für den Typ **(43)**. Wir sehen unser Plädoyer für die satzartige Präsentation der verbalen Kollokation durch Piirainen/Airismäki (1987 : 199) unterstützt. Um die Mitspieler der Verben im Satz in Griff zu kriegen, genüge es nicht nur, die Valenz des Verbs zu bestimmen. Es sei dazu vielmehr unerläßlich, die Summe aller seiner syntaktischen und semantischen Kontexte, in denen es vorkommen kann, zu kennen. Wir meinen, daß nicht-satzartige Darstellungen von verbalen Kollokationen der von Piirainen/Airismäki zu Recht erhobenen Forderung nur ungenügend nachkommen können. Sie bleiben auf halbem Weg stehen und überlassen den fremdsprachigen Benutzer seinem Produktions-Schicksal.

Wir halten den -speicherbaren- Satz zur Erlangung produktiver Sprachfertigkeiten für das effektivste Lerninstrument. Cowie (1987 : 184, 192) spricht mit Recht von dem "discourse potential" des "sentence-based character of dictionary examples". Fenk-Oczlon (1983 : 43 ff., 54, 75) macht in ihrer kognitiv ausgerichteten Untersuchung darauf aufmerksam, in welch hohem Maße sog. Kernsatztypen als jeweils in sich geschlossene Aussagen erinnert werden und als sprachrhythmisch organisierte Intonations- und Sinnganzheiten fungieren, und wie sehr dabei Silbenzahlen perzeptionspsychologische Relevanz besitzen (die von ihr gemittelte Kernsatzlänge beträgt 6,48 Silben) (zur Bedeutung der Silbe als Produktionsbaustein des Sprechens, siehe Herrmann/Grabowski 1994 : 34f.).

Pechmann (1994 : 39) weist darauf hin, daß heute allgemein von der Silbe als Einheit der artikulatorischen Programmierung ausgegangen werde. Ebenso teilt er uns mit, daß es die Einheit der Sprachproduktion nicht gebe, daß vielmehr die Inkremente je nach Verarbeitungsstufe -konzeptuelle, syntaktische, artikulatorische- verschiedene Korngrößen haben. Wir schließen uns in dieser nicht einfach zu entscheidenden Grundsatzfrage der Sehweise von Fenk-Oczlon (1983) an. Mit der Bestimmung des Satzes als der idealen Produktionseinheit gehen wir -immer dann, wenn dies kollokativ möglich ist- bewußt über das Syntagma hinaus. Das wird also immer dann der Fall sein, wenn ein Verb vorhanden ist. Dahinter steht die Überlegung, daß der Aufbau eines Satzes besondere strukturelle Einsichten hinsichtlich der Verknüpfbarkeit einzelner Syntagmen erfordert. Wir sehen für den L_2-Benutzer die besondere Schwierigkeit, die funktionale Rolle einer sprachlichen Verbindung im Zusammenhang des gesamten Satzes zu klären (Pechmann 1994 : 121).

Wir kommen zu dem Schluß, daß die konsequente Zugrundelegung des Valenzmodells und die Berücksichtigung der mit den Kernsatztypen verbundenen Auswirkungen auf die Perzeption von Bedeutungseinheiten zu einem Verschwinden der infinitivischen bzw. nicht-satzartigen Präsentation von Verbkollokationen aus einem produktionsorientierten Wörterbuch führen muß. Das heißt nicht, daß wir dem Satzwörterbuch das Wort reden, dessen Artikel ausschließlich oder vornehmlich aus Einzelsätzen bestehen (Hausmann 1989_2 : 1051). Eine solche Befürchtung ist wegen des sehr reichhaltigen Materials der nominalen Kollokationen mit ihren variationsreichen ante- und postponierten Kollokatorelementen unbegründet.

4. Analyse von Kollokationsmustern im Potonnier

Prämissen des methodischen Vorgehens

In den weiteren Ausführungen werden wir häufig einen Blick in Potonnier D-F werfen. Dem Teil F-D werden wir erst bei der Beschäftigung mit Fragen der Äquivalenz im Teil C besondere Aufmerksamkeit schenken. Potonnier D-F wird uns wertvolle Hilfestellung bei der Durchführung eines methodischen Tests geben. Obwohl wir uns der Tatsache bewußt sind, daß dieses Wörterbuch nicht den Anspruch erheben kann, ein primär aktives, produktionsorientiertes Wörterbuch zu sein, daß es sich also primär als ein Hilfsmittel für Her-Übersetzungen verstehen muß, greifen wir auf es zurück. Aus dem Vorwort von Potonnier geht nichts über eine primär anvisierte Übersetzungsrichtung hervor. Es ist also anzunehmen, daß es den Anspruch erheben möchte, beiden Richtungen dienlich zu sein. Uns sind Aussagen von in der Abschlußprüfungspraxis tätigen und der französischen Sprache mächtigen Experten bekannt, nach denen sie Versuche aufgaben, in deutscher Sprache abgefaßte Prüfungsberichte mit Hilfe des Potonnier ins Französische zu übertragen. Dies allerdings nicht nur, weil dessen sprachliches Potential dafür nicht ausreichte, sondern auch und damit zusammenhängend, weil sich die aus Übersetzungsfehlern ergebenden rechtlichen Konsequenzen als zu gefährlich erwiesen. Wir müssen dennoch auf den Potonnier zurückgreifen, weil es kein besseres Deutsch-Französisches Fachwörterbuch zur Wirtschaftssprache auf dem deutschen Wörterbuchmarkt gibt.

Die daneben bekanntesten Wörterbücher von Boelcke/Straub/Thiele (1989) und Doucet/Fleck (1977) erreichen bei weitem -schon aus rein quantitativen Gründen- nicht die Leistungsfähigkeit des Potonnier. Dabei soll nicht übersehen werden, daß besonders Boelcke/Straub/Thiele durchaus über gewisse Vorzüge verfügt, z.B. die oftmals sorgfältige Erarbeitung von Komposita, die Einarbeitung von zeitungssprachlichem Material.
Da es also kein besseres Vergleichsobjekt als den Potonnier gibt, bedienen wir uns seiner, um ihn unter dem Blickwinkel unseres Konzeptes zu betrachten und zu beurteilen.

Es geht uns nicht um eine pauschale Kritik am Potonnier. Die wäre seiner Qualität nicht angemessen. Es geht uns darum, auf Stellen hinzuweisen, an denen sich Verbesserungsmöglichkeiten im Hinblick auf die Konzeption eines aktiven Wörterbuchs auftun. Unsere Perspektive ist die des frankophonen Benutzers, der sich schon über einen muttersprachlichen, d.h. französischsprachigen Index und das beigefügte Äquivalent an den Artikel des deutschen Lemmas herangearbeitet hat.

Im Vorgriff auf die an anderer Stelle erfolgende eingehende Beschäftigung mit dem Index (siehe die Seiten 262ff.) sei hier zum besseren Verständnis schon folgendes gesagt: Wir gehen von der grundlegenden Annahme aus, daß es für die Entwicklung produktiver Fähigkeiten im L_2-Medium günstiger ist, den Benutzer auf kürzestem Wege in das System der L_2-Sprache zu befördern (vgl. Schneider 1993 : 22f.). Wir betrachten also den muttersprachlichen Index als eine Art "konzeptuelles Trampolin". Wenn sich der Benutzer einmal im L_2-Medium befindet, kann der Sprachproduktionsprozeß durch stabilisierende, kontrollierende herübersetzende Rückbezüge auf die Muttersprache gefördert werden (vgl. Mugdan 1992 : 21; Butzkamm : 28, 30, 53ff.). Dazu ist nicht die völlige Übersetzung des deutschen Sprachmaterials notwendig. Lediglich an schwierigen Passagen können muttersprachliche Stabilisatoren für den Benutzer (siehe die Seiten 322ff.) eingebaut werden. In welchem Ausmaß der Lexikograph von diesen "Rettungsankern" Gebrauch macht, hängt letzlich von der von ihm zugrunde gelegten fremdsprachlichen Kompetenz des Benutzers ab. Sie können also im Extremfall gegen Null tendieren.

4.1 Substantivlemma

Schauen wir nun in den Potonnier, um Aufschlüsse über die von ihm verwendeten Kollokationsmuster zu gewinnen. Da für dieses Wörterbuch allgemein gilt, daß nur eine relativ geringe Zahl von Lemmata in ihrem Kollokationspotential angemessen ausgeschöpft wird, ist es notwendig, für unsere Untersuchung solche günstigen Fälle ausfindig zu machen. Wir beschränken uns zunächst auf das Substantivlemma.

Abschreibung, Aktie, Anleihe, Kosten, Preis

Wir haben in den Artikeln von **Abschreibung, Aktie, Anleihe Kosten** und **Preis** nachgeschaut. Es versteht sich, daß es sich dabei um ganz zentrale wirtschaftssprachliche Begriffe handelt.

Verwendete Abkürzungen:
Sn = Substantiv im Nominativ
V = Verb
pO = Präpositionalobjekt
pS = präpositionale Wortgruppe außer Präpositionalobjekt
Sa = Substantiv im Akkusativ
S + S = Substantiv-Kompositum
Adj = Adjektiv bzw. Adjektivadverb
Sg = Substantiv im Genitiv

Wir haben folgende Kollokationsmuster ermittelt:

Verbale Kollokationen:

Sn + V: **die Preise sinken**
Sn + V: **die Preise bröckeln ab**
Sn + V + pO: **die Kosten belaufen sich auf**
Sn + V + pS: **die Preise sind um 3% gesunken**
Sa + V: **eine Anleihe auflegen**
Adj + Sa + V: **unnötige Kosten abbauen**
(S_{Lemma} + S)a + V: **das Aktienkapital zeichnen**

pO + V: **auf eine Anleihe zurückgreifen**
Adj + pO + V: **an feste Preise gebunden sein**
Sa + Adj + V: **eine Anleihe öffentlich ausschreiben**
Sa + pS + V: **eine Anleihe zur Zeichnung auflegen**
Sa + pS + V: **eine Anleihe auf den Markt bringen**
Sa + pS + Adj + V: **die (variablen) Kosten aus den Gesamtkosten rechnerisch isolieren**
Sa + pS+ pS + Sg + Adj + pS + V: **eine Anleihe in zehn Jahren durch Auslosung einer Serie jährlich zum Nennwert tilgen**
Sa + Sg (Lemma) + V: **die Zulassung einer Aktie beantragen**
Sa + pS (Lemma) + V: **einen Einschuß auf Aktien leisten**
Sa + p(S_{Lemma} + S) + V: **Sachwerte auf das Aktienkapital einbringen**

Nominale Kollokationen:

Adj + Sn: **aktive Abschreibung**
p(Adj)S: **zum halben Preis**
Attribut Partperf + Sn: **abgesonderte Abschreibung**
Komplex Attribut Partperf + Sn: **gegen Barzahlung ausgegebene Aktie**
Attribut Partpräs + Sn: **abfallende Abschreibung**
Attribut Gerundivum + Sn: **auszumachender Preis**
Komplex Attribut Partpräs + Sn: **auf den Inhaber lautende Aktie**
Sn + pS: **Abschreibung für Abnutzung**
Sn + pS: **Aktie mit Gewinnberechtigung**
Sn + Sg_{Lemma}: **Beschleunigung der Abschreibungen**
Sn + Sg_{Lemma}: **Abschwächung der Aktien**
Sn + Sg_{Lemma}: **Höhe der Anleihe**
Sn_{Lemma} + Adj + Sg: **Anleihe der öffentlichen Hand**
Sn + Adj + (S_{Lemma} + S)g: **Erlegung des vollen Aktienbetrags**
Sn + pS_{Lemma}: **Rückstellung für Abschreibungen**
Sn + Adj + pS_{Lemma}: **Bezugsrecht für eine neue Aktie**
Adj + Sn + Sg_{Lemma}: **innerer Wert einer Aktie**
Sn + Partpräs: **Preis freibleibend**
Sn + Relativsatz: **Aufwendungen, die nicht zu den Kosten zählen**

Stark variierende Ausschöpfung der Kollokationspotentiale

Unsere Suche nach Kollokationsmustern im Potonnier hat sich durchaus gelohnt. In der Tat muß man dem Wörterbuch eine respektable Reichhaltigkeit von Kollokationsmustern bescheinigen. Die Aussagekraft dieses Urteils ist aber relativ gering, und zwar aus folgenden keinen Anspruch auf Vollständigkeit erhebenden Gründen:

i) Die Ermittlung der Kollokationsmuster beruht auf einer Synopse von Artikeln, die bewußt im Hinblick auf ihr reiches Kollokationspotential ausgesucht wurden.

Schaut man z.B. bei einem sicher nicht mit geringem Kollokationspotential ausgestatteten Lemma wie **Anlage** nach, so fällt das große Mißverhältnis zwischen großer Polysemie (11 Bedeutungsdifferenzierungen) und der äußerst schwachen Berücksichtigung von Kollokationen auf. Verbkollokatoren fehlen völlig und die anteponierten Attribute beziehen sich lediglich auf zwei dieser 11 Bedeutungen ('Sachanlagen' und 'Geldanlage').

ii) Bei einem Vergleich des Artikelaufbaus von **Abschreibung** und **Anleihe** fällt auf, daß bei **Abschreibung** 6 verschiedene Kollokationsmuster in einem Artikel zusammengefaßt sind. Bei **Anleihe** dagegen werden hierfür 4 getrennte Artkel angelegt. Ein geringeres Kollokationspotential von **Abschreibung** kann für diese Beobachtung nur schwerlich angeführt werden. Es fällt vielmehr auf, daß dessen Kollokationspotential nur gering ausgeschöpft ist (s. Analyse weiter unten).

iii) Im Artikel von **Kosten** z.B. fällt auf, daß die Kollokationsstruktur **Sn + Sg** (z.B. **Berechnung der Kosten**) nicht erscheint, es erscheint (an deren Stelle?) nur die Struktur **S + S** (**Kostenberechnung**). Es gibt also offenbar eine Konkurrenz zwischen diesen beiden Kollokationstypen.

Die drei angeführten sicherlich vermehrbaren Gründe sollen lediglich verdeutlichen, daß qualifizierte Aussagen zur Kollokationsqualität eines Wörterbuchs nur dann möglich sind, wenn man Vergleiche herstellt.

Vergleichende Gegenüberstellung des Artikels **Abschreibung**

Zur vergleichenden Analyse ziehen wir Kollokationen zum Lemma **Abschreibung** heran, die wir aus der eigenen Selektionstätigkeit gewonnen haben. Im wesentlichen nehmen wir auf das Korpus vii) 'Bilanzrichtliniengesetz Bezug. Wir stellen diesen Kollokationen die im Potonnier vorhandenen gegenüber:

EIGENE SELEKTION	POTONNIER
Sn + V	
Abschreibungen sind angefallen/entsprechen 124 v.H. der Zugänge/kommen für die Handelsbilanz in Betracht/ sind handelsrechtlich zulässig/haben um 10 Millionen DM zugenommen	nicht vorhanden
Sa + V	
Abschreibungen ausweisen/beibehalten/eliminieren/erfassen/korrigieren/tätigen/vornehmen/wiederzuschreiben	Abschreibungen vornehmen
Sa (Lemma) + pS/Adj + V	
Abschreibungen aktivisch absetzen/passivisch in die	Abschreibungen für Abnutzung/auf Baulichkeiten/für

Position Sonderposten mit Rücklageanteil einstellen; Abschreibungen im Anhang angeben; Abschreibungen aufgrund des Niederstwertprinzips durchführen; Abschreibungen bei einer Position vermerken; Abschreibungen auf die Geschäftsjahre, in denen der Firmenwert genutzt wird/über die Laufzeit der Verbindlichkeit/über eine betriebsgewöhnliche Nutzungsdauer von 15 Jahren verteilen; Abschreibungen im Bereich des Anlagevermögens/ in der Gewinn- und Verlustrechnung /in Höhe von .../über vier Jahre/auf den Vermögensgegenstand/bei Vermögensgegenständen/ auf den niedrigeren Wert vornehmen, den aktivierten Geschäftswert jährlich mit 25% durch Abschreibungen tilgen

Forderungsverluste/ von Materialabgängen / für Substanzverringerung / für Wertminderung

S (Lemma) + pS

Abschreibungen auf Abgänge des laufenden Geschäftsjahres/auf aktivierte Aufwendungen für die Ingangsetzung und Erweiterung des Geschäftsbebetriebs/ auf den derivativen Geschäfts- oder Firmenwert/auf den niedrigeren am Abschlußstichtag beizulegenden Wert/auf den sich aus einem Börsen- oder Marktpreis ergebenden Wert/auf ein aktiviertes Agio/ auf einen niedrigeren steuerlich zulässigen Wert/auf Finanzanlagen und auf Wertpapiere des Umlaufvermögens/auf Forderungen, sofern sie den üblichen Rahmen nicht überschreiten/auf immaterielle Vermögensgegenstände/auf Sachanlagen/auf Vermögensgegenstände des Umlaufvermögens, soweit diese die in der Kapitalgesellschaft üblichen Abschreibungen überschreiten, Abschreibungen für Vermögensgegenstände des Umlaufvermögens zur Vorwegnahme zukünftiger Wertschwankungen/Abschreibungen im Rahmen vernünftiger kaufmännischer Beurteilung, Abschreibungen zum Ausgleich künftiger Wertschwan-kungen/zur Verhinderung von zukünftigen Änderungen des Wertansatzes. hohe Abschreibungen als Folge der bisherigen Investitionsvorhaben.

nicht vorhanden

Anteponiertes Attribut + Sn

aufgelaufene/außerplanmäßige/höhere/sofortige Abschreibungen

viele aufgeführt. z.B. abfallende / abgesonderte / aktive / ansteigende / außerordentliche / bilanzmäßige A. etc.

Komplexes anteponiertes Attribut + Sn

die bisher aufgelaufenen Abschreibungen, außerplanmäßige handelsrechtliche/(rein) steurrechtlich bedingte/ steuerrechtlich zulässige Abschreibungen

nicht vorhanden

Sn + Sg (Lemma)

ein Anstieg der Abschreibungen durch höhere Investitionen; der Ausweis steuerlich bedingter Abschreibungen; die Beibehaltung steuerrechtlich bedingter Abschreibungen; die Vornahme einer Abschreibung. die Beträge der Abschreibung	nicht vorhanden

Sn (Lemma) + Sg

Abschreibungen des Geschäftsjahres/des Goodwill/der für die Erstellung der verkauften Güter verwendeten Sachanlagen	Abschreibung der Betriebsmittel

Auswertung der Gegenüberstellung

Gut vertreten sind im Potonnier die nicht von uns aufgeführten Kompositionsstrukturen des Typs **Mindestabschreibung** und **Abschreibungsmethode.** Wir kommen aus der Gegenüberstellung zu folgenden Erkenntnissen. Wir verstehen sie als Aussagen über Tendenzen der lexikographischen Darstellung im Potonnier, von denen das Lemma **Abschreibung** exemplarisch zeugt:

i) Die im Potonnier unter dem Lemma **Abschreibung** nicht vorhandene Struktur **Sn + V** ist ein relativ hartes Indiz für eine in diesem Wörterbuch unzureichende Behandlung. Wir werden dies in weiteren Tests nachweisen.

ii) An der Darstellung der **Sa + V**-Struktur (**Abschreibungen vornehmen**) im Potonnier erstaunt, daß nur eine Kollokation vorhanden ist. Immerhin ist aber mit dem semantisch armen Verb **vornehmen** ein äußerst multifunktionales Verb angegeben. Bei vielen substantivischen Lemmata könnte die anzutreffende verbale Kollokationslosigkeit durch die Angabe dieses Typs von Verb behoben werden. Zwar gilt im allgemeinen, daß diese Struktur bei den Substantivlemmata, die insgesamt relativ gut kollokativ bearbeitet sind, auch recht gut vertreten ist. Dennoch ist auch schon bei dieser zahlenmäßig begrenzten Gruppe, mehr aber noch bei den Substantivlemmata, die einen weniger zentralen Platz innerhalb der Wirtschaftssprache einehmen, eine oftmals erstaunlich Karenz von Verbkollokationen festzustellen. In nicht seltenen Fällen tritt diese dadurch besonders hervor, daß ein ungewöhnliches Mißverhältnis zur meist quantitativ gut erfaßten Struktur **anteponiertes Attribut** empfunden wird (z.B. **Firma, Güter, Kauf, Qualität, Verpfändung, Vernehmung, Vermittlung, Verlust** (!!), **Verletzung [Verstoß], Verlautbarung, Verknappung, Verkauf, Vergehen** u.v.m.). Die geringe Anzahl von Verbkollokatoren bei **Abschreibung** kann auch als Indiz dafür angesehen werden, daß Potonnier bei etwas spezielleren Begriffen, zu denen wir dann auch **Abschreibung** rechnen müßten, mehr aber noch bei stärker spezialisierten Termini nur sehr wenige oder keine Verbkollokatoren angibt. Ein Blick in die Artikel solcher Termini, z.B. aus der Kostenrechnung, bestätigt diese Vermutung: **Betriebsabrechnungsbogen, Betriebsvergleich, Hauptkostenstelle, Kostenträger,** etc. er-

scheinen ohne jeden Verbkollokator. Das berechtigt zu der Frage, welche fachsprachliche Handlungsfähigkeit ein solches Wörterbuch für speziellere Bereiche vermitteln kann, also etwa für den Bereich des Rechnungswesens in solchen wichtigen unternehmerischen Teilbereichen wie Bilanzierung, Kostenrechnung, Finanzplanung, Controlling?
Zusammenfassend sei gesagt, daß wir die Indikatoren, die wir hier für eine gewisse Karenz von Verbkollokatoren der Struktur **Sa + V** bei bestimmten Substantivlemmata anführten, eher als weich betrachten.

iii) Die geringe Ausschöpfung der Struktur **Sa + pS/Adj + (V)** durch Potonnier darf dagegen als ein relativ hartes Indiz für eine generell unzureichende Behandlung dieses Kollokationsmusters angesehen werden. Auf einen besonderen Typ nachgestellten 'Attributs' im Potonnier muß hingewiesen werden, z.B. degressive Abschreibungen (mit jährlich fallenden Abschreibungsquoten). Selbstverständlich handelt es sich der Intention des Wörterbuchs zufolge in der Klammer um eine enzyklopädische Glosse. Wir haben jedoch große Bedenken, ob der fremdsprachige Benutzer den hier verlangten Perspektivenwechsel von der objekt- zur metasprachlichen Ebene problemlos durchführt. Die syntaktische Passung und das in beiden Teilen gleiche Schriftbild erleichtern ihm diese Aufgabe sicherlich nicht. Da es sich hier um ein Problem handelt, das auch bei anderen Kollokationstypen auftaucht, werden wir uns ihm noch eingehender widmen müssen (siehe die Seiten 148ff.). Die Struktur **S + pS** unterscheidet sich von der Struktur **S + pS/Adj + V** lediglich dadurch, daß sie verblos dargestellt ist. Die präpositionalen Wortgruppen haben alle attributiven Charakter. Das ist in dem Moment, in dem ein Verb erscheint, nicht mehr in allen Fällen eindeutig zu entscheiden. Es entsteht dann das "grammatische" Problem, ob man es mit einem adverbialen oder einem attributiven Element zu tun hat. Computerfreundlicher, d.h. selektionsleichter, ist auf alle Fälle die evidente attributive Struktur. Schwieriger wird es, wenn man das Verb auch in das Gesichtsfeld der Selektion einbezieht. Nur dann wird man eine Kollokation wie die folgende erfassen: **eine Abschreibung über die Laufzeit der Verbindlichkeit verteilen.** Es dürfte kein Zufall sein, daß man selbst im Hamblock/Wessels, der auf der Grundlage eines vollelektronisierten Korpus erstellt wurde, diesen Kollokationstypus unter **Abschreibung** nicht findet. Und das, obwohl er immerhin 34 Verbindungen mit (attributiven) präpositionalen Wortgruppen verzeichnet. Grundsätzlich gilt, daß die Erfassung von Kollokationen immer dann eine "intelligentere" Form der Selektion verlangt, wenn das Verb als "Steuerungszentrale" des Satzes mitberücksicht wird. Eine gewisse Relevanz für die lexikographische Darstellung bekommt die nachgestellte präpositionale Wortgruppe noch in dem Moment, in dem man entscheiden muß, ob man der Struktur **S + pS** den Status eines Terminus geben soll oder nicht. Die von uns selektierte Kollokation **Abschreibungen als Folge der bisherigen Investitionsvorhaben** lenkt unsere Aufmerksamkeit auf die wichtige Rolle der sog. sekundären Präpositionen (siehe Seite 183). Im Potonnier finden sie praktisch keine Verwendung. Sie haben jedoch in einem aktiven Kontext-Fachwörterbuch, in dem auch Handlungskontexte mit Ursache-Wirkungs-Relationen eine große Bedeutung haben, eine wichtige Aufgabe zu erfüllen.

iv) Bei der Struktur **anteponiertes Attribut + S** springt deren ausgiebige Behandlung durch Potonnier ins Auge. Auch dies darf als hartes Indiz gewertet werden. Wir sind der Meinung, daß es sich bei dieser Struktur um die selektionsleichteste Kollokationsstruktur handelt. Vermutlich darf hierin der wesentliche Grund für ihre ausgiebige Berücksichtigung gesehen werden.

v) Die Struktur **komplexes anteponiertes Attribut + S** tritt zwar im Potonnier auf, sie dürfte aber in viel zu geringem Maße ausgeschöpft sein. Da diese Struktur wesentlich an der terminolgischen Präzisionsregulierung beteiligt ist, ist dies ein Nachteil.

vi) Die beiden letzten untersuchten Strukturen **S + Sg(Lemma)** und **S(Lemma) + Sg** zeichnen sich durch das nachgestellte Genitivattribut aus. Im Hinblick auf Potonnier ist hierbei die noch zu untersuchende Frage interessant, in welchem Maße bei den Verbalsubstantiven, aber auch bei substantivierten Adjektiven, eine solche Überführung aus den jeweils zugrunde liegenden Wortarten erfolgt. Diese Struktur sollte zudem die Aufmerksamkeit auf die Frage lenken, inwieweit die Genitivstruktur noch in komplexere präpositionale Gefüge eingebettet ist. Solche komplexen Gebilde haben große Bedeutung für die kollokative Erfassung unseres Sprachmaterials.

4.2 Die verbale Kollokation

Wir fahren nun in unserem Unternehmen fort, aus der Analyse von Kollokationen im Potonnier relevante Kriterien für die Bestimmung von Kollokationsmustern zu ermitteln. Hierbei wurde schon mehrfach auf die zentrale Rolle des Verbs hingewiesen.

Von 2296 Substantiven 76 mit Verbkollokatoren

Wir haben daher im Buchstaben E des genannten Wörterbuchs zunächst alle Substantive im Hinblick auf die mit ihnen verbundenen Verbkollokatoren untersucht, sodann haben wir das gleiche mit allen Verben im Hinblick auf die bei ihnen aufgeführten Substantive gemacht. Im Buchstaben E befinden sich 2296 (lemmatisierte und sublemmatisierte) Substantive. Davon sind 76 (!) mit Verbkollokatoren versehen, das entspricht 3,3%. Wir geben nur einige (leider wenig fachspezifische) Beispiele von verblos aufgeführten Substantivlemmata. Dahinter sind jene Verbkollokatoren angegeben, die uns spontan eingefallen sind:

Ehebruch > begehen
Ehescheidung > beantragen
Ehestand > in den Ehestand treten

Ehrensache > ... ist eine Ehrensache
Eignung > feststellen
Einschaltquote > die Einschaltquote beträgt ..., etc.

In den Artikeln der 76 Substantivlemmata sind insgesamt 158 verbale Kollokationen aufgeführt, das entspricht 2,1 pro Substantiv. Wir erhalten damit eine erste Erklärung für die von uns weiter oben gemachte Aussage über eine teilweise erstaunliche "Karenz von verbalen Kollokationen". Allerdings werden wir dieses Ergebnis noch zu differenzieren haben, da die besondere Rolle von als Grundwörtern fungierenden Substantiven berücksichtigt werden muß.

Vernachlässigte Sn + V - Struktur

Wir haben dann 22 der 76 Substantive einer noch eingehenderen Analyse unterzogen. Wir wollten wissen, welche Verbstrukturen erfaßt sind und in welchem Umfang diese jeweils auftreten. Die Anzahl der unter diesen Substantivlemmata aufge-führten Verbkollokationen beträgt 60. Diese verteilen sich wie folgt auf die nach-stehenden syntaktischen Strukturen:
Zeichenerläuterung:
Sd = Substantiv im Dativ
Snp = Substantiv im Nominativ als Prädikativ

1.	**Sa + V (das Einkommen besteuern):**	35
2.	**Sa + pS/Adj + V (Effekten bei einer Bank deponieren)**	7
3.	**pS/Adj + V (unter Eid aussagen)**	5
4.	**pO + V (über ein Einkommen verfügen)**	5
5.	**Sd + Sa + V (einer Ware Eingang verschaffen)**	2
6.	**Formel (Eingang vorbehalten)**	2
7.	**als Sn + V (als Eigentümer besitzen)**	1
8.	**Sa + Sg + V (jn seines Eides entbinden)**	1
10.	**Snp + sein (Eigenbesitzer sein)**	1
11.	**Sn + V (das Eigentum geht auf den Erwerber über)**	1

Für signifikant halten wir an dieser Aufstellung zwei Ergebnisse. Die hohe Anzahl der **Sa + V**-Kollokationen dürfte die tatsächliche hohe Frequenz dieser Verbstruktur widerspiegeln. Dies dürfte jedoch für die **Sn + V**-Kollokation nicht zutreffen. Wir sehen uns vielmehr bestätigt in der weiter oben im Zusammenhang mit der Analyse von **Abschreibung** geäußerten Vermutung, daß diese syntaktische Struktur im Potonnier unterrepräsentiert ist. Dies gilt auch unter Berücksichtigung der Tatsache, daß diese Struktur -die Rede ist nur von dem intransitiven Verb- bei weitem nicht die Frequenz der transitiven Struktur aufweist.

Hier tritt nun aber ein Aspekt auf, der die Rolle der Subjektvalenz generell betrifft. Wir haben es ja bei allen vorgenannten infinitivischen Strukturen mit syntaktischen Mustern zu tun, die man um die Subjektstelle verkürzt hat. So gesehen würde sich eine nicht nur auf das intransitive Verb fixierte **Sn + V**-Struktur um ein Vielfaches vermehren, wenn man die Subjektstelle in den obigen Mustern füllen würde. Wir werden sehen, daß in vielen Fällen die Vernachlässigung der Subjektstelle zu nicht akzeptablen infinitivischen Reduktionsformen sowohl in sprachformaler als auch in sachlicher Hinsicht führt. Nehmen wir etwa **um 73 Millionen über den Investitionen liegen**. Das ist deshalb nicht akzeptabel, weil ein so zentraler sachlicher Zusammenhang wie der zwischen **Abschreibungen** und **Investitionen** kollokativ nicht dargestellt wird. Die entsprechende Kollokation muß daher lauten **Die Abschreibungen lagen (um 73 Millionen) über den Investitionen.** Die Subjektstelle muß also gefüllt sein. Hier wird deutlich, daß eine Kollokation unbedingt als ein semantisch zu definierendes Gebilde zu betrachten ist, bei dem sachliche Zusammenhänge eine zentrale Rolle spielen.

Unproduktive Substantivbasen bei Verblemmata

In einem zweiten Durchgang durch den Buchstaben E des Potonnier haben wir uns auf die Verblemmata konzentriert. Von den insgesamt vorhandenen 298 Verben erscheinen nur 127 mit irgendeiner Form von Kontext, von dem Rest ist nur die Infinitivform angegeben. Von den 127 wurden 25 Verblemmata eingehend analysiert. Bei diesen erscheinen 41 Substantive in Form von Glossen bzw. als Elemente von Glossen. 51 Substantive werden im Rahmen von Beispielen aufgeführt. Von den glossierten 41 Substantiven erscheint bei 34 der jeweilige Verbkollokator nicht mehr, wenn man unter dem entsprechenden lemmatisierten Substantiv nachschaut. Von dem von den Verblemmata zu den Substantivlemmata zu beobachtenden Verlust des Verbs bzw. des Verbkollokators sind offenbar jene Verben besonders stark betroffen, deren substantivische Kollokationsbasis beim Verblemma als Subjekt fungiert. Wir erhalten hier eine Teilerklärung für die weiter oben festgestellte Karenz der Subjektvalenz beim Substantivlemma. Von den 51 innerhalb von Beispielen erwähnten Substantiven erscheint dagegen nur bei 16 der jeweilige Verbkollokator nicht mehr, wenn man unter dem entsprechenden lemmatisierten Substantivlemma nachschaut.

Insgesamt können wir dennoch festhalten, daß bei Verben eine relativ große Anzahl substantivischer Basen vorhanden ist. Sie "schlummern" aber beim Verblemmata, da sie einer Produktion weitgehend entzogen sein dürften. Der Zugriff über das Verb ist, wie wir schon an anderer Stelle betont haben, wenig wahrscheinlich. Der festgestellte "Verbverlust" unter den Substantivlemmata vermindert zudem die (zwar latent vorhandene, aber schwer aktivierbare) Produktionskapazität des Potonnier. Wir möchten zu dem hier beschriebenen Sachverhalt die folgende Hypothese formulieren:

> Die Glossierung eines Verblemmas mit Substantiven wird durch das in Verben vorhandene geschehenstypische Potential erleichtert. Diese lexikographische Arbeit ist bei entsprechender Fachkompetenz auch ohne Rückgriff auf Belegmaterial möglich. Der festgestellte Verlust des Verbs insbesondere bei jenen lemmatisierten Substantiven, die bei einem Verb als Glossen auftreten, könnte darin seine Erklärung finden, daß die glossierte Verbindung nicht in gleichem Maße belegt und damit fixiert ist wie die syntaktisch ausgeführten Verbindungen.

60% der substantivischen Grundwörter ohne Verbkollokator

In einem weiteren Durchgang durch den Buchstaben E sahen wir uns jene 99 Substantivlemmata, denen die Eigenschaft eines Grundwortes zukommt, genauer an. Also z.B. **Effekten, Eid, Eigentum, Eigentümer, Einfuhr, Eingang, Einheit, Einkommen, etc.** Wir gingen von der Annahme aus, daß diese Grundwörter in besonderem Maße mit Verbkollokatoren versehen sein sollten, um als Kollokatorlieferanten für die jeweiligen Determinativkomposita dienen zu können. Dabei war uns klar, daß sich keine grundlegend neuen Erkenntnisse ergeben konnten, weil die ermittelte Zahl 99 noch über der oben genannten Zahl 78 liegt, welche die Substantive angibt, die Verbkollokatoren bei sich führen. Es mußten demnach in jedem Fall Grundwörter ohne Verbkollokatoren vorhanden sein. In der Tat stellten wir fest, daß von den 99 Grundwörtern 60 ohne Verbkollokator sind, das sind 6o,6%. 16 erscheinen mit einem Verbkollokator. Damit erreicht man 76,7 % der Grundwörter im Buchstaben E, für die gilt, daß sie mit keinem bzw. einem Verbkollokator versorgt sind. Von einer angemessenen Versorgung mit Verbkollokatoren kann lediglich bei 9 Substantiven (der 99) gesprochen werden: **Effekten (7), Ehe (6), Eid (15), Eigentum (9), Einkommen (5), Entschädigung (8), Entscheidung (11), Erklärung (7), Ersatz (7).** Das für die Grundwörter ernüchternde Ergebnis, ist noch kritischer zu beurteilen, wenn man sich vor Augen hält, daß von diesen auf 713 Determinativkomposita verwiesen wird.
Davon sind lediglich 160 ausreichend kollokativ versorgt, da sie die Determinativa zu den genannten 9 Grundwörtern darstellen. Für die restlichen 553 kann man davon ausgehen, daß die Wahrscheinlichkeit, eine ausreichende Anzahl von Verbkollokatoren anzutreffen, noch um einiges geringer als im Falle der Grundwörter ist.

Unterschiedliche Verträglichkeitsbedingungen für Grundwort und Kompositum

Hinweisen möchten wir noch auf eine spezielle Problematik, die mit der Annahme verbunden ist, daß die bei dem Basiswort angegebenen (Verb)Kollokatoren auch für das Determinativum gelten. Das gilt eben nicht durchgängig. In der Folge führen wir einige im Buchstaben E des Potonnier entdeckte (teilweise fachunspezifische) Fälle auf, wo eine mehr oder wenige starke Unverträglichkeit zwischen dem beim Grundwort angegebenen Verbkollokator und dem Determinativum vorliegt:

die Ehe brechen > +die Mischehe brechen
unter Eid aussagen > +unter Amtseid aussagen
einen Eid brechen > +einen Falscheid/Meineid/Offenbarungseid brechen
jdn seines Eides entbinden > +jdn seines Falscheides/Meineids/Offenbarungseids entbinden
ein Einkommen beziehen > +ein Volkseinkommen beziehen
sein Einkommen angeben > +sein Volkseinkommen angeben
gegen eine Entscheidung Berufung einlegen > +gegen eine Vorentscheidung Berufung einlegen
etwas zur Entscheidung stellen > +etwas zur Staatsangehörigkeitsentscheidung stellen

Auch wenn man annimmt, daß das Fachwissen des fremdsprachigen Wörterbuchbenutzers solche in der Regel semischen Unverträglichkeiten nicht produziert, so gilt dennoch, daß es nicht auszuschließen ist. Daher muß bei der Kollokatorversorgung der Grundwörter auf diesen Aspekt geachtet werden.

Verbalsubstantive ohne Verbkollokatoren

Eine weitere Auffälligkeit stellten wir bei näherer Betrachtung der im Buchstaben E erscheinenden lemmatisierten Verbalsubstantive fest. Sie stellen eine Teilmenge (22) der 99 Grundwörter dar. Sie sind so gut wie nicht mit Verbkollokatoren versehen, z.B. **Einlösung, Einschränkung, Einstufung, Eintragung, Einteilung, Entnahme, Entlohnung, Entwertung, Entwicklung, etc.** Einerseits hat dies einen objektiven Grund darin, daß das Verbalsubstantiv in der Regel die Verbindung mit einer begrenzten Anzahl semantisch armer bzw. bedeutungsweiter Verben präferiert. Das verbale Kollokationspotential ist also beschränkt. Andererseits könnte aber die kollokative Unterversorgung sehr schnell durch die Angabe von Verben des Typs **vornehmen, tätigen, durchführen** behoben werden.

Viele Verben ohne Valenzangaben

Wir haben uns schließlich noch die Verblemmata unter dem Aspekt angeschaut, wie sie mit Angaben zur Valenz ausgestattet sind. Unübersehbar ist die hohe Anzahl jener Verben, die ohne irgendeine solche Angabe erscheinen. Hierzu einige Beispiele, dahinter erscheinen jeweils von uns hinzugefügte Angaben zur Valenz:

einmischen (sich) > jd mischt sich in etwas (Akkusativ) ein
einmünden > etwas mündet in etwas (Akkusativ) ein
einspringen > jd springt für jdn ein
eintauschen > jd tauscht etwas (Akkusativ) gegen etwas (Akkusativ) ein
einteilen > jd teilt jdn/etwas in etwas (Akkusativ) ein
einwechseln > jd wechselt etwas (Akkusativ) in etwas (Akkusativ) ein
einwenden > jd wendet etwas (Akkusativ) gegen etwas/jdn ein
einwirken > jd/etwas wirkt auf jdn/etwas ein, u.v.m.

Nominalisierungstransformationen von Verbkollokatoren

Wir haben den Potonnier einer Analyse unterzogen, die uns Aufschlüsse über die lexikographische Darstellung der folgenden Zusammenhänge geben sollte:

a) **eine Forderung abschreiben > die Abschreibung der Forderung > die Forderungsabschreibung**

b) **eine Forderung ist fällig > die Fälligkeit der Forderung > die Forderungsfälligkeit**

Die Untersuchung wurde an den Substantivlemmata **Forderung** und **Steuer** durchgeführt. Die folgende dreispaltige Gegenüberstellung soll die zwischen den drei Strukturen ermittelten Zusammenhänge veranschaulichen:

a) **FORDERUNG/FORDERUNGEN (F)**

F abschreiben	>	-	>	F.sabschreibung
F abtreten	>	Abtretung einer F	>	F.sabtretung
F anerkennen	>	-	>	F.sanerkennung
-	>	Anfechtung einer F	>	F.sanfechtung
F anmelden	>	Anmeldung einer F	>	F.sanmeldung
F aufrechnen	>	-	>	-
-	>	-	>	F.sauswechslung
F beanstanden	>	-	>	-
F befriedigen	>	-	>	-
F begründen	>	-	>	-
F bestreiten	>	-	>	-
F durchsetzen	>	Durchsetzung einer F	>	-
F einklagen	>	-	>	-
F ... eintragen	>	-	>	-
F eintreiben	>	-	>	-
F einziehen	>	Einziehung einer F	>	F.seinziehung
-	>	-	>	F.serdichtung
-	>	Erfüllung einer F	>	-
F ... festsetzen	>	-	>	-
F... geltend machen	>	-	>	-
-	>	-	>	F.skauf
-	>	Löschung einer F	>	F.slöschung
-	>	-	>	F.snachweis
-	>	Pfändung einer F	>	F.spfändung
F prüfen	>	-	>	F.sprüfung
-	>	Sicherung einer F	>	F.ssicherung
F stellen	>	-	>	-
-	>	Tilgung einer F	>	-
-	>	Übernahme einer F	>	F.sübernahme
F übertragen	>	Übertragung einer F	>	F.sübertragung
F verpfänden	>	Verpfändung einer F	>	F.sverpfändung

Unsystematische Transformation

Wir stellen fest, daß von den 20 aufgeführten Verbkollokatoren lediglich 5 sowohl in eine genitivische Struktur als head-Verbalsubstantiv als auch in ein Kompositum als Grundwort eingehen. Wir sehen uns nicht in der Lage, hierfür eine plausible Erklärung zu liefern. Das gelingt uns auch nicht für die fehlenden Genitivverbindungen. In allen Fällen wären diese ebensogut zu bilden wie die angeführten, z.B. **stellen > Stellen/Stellung einer Forderung** und **geltend machen > Geltendmachen/Geltendmachung einer Forderung**. Die Angabe dieser beiden Genitivkonstruktionen erweist sich sogar als geradezu unverzichtbar, weil die entsprechenden Komposita **+Forderungsgeltendmachung/+Forderungsgeltendmachen** und **+Forderungsstellung/ +Forderungs-**

stellen nicht akzeptabel sind. Die Genitivkonstruktionen stellen demnach die einzige Möglichkeit zur Substantivierung des Verbkollokators dar. Rational zu begründen ist auch nicht, warum nur die Komposita **Forderungsauswechslung, Forderungskauf** und **Forderungsnachweis** erscheinen, nicht aber die beiden anderen Kollokationsmuster.

b) FORDERUNG/FORDERUNGEN (F)

-	>	Begründetheit einer F	>	-
-	>	Beitreibbarkeit einer F	>	-
-	>	rechtlicher Bestand einer F	>	-
-	>	-	>	F.sbetrag
-	>	Bonität einer F	>	F.sbonität
-	>	Deckung einer F	>	F.sdeckung
-	>	Einbringlichkeit einer F	>	-
-	>	Erlöschung einer F	>	-
-	>	Fälligkeit einer F	>	F.sfälligkeit
-	>	-	>	F.sgarantie
-	>	Höhe einer F	>	F.shöhe
-	>	Rangklasse einer F	>	-
-	>	Reihenfolge einer F	>	-
-	>	-	>	F.stitel
F geht auf ... über	>	Übergang einer F	>	F.sübergang
-	>	Umsatzhäufigkeit einer F	>	-
-	>	Verjährung einer F	>	F.sverjährung

Transformationslücken als Produktionsfallen

Hier fällt sofort ins Auge, daß die Verbkollokatoren bis auf eine Ausnahme nicht angegeben sind. Wir erhalten damit ein weiteres Mal eine Bestätigung für unsere Behauptung, daß im Potonnier generell die **Sn + V**-Struktur unterrepräsentiert ist. An dieser Aufstellung wird allerdings auch deutlich, daß die Transformationen von der verbalen Kollokation zu den substantivierten Formen in einigen Fällen komplizierter sind als bei der vorhergehenden **Sa + V**-Struktur. Die angegebene Kollokation **rechtlicher Bestand einer Forderung** verlangt etwa die **Sn + V**-Strukturen **eine Forderung hat rechtlichen Bestand, eine Forderung ist rechtmäßig** oder **eine Forderung besteht zurecht**. Die Komposition +**Forderungsbestand** ist hier nicht möglich, da ihre Bedeutung nicht identisch ist mit den beiden anderen Formen. +**Rechtlicher Forderungsbestand** ist ambig und daher auszuschließen. In einigen Fällen erweisen sich die Komposita als stilistisch zu schwerfällig, so z.B. +**Forderungsbeitreibbarkeit**, +**Forderungsbegründetheit**. Insofern sind die beiden Leerstellen zwar gerechtfertigt, allerdings kann der fremdsprachige Benutzer diesbezüglich nur Vermutungen anstellen. Wegen der Lückenhaftigkeit des Transformationssystems wird ihm keine Hilfestellung zur Überprüfung seiner Vermutungen angeboten. Der Benutzer könnte durch eine -in den Benutzerhinweisen erklärte- Konvention auf die Fälle aufmerksam gemacht werden, in denen eine Transformation, sei es vom Kompositum in die Genitivkonstruktion, sei es von dieser in das Kompositum, nicht möglich oder aus stilistischen Gründen nicht zu empfehlen ist.

Wir sehen in den oben vorhandenen Lücken echte Produktionslücken. Sie können von dem von uns anvisierten Benutzer nicht gefüllt werden. Daher halten wir die konsequente und systematische Füllung der drei dargestellten Strukturen für ein Produktionswörterbuch für unerläßlich.

Wir haben darauf hingewiesen, daß wir auch den Artikel **Steuer** untersucht haben, können allerdings auf eine ausführliche Darstellung verzichten, da sich die Erkenntnisse im wesentlichen mit den im Artikel **Forderung** gemachten decken. Die Genitivstruktur wird nur sehr lückenhaft aus der verbalen Kollokation abgeleitet, vollständiger als bei **Forderung** sind dagegen die Komposita aufgeführt. Auffällig ist, daß relativ viele angegeben sind, die weder in der verbalen Kollokation noch in der Genitivverbindung eine Darstellung erfahren. Insgesamt gibt sich für **Steuer** das folgende zahlenmäßige Bild:

Sa + V > S + Sg (Lemma)	neue S + Sg (Lemma) > S (Lemma) + S	neue S (Lemma) + S
34 > 11	1 > 27	19

Nur neun Verbindungen sind in jedem der drei Kollokationstypen vertreten.

4.3 Das vorangestellte Attribut

Bei 7% der Substantive

Wir sagten weiter oben, daß das anteponierte Attribut am selektionsleichtesten ist und aus diesem Grunde relativ stark im Potonnier vertreten sein dürfte. Ausgiebig wird es dennoch nur bei verhältnismäßig wenigen Substantiven angegeben. Wir haben die Substantive des Buchstabens B daraufhin untersucht und sind zu folgendem Ergebnis gelangt:

Gesamtzahl der Substantive 3090 = 100%
Substantive ohne anteponiertes Attribut 2871 = 92,91 %
Substantive mit anteponiertem Attribut 219 = 7,08%

Die Zahl der mit Attributen versorgten Substantive erscheint uns zu gering. Wir können wiederum keine einleuchtende Begründung dafür liefern, warum etwa **Bankplatz, Bankrott, Barreserve, Barzahlung, Bauherr, Beachtung, Bearbeitung, Befragung, etc.** Attribute vor sich führen, während dies z.B. bei **Befehl** (z.B. **strenger**), **Befund (ärztlicher)**, **Beglaubigung (amtliche, notarielle)**, **Beistand (rechtlicher, ärztlicher, finanzieller)**, **Beratungsstelle (psychologische, städtische, kirchliche)**, **Beschlagnahme (polizeiliche, strafprozessuale)**, **Betriebsausgaben (nicht abzugsfähige)**, **Beurteilung**

(dienstliche, periodische), etc. nicht der Fall ist (die in Klammern erscheinenden Attribute haben wir als mögliche Kollokatoren angeführt). Nicht übersehen werden darf allerdings, daß sich in zahlreichen Fällen einfach keine Attribute anbieten. Außerdem ergibt sich auch hier wie im Falle der Verbkollokatoren zumindest eine leichte Verbesserung des Bildes durch die Möglichkeit, die bei Grundwörtern angeführten Attribute mit den entsprechenden Komposita zu verbinden.

50% der Adjektive ohne Kollokationsbasis

Kommen wir noch zu den Ergebnissen einer weiteren Untersuchung, die wir durchführten. Wir zählten im Buchstaben A die bei allen Adjektivlemmata angeführten Substantiv-Basen. Insgesamt befinden sich 208 Adjektive in diesem Buchstaben. Das Ergebnis stellt sich wie folgt dar:

105 Adjektive = 50,5% ohne Substantiv
58 Adjektive = 27,9% mit einem Substantiv
14 Adjektive = 6,7% mit zwei Substantiven
8 Adjektive = 3,8% mit drei Substantiven
3 Adjektive = 1,44% mit vier Substantiven
20 Adjektive = 9,6% mit mehr als 4 Substantiven.

Wir halten folgende Aspekte dieser Auszählung im Hinblick auf unser Untersuchungsziel für erwähnenswert: über die Hälfte der Adjektive (50,5%) wird ohne jegliche Kollokationsbasis angeführt. Wir registrieren mit diesem hohen Anteil ein ähnliches Phänomen wie bei den Verben. Die Folgen sind in beiden Fällen die gleichen. Es handelt sich um ein primär passives, der Rezeption vorbehaltenes Wortschatzpotential. Auszunehmen sind hiervon lediglich einige relativ konzeptstarke Adjektive, wie etwa **abschreibungspflichtig, alimentationspflichtig, amortisierbar, arbeitsunfähig.** Es ist in stärkerem Maße davon auszugehen, daß der Zugriff hier direkt auf das Adjektiv erfolgt.

Problematik der fachunspezifischen Adjektive

In der großen Adjektivgruppe von 50,5% deutet sich eine gewisse Problematik an. Es fällt auf, daß in dieser Gruppe ein ziemlich großer Anteil nur geringe fachspezifische Merkmale aufweist bzw. solche assoziieren läßt: **abträglich, allgemeingültig, allgemeinverbindlich, alljährlich, altmodisch. annerkennenswert, angesehen, angreifbar, anonym, anpassungsfähig, anstandslos, anwendbar, arbeitsam, arm, aufnahmefähig, aufschlußreich, auserlesen, aussichtslos, austauschbar.** Die besagte Problematik besteht darin, daß man in bezug auf dieses weniger fachspezifische Sprachmaterial von mehreren schlechten Lösungen lediglich die weniger schlechte wählen kann. Das ideale Verfahren sehen wir nicht. Grundsätzlich gutheißen tun wir die Entscheidung, auch weniger fachspezifische Attribute zu berücksichtigen. Wir halten sie aufgrund

der von uns vertretenen Auffassung einer skalaren Fachsprache für notwendig. Es gibt dann zwei Möglichkeiten, entweder man macht es so wie Potonnier oder man schafft dieses Material in die Artikel der substantivischen oder auch verbalen Basen. Das führt allerdings zu einer kaum noch in den Griff zu kriegenden Multiplizierung der Attribute, da sie natürlich mit sehr vielen Basen kompatibel sind.
Die "Lösung" kann hier wiederum nur darin bestehen, die Auswahl auch dieses fachunspezifischeren Sprachmaterials durch das Bestehen evidenter Bezüge zu einem scharf geschnittenen Tätigkeits- und Sachbereich zu rechtfertigen. Für Potonnier ist das keine leichte Aufgabe, da er sehr viele -eben zu viele- (Teil)Fachgebiete abdecken möchte (vgl. zur Problematik Quisthoudt-Rowohl 1988 : 257). Indem man sich aber von diesem in Zukunft sicherlich immer weniger befriedigend zu bedienenden Wörterbuchkonzept löst, sehen wir die beste Möglichkeit, das genannte Kollokatormaterial in einem Produktionswörterbuch in den Artikeln der Basen unterzubringen.
In der Gruppe der Adjektive, die mit vier und mehr Substantiven aufgeführt sind, verdienen **allgemein**, **ausländisch** und **amtlich** besondere Erwähnung. Das erste erscheint mit 41, das zweite mit 33 und das dritte mit 28 Substantiven. Es handelt sich hierbei um den Typ des ebenfalls eher fachunspezifischen Adjektivs, den wir schon in der ersten Gruppe ausgemacht hatten, mit dem Unterschied, daß sich Potonnier eben in diesen drei Fällen die für Gruppe 1 konstatierte Zurückhaltung nicht auferlegt hat. Das sich ergebende Resultat kann für ein produktives Wörterbuch nur von sehr geringem Wert sein. Dessen Benutzer sucht **allgemeine Hilfskostenstelle** unter **Hilfskostenstelle** bzw. **Kostenstelle.** Der Benutzer des Potonnier findet jedoch **allgemeine Hilfskostenstelle** nur unter **allgemein**, nicht unter **Hilfskostenstelle.** Den Terminus **spezielle Hilfskostenstelle** findet der Benutzer übrigens weder unter **speziell** noch unter **Hilfskostenstelle.**

Theoretisch-wissenschaftliche und stark fachspezifische Adjektive

In der ersten Gruppe der Adjektive (ohne Substantiv) sind im Potonnier auch solche anzutreffen, die sich mit dem Etikett "theoretisch-wissenschaftlich" (Ohnacker 1992 : 37-39) oder auch "bildungssprachlich" versehen lassen: **abusiv, akausal, akzidentell, ambitioniert, annuell, antizyklisch, appellabel, äquivalent, arbiträr, atypisch, autokratisch, autoritativ, azyklisch.** Da für unseren Wörterbuchtyp die "praktisch-fachliche" Sprachebene maßgebend ist, kann dieser Typ Wortmaterial nur mit sehr wenigen unverzichtbaren Exemplaren vertreten sein.
Bei der zweiten, dritten und vierten Gruppe der Adjektive mit einem, zwei und drei Substantiven als Basen stellen wir fest, daß sich hierunter viele stark fixierten Verbindungen befinden. Oft sind es nur die einzig möglichen: **absolut-fix > Kosten, absonderungsberechtigt > Gläubiger, amtsärztlich > Zeugnis, ausschüttungsfähig > Gewinn, außerplanmäßig > Abschreibung.** Da hier die "spreading-activation" in starkem Maße vom Adjektiv zum Substantiv verläuft, ergibt sich immerhin ein nicht von der Hand zu weisendes Argument für die Lemmatisierung der Adjektive.

Verbesserungsmöglichkeiten zur Darstellung des anteponierten Attributs

Unverkennbar ist im Potonnier trotz allem das Bemühen, so etwas wie eine Symmetrie zwischen den mit Substanivbasen versehenen lemmatisierten Adjektiven und den mit den entsprechenden anteponierten Attributen versehenen lemmatisierten Substantiven herzustellen. Wir haben hierzu diverse Auszählungen vorgenommen und kommen zu der Feststellung, daß in beiden Richtungen ungefähr eine Entsprechung von 1/2 bis 2/3 besteht. Im einzelnen hängen diese Werte wieder offenbar von der Eigenart des Attributs ab. Eher hypothetisch formulieren wir, daß bei partizipialen Attributen diese Entsprechungen niedriger ausfallen, während sie für Adjektive höher ausfallen. Für ein produktives Wörterbuch ist es sicherlich wenig sinnvoll, eine solche grundsätzlich schwer erreichbare Symmetrie anzustreben.
In Anbetracht der einzelnen Untersuchungsergebnisse zum anteponierten Attribut sehen wir für ein produktives Wörterbuch folgende Möglichkeiten zur Qualitätsverbesserung:

- Das alleinige Aufführen von Adjektiven ohne Angabe von substantivischen (und verbalen) Kollokationsbasen ist für ein produktives Wörterbuch nicht geeignet.
- Für die lemmatisierten Adjektive muß gelten, daß ihre Lemmatisierung in quantitativer und qualitativer Hinsicht durch einen evidenten Bezug zur Sach- und Handlungssystematik gerechtfertigt werden kann.
- Unter Annahme einer grundsätzlich größeren Konzeptstärke des Substantivs sollten als Kriterien für die lemmatisierten Adjektive gelten: Erstens, ein relativ starkes autosemantisches Potential. Dies ergibt sich in der Regel durch die Verwandtschaft mit einem entsprechenden substantivischen Terminus. Zweitens, eine starke assoziative Verbindung mit einem Substantiv.
- Eine Symmetrie in der Aufführung des attributiven Kollokationstyps unter dem Substantivlemma und unter dem attributiven Lemma ist für ein produktives Wörterbuch nicht erstrebenswert. Aufgrund der Annahme einer dem Substantiv innewohnenden grundsätzlich größeren "Zugriffspotenz", kann es in den Artikeln der Attribute nur um die Erwähnung des Typischsten und Naheliegenden gehen. Die Bestimmung einer maximalen Anzahl von Kollokationen, z.B. drei, ist denkbar.
- Eine Möglichkeit zu einer merklichen Qualitätssteigerung für Produktionszwecke sehen wir in der viel stärkeren Berücksichtigung komplexer anteponierter Attribute.

4.4 Das nachgestellte Attribut

Vergleich des Potonnier mit dem Handelsblatt

Wir wollten erkunden, wie leistungsfähig Potonnier im Hinblick auf das Genitiv- und das Präpositionalattribut ist. Dazu haben wir zwei Untersuchungen durchgeführt. Zunächst haben wir einen Text aus dem Handelsblatt (29./30. 4. 1994) aus der Sparte

"Unternehmen und Märkte" zugrunde gelegt und Vergleiche mit dem Potonnier angestellt. Danach haben wir im Potonnier ein Phänomen untersucht, auf das wir erst nach einer gewissen Zeit aufmerksam geworden sind. Gemeint ist eine lexikographisch unsichere, in jedem Falle benutzerverunsichernde Präsentation der beiden genannten Strukturen. Kommen wir also zur ersten Analyse. Zur Veranschaulichung der gemachten Beobachtungen bedienen wir uns wieder der kontrastierenden Gegenüberstellung:

Zeichenerklärung:

ø entsprechende Struktur nicht im Potonnier vorhanden
-- in dieser Bedeutung nicht im Potonnier vorhanden
( ) Wort nicht im Potonnier vorhanden
\+ entsprechende Struktur im Potonnier vorhanden

Handelsblatt	**Potonnier**
Genitivattribut mit Verbalsubstantiv	
eine Verbesserung der Kostenpositionen	Verbesserung ø ø Kostenposition
eine Rückführung der Fixkosten um 200 bis 300 Mill. DM	Rückführung – ø Fixkosten
die Ausgliederung der Kali- und Steinsalzaktivitäten	Ausgliederung – (Aktivitäten)
nach Abschluß der Erdgasvorhaben	Abschluß ø (Bed. 'achèvement') (Vorhaben)
die Internationalisierung des Geschäfts	Internationalisierung ø + Geschäft
eine Abschaffung des Höchststimmrechts	Abschaffung + (Höchst) + Stimmrecht
die Abschaffung der Stimmrechtsbeschränkung	Abschaffung + (Stimmrechts) + Beschränkung
Genitivattribut aufgrund lexikalisch-semantischer Valenz	
Fragen der Hauptversammlungsteilnehmer	Frage ø (Hauptversammlungsteilnehmer)
die Erlöse der BASF	Erlöse + (aber nicht + Unternehmen, nur + Wirtschaftsjahr, + Landwirtschaft)
die Inlandserlöse der Gruppe	(Inlands) Erlöse + (s. vohergehende Struktur) ø Gruppe –
die Struktur des Konzerns	Struktur ø + Konzern (aber nur mit vorausgehendem Verbalsubstantiv)
der Anteil der Auslandsinvestitionen	Anteil + ø Auslandsinvestition/ ø Investition
50,9% des Aktienkapitals	Prozent ø ø Aktienkapital
der Zweck des Höchststimmrechtes	Zweck ø + (Höchst) Stimmrecht (aber nur mit vorausgehendem Verbalsubstantiv)
Präpositionalattribut mit Objekt- oder adverbialer Beziehung	
die Produktion vor Ort	Produktion ø vor Ort –
ein Umsatzwachstum um 1,5% auf 10,6 Mrd. DM	(Umsatz) Wachstum ø
ein Höchststimmrecht von 5%	(Höchst) Stimmrecht ø ø Prozent
Zuwächse von 10%	Zuwachs – (nur im Zshg. mit 'Eigentum' und

	'demographisch'), (zwar Genitiv, aber keine 'von'-Struktur)
das Geschäft mit Verbraucherprodukten	**Geschäft ø (!) (Verbraucher) ø Produkt**
die Preise bei Olefinen	**Preis ø** (nur: ... bei Barzahlung)
eine Konzentration auf starke Kernaktivitäten	**Konzentration – (Kernaktivitäten)**
der Entwurf für das Finanzmarktförderungs-Gesetz	**Entwurf – (!) ø Gesetz**
eine starke Position in Europa	**Position ø ø Europa**
der Umsatzwachstum im Konzern	**(Umsatz) Wachstum ø ø Konzern**
die Ertragsdynamik in der deutschen Großchemie	**(Ertrags) Dynamik ø (Groß)(Chemie)**

Sehr geringe Berücksichtigung im Potonnier

Das wesentliche Ergebnis dürfte darin bestehen, daß die präpositionale Struktur -im Falle unserer Beispiele- so gut wie nicht im Potonnier vertreten ist. Für aktive Zwecke jedenfalls in völlig unzureichendem Maße. Das betrifft insbesondere die adverbiale präpositionale Wortgruppe.

Wir haben die gleiche Untersuchung auch an einem Text des "x) Korpus Jahresabschlüsse" (speziell "Anhang") durchgeführt und sind zu dem gleichen Ergebnis gekommen. Nach solchen Strukturen wie z.B. **Sachanlageinvestitionen <u>von</u> 8,1 Mill. DM <u>bei</u> der Kronen AG <u>für</u> ein Plattenwerk** hält man im Potonnier in der Regel vergeblich Ausschau. Das gleiche gilt für die Genitivstruktur, wenn sie von einem 'Kopf' regiert wird, der ein Präpositionalobjekt nach sich ziehen kann, wie z.B. **die Forderungen des Unternehmens <u>an</u> die Treuhandanstalt**. Wir werden später an selektiertem Sprachmaterial möglichst anschaulich auf die Vielfalt dieser für ein Produktionswörterbuch unentbehrlichen Strukturen hinweisen.

Um unser Anliegen noch mehr zu verdeutlichen, führen wir nachstehend aus dem Potonnier (Buchstabe D) entnommene Substantivlemmata beispielhaft auf. Ihre postattributiven Valenzstellen sind dort leer und verlangen -in einem Produktionswörterbuch- nach einer Füllung (dahinter erscheinen von uns spontan gesetzte syntaktische Anschlüsse):

<u>Zeichenerläuterung:</u>
Sg = Substantiv im Genitiv
Sn = Substantiv im Nominativ

Delegation > aus
Delegierter > Sg
Dementi > Sg
Demission > Sg
Derogation > Sg
Demonstration > gegen/für
Denkschrift > für/zu Ehren
Deputat > Sn/an
Diskontierung > Sg
Diskrepanz > zwischen
Diskriminierung > Sg + durch
Disparität > zwischen
Dispensation > von
Dissenz > zwischen
Divergenz > zwischen
Dosis > Sn
Dotation > an
Dotierung > Sg + mit

Dienstpflichtverletzung > Sg/durch/aufgrund
Direktsendung (Live-Sendung) > aus/Sg

Durchlaufzeit > Sg
Durchsage > Sg
Durchsuchung > Sg + durch

Eine weitere, mit unserer eigentlichen Untersuchungsaufgabe nur indirekt in Verbindung stehende Beobachtung aus der Gegenüberstellung von Sprachstrukturen aus dem Handelsblatt und aus Potonnier besteht darin, daß erstaunliche Lücken **(Umsatzwachstum, Ausgliederung)** in letzterem festzustellen sind. Allerdings ist gegen das Lückenphänomen, dessen sind wir uns bewußt, auch das beste Wörterbuch nicht gefeit.

5. Kollokative Ambiguität bei der Präsentation der Glosse im Potonnier

Überlagerung von Objekt- und Metaebene

Die unter diesem Aspekt gemachten Beobachtungen beziehen sich auf die zahlreichen in Klammern erscheinenden Angaben (Glossen) in den Artikeln des Potonnier. Da es sich bei diesen Angaben in vielen Fällen um Syntagmen handelt, denen man einen attributiven Status im Verhältnis zum Substantivlemma zusprechen kann, bringen wir diese Ausführungen im Anschluß an die Überlegungen zum Genitiv- bzw- Präpositionalattribut. Dadurch, daß nicht konsequent und typographisch sichtbar zwischen syntaktisch und semantisch intendierten Informationen bzw. zwischen Objekt- und Metaebene der Angaben unterschieden wird, wird der Leser im Hinblick auf die sprachproduktive Verwertbarkeit dieser Angaben verunsichert. Mit dem problematischen typographischen Aspekt ist das gleiche Letternbild von Beispielen und Glossen und von benutzungsfunktional unterschiedlichen Informationen innerhalb von Glossen gemeint. Nicht selten werden dem Benutzer durch die genannten lexikographischen Schwachstellen inakzeptable bzw. nicht intendierte syntaktische Konstruktionsmöglichkeiten nahegelegt. Daß selbst Experten bei der richtigen Leseweise von sachbezogenen und sprachbezogenen Glossen, "Klammerzusätzen" u.ä. ins Straucheln kommen, entdeckt Rossenbeck (1994 : 137) bei Haensch.

Beispiele

Wir haben uns im Buchstaben D des Potonnier einige Substantivlemmata unter dem genannten Aspekt näher angeschaut. Nachstehend sind diese mit Kommentaren aufgeführt, die auf denkbare Benutzerprobleme aufmerksam machen sollen:

1 **Darlehensgarantie** ... *(durch Bürgschaft)*: Die als enzyklopädische Glosse intendierte Information läßt ohne weiteres das nicht intendierte syntaktische Muster **Darlehensgarantie durch Bürgschaft** entstehen.

2 **Darlehensschuld** *(vom Schuldner aus gesehen)*: Eine syntaktische Verknüpfungsmöglichkeit ist hier ebenfalls gegeben.

3 **Darlehenszusage** *(Bank)*: Hier wird auch syntaktisch deutlich, wie die Glosse eigentlich und ausschließlich zu verstehen sein sollte, als eine zusätzliche Sachinformation, die keinen syntaktischen Bezug zum Lemma suggerieren sollte. Wenn man in der Logik der beiden vorherigen Beispiele bliebe, würde sich eine Glosse wie *(einer Bank)* ergeben.

4 **Dauerhaftigkeit ...** *(Beständigkeit, Kontinuierlichkeit, z.B. einer Politik, eines Systems).* Hier haben wir nun den Fall, daß innerhalb der Glosse ein Übergang von semantischen Informationen -die beiden ersten synonymen Substantive- zu syntaktisch und sogar kollokativ verwertbaren Informationen vollzogen wird. Der genaue Ort dieses Übergangs läßt sich in den mit der korrekten Rektion versehenen Artikeln lokalisieren. Bei maximaler kollokativer Ausschöpfung erhält man **Dauerhaftigkeit einer Politik, Dauerhaftigkeit eines Systems, Beständigkeit einer Politik, Beständigkeit eines Systems, Kontinuierlichkeit einer Politik, Kontinuierlichkeit eines Systems.** Ein aktives Wörterbuch darf dieses Kollokationspotential nicht in Klammern verstecken, wo es jene syntaktische Konstruktions-Eindeutigkeit vermissen läßt, die für den fremdsprachigen Benutzer unverzichtbar ist. Unter dem synonymen Lemma **Beständigkeit** wird dieser im übrigen mit dem gleichen Problem konfrontiert.

5 **Deckungsguthaben in fremden Währungen (der Außenhandelsbanken)**: Hier ist die Gefahr, eine syntaktische Verbindung mit der geklammerten Angabe herzustellen, besonders groß. Das Schriftbild ist genau das gleiche (beides kursiv gedruckt). Gerade der fremdsprachige Benutzer kann dadurch zur Bildung der unkorrekten Kollokation **+Deckungsguthaben in fremden Währungen der Außenhandelsbanken** verleitet werden. Da im Junktionsbereich des Substantivs die -keineswegs ausnahmslos gültige- Regel gilt, daß das Genitivattribut am nächsten beim Kopf steht, müßte es heißen **Deckungsguthaben der Außenhandelsbanken in fremden Währungen.**

6 **degressive Abschreibung (mit jährlich fallenden Abschreibungsquoten)**: Auch hier erscheint alles im gleichen Schriftbild. Wenn der fremdsprachige Benutzer eine syntaktische Verknüpfung herstellt, produziert er zwar eine grammatisch korrekte, aber tautologische Kollokation. Ihre Verwendung ist wohl nur unter sehr speziellen -vermutlich didaktisch beeinflußten- Bedingungen denkbar.

7 **Delkrederewertberichtigung** *(auf dubiose Forderungen)*: Der Unterschied zu dem vorhergehenden Beispiel liegt unseres Erachtens in der Eigenart der Redundanz der in der Klammer mitgeteilten Information. Im vorherigen Beispiel betrifft sie gegenstandskonstitutive Bedeutungsaspekte, in diesem Beispiel dagegen eher Aspekte korrekten fachlichen Handelns. Möglicherweise erklärt sich hieraus, daß sich gegen die Äußerung der Kollokation **Delkrederewertberichtigung auf dubiose Forderungen** keine Einwände erheben lassen. Sie wird verwendet. Dies wird in gewisser Weise dadurch bestätigt, daß die Übersetzung die Klammerung nicht berücksichtigt. Diese ist vielmehr integraler Bestandteil der französischen Kollokation **régularisation (comptable) pour créances douteuses.** (Inwieweit **provision pour créances douteuses** eine zutreffendere Übersetzung wäre, können wir hier nicht diskutieren)

8 **Demarkationsvertrag** *(mit Vertretern; zwischen Firmen)*: Auch hier werden korrekt präpositional anschließbare und keineswegs redundante Informationen in der Klammer angegeben.

9 **Denaturierung** *(einer Ware)*: Die Glosse hat eine bedeutungsdifferenzierende Aufgabe. Sie ist in einer entsprechenden Situation als Genitivattribut durchaus denkbar.

10 **Devisenbestand** ***(einer Bank, eines Unternehmens, eines Landes)***: Im Grunde handelt es sich um Kollokationen.

11 **Dezentralisation** ... *(von Lagern)*: Angesichts der Übersetzung **implantation de sous-entrepôts dispersés** müßte die Klammer wegfallen. Potonnier unterstellt hier für den deutschen Terminus einen desambiguierenden Kontext, während die Übersetzung aufgrund größerer Explizitheit eher kontextlose Gültigkeit besitzt.

12 **Dienstordnung** ... *(innerhalb eines Betriebs)* **règlement intérieur**. Wie Nr.11.

13 **Direktbezug** *(von Waren)* **achat direct au producteur**

14 **Diskriminierungsverbot** *(zwischen Vertragsländern)*

15 **Distribution** *(der Güter)* **distribution** *(des biens)*

16 **Doppelsitz** *(einer Handelsgesellschaft)*

17 **Durchlieferung** *(z.B. eines Häftlings durch ein drittes Land)* **transit (d' un détenu par un pays tiers).** Die Informationen in Klammern haben in den beiden Sprachen einen unterschiedlichen Status. In der deutschen Version sind sie eher weglaßbar, da es sich um einen juristischen Terminus handelt (Creifelds 1990 : 292). Die durch "z.B" signalisierte Kommutierbarkeit ist damit nicht ganz korrekt. Der deutsche Terminus könnte durchaus ohne jeden Zusatz stehen, dagegen müßte im französischen Äquivalent die Klammerung wegfallen.

18 **Durchreise** ... *(durch ein drittes Land)* : **voyage en transit.** Hier müßte korrekterweise die Klammerung in der deutschen Version wegfallen.

19 **Dynamik** ... *(z.B. Löhne, Renten)* : **indexation** *(des salaires, des rentes et pensions).* In der deutschen Version wird wiederum der unsichere syntaktische Status der geklammerten Informationen durch das Fehlen der genitivischen Artikel deutlich. Sie müßten daher, wie im französischen Äqivalent , erscheinen.

20 **Dynamisierung** *(Rente, Lebensversicherung)*: **indexation, revalorisation.** Auch hier müßte **Dynamisierung der Renten** und **indexation des pensions** erscheinen.

Es sei noch einmal deutlich gemacht, daß wir auf die in den 20 Beispielen besprochenen Phänomene im Potonnier im Zusammenhang mit der Untersuchung postponierter Attribute aufmerksam wurden. In vielen Fällen verbergen sich in den Klammern attributiv verwertbare Wortgruppen. Eine nicht selten korrekte Rektion suggeriert dem fremdsprachigen Benutzer diese Benutzungsmöglichkeit umso mehr. Da ihnen aber der primären lexikographischen Intention entsprechend eine explikative semantische bzw. enzyklopädische Funktion zukommen soll, bleibt ihre syntaktische Rolle ambig. Möglicherweise verbirgt sich hinter dieser Erscheinung eine unzureichende Reflexion der syntaktisch-semantischen Zusammenhänge von Valenz und Situation. In einem Äquivalenzwörterbuch verkompliziert sich dieser Sachverhalt deshalb, weil die genannten Zusammenhänge zusätzlich in einer interlingualen Perspektive gesehen werden müssen. In (17) z.B. ist der alleinige Gebrauch von **transit**, die entsprechende Situation vorausgesetzt, durchaus möglich. Es ginge hier also letzlich um die Frage "Wie ist Situationsvalenz lexikographisch darstellbar?"

Abgestufte kollokative Qualität der Glossen

Nachstehend systematisieren wir die 20 Beispiele:

A Die Glossen erfüllen äußerlich eine rein semantisch-explizierende Funktion, ein Junktorelement ist nicht vorhanden: 3, 19, 20. Die kollokative Potenz ist für den fremdsprachigen Benutzer nicht ohne weiteres erschließbar. Diese Glossen entsprechen am stärksten der ihnen eigentlich zugedachten Funktion.

B In der Glosse ist ein kasusadäquater Junktor vorhanden. Allerdings weist die genitivische oder präpositionale Wortgruppe leichte Konstruktionsmängel auf, z.B. das Setzen eines Artikels wäre adäquater: 1. Der unbestimmte Artikel weist auf eine generische Verwendung des Substantivs hin: 4, 9, 16. Die Pluralform des Substantivs dient zur Signalisierung des für alle Individuen einer Klasse Gültigen: 5, 8, 11, 13, 14, 15.

C Die Glosse beinhaltet attributive Elemente, die eigentlich nicht geklammert sein dürften, da sie in die Übersetzung eingehen. Ihre Nichterwähnung wäre nur bei Unterstellung eines textanaphorischen Prinzips vertretbar. Dies dürfte aber der Konzeption des Potonnier nicht entsprechen: 11, 12.

D Die Glosse stellt zwar eine syntaktische anschließbare Wortgruppe dar, die explikativen Elemente haben jedoch stark didaktischen oder redundanden Charakter, so daß ihre Realisierung den Eindruck des Gekünstelten und Weglaßbaren erzeugt: 2, 6, 17.

E Eine Verknüpfung der Glosse mit dem Lemma würde zu einer unkorrekten Wortverbindung führen: 5

F Die syntaktische Realisierung der Glosse führt zu einer durchaus gebräuchlichen Kollokation: 7

Nach dem Grad ihrer Potenz im Hinblick auf eine syntaktische Realisierung lassen sich die vorgennanten Beispiele (bei von unten nach oben zunehmender Potenz) wie folgt anordnen:

Delkrederewertberichtigungen (auf dubiose Forderungen)
Distribution (der Güter)
Deckungsguthaben in fremden Währungen (der Außenhandelsbanken)
degressive Abschreibung (mit jährlich fallenden Abschreibungsraten)
Darlehenszusage (Bank)

6. Kollokationsvergleiche: Korpus - Potonnier

Wir teilen die in der Folge aufgeführten zahlreichen Kollokationsbeispiele in die Gruppe der nominalen und der verbalen Kollokationen ein. Die nominalen Kollokationen lassen sich wiederum in die von uns so genannten Kongruenzkollokationen und in die Junktionskollokationen aufteilen. Erstere beinhalten die Kollokationsbasis und die links vor ihr stehenden Elemente, letztere die Kollokationsbasis und die rechts von ihr stehenden Elemente. Die verbalen Kollokationen können nach satzartigen, d.h. konjugierten Kollokationen und nach nicht-satzartigen, d.h. infinitivischen Kollokationen aufgeteilt werden.

Die angeführten Kollokationsbeispiele stammen aus den Teilkorpora "vii) Bilanzrichtlinien-Gesetz. Der Leitfaden für den neuen Jahresabschluß", "x) Jahresabschlüsse (aus dem Bundesanzeiger)" und "xi) Handelsblatt". Aus dem Teilkorpus x) haben wir im einzelnen aus der Textsorte 'Anhang' und 'Lagebericht' die Beispiele entnommen. Die Beispiele des ersten Teilkorpus werden mit BIRILI, die aus dem Handelsblatt mit HB, die aus dem Anhang mit AN und die aus dem Lagebericht mit LB gekennzeichnet.

Das hinter Kollokationen anzutreffende Zeichen ø bedeutet, daß es die jeweilige Kollokation im Potonnier nicht gibt. Dies erklärt sich entweder durch die fehlende Lemmatisierung des jeweiligen Kollokators oder der jeweiligen Kollokationsbasis oder durch das Fehlen der entsprechenden Kollokation bei vorhandener Lemmatisierung von Kollokator und Basis. Hierdurch lassen sich in der Zusammenschau Erkenntnisse über die Kollokationstypik des Potonnier und die für das Kontext-Fachwörterbuch notwendige gewinnen. Erwähnt sei, daß die von uns getroffene Auswahl der angeführten Kollokationen völlig unabhängig von im Potonnier erwähnten Kollokationen geschieht.

6.1 Kongruenzkollokationen

Keine Konkurrenz von attributiver Verbindung und Kompositum

Hierunter werden jene Kollokationen aufgeführt, deren substantivische Basen anteponierte einfache oder komplexe adjektivische oder partizipiale Attribute bei sich führen. Schon Benes (1976 [1966] : 93) erwähnt die für Fachsprachen überaus typische reichhaltige Auffüllung der Attribute, bezieht dabei aber ausdrücklich die postponierten Attribute mit ein. Hoffmann (1985 : 109) erklärt die große Bedeutung von Adjektiven in Fachtexten mit dem besonderen Bedürfnis nach Präzisierung und Differenzierung. Er schränkt diese Aussage jedoch für das Deutsche ein, weil durch das Kompositum eine wichtige Möglichkeit gegeben sei, diesen beiden Aufgaben nachzukommen. Diese Auffassung ist nicht unproblematisch, da sie dem Kompositum in seinem semantischen Eigenwert nur unzureichend gerecht wird. Wir plädieren daher mit Lauterbach (1993 : 176 Anm. 8) für eine ausgiebige Berücksichtigung des

Kompositums. Lauterbach (1993 : 108) weist außerdem zu Recht darauf hin, daß auch zwischen dem anteponierten Attribut und dem Genitivattribut keine echte Konkurrenz angenommen zu werden braucht. So muß **eine ausländische Gesellschaft** nicht gleichbedeutend sein mit **eine Gesellschaft des Auslandes** oder **eine Auslandsgesellschaft** (siehe zu dieser Problematik auch Wolf 1990 : 25). Wüster (1991 : 54) macht darauf aufmerksam, daß die Verkürzung einer adjektivischen Wortgruppe zu einer Zusammensetzung oft mit einer Bedeutungsverengung einhergehe.

Beachtung des Rahmens der NP als Produktionshilfe

Die Grundstruktur der NP im Kongruenzbereich ist:

DET Q ADJ N

Die Adjektivstelle ist lediglich prototypisch vom Adjektiv im Sinne des "besten Vertreters" besetzt. Inbesondere bei erweiterten Partizipialkonstruktionen kann sie einen beträchtlichen Umfang erreichen. Die erweiterten Konstruktionen beeinflussen aber die Grundstruktur der NP nicht. Der aus **DET** (Artikelwort) und **N** (Substantiv) bestehende Rahmen kann nicht gesprengt werden. Lauterbach (1993 : 13, 17) weist weiterhin darauf hin, daß die Kennzeichnung einer NP in einem bestimmten Kasus, Numerus und Genus sowie deren Stellenbesetzung ein komplexes System ist. Für den Lerner bedeute dies, daß er bei der Bestimmung einer NP in einem bestimmten Kasus bis zu 12 Variablen beachten muß. Wir leiten hieraus für die lexikographische Darstellung des Kongruenzbereichs in einem produktiven Wörterbuch die Forderung nach der besonderen Beachtung des Rahmens ab. Es ist allgemein üblich, auf das **DET**-Element in den Wörterbüchern zu verzichten. Von einem konsequent benutzerfreundlichen Standpunkt her betrachtet, ist diese Darstellung abzulehnen. **Am Konkurs beteiligter Gläubiger, in der Buchhaltung erfaßte Kosten, im Rang vorstehendes Recht** (s. Potonnier) werden bei Beachtung des Rahmens (im Nominativ) zu **der am Konkurs beteiligte Gläubiger, die in der Buchaltung erfaßten Kosten, das im Rang vorstehende Recht** bzw. **ein am Konkurs beteiligter Gläubiger, ein im Rang nachstehendes Recht**. Boelcke/Straub/Thiele versehen immerhin den besonders problematischen Deklinationstyp **Angestellte/r, Vorsitzende/r** mit den Artikeln (der/ein) in einer nachgestellten Klammer. Die weibliche Angestellte oder Vorsitzende wird allerdings nicht erwähnt (zur Deklination der substantivisch gebrauchten Adjektive und Partizipien s.a. Helbig/ Buscha 1991 : 249f.).

Festzuhalten bleibt, daß der um das **DET**-Element verkürzte Teil-Rahmen nur eine geringe kommunikative Relevanz besitzt. Diese Rahmenreduzierung ist einem relativ stark deklinierenden Sprachtyp wie dem Deutschen nicht angemessen. Allerdings kann die Nominalklammer unter bestimmten Bedingungen von einem Null-Artikel eröffnet werden (Weinrich 1993 : 358), so z.B. im Plural. Das ist vornehmlich für solche Termini von Bedeutung, bei denen man von einer Art usuellem Plural sprechen kann, wie z.B. bei **Rückstellungen, Abschreibungen, Forderungen, Zinsen.** In solchen

Fällen halten wir es für angebracht, auf das **DET-** Element (in exemplarischer Absicht) teilweise zu verzichten.

6.1.1 Adjektivisches Attribut

Erläuterung: Unsere Kommentierungen beziehen sich auf den Potonnier. Um eine ständige Wiederholung zu vermeiden, haben wir überall da, wo es sich anbietet, auf seine Erwähnung verzichtet.

Einfaches adjektivisches Attribut

(45) **die rückläufige Konjunktur** LB ø

(46) **die ungünstige Kostenstruktur** LB ø

(47) **das schwache Jahr 1992** LB ø

(48) **der konjunkturelle Abschwung** LB ø
konjunkturelle Abschwungsphase erscheint unter dem Lemma **konjunkturell.** Das Lemma **Abschwungsphase** ist nicht erwähnt. Unter dem Lemma **Abschwung** ist der Kollokator **konjunkturell** nicht aufgeführt.

(49) **der aktivische Unterschiedsbetrag** BIRILI ø

(50) **konsolidierungspflichtige Zugänge** BIRILI ø

(51) **aktivierungsfähige Kosten** BIRILI ø

(52) **die künftige Ertragslage** BIRILI ø

(53) **individuelle Absetzungen** AN ø
Dafür im Potonnier: **individuelle Abschreibungen.**

(54) **unverzinsliche Forderungen** AN ø

(55) **eine außerplanmäßige Abschreibung** AN ø

(56) **der stellvertretende Betriebsratsvorsitzende** AN
Im Potonnier: **stellvertretender Vorsitzender.**

(57) **eine 75%ige Tochtergesellschaft der KBA-Planeta** ø

(58) **das schwache Inlandsgeschäft** HB ø
Nicht unter **Geschäft,** aber mit Geschäft als Glosse unter **schwach** aufgeführt.

(59) **das defizitäre Magnetbandgeschäft** HB ø
Auch nicht unter dem Basiswort **Geschäft** erwähnt.

(60) **die periodenfremden Erträge** HB

(61) **eine drastische Ertragsverschlechterung** HB ø

(62) **das dreiköpfige Fidelity-Management** HB ø

Komplexes adjektivisches Attribut

(63) **die negativen gesamtwirtschaftlichen Rahmenbedingungen** LB ø

(64) **die ungünstige wirtschaftliche Entwicklung** LB ø

(65) **die überproportional hohen Kapitalkosten** LB ø
Es ist bezeichnend für die Quasi-Karenz dieses Kollokationstyps im Potonnier, daß unter dem Lema **überproportional** keine einzige "Erweiterung" dieses Attributs aufgeführt ist.

(66) **die zu Jahresbeginn befürchteten negativen Entwicklungen** LB ø

(67) **die steuerlich zulässigen Höchstbeträge** AN ø

(68) **die für den Konzern typischen Erzeugnisse** BIRILI ø

(69) **gut gefüllte Auftragsbücher** HB ø

(70) **die insgesamt ungünstige Entwicklung** HB ø

(71) **das andauernd schwache Hausgeräte-Geschäft** HB ø
Auch unter dem im Gegensatz zu **andauernd** lemmatisierten **anhaltend** erscheint keine "Erweiterung" des Attributs.

(72) **die von scharfer Konkurrenz gekennzeichneten internationalen Märkte** HB ø

(73) **die weltweit schwache Konjunktur** HB ø

(74) **das hochdefizitäre Magnetbandgeschäft** HB ø

Mit Helbig/Buscha (1991 : 602) kann man bei den Attributen zwischen der "Erweiterung" und der "Verbindung" unterscheiden. Erstere stellt die Fähigkeit des adjektivischen (oder partizipialen) Attributs dar, ein Glied oder mehrere Glieder aufzunehmen. Sie liegt in den Kollokationen (65), (67), (68), (69), (70), (71), (73), (74) vor. Letztere ist eine Fähigkeit des Bezugswortes. Dabei können die Attribute in einem koordinierenden oder in einem subordinierenden (63), (64), (66), (72) Verhältnis zueinander stehen. An den angeführten Beispielen wird deutlich, daß dieser Kollokationstyp nur sehr selten im Potonnier vertreten ist. Wir konnten z.B. **lokal begrenzter**

Markt ausfindig machen. Besondere Aufmerksamkeit bei der Kollokationsselektion verdienen jene Attribute, die "notwendige Erweiterungsglieder" (Helbig/ Buscha 1991 : 599f.) zu sich nehmen können, wie das z.B. bei **andauernd, insgesamt, überproportional** der Fall ist.

6.1.2 Partizipiales Attribut

Einfaches partizipiales Attribut

(75) **die verrechneten Beträge** BIRILI
Das Lemma **Betrag** ist recht gut mit einfachen Attributen des Partizips I und II ausgestattet.

(76) **die aufgelaufenen Abschreibungen** BIRILI ø

(77) **die eingestellten Beträge** BIRILI ø

(78) **die geplanten Umsätze** LB
Bei dem Lemma **Umsatz** erscheint kein einziger (!) Kongruenzkollokator. Der kollokationsentlastende Verweis auf das Lemma **Absatz** ändert an dieser Situation nur wenig. Dort muß der überforderte L_2- Benutzer die mit **Umsatz** schwer kompatiblen Kollokatoren **direkter, indirekter** zunächst einmal als solche identifizieren, dann die Kollokatoren **neuer, ohne** dem **Absatz** (eines Diktats) zuordnen, sodann die für **Umsatz** relativ geringe Relevanz des Kollokators **schneller** erfassen, bis er dann schließlich zu dem einzigen auch mit **Umsatz** gut kompatiblen Kollator **schlechter** gelangt.

(79) **die ausgewiesenen Eigenmittel** HB ø
Eigenmittel ist nicht lemmatisiert, unter **Eigenkapital** erscheint die entsprechende Kollokation auch nicht. Jedoch findet man unter **ausweisen** den Kollokator **ausgewiesen** in Verbindung mit **Gewinn** und **Reserve.**

(80) **ein ausgeglichenes Ergebnis** HB ø
Nach unserer Erkenntnis handelt es sich um eine Kollokation, der starke sachsystematische Relevanz zukommt, da sie neben **positives Ergebnis** und **negatives Ergebnis** eine der drei wesentlichen Möglichkeiten eines Unternehmensergebnisses ausdrückt.

(81) **die gesunkenen sonstigen betrieblichen Erträge** HB
(**sonstige betriebliche Erträge** stellt einen Mehrwortterminus dar) ø
Unter dem Lemma **sinken** erscheint der Kollokator **gesunken** nicht als Attribut, sondern nur in prädikativer Verwendung, unter **Ertrag** erscheint er überhaupt nicht. Die Kollokation **die gesunkenen Erträge** weist nach unserer Erfahrung eine sehr hohe Frequenz auf. Wir sind uns der besonderen Problema-

tik bewußt, die mit der lexikographischen Darstellung der von uns so genannten "Berg- und Tal-Verben" wie **steigen, sinken** u.ä. wegen ihres hohen Grades an Repetitivität bei den unterschiedlichsten Kollokationsbasen zusammenhängen. Eine Möglichkeit, diese Repetitivität lexikographisch in Griff zu kriegen, könnte darin bestehen, ausnahmsweise unter einem Verb bzw. unter protypischen Vertretern dieser Verbgruppe die verschieden Kollokationstypen abzuhandeln. Bei allen Substantivlemmata, für die die genannte Verbgruppe von Bedeutung ist, könnte ein besonderer Verweis auf diese Gruppe erfolgen.

(82) **die durchgeführten Kostensenkungsprogramme** HB ø
Erscheint auch nicht unter **Programm.** Das Partizipattribut ist nicht unter dem Verblemma aufgeführt.

(83) **die angespannte Finanzsituation** HB ø
Finanzsituation ist nicht lemmatisiert, es erscheint aber das gleichwertige **Finanzlage.** Dort ist keine Kollokation aufgeführt. **Angespannt** ist nicht lemmatisiert.

(84) **das abgelaufene Konzerngeschäftsjahr** HB
Erscheint bei **Geschäftsjahr.** Daß **Konzerngeschäftsjahr** nicht lemmatisiert ist, erklärt sich damit, daß die mit der Konzernrechnungslegung in Zusammenhang stehende Terminologie, von dem Terminus **Konzernbilanz** einmal abgesehen, noch keinen Eingang in das Wörterbuch gefunden hat.

(85) **die korrigierten Prognosedaten** HB ø

(86) **die nachlassende Kapazitätsauslastung** HB ø

(87) **die anhaltende Rezession** HB ø
Unter **Rezession** erscheint keine einzige Kollokation. Der dort gemachte Verweis zu **Konjunkturabschwächung** bringt kollokativ nichts, da auch dieses Lemma mit keinem einzigen Kollokator versehen ist.

(88) **eine sich verschärfende Rezession** HB ø

(89) **schrumpfende Deckungsbeiträge** HB ø
Deckungsbeitrag ist nicht lemmatisiert. **Schrumpfend** ist lemmatisiert, doch erscheint nur die eine Kollokation **schrumpfende Wirtschaft.** Solchen Kollokationen wie **schrumpfende Erträge, schrumpfende Gewinne, schrumpfende Umsätze** hätte sicherlich der Vorrang gebührt.

Komplexes partizipiales Attribut

Piirainen/Airismäki (1987 : 223) weisen darauf hin, daß das Partizip als Attribut viel aufnahmefähiger ist als das Adjektiv. Sie kommen in ihrer Untersuchung zu dem Ergebnis, daß von den Adjektiven 7,8%, von den Partizpien dagegen 40,9% erweitert sind. Im Hinblick auf die lexikographische Darstellung und besonders mit Blick auf den fremdsprachigen Benutzer ist darauf zu achten, daß die Klammer nur so weit gedehnt werden sollte, wie es die Kapazität des "Kontextgedächtnisses" zuläßt (Weinrich 1993 : 356f.). Bei den folgenden Kollokationen müßte diesem Gesichtspunkt sicherlich in einigen extremen Fällen Rechnung getragen werden, wie etwa in (96), (106), (107):
Erläuterung: Die Kommentierungen beziehen sich weiterhin auf Potonnier

(90) **die in die Konsolidierung einbezogenen Unternehmen** BIRILI ø
Einbeziehen und **Konsolidierung** werden nicht in Verbindung mit der Konzernrechnungslegung verwendet.

(91) **die noch nicht eingegangenen Mieten** BIRILI ø
Bei Attributen, die aus sachsystematischen Gründen eine usuelle Negationsform aufweisen, sollte dies auch in der Kollokation zum Tragen kommen.

(92) **die steuerrechtlich begründeten Bewerungsmaßnahmen** BIRILI ø

(93) **die vom Handelsrecht abweichenden Bewertungsmaßnahmen** BIRILI ø

(94) **der nach der Kapitalanteilsmethode ermittelte Wertansatz** BIRILI ø
Kapitalanteilsmethode ist ein Begriff aus der Konzernrechnungslegung, die im Potonnier so gut wie nicht berücksichtigt ist.

(95) **die vom Mutterunternehmen gehaltene Beteiligung** BIRILI ø
Das Verb **halten** wird in dieser Bedeutung nicht erwähnt.

(96) **der bei der Verrechnung des Beteiligungsbuchwertes mit dem Kapital des Tochterunternehmens entstehende Unterschiedsbetrag** BIRILI ø
Beteiligungsbuchwert und **Unterschiedsbetrag** sind nicht erwähnt.

(97) **das anteilig auf die Beteiligung entfallende Eigenkapital** BIRILI ø
Es fällt auf, daß **anteilig** nicht in einer adverbialen bzw. attributserweiternden Funktion erscheint. Zu denken wäre z.B. an die fachlich relevante Kollokation **anteilig verrechnen.**

(98) **das handelsregisterlich eingetragene Unternehmen** HB ø
Handelsregisterlich ist nicht lemmatisiert.

(99) **die durch Forderungsausfälle verursachten Schäden** HB ø
Forderungsausfälle ist nicht lemmatisiert.

(100) **das gegenüber dem Vorjahr deutlich geschrumpfte Geschäftsergebnis** HB ø
Bei dem in dieser Kollokation ausgedrückten Zeitvergleich handelt es sich um eine für den Gegenstand unseres Wörterbuchs äußerst wichtige Struktur. Sie läßt sich in die Klasse der "komparativen Strukturen" einordnen.

(101) **das im Laufe des Jahres in eine eigene Gesellschaft ausgegliederte Geschäftsfeld** LB ø
In der hier vorhandenen Bedeutung wird **ausgliedern** nicht erwähnt.

(102) **der im Gerätebau erzielte Gewinn** LB
Potonnier erwähnt **erzielter Gewinn**. Die von uns angegebene komplexe Kollokation macht jedoch deutlich, daß bei partizipialen Attributen die Valenz des zugrunde liegenden Verbs berücksichtigt werden sollte. Das partizipiale Attribut eröffnet -grammatisch betrachtet- fakultative und obligatorische Leerstellen, die kollokativ relevant sein können. Die durch **im Gerätebau** besetzte Stelle ist vermutlich "rein sprachstrukturell" gesehen von geringerer Obligatorik als z.B. jene von **in eine eigene Gesellschaft** besetzte im vorhergehenden Beispiel (101). Für fachliche Kommunikationsbelange spielen jedoch solche relativ "freischwebenden" Überlegungen keine entscheidende Rolle.

(103) **der im dritten Jahr nacheinander erfolgte Verlustausweis** LB ø
Verlustausweis ist nicht lemmatisiert. Unter dem Lemma **erfolgen** erscheint kein attributiver Gebrauch.

(104) **der wegen der zwei Großinvestitionen gestiegene Finanzbedarf** LB ø
Unter **Finanzbedarf** erscheint keine Kollokation. Unter **Bedarf** und **steigen** wird das Attribut **gestiegen** nicht aufgeführt. Im Vorgriff möchten wir auf die wichtige Funktion der sog. sekundären Präpositionen wie **aufgrund, infolge, wegen** (siehe die Seiten 183f.) für den Gegenstandsbereich unseres Wörterbuchs hinweisen. Durch ihre Berücksichtigung, wie z.B. in der Kollokation (104), werden Ursache-Wirkungs-Verhältnisse erfaßt.

(105) **die in 1991 mehrheitlich erworbene KBA-Planeta AG** AN ø
Mehrheitlich ist nicht lemmatisiert, allerdings ist das Partizip **erworben** neben dem Infinitiv **erwerben** lemmatisiert und mit mehreren Adverb-Kollokatoren versehen. Die Kollokation mit **mehrheitlich** ist erwartungsgemäß nicht dabei. Auffällig ist, daß die "Basis-Kollokation" **ein Unternehmen erwerben** unter keinem der beiden Lemmata vorhanden ist. Dies ist auch nicht unter entsprechenden Kollokationsbasen der Fall, auf die von **Unternehmen** verwiesen wird, wie **Unternehmung** und **Betrieb**. Damit dürfte die Wahrscheinlichkeit gering sein, daß die attribuierte Form des entsprechenden Partizips überhaupt erscheint.

(106) **die bei den Tochterunternehmen nach dem Zeitpunkt ihres Erwerbs erwirtschafteten Rücklagen** AN ø
Die Basiskollokation **Rücklagen erwirtschaften** erscheint nicht. Unter dem Lemma **erwirtschaften** ist die Partizipform nicht aufgeführt.

(107) **die durch die Wirtschaftsumstellung im Beitrittsgebiet im Berichtsjahr erneut entstandenen zusätzlichen Aufwendungen** AN ø
Unter **entstehen** erscheint z.B. **entstandene Kosten**. Diese Kollokation erscheint auch unter **Kosten**, was unsere Auffassung bestätigt, daß eine lemmatisierte Partizipform oder eine Partizipform unter dem entsprechenden infinitivischen Verblemma die Chance auf eine Berücksichtigung als Attribut erhöht. Die Kollokation (107) stellt sicher einen Extremfall eines komplexen Attributs dar. Sie zeigt, daß mit steigender Komplexität und der damit verbundenen größeren Variablenauswahl der idiosynkratische Charakter einer Wortverbindung zunimmt und hierdurch eine Grenze für die lexikographische Berücksichtigung erreicht wird. Wir weisen an dieser Stelle schon darauf hin, daß der Attributsatz ein möglicher Ersatz für besonders komplexe anteponierte Attribute darstellen kann (siehe die Seiten 185f.).

6.1.3 Das Gerundivum (das Modalpartizip)

Starke gesetzlich-normative Funktion

Helbig/Buscha (1991 : 589) bezeichnen das von ihnen so genannte Gerundiv als eine Sonderform des attributiven Partizips I. Deshalb führen wir an dieser Stelle die entsprechenden Kollokationen auf. Da es sich hierbei um eine sogenannte Konkurrenzform des Passivs handelt, wäre ihre Abhandlung auch an der Stelle denkbar gewesen, an der wir auf passivische Aspekte von Kollokationsmustern eingehen werden (siehe die Seiten 193f..). Das Gerundiv kann nur von passivfähigen transitiven Verben gebildet werden. Weinrich (1993 : 543) verwendet für dieselbe Erscheinung den Terminus "Modal-Partizip". In dessen Bedeutung sind alle Modalitäten, außer der des Wollens und Könnens neutralisiert. Daher muß es dem Kontext entnommen werden, ob eine solche Form ein Können, Dürfen, Sollen oder Müssen zum Ausdruck bringt. In unserem Korpusmaterial ist die Gerundivstruktur in so signifikanter Weise vertreten, daß ihre Berücksichtigung erforderlich ist. Das Auftreten des Modal-Partizips erklärt sich durch die für deutsche Verhältnisse typische starke gesetzliche Reglementierung der Bilanzierungspraxis. Die Modalitäten ergeben sich aus Gliederungsgeboten und -wahlrechten, aus Bilanzansatzgeboten und -wahlrechten, aus Bewertungsgeboten und -wahlrechten, aus Erläuterungsgeboten und -wahlrechten, d.h. aus dem ganzen zur Verfügung stehenden Instrumentarium der Bilanzpolitik (vgl. z.B. Küting/Weber 1994 : 19 - 27). Es ist nicht verwunderlich, daß die aufgeführten Kollokationen alle aus dem Teilkorpus vii) stammen, d.h. aus einem Text, der das Bilanzrichtlinien-Gesetz erläutert. Sehen wir uns einige Beispiele näher an:
<u>Erläuterung</u>: Die Kommentare beziehen sich wiederum auf Potonnier.

(108) **die anzusetzenden Herstellungskosten** BIRILI ø
Unter dem Verblemma **ansetzen** erscheint das Modal-Partizip nicht. Der sachsystematisch zentrale Begriff **Herstellungskosten** ist mit keinem Kollokator verbunden. Unter dem Basiswort **Kosten** läßt sich immerhin die Kollokation **anzulastende Kosten** ausfindig machen. Der Kollokationstyp ist also im Potonnier existent.

(109) **die zu erwartenden Abwertungen** BIRILI ø
Erwartend ist lemmatisiert. Von einem produktionsorientierten und selbst von einem rezeptionsorientierten Standpunkt aus betrachtet, ist das wenig einleuchtend. Diese Form existiert nur innerhalb des Modal-Partizips, sie ist allein weder attributiv noch prädikativ verwendbar. Es scheint so, als sei hier ein Lemma geschaffen worden, um eine Kollokation, die einzige, unterzubringen: **die bis zum Jahresende zu erwartenden Ergebnisse.** Der normale Weg sollte wohl in entgegengesetzter Richtung verlaufen. Wir sehen hierin eine Unsicherheit in der Behandlung dieses Kollokationstyps.Was das Lemma **Abwertung** betrifft, so ist in dessen Artikel keine Kongruenzkollokation aufgeführt.

(110) **die zum Handelsregister einzureichenden Unterlagen** BIRILI ø
In dem Artikel des Lemmas **einreichen** erscheint keine attributive Verwendung desselben. Die verbale Kollokation **Unterlagen einreichen** ist vorhanden. Unter **Unterlage** ist diese Kollokation nicht aufzufinden. Wir entdecken dabei aber die dem hier besprochenen Typ entsprechende Kollokation **beizubringende Unterlagen.** Das Nachschauen unter **beibringen** lohnt sich, denn dort steht die Kollokation **die beizubringenden Unterlagen.** Der Determinator der Nominalklammer **die** ist hier demnach aufgeführt. Wir stoßen damit auf die von uns weiter oben angesprochene Frage nach der Behandlung des **DET**-Elementes. Sie muß also auch bei der Arbeit am Potonnier aufgetaucht sein. Dafür spricht die gemachte Beobachtung. Daß der Benutzer unseres Wörterbuchs diese Kollokation auf jeden Fall unter dem Lemma **Unterlagen** anzutreffen wünscht, ist verständlich. Die zusätzliche Aufführung unter dem Verb läßt sich allerdings durch dessen Spezifik durchaus rechtfertigen. Wir gehen in unserer Konzeption davon aus, daß in solchen Fällen beim Verb etwa drei, möglichst die fachlich am stärksten mit ihm assoziierten Substantive, als Kollokationsbasen genannt werden. Die Kollokation (110) müßte in jedem Fall unter dem konzeptstärksten Terminus der Verbindung, d.h. unter dem Lemma **Handelsregister** erscheinen. Die "zwischenbegriffliche" bzw. "geschehenstypische" Verbindung zwischen **'Handelsregister'** und **'einreichen'** ist sehr stark. Das ist im Potonnier nicht berücksichtigt. Das Verb **einreichen** ist in dem Artikel von **Handelsregister** nicht vorhanden.

(111) **die zu verrechnenden Anteile** BIRILI ø

(112) **die zu eliminierenden Beträge** BIRILI ø

Bei **Eliminieren** handelt es sich wiederum um einen Terminus aus der Konzernrechnungslegung und speziell der Konsolidierung, weshalb er von Potonnier in dieser fachlichen Bedeutung nicht angeführt wird.

(113) **die zu zahlenden Steuern** BIRILI ø

6.2 Junktionskollokationen

Hierzu gehören wesentlich der Kopf oder Kern der Nominalgruppe und die rechts davon stehenden Genitivattribute und Präpositionalphrasen. Darüber hinaus kommt auch den attributiven Relativsätzen in unserem Korpusmaterial eine gewisse Bedeutung zu (s. Weinrich 1993 : 359ff.). Grundsätzlich gilt, daß die Anzahl der Ebenen rechts vom Kern, auf denen Glieder gebunden sind, sehr umfangreich sein kann und nicht festzulegen ist (Lauterbach 1993 : 31), wie sich das etwa in dem folgenden Beispiel andeutet:

(114) **die Auslieferung mehrerer Großanlagen für den Zeitungsdruck in die neuen Bundesländer** ... LB

6.2.1 Kernsubstantiv + Genitivattribut

Wichtige fachsprachliche Verdichtungsfunktion

Nach Eisenberg (1986 : 234) ist das Attribut die Domäne des Genitivs. Da jedes Substantiv ein Genitivattribut zu sich nehmen kann, gehört es zu den syntaktischen Eigenschaften der Substantive, den Genitiv zu regieren. Hoffmann (1985 : 113) bezeichnet das Genitivattribut als die zweite wichtige Form der Attribuierung neben Adjektiven und Partizipien. Typisch für das Deutsche ist, daß Genitivattribute von erheblicher Komplexität auftreten können. Sie kommen dem Bedürfnis nach fachsprachlicher Verdichtung entgegen. Prinzipiell besteht eine unbegrenzte Hinzufügbarkeit (Eisenberg 1986 : 235). Lauterbach (1993 : 73) sieht allerdings bei vier Genitiven in Reihe eine kommunikative Grenze erreicht. Innerhalb der Genitivreihe sind subordinierende und koordinierende Relationen möglich. Im Korpusmaterial dominieren eindeutig die subordinierenden.
Besondere lexikographische Relevanz besitzt das Anliegen Lauterbachs (1993 : 6) aufzuzeigen, wie sehr die Bindung der nominalen Elemente rechts vom Kernsubtantiv von dessen Valenz abhängt. Seine lexikalischen Eigenschaften bestimmen demnach den Aufbau des Junktionsbereichs. Wir haben es mit einem Genitivattribut auf einer syntaktischen, einer lexikalischen und einer semantisch-logischen Ebene zu tun. Da der gesamte Junktionsbereich von dem Kern gesteuert wird, besteht die lexikographische Bedeutung dieses Sachverhaltes darin, diese Steuerungspotenz möglichst

optimal lexikalisch zu realisieren. Die Behauptung, daß der Genitiv als fakultativer Aktant bei deverbalen bzw. deadjektivischen Substantiven und als freie Angabe bei beliebigen Substantiven stehe (Helbig/Buscha 1991 : 284), ist von geringer Bedeutung für fachlexikographische Belange. Hier steht die Berücksichtigung sachlicher Strukturen im Vordergrund. Diese können in vielen Fällen grammatische Fakultativität oder Obligatorik erheblich relativieren.

Syntaktische Valenz

Reverbalisierbare Substantive übernehmen auf dieser Ebene die Valenz der parallelen Verben. Es handelt sich um substantivierte Infinitive und ung-Ableitungen, die sog. nomina actionis, welche beide auf Basisverben rückführbar sind (Lauterbach 1993 : 41). Nach Ohnacker (1992 : 80f.) ermöglichen die Verbalsubstantive eine größere syntaktische Flexibilität im Satz als das Verb, außerdem gestatten sie das Auslassen des Agens-Subjekts. Unser Korpusmaterial zeigt vielfach, wie sehr die unternehmerischen Entscheidungsträger von der Möglichkeit Gebrauch machen, Vorgänge "täterfrei" darzustellen:

(115) **Zur Anpassung der Kapazitäten an die gesunkene Nachfrage wurden ...** LB

(116) **Mit der Schließung der Werke Heidenau und Dresden war ...** LB

Die täterfreie Darstellung bedient sich allerdings noch vieler anderer Mittel, die eine eigene Untersuchung erforderlich machen würden. Im folgenden Beispiel etwa wird der Täter aufgrund des intransitiven Basisverbs, das gar keinen Agierenden zuläßt, in noch stärkerem Maße "versteckt" als in (115) und (116). In gleichem Maße trägt das adjektivische Attribut zur Anonymisierung bzw. Fatalisierung des Geschehens bei:

(117) **durch die notwendige Schrumpfung des Unternehmens konnte ...**

Bestätigen können wir außerdem die Beobachtung Ohnackers (1992 : 81), daß die ung-Ableitung wesentlich häufiger auftritt als die substantivierten Infinitive (s. auch Piirainen/Airismäki 1987 : 247). Nachstehend geben wir Beispiele von Genitivattributen, deren Kerne von Verbalsubstantiven gebildet werden:
Erläuterung: Die Kommentare beziehen sich wiederum auf Potonnier. Um eine ständige Wiederholung zu vermeiden, verzichten wir in der Regel auf seine Erwähnung.

(118) **die Verteilung des Unterschiedsbetrags** BIRILI ø
Unterschiedsbetrag ist hier ein Terminus aus der Kapitalkonsolidierung. In dieser Bedeutung ist er nicht erwähnt (d.h. also: nicht in Potonnier erwähnt). Von dem in anderer Bedeutung aufgeführten Lemma **Unterschiedsbetrag**, das ohne jede Kollokation erscheint, wird auf das Lemma **Ausgleichsbetrag**

verwiesen. Dort werden auch keine Kollokationen gegeben. Unter dem Lemma **Verteilung** sind dagegen eine Reihe von Genitivattributen angegeben. Dabei lassen sich folgende lexikographisch relevante Beobachtungen machen. Von neun der Attribute erscheinen drei nicht mehr unter dem zweiten Begriff der Verbindung: **Verteilung eines Nachlasses (unter die Erben), Verteilung eines Risikos, Verteilung des Volkseinkommens.** In den drei Fällen wird die Kollokation also nicht unter dem jeweiligen konzeptstarken Substantiv gegeben, was für ein aktives Wörterbuch nicht akzeptabel ist. Nur zwei der neun Kollokationen sind in genau der gleichen Form unter dem jeweils zweiten Substantiv der Verbindung wieder anzutreffen: **Verteilung der Erzeugnisse, Verteilung der Masse. Verteilung der Kosten** taucht unter **Kosten** nur als Kompositum **Kostenverteilung** wieder auf, nicht aber als Genitivverbindung.

(119) **die Fortschreibung des Beteiligungsbuchwertes** BIRILI ø
Fortschreibung erscheint ohne Genitivattribut. **Beteiligungsbuchwert** ist nicht lemmatisiert.

(120) **bei Vorliegen einer Minderheitsbeteiligung** BIRILI ø
Vorliegen ist nur als Verb lemmatisiert. **Minderheitsbeteiligung** ist ohne jede Kollokation aufgeführt. Auch unter dem Basiswort **Beteiligung** ist das Kollokationsmuster **Sn + Sg**$_{\mathrm{Lemma}}$ nicht vertreten.

(121) **die Erstellung eines Abschlusses** BIRILI ø
Erstellung erscheint lediglich mit **Industrieanlagen** und **Produktion** in genitivischer Verbindung. Das für unsere Kollokation treffendste Äquivalent **établissement (des comptes annuels)** erscheint unter weiteren acht und ohne kollokative Bearbeitung. Das Kollokationsmuster (121) erscheint weder unter **Abschluß** noch unter **Jahresabschluß.** Aus eigenem selektierten Material geben wir einige Beispiele: **Aufgliederung/Aufstellung/Aussagefähigkeit/Erläuterung/Feststellung/Offenlegung/Prüfung des (Jahres)Abschlusses.** Hinzu kommen noch um eine Präpositionalgruppe erweiterte Genitivkonstruktionen wie z.B. **die Vorlage des Abschlusses an die Gesellschafter, die Übernahme der Abschlüsse in den Konzernabschluß**. Auch unter dem synonymen **Aufstellung** erscheint keine Kombination mit **(Jahres)Abschluß.**)

(122) **die Belebung des Marktes** LB
Unter dem Lemma **Belebung** erscheint **Markt** als nichtdeklinierte Glosse. Für den fremdsprachigen Benutzer mit Produktionsabsichten erweist sich das als anwendungserschwerend. Unter dem Lemma **Markt** taucht die Genitivverbindung nicht auf. Dies kann als Indiz dafür betrachtet werden, daß die bei Verbalsubstantiven glossierten und i.d.R. konzeptstärkeren Substantive geringere Chancen haben, unter ihrer lemmatisierten Form in dieser Verbindung noch einmal aufzutauchen als jene Substantive, die in einer syntaktisch ausgeführten Verbindung unter dem Verbalsubstantiv erscheinen. Das ist für ein Produktionswörterbuch nicht akzeptabel. Wir hatten die gleiche Beob-

achtung schon bei den Substantiven gemacht, die bei einem Verblemma glossiert sind.
Bei der Überprüfung der unter **Markt** aufgeführten Genitivverbindungen gelangt man zu keiner schlüssigen Erkenntnis hinsichtlich des zugrunde liegenden lexikographischen Verfahrens. **Beunruhigung eines Marktes** findet man nur unter **Markt**, **Beunruhigung** ist nicht lemmatisiert. **Sättigung eines Marktes** ist nicht unter dem lemmatisierten **Sättigung** auszumachen. Unter **Sättigung** erscheint keine einzige Genitivverbindung. **Versteifung eines Marktes** und **Verstopfung eines Marktes** sind in glossierter Form unter **Versteifung** bzw. **Verstopfung** vorhanden. Dabei fällt auf, daß **Markt** bei dem ersten undekliniert und bei dem zweiten genitivisch dekliniert glossiert ist. Wir stoßen also wieder auf das Phänomen des lexikographisch unsicheren Status der glossierten Elemente, das wir weiter oben beschrieben haben (siehe die Seiten 148ff.).
Ein einsichtiges Kriterium für die Erwähnung von glossierten oder ausgeführten Genitivverbindungen unter dem Verbalsubstantiv bestünde darin, nach dessen fachlicher Merkmalspezifik zu fragen. Von den genannten vier weist u.E. **Sättigung** die fachspezifischsten Merkmale aus. Dafür spricht, daß DUDEN Das große Wörterbuch der deutschen Sprache, das dem wirtschaftssprachlichen Vokabular sicherlich keinen besonders auffälligen Stellenwert einräumt, lediglich bei dem Verb **sättigen** eine Kollokation mit **Markt** verzeichnet. Dies ist bei keinem der drei anderen Verben der Fall. Man sollte daher im Potonnier zumindest unter **Sättigung** eine Genitivverbindung mit **Markt** erwarten, was aber nicht der Fall ist.

(123) **die Verbesserung der Produktqualität** LB ø

Verbesserung wird weder mit einem ausgeführten genitivischen Attribut noch mit einer substantivischen Glosse, die diese Funktion erfüllt, erwähnt. Unter dem Antonym **Verschlechterung** findet man das Genitivattribut **der wirtschaftlichen Lage**.
In diesem Zusammenhang taucht die Frage nach der Symmetrie in der lexikographischen Bearbeitung antonymischer und synonymischer Lemmata auf. Wenn z.B. unter den beiden genannten Antonymen jeweils auf das andere verwiesen würde, könnte man die Darstellung als ökonomisch rechtfertigen. Solche Verweise werden jedoch in diesem Fall nicht gegeben. Schaut man dagegen z.B. unter den Verbalsubstantiven **Steigen** und **Fallen** nach, so entdeckt man, daß unter dem ersten die Attribute **der Preise** und **der Kurse** aufgeführt werden, während sie unter dem zweiten in verkürzter glossierter Form wieder auftauchen. Ein Blick in die Artikel von **Vermehrung** und **Verringerung** macht uns mit der letzten und schlechtesten Möglichkeit einer "symmetrischen" Bearbeitung bekannt. Es werden bei beiden keine Genitivattribute angegeben. Man kann demnach im Potonnier von keiner besonderen Systematik in der Behandlung des besprochenen Problemkreises sprechen.

Zusammenfassend läßt sich sagen: eine Ausführung der Attribute unter beiden Lemmata ist sicherlich das benutzer- bzw. lernerfreundlichste Verfahren. Bei konsequenter Durchhaltung von Verweisen ist die einmalige Erwähnung der Attribute grundsätzlich ausreichend. Für den Benutzer ist diese Variante mit der Unannehmlichkeit verbunden, ein weiteres Mal nachschlagen zu müssen, wenn er auf jenes Lemma stößt, das ohne Attribute erscheint. Die Variante des einmal ausgeführten und einmal glossierten Attributs bei konsequenter reziproker Verweispraxis stellt den vermutlich besten Kompromiß dar.

(124) **eine Verschlechterung der Rahmenbedingungen** LB
Siehe (123)

(125) **die Entwicklung der Anschaffungs- und Herstellungskosten** AN
Erwähnt ist das Genitivattribut **der Beschäftigungslage**. Das Lemma **Entwicklung** lenkt unsere Aufmerksamkeit auf eine Problematik, die mit dem Stellenwert von Begriffen innerhalb einer Fachsystematik zusammenhängen. Daß dies selbst für einen so unverdächtigen Begriff wie **Entwicklung** zutreffen kann, wird durch folgende Überlegung deutlich. In dem von uns bearbeiteten Fachbereich spielen solche Kollokationen wie **die voraussichtliche Entwicklung der (Kapital)Gesellschaft** (im Lagebericht darzustellen), **die Entwicklung (der Posten) des Anlagevermögens** (im Anlagespiegel darzustellen) eine wichtige Rolle. Es steht für uns außer Frage, daß diese Kollokationen aus fachlichen Gründen in dem von uns reflektierten aktiven Wörterbuch stehen müssen.
Wir möchten damit beispielhaft verdeutlichen, daß die kollokative Qualität eines Fachwörterbuchs wesentlich davon abhängt, inwieweit sich sachsystematische Erfordernisse in der Generierung von Sprachstrukturen niederschlagen. Qualitativ bedingte Selektionsentscheidungen können hierbei mit Folgen quantitativer Art in der kollokativen Darstellung verbunden sein. Potonnier kann diesem Sachverhalt aufgrund des zu weiten fachlichen Rahmens nur unzureichend Rechnung tragen. Unter einem sprachdidaktischen Aspekt betrachtet, haben wir es hier mit dem Problem der Lernübertragung zu tun. Nach Butzkamm (1993 : 218f.) geht es darum, daß die erkannte Sprachstruktur von dem Lerner mit einer vielfältig austauschbaren Lexik gefüllt wird. Den von Butzkamm so bezeichneten "interessanten Austauschmöglichkeiten" entsprechen in unserem Fall lexikalische Leerstellenfüllungen in der fachlichen Systematik. Es leuchtet ein, daß wir es mit einem Sachverhalt zu tun haben, der von genereller Bedeutung für unseren Wörterbuchtyp ist.

(126) **die Umrechnung der Bilanzposten** AN ø
Die Erwähnung von **Umrechnung** ohne attributiven Anschluß vernachlässigt, wie in (125), wichtige sachliche Zusammenhänge. So stellt die **Umrechnung der Jahresabschlüsse** ausländischer Tochtergesellschaften, z.B. in Deutsche

Mark, eines der "Kernprobleme bei der Aufstellung internationaler Konzernabschlüsse" dar (Lück 1989 : 773). Auch die anzutreffenden Lemmata **Bilanzposten** und **Posten** sind mit keiner (126) entsprechenden Genitivstruktur versehen. Daß das Genitivattribut in (126) noch durch ein Präpositionalattribut vom Typ **in Deutsche Mark** erweitert werden muß, um die Sachstruktur vollständig widerzuspiegeln, sei noch erwähnt.

(127) **die Notierung der Vorzugsaktie** HB ø

Es gehört schon eine gewisse Kunst dazu, innerhalb eines Wörterbuchartikels, in dem das Lemma **Notierung** neunmal verwendet wird, dieses kein einziges Mal in der stark fixierten Genitivverbindung mit **Aktie** aufzuführen. Zwar findet man unter dem Lemma **Aktie** die Kollokation **Notierung einer Aktie**, da es sich aber in ihrem Fall um eine "double-headed nominal group" im Sinne Sinclairs (1991 : 91) handelt, in der jedem Substantiv in etwa die gleiche Referenzstärke zukommt, sollte diese Kollokation auch unter dem Lemma **Notierung** erwähnt werden.

(128) **der Anstieg der Abschreibungen** HB ø

Wegen des sehr großen Kollokationspotentials von **Anstieg** kann man nicht erwarten, gerade die von uns angeführte Kollokation vorzufinden. So ist auch unter **Abschreibung** eine (128) entsprechende Genitivverbindung nicht vorhanden. Wir haben es wieder mit dem Problem der "Berg-und-Tal"-Ausdrücke zu tun.

(129) **die Kürzung der Dividende** HB ø

Immerhin notiert ein "für breite Benutzerkreise bestimmtes Wörterbuch" (Vorwort) wie der DUDEN Das große Wörterbuch der deutschen Sprache unter **Kürzung** drei Genitivattribute mit mehr oder minder fachspezifischen Merkmalen: **der Arbeitspausen, des Gehalts, der staatlichen Ausgaben.** In einem Fachwörterbuch wie dem Potonnier ist dagegen kein einziges Vergleichbares zu finden. An solchen Beobachtungen tritt das ganze Dilemma der unzureichend reflektierten Terrainbestimmung von Fachlexikographie und sogenannter gemeinsprachlicher Lexikographie deutlich zutage, vorausgesetzt, man hält es für unbedingt notwendig, diese Dichotomie für ein Wörterbuch vom Ausmaß des Dudens aufrechtzuerhalten. Zum Nachteil wirkt es sich allemal auf beide Wörterbuchtypen aus, wie man ja hier im Falle des Potonnier sieht. Daß wir diese Dichotomisierung jedenfalls nicht unterstützen, sollte bisher deutlich geworden sein. Im Potonnier erscheint übrigens auch im Artikel von **Dividende** die Kollokation (129) nicht.

(130) **die Einleitung der Insolvenz** HB ø

Weder unter **Einleitung** noch unter **Insolvenz** findet man eine genitivische Verbindung.

(131) **die erstmalige Einbeziehung der Gewinn- und Verlustrechnungen des Teilkonzerns der KBA-Planeta** AN ø
Mit dem Terminus **Einbeziehung** haben wir es wieder mit einem Sachverhalt aus der Konzernrechnungslegung bzw. Konsolidierung zu tun. Potonnier behandelt diesen so gut wie nicht. Entsprechende Genitiv- und Präpositionalverbindungen (z.B. **die Einbeziehung in den Konzernabschluß**) fehlen.

(132) **der Bericht des Aufsichtsrats** LB ø
Das Attribut übernimmt hier die Funktion einer "Agentivergänzung" (Lauterbach 1993 : 86) in Bezug auf das als Nomen acti fungierende Kernsubstantiv. Im Potonnier ist diese strukturelle Leerstelle im Artikel von **Bericht** nicht besetzt. Unter **Aufsichtsrat** erscheint ebenfalls keine entsprechende Genitivverbindung. Es handelt sich hier um ein im Aktiengesetz (§ 171) genau geregeltes Verfahren, nach dem der Aufsichtsrat der Hauptversammlung u.a. über das Ergebnis seiner Prüfung von Jahresabschluß, Lagebericht und Gewinnverwendungsbeschluß zu berichten hat.

Lexikalische Valenz

Beseitigung lexikalischer Insuffizienz

Wir schauen uns nun Genitivattribute an, die nach Lauterbach (1993 : 90-99) zur lexikalischen Valenz zu zählen sind. Die substantivischen Valenzträger lassen sich nicht, wie im Falle der syntaktischen Valenz, aus Verben ableiten. Es handelt sich im wesentlichen um Abstrakta bzw. um Substantive, die keine Autosemantika im strengen Sinne sind. Zu nennen sind hier solche Substantive wie **Ziel, Komplexität, Problem, Vorschlag, Aufgabe, Auftrag, Maßnahme, Kurs, Phänomen, etc.** Hinzu kommen deadjektivische Substantive wie **Größe, Höhe etc.** Schließlich gehören hierzu auch solche Substantive, die einen Teil von einer Sache ausdrücken, z.B. **Hälfte, Fläche, Bestandteil.** Dem Genitivattribut fällt in all diesen Fällen eine explikative (z.B. **die Frage der Kosten**) oder identifikative (z.B. **die Höhe der Kosten**) Aufgabe in bezug auf das Kernsubstantiv zu. Insbesondere ist auf die Agensergänzung bzw. die Zuweisung einer Urheberschaft (z.B. **die Maßnahmen der Notenbank**) zu verweisen. Das Genitivattribut dient alles in allem zur Beseitigung einer lexikalischen Insuffizienz des Kernsubstantivs.
Erläuterung: die Kommentare beziehen sich weiterhin auf Potonnier. Wir verzichten in der Regel auf seine jedesmalige Erwähnung.

(133) **die Mehrheit der Stimmrechte** AN ø
Unter **Mehrheit** ist zwar **die Mehrheit der Stimmen (erhalten)** erwähnt, was aber inhaltlich keineswegs (133) entspricht. Auch unter dem Lemmata **Stimmrecht** sucht man vergeblich nach der genannten Genitivverbindung. Das Kompositum **Stimmrechtsmehrheit** ist ebenfalls nicht lemmatisiert. Man kommt daher zu dem Schluß, daß Potonnier einen für die Unternehmensverfassung zentralen

Sachverhalt, der immerhin ein sogenanntes Mutter-Tochter-Verhältnis begründet (Lück 1989 : 735), lexikographisch nicht erfaßt.

(134) **die Vermögens-, Finanz- und Ertragslage des Konzerns** AN ø
Unter **Ertragslage, Vermögenslage** und dem Basiswort **Lage** findet man keine Genitivverbindung. Lediglich unter **Finanzlage** ist **Betrieb** glossiert, so daß der Benutzer die grammatische Operation der Deklination selbst durchführen muß. Die gemeinsame Nennung der drei Substantive weist einen erheblichen Grad an Fixiertheit auf. Dies erklärt sich daraus, daß wir es mit der in § 264 HGB geregelten sogenannten Generalnorm zu tun haben, derzufolge der Jahresabschluß "ein den tatsächlichen Verhältnissen entsprechendes Bild der Vermögens-, Finanz- und Ertragslage der Kapitalgesellschaft zu vermitteln" hat.

(135) **die ungünstige Kostenstruktur der deutschen Industrie** LB ø
Weder unter **Kostenstruktur** noch unter **Struktur** erscheint eine Genitivverbindung.

(136) **die (durchschnittliche) Zahl der Mitarbeiter** LB
Unter **Zahl** erscheinen sieben (!) Genitivattribute (**Zahl der Eheschließungen/Geburten/Krankheitsfälle/Niederkünfte/Scheidungen/Schwangerschaften/ Sterbefälle**). Hier werden offenbar die von Butzkamm weiter oben geforderten "interessanten Austauschmöglichkeiten" der Lexik genutzt. Dennoch bleibt ein zwiespältiger Eindruck. Er entsteht durch ein schwer erklärbares Mißverhältnis zu vielen anderen Fällen -von denen wir hier einige wenige beispielhaft besprechen-, in denen von dem vorhandenen Austauschpotential kein Gebrauch gemacht wird. In dem hier erwähnten Beipiel des Potonnier fragt man sich, ob ein mit nicht sonderlich schweren Problemen verbundener Sachverhalt wie der der 'zählbaren Menge' den lexikalischen Aufwand rechtfertigt. Es entsteht leicht ein Eindruck von Redundanz. Die Butzkammsche Forderung nach Interessantheit der ausgetauschten Lexik schließt mit Sicherheit ein, daß durch die transparent zu machende Sprachstruktur auch interessante semantische Verträglichkeiten verdeutlicht werden, z.B. **die HÖHE des RISIKOS/der KOSTEN/der MITARBEITERZAHL/des KAPITALEINSATZES.** Zu der von uns aufgeführten Genitivverbindung (136) ist zu ergänzen, daß sie mehr als eine mehr oder weniger zufällige Zusammenstellung von Wörtern darstellt. Sie ist vielmehr fachspezifisch bedingt. § 285 des HGB verlangt, daß im Anhang **die durchschnittliche Zahl der** (während des Geschäftsjahrs beschäftigten) **Arbeitnehmer** (getrennt nach Gruppen) angegeben wird.

(137) **die Wettbewerbsfähigkeit unserer Produkte** LB ø

(138) **die Ergebnisse des 1. Quartals** HB ø
In jedem Gespräch über den Erfolg eines Unternehmens wird sehr schnell deutlich, in welchem Maße betriebliche Leistungen mit der Größe 'Zeit' gemes-

sen werden. Potonnier stellt diesen fundamentalen Zusammenhang lexikographisch nicht dar.

(139) **das Ergebnis der gewöhnlichen Geschäftstätigkeit** HB ø
Es liegt ein Mehrwortlexem mit Terminusqualität vor.

(140) **die Ertragsperspektiven der Keramikgruppe** HB ø
Unter dem Lemma **Perspektive** ist keine Genitivverbindung aufgeführt. Komposita mit dem Grundwort **Perspektive** werden nicht berücksichtigt, da am Artikelende keine Verweise auf Determinativa gegeben werden.

Semantisch-logische Valenz

Bindungskräfte von Autosemantika

Auf der semantisch-logischen Ebene ist die Bindungskraft zwischen Kernsubstantiv und Genitivattribut weder syntaktisch noch durch eine lexikalische Insuffizienz motiviert. Die Kernsubstantive werden hier durch Autosemantika, i.d.R. Konkreta, dargestellt Lauterbach (1993 : 99-104). Die Bindungskräfte gehen von sogenannten relationalen Substantiven (z.B. **Partner, Tochtergesellschaft, Muttergesellschaft**) aus. Sie beruhen außerdem auf 'haben'- und 'produzieren'-Relationen (z.B. **die Schulden des Unternehmens, die Verluste des Unternehmens**) oder auf 'Teil-von-sein'-Relationen (z.B. **die Keramiksparte des Unternehmens**). Desweiteren sind Personenbezeichnungen mit dem Merkmal [+ Funktion] zu nennen. Dabei eröffnen sie eine Leerstelle für Substantive mit dem Merkmal [Organisation] (z.B. **der Vorsitzende des Aufsichtsrats**). Schließlich kann das Genitivattribut die Funktion einer Final- und Instrumentalergänzung übernehmen (z.B. **der Fachmann der Kostenrechnung**). In diesem Fall kann eine starke Konkurrenz zum Präpositionalattribut mit **für** entstehen (z.B. **der Fachmann für Kostenrechnung**).
Erläuterung: Die folgenden Kommentare beziehen sich auf Potonnier.

(141) **die Anteile der Gesellschafter** BIRILI ø
In der Darstellung des Lemmas **Anteil** ist die als usuell zu bezeichnende Puralform nicht erwähnt. Im Index des BECK'schen Bilanzkommentars (1990 : 2170), um nur ein Beispiel zu geben, erscheint bezeichnenderweise nur die Pluralform. Man sucht also vergebens nach einer (141) entsprechenden Genitivverbindung im Potonnier. Unter dem Lemma **Gesellschafter** ist die außerordentlich stark fixierte Kollokation (141) ebenfalls nicht anzutreffen.

(142) **eine 75% ige Tochtergesellschaft der KBA-Planeta AG** AN ø

(143) **der Investitionskredit der Industriebank AG** AN ø
Auffallend ist, daß in dem mehr als eine Wörterbuchseite umfassenden Artikel zu **Kredit** keine einzige attributive Ergänzung erwähnt wird. Dies erweist sich

im Hinblick auf die präpositionalen Anschlußmöglichkeiten (z.B. **von der Dresdner Bank, über 10 000 DM, mit einer Laufzeit von 5 Jahren, zur Sanierung**) als ein Produktionsnachteil. Auch unter dem vergleichbaren Terminus **Darlehen** wird weder ein Genitivattribut noch eines der genannten präpositionalen Muster erwähnt.

(144) **der Bevollmächtigte der IG-Metall** AN ø

(145) **der geschäftsführende Gesellschafter der Firma Dr.Ebner** AN
Die Kollokation **Gesellschafter einer offenen Handelsgesellschaft ist** aufgeführt. Die durch den indefiniten Artikel bewirkte referenzielle Unbestimmtheit sollte in einem aktiven Wörterbuch vermieden werden.

(146) **das Geschäft der CEAG AG** LB ø

(147) **der Verfall von Preis und Gewinnmargen** LB

(148) **die erstmalige Einbeziehung von KBA Planeta North America** AN

(149) **die Anlaufverluste von Friwo FAR EAST in Honkong**
In den drei vorgenannten Kollokationen dient unser Interesse der Präposition **von.** Nehmen wir als weiteres Beispiel noch den folgenden Beleg: **der Betrag, der zum Erwerb von Anteilen erzielt wird** (BIRILI). Helbig/Buscha (1991 : 412) sprechen hier von dem attributiven Gebrauch der Präposition **von** als Genitiversatz (**der Erwerb der Anteile**). Lauterbach (1993 : 160) dagegen sieht in dieser Präpositionalphrase keine Ersetzung des Genitivs, sondern einen "analytischen Genitiv". Entscheidend ist, daß die Benutzer durch die bewußte Berücksichtigung von Kollokationen dieses Typs auf diese Möglichkeit des "Genitiv"gebrauchs aufmerksam gemacht werden.
Inwieweit Potonnier das Phänomen des Artikelgebrauchs bewußt und möglichst systematisch behandelt, läßt sich schwer abschätzen. Schaut man sich z.B. den gut ausgearbeiteten Artikel des Lemmas **Recht** an, so gewinnt man den Eindruck, als habe man sich eher für die durchgängige Setzung des unbestimmten Artikels im Genitiv entschieden **(Verlust eines Rechts).**
Letztlich muß es darum gehen, den fremdsprachigen Benutzer mit möglichst vielen Formen der Genitivstruktur in grammatisch impliziter Weise vertraut zu machen. Wie man es etwas besser machen kann, zeigt z.B. der Artikel des Lemmas **Grundstück.** Dort findet man -bei wiederum grundsätzlicher Dominanz des unbestimmten Artikels- auch solche Kollokationen wie **Erwerb von Grundstücken** oder **Zuteilung neuer Grundstücke**. Die häufige Verwendung des unbestimmten Artikels könnte sich durch die Tendenz zu einer "diskursiv-reflektierenden" lexikographischen Präsentation des selektierten Sprachmaterials erklären. Dafür spricht zumindest das Merkmal der Indeterminiertheit des Substantivs. Referentielle Determiniertheit als (i.d.R.) ein Merkmal des bestimmten Artikels weist jedenfalls eine größere Nähe zur dialogischen Sprachhandlung auf. Dies trifft ebenso für possessive und demonstrative Deter-

minatoren zu. Wir empfehlen daher deren lexikographische Berücksichtigung, wenn dies fachlich zu rechtfertigen ist.

6.2.2 Kernsubstantiv + Präpositionalattribut

Hohe Relevanz für Benutzer

Bergenholtz (1984 : 27-30) spricht sich mit Blick auf sog. gemeinsprachliche Wörterbücher für mehr syntaktische Informationen beim Substantiv aus. Diese Forderung ist ohne Abstriche auf das aktive Kontext-Fachwörterbuch auszudehnen. Uneingeschränkte Zustimmung gebührt seiner "Vermutung", daß die Fügungspotenzen in der Gruppe des Substantivs durch die Angabe von Kollokationen mit bestimmten Wörtern angemessen zu beschreiben sind. Eine wichtige Gruppe hiervon stellen die Präpositionalattribute dar. Nach Kromann (1985 : 355) kommt die Behandlung der "kollokationellen Präpositionen nach den Substantiven" in besonderer Weise den Bedürfnissen der ausländischen Benutzer entgegen. Zu beachten ist, daß das im vorhergehenden Kapitel besprochene Genitivattribut mit dem Präpositionalattribut beim Aufbau nominaler Relationen interagiert. Dabei kann es zu komplexen Verbindungen kommen:

(150) **die Verrechnung der Anschaffungskosten mit dem Konzernanteil am Eigenkapital des Tochterunternehmens** AN

Keine uneingeschränkte Adjazenz

Freytag (1992 : 156) und Lauterbach (1993 : 135) gehen von einer besonders starken Bindungskraft zwischen Kernsubstantiv und Genitivattribut aus (Für das Französische siehe Seite 328). Diese hat zur Folge, daß letzteres gemäß der Adjazenzbedingung die Stelle rechts vom Kernsubstantiv vor dem Präpositionalattribut bzw. den Personalattributen einnimmt. Ohne die grundsätzliche Gültigkeit dieser Tatsache in Frage stellen zu wollen, sei jedoch auf den folgenden Fall hingewiesen:

(151) **die Verbindlichkeiten gegenüber Kreditinstituten der Koenig & Bauer AG** AN

Wir sehen, daß in dem Moment, in dem das Präpositionalattribut mit dem Kernsubstantiv eine terminusähnliche Verbindung eingeht, das Genitivattribut nach rechts gedrückt werden kann.

Darstellung komplexer Sachzusammenhänge

Zweifelsohne werden die Ausdrucksmöglichkeiten des nominalen Syntagmas durch das Präpositionalattribut erheblich erweitert (Lauterbach 1993 : 112). Es liegt auf der Hand, daß die lexikographische Darstellung komplexer Sachzusammenhänge hiervon profitieren kann. Daher fassen wir das präpositionale Attribut in einem bewußt weiten Sinne auf. Der bekanntermaßen nicht immer einfachen grammatischen Unterscheidung von Ergänzungen und Angaben messen wir eine nur sekundäre Bedeutung bei, ohne allerdings ihre Hilfsfunktion in evidenten Fällen zu verkennen. Wir fragen also bei einer Kollokation, wie z.B. **die Vollkonsolidierung mit Minderheitenausweis**, nicht danach, ob bei der präpositionalen Phrase eine Angabe oder eine Ergänzung vorliegt bzw., ob die Präposition vom Substantiv gesteuert ist oder autosemantischer Natur ist.
Im übrigen sei bemerkt, daß diese Frage ohne die "ursprünglich" stets notwendige Kenntnis von Sachzusammenhängen gar nicht beantwortbar ist. Der Linguist will oder kann diesen grundsätzlichen Sachverhalt oftmals nicht wahrnehmen, weil er ein Opfer der "vergessenen Semiose" geworden ist. Gerade hiergegen können fachsprachliche Untersuchungen in starkem Maße sensibilisieren. Sie versetzen einen nicht selten in eine Art "linguistischen status nascendi".
In der genannten Kollokation etwa ist jener Sachverhalt angesprochen, daß Anteile von Minderheitsgesellschaftern bei den Tochterunternehmen im Rahmen der Vollkonsolidierung in der Konzernbilanz innerhalb des Eigenkapitals gesondert auszuweisen sind (§ 307 Abs. 1 HGB). Dieses Wissen ist entscheidend für die Herausschneidung der Kollokation aus der Textumgebung.
Andererseits lassen wir uns bei einer Kollokation des Typs **die Beteiligung an der KBA-PLaneta AG** -aus gedächtnisökonomischen Gründen- durchaus von unserem "grammatikalisierten" Wissen leiten, daß wir es hier mit einem präpositionalen Attribut mit Ergänzungsqualität zu tun haben.
Lauterbach (1993) nimmt auch für das Präpositionalattribut eine Analyse auf den drei genannten Valenzebenen vor. Wegen seiner relativ guten Praktikabilität greifen wir wieder auf dieses Modell zurück. Wir sind uns dennoch bewußt, daß man über die eine oder andere Zuteilung von Kollokationen auf eine der drei Valenzebenen unterschiedlicher Meinung sein kann. So scheint etwa die von Lauterbach vorgenommene Aufteilung der Substantive auf die Ebene der syntaktischen und der lexikalischen Valenz nicht ganz trennscharf zu sein. Aber diese Trennschärfe ist eben nicht möglich. **Entscheidung** erscheint z.B. auf beiden Ebenen. Andere Zweifelsfälle gehen letzlich auf die auch in diesem Modell nicht zu beseitigende "Problematik", wenn es denn eine ist, der Abgrenzung von Ergänzungen und Angaben zurück.

Syntaktische Valenz

Wie schon bei der Genitivverbindung kann auch hier die Valenz der Substantive auf die Valenz von Verben zurückgeführt werden, die an einem Nominalisierungsprozeß

teilnehmen. In der Regel werden die Präpositionen vom verbalen in den nominalen Bereich mitgenommen (Lauterbach 1993 : 160-162).
Erläuterung: Die Kommentare beziehen sich auf Potonnier. Wo möglich, verzichten wir auf seine jeweilige Erwähnung.

(152) **die Investitionen in Sach- und Finanzanlagen** LB ø
Nicht nur das Substantiv, sondern auch das entsprechende Verb **investieren** ist ohne die Präposition lemmatisiert. Hier handelt es sich um eine Kollokation, die sich sicher auch auf der Ebene der lexikalischen Valenz einordnen ließe, wenn man den Aspekt der lexikalischen Insuffizienz von **Investition** betont. Wir haben dagegen den Akzent auf die Konstruktionsparalle zum Verb gelegt und uns deshalb für die Einordnung hier entschieden.

(153) **die Nachfrage nach Maschinen** HB ø

(154) **die Haftung (der Gesellschafter) für Verbindlichkeiten** BIRILI
Mehrere Verbindungen mit der Präposition **für** sind aufgeführt. Dabei fällt auf, daß bei einigen das Attribut in Klammern gesetzt ist, z.B. **Haftung des Auftraggebers (für Verschulden von Erfüllungsgehilfen)**. Beim Nachschlagen im Band F-D findet man schnell die Erklärung für diese Beobachtung. In all den Fällen, in denen das Präpositionalattribut im Band D-F geklammert ist, ist beim französischen Äquivalent im Band F-D ebenfalls eine entsprechende Klammerung vorhanden: **responsabilité du commettant (pour les fautes de ses préposés)**. Man darf mit Sicherheit davon ausgehen, daß in diesen Fällen das französische Sprachmaterial als Ausgangsmaterial zugrunde lag. Man findet nämlich jeweils den Quellenhinweis, z.B. c. civ. art. 1384 al. 5. Im Band D-F sind diese Hinweise nicht mehr vorhanden. Desweiteren entdeckt man, daß bei den deutschen Äquivalenten im Band F-D keine Klammerungen vorgenommen wurden. Wir führen diese Unstimmigkeiten auf den generell unsicheren bzw. ungesicherten Status des Präpositionalattributs im Potonnier zurück.

(155) **die Prüfung (des Jahresabschlusses) durch den Abschlußprüfer** BIRILI
Die 'durch'-Phrase übernimmt hier die Aufgabe der Agens-Bezeichnung. Grammatisch interessant ist, daß das Vorhandensein des Genitivattributs die Setzung der 'durch'-Phrase verlangt (Helbig/Buscha 1991 : 424). Fällt das erste Genitivattribut dagegen weg, kann die 'durch'-Phrase auch durch ein Genitivattribut ersetzt werden. Eine diskrete, "implizite Grammatik" hat solchen Phänomenen Rechnung zu tragen.

(156) **die Ausschüttung einer Dividende an unsere Aktionäre** LB ø
Auch unter dem entsprechenden Verb **ausschütten** wird auf die Angabe der Präposition **an** verzichtet.

(157) **der Druck auf die Erlöse** LB
Potonnier kann hier als Beispiel für eine aus unserer Sicht gelungene Verarbeitung dieses Kollokationsmusters betrachtet werden. Unter dem Lemma **Druck** findet man die vergleichbare Kombination **einen Druck auf die Preise ausüben** und unter dem Lemma **Preis** die Kollokation **Druck auf die Preise.**

(158) **die Zuführung zur gesetzlichen Rücklage aus dem Ergebnis** AN
Im Band D-F liest man die Kollokation **Zuführung an die Rücklagen.** In unserer Selektionsarbeit haben wir die Präposition **an** bisher nicht angetroffen. Sie dürfte ungewöhnlich sein. Möglicherweise erklärt sich ihr Auftreten durch den Einfluß des französischen Äquivalents **versement aux réserves.** Im Band F-D findet man nämlich unter **versement** die gleiche deutsche Kollokation mit der Präposition **an.**

(159) **die Aufrechnung der Beteiligung mit dem anteiligen Eigenkapital des Tochterunternehmens ø**
Weder unter dem Lemma **Aufrechnung** noch unter dem Verblemma **aufrechnen** stößt man auf die Präposition **mit**. Ebensowenig auf ein auch mögliches **gegen**. Die Vernachlässigung des Präpositionalattributs beim Verbalsubstantiv dürfte im Potonnier in einem ursächlichen Zusammenhang mit der Nichtberücksichtigung des präpositionalen Anschlusses beim entsprechenden Verb stehen.

(160) **Entnahmen aus der Kapitalrücklage ø**
Man liest unter dem Verblemma: **entnehmen prendre (sur auf).** Wir finden keine angemessene Erklärung für die Angabe der Präposition **auf.** Möglicherweise liegt hier eine zu wörtliche Übersetzung von **sur** vor.

Lexikalische Valenz

Auf der Ebene der lexikalischen Valenz sind es, wie bei der Genitivverbindung, Abstrakta, lexikalisch defiziente und deadjektivische Substantive, die als Kopf des Präpositionalattributs fungieren. Doch sind auch Konkreta möglich, ebenso inhaltsarme Substantive (z.B. **ein Beispiel für**). In dem letzten Fall kann es zu einer Konkurrenz mit dem Genitivattribut kommen. Dies trifft auch für jene Substantive zu, deren Rektion noch nicht gefestigt ist (z.B. **Versuche zur/der Kostenreduzierung**). Das Präpositionalattribut auf der Ebene der lexikalischen Valenz eignet sich besonders gut als Explikativergänzung. Dabei kann es eine Vielzahl spezifizierender semantischer Rollen füllen: FINALITÄT, THEMA, PARTNER, QUANTITÄT, MODALITÄT. Um einige Beispiele zu nennen: **Kritik an, Bedarf an, Geschäft mit, Interesse an, Vertrag mit** etc. Die Abstrakta sind dadurch auszumachen, daß sie einen Konjunktionalsatz oder einen Infinitiv mit **zu** binden können: **Plan (für/über), Anspruch (auf), Sicherheit (für)** etc. (Lauterbach 1993 : 163-167).

Erläuterung: Die Kommentare beziehen sich auf Potonnier. Wir verzichten in der Regel auf seine Erwähnung.

(161) **Vorsorgen für Gewährleistungsverpflichtungen** AN ø
Erwähnt ist die Kollokation **Vorsorge treffen**. Die Präposition **für** ist nicht vorhanden. In (161) hat das Substantiv **Vorsorgen** allerdings stärkere autosemantische Qualität und bedeutet soviel wie 'Rückstellungen' (des provisions). Diese Bedeutung wird von Potonnier nicht berücksichtigt. Unter **Gewährleistungsverpflichtung** trifft man immerhin die Kollokation **Rückstellungen für Gewährleistungsverpflichtungen** an.

(162) **das Überangebot an Hüttenaluminium** LB ø
Unter **Überangebot** wird keine Angabe zur Präposition gemacht. Für den fremdsprachigen Benutzer ist das von Nachteil, weil kein Hinweis auf das Grundwort **Angebot** erfolgt. Dort findet sich in Klammern die weniger übliche Präposition **von** in Verbindung mit **Arbeitskräften.** Sie wird durch *od* (= oder) als gleichwertig mit der präpositionalen Verbindung **am Arbeitsmarkt** gekennzeichnet. Das ist nicht ganz korrekt, da eine Verbindung wie **das Angebot von Arbeitskräften am Arbeitsmarkt** durchaus gebräuchlich ist. Durch eine wohlüberlegte Aufteilung der möglichen Präpositionalverbindungen im Artikel und durch eine ebenso gut durchdachte Kombination derselben könnte der Benutzer vor falschen Schlüssen im Hinblick auf das Funktionieren von Sprachstrukturen bewahrt werden. Dem Benutzer würde die Grammatik präpositionaler Verbindungen vermittelt werden, ohne sich deren besonders bewußt sein zu müssen.

(163) **der Rückgang des Bedarfs an Antriebsbatterien** LB
Unser Interesse gilt der von **Bedarf** bestimmten Präposition **an**. Potonnier gibt keine voll ausgeführte Präpositionalverbindung an. Man findet lediglich eine in Klammern gesetzte Präposition bei dem nominalen Verbgefüge **keinen Bedarf haben ... (an)**.

(164) **der Abgrenzungsposten für aktivisch latente Steuern** BIRILI ø
Unter **Abgrenzungsposten** ist kein Präpositionattribut auszumachen. Auch unter **Posten** findet man kein solches. An der Kollokation (164) wird gut deutlich, wie sehr durch eine präpositionale Verbindung gleichzeitig wichtige sachsystematische Zusammenhänge "eingefangen" werden können.

(165) **Verbindlichkeiten gegenüber Kreditinstituten** AN ø
Obwohl es sich um ein Mehrwortlexem mit Terminuscharakter handelt -es stellt einen passiven Bilanzposten dar-, ist in dem Präpositionalattribut das Substantiv **Kreditinstitut** durch eine Reihe anderer Substantive ersetzbar. In Potonnier erscheint die etwas eigentümliche Verbindung **Verbindlichkeiten an Lieferanten** mit dem Hinweis, daß es sich um einen Bilanzposten handele.

Nach unserem Kenntnisstand ist **Verbindlichkeiten aus Lieferungen und Leistungen** die seit jeher übliche Bezeichnung.

(166) **Abwertungen für Bestandsrisiken** AN ø
Auch eine Kollokation wie **Abwertungen auf uneinbringliche Forderungen** ist möglich. Keiner der beiden präpositionalen Anschlüsse ist vorhanden.

(167) **eine Abschreibungsrate von 10 %** BIRILI ø
Auch unter **Rate** ist kein präpositionaler Anschluß angegeben. In diesem Kollokationstyp wird die Präposition **von** häufig zu dem präpositionsähnlichen Ausdruck **in Höhe von** expandiert. Unter dem Lemma **Höhe** ist die folgende Eintragung erfolgt: **in Höhe à concurrence (de von)**. Unter dem Gesichtspunkt der Sprachproduktion ist hier von einer Überforderung des fremdsprachigen Benutzers auszugehen. Zur korrekten syntaktischen Einbettung des präpositionalen Ausdrucks sind diese Angaben nur bedingt geeignet.

(168) **ein Ergebnis in Vorjahreshöhe** LB ø
Bei dem Lemma **Ergebnis** ist auf die Angabe von Attributen jeglicher Art (s.a die Kollokationen (138) und (139)) verzichtet worden. **Vorjahreshöhe** ist nicht lemmatisiert. Die Kollokation hat insofern besondere sachsystematische Relevanz, als die Vergleichbarkeit der Posten in der Bilanz und in der Gewinn- und Verlustrechnung mit den Posten des Vorjahres gegeben sein muß. Dies ge-schieht durch die Angabe der Vorjahreszahlen. Die Kollokation ist ein Beispiel für diese wichtige zeitliche Vergleichsperspektive.

(169) **unsere Anstrengungen zur Kostenreduzierung** LB ø
Anstrengung ist lemmatisiert, allerdings mit dem ausdrücklichen Hinweis, daß es sich um einen Begrif aus dem Bereich des "Arbeitsstudiums" handelt. Die damit verbundene Autosemantik schließt einen präpositionalen Anschluß eher aus. Es erscheint auch keiner. Unser Interesse gilt aber gerade dem inhaltsärmeren Abstraktum **Anstrengung**. Mit ihm verbindet sich eine Problematik, die hier nur angedeutet werden kann, und die Präpositional- und Genitivattribute gleichermaßen betrifft. Sie stellt sich eigentlich erst bei der Anlage der Mikrostruktur eines Artikels. Vergleichbare Kollokationen sind z.B. **die Behandlung von Zwischenergebnissen, die Aufstellung des Anteilsbesitzes, die Bestimmungen des Gesellschaftsvertrags, die Bemühungen zur kurzfristigen Kapazitätsanpassung**. Die Gemeinsamkeit dieser Kollokationen besteht darin, daß die Kernsubstantive in allen Fällen inhaltsärmer als die Substantive der Attribute sind. Eine für ein Fachwörterbuch angemessene Vorgehensweise besteht darin, im Artikel des konzeptstarken Lemmas eine aus dem Überblick über das Fachgebiet geleitete Auswahl etwaiger inhaltsarmer Kernsubstantive vorzunehmen und das Lemma attributiv anzuschließen.

(170) **die Ursachen für das schlechtere Konzernergebnis** LB ø

Es liegt die gleiche Problematik wie in (168) vor. Die Genitivkonstruktion **die Ursachen des schlechteren Konzernergebnisses** ist gleichwertig.

(171) **ein Konzernunternehmen mit Sitz in der EG** BIRILI ø
Wegen der starken Bindungskräfte zwischen **Unternehmen** und **mit Sitz in** haben wir uns zur Einordnung dieser Kollokation auf der Ebene der lexikalischen Valenz entschlossen. Für einen fremdsprachigen Benutzer wenig hilfreich dürfte die alleinige Präsentation von **mit Sitz in (Köln)** unter dem Lemma **Sitz** sein, wie das in Potonnier der Fall ist.

Semantisch-logische Valenz

Die verbleibende Gruppe von Substantiven definiert sich ex negativo zu den bisher erwähnten. Autosemantika, d.h. Konkreta spielen, wie beim Genitivattribut, eine besondere Rolle. Auch deadjektivische und deverbale Konkreta treten auf. Das Präpositionalattribut ist auf dieser Ebene -das kann hier mit dieser Eindeutigkeit gesagt werden- nicht als Ergänzung, sondern als Angabe zu klassifizieren. Die Konkurrenz mit dem Genitivattribut ist in diesen Verbindungen am größten (Lauterbach 1993 : 167-171). Zur Behandlung des Präpositionalattributs mit Angabecharakter durch Potonnier läßt sich sagen, daß es nach unseren Erkenntnissen keine Berücksichtigung erfährt. Das ist für ein aktives Wörterbuch nicht akzeptabel, weil durch diese Sprachstruktur vielfältige und bedeutsame sachliche Zusammenhänge abgebildet werden. Deren Relevanz ist für die quantitative Begrenzung dieses Kollokationstyps entscheidend.
Erläuterung: die Kommentare beziehen sich auf Potonnier.

(172) **die Verbesserungen in der Vorratshaltung** LB ø
Wir verweisen auf die Kommentierung der Kollokation (123), die ebenfalls das Kernsubstantiv **Verbesserung** enthält. Die dort vorhandene genitivische Verbindung konkurriert mit der hier vorhandenen präpositionalen. Der geringfügige und vermutlich in der Sprachpraxis wenig beachtete semantische Unterschied besteht darin, daß die Genitivkonstruktion zwischen den beiden Substantiven eine ganzheitliche Beziehung herstellt, während das Präpositionalattribut die Möglichkeit einer partitiven Beziehung eröffnet.

(173) **die Unsicherheiten auf den Devisenmärkten** LB ø
Auch hier ist eine Konkurrenz zwischen Genitiv- und Präpositionalattribut möglich. Die Kollokation kann als stark usuell bezeichnet werden. Dies beruht auf der bekannten Tatsache, daß Währungen ständig Wechselkursschwankungen ausgesetzt sind.

(174) **der Bilanzgewinn im Einzelabschluß (der Muttergesellschaft)** AN ø
Der handelsrechtliche Terminus **Bilanzgewinn** ist nicht lemmatisiert. Hiermit ist eine Lücke in der Fachsystematik vorhanden, die wegen des wichtigen Unter-

schieds, der zwischen dem Bilanzgewinn und dem "tatsächlichen" Gewinn (**Jahresüberschuß**) besteht (Lück 1989 : 148), von Gewicht ist. Der Terminus **Einzelabschluß** erscheint ebenfalls nicht. Da mit **Konzernbilanz** der Pendantterminus lemmatisiert ist, kann man auch hier von einer echten Systemlücke sprechen.

(175) **Unterschiede aus der Währungsumrechung** AN ø
Die Präposition **aus** unterscheidet sich von den anderen auf dieser Ebene gebrauchten Präpositionen dadurch, daß sie über eine geringere semantische Autonomie verfügt. Nach Lauterbach (1993 : 149f.) spezifiziert sie in diesem Kollokationstyp die Kategorie 'Richtung' als Herkunft-Verhältnis. Unter Umständen kann eine Konkurrenz zum Genitiv entstehen. Der Begriff **Unterschied** erhält in der Verbindung mit **Währungsumrechung** eine sehr fachspezifische Bestimmung. Die Behandlung von Umrechnungsdifferenzen infolge der Umrechnung der Jahresabschlüsse ausländischer Tochtergesellschaften ist eines der Kernprobleme bei der Aufstellung internationaler Konzernabschlüsse (Lück 1989 : 773).

(176) **die Auftragsbestände in einigen Produktbereichen** LB ø

(177) **die Veröffentlichung im Bundesanzeiger** BIRILI
Der Kollokationstyp ist unter dem Lemma **Bundesanzeiger** erwähnt. Wegen der in § 325 - § 329 HGB geregelten Bundesanzeiger- und Registerpublizität kann von einem starken sachsystematischen Zusammenhang zwischen **Veröffentlichung** einerseits und **Bundesanzeiger** bzw. **Handelsregister** andererseits ausgegangen werden. Dies sollte sich durch entsprechende Kollokationen auch in dem Artikel des Lemmas **Veröffentlichung** niederschlagen, was jedoch nicht der Fall ist.

(178) **die Auftragseingänge bei Antriebsbatterien** LB ø
Wir meinen, daß der Präposition **bei** besondere Aufmerksamkeit bei der Erfassung von Kollokationen des von uns untersuchten Fachgebietes geschenkt werden sollte. Unter den von Helbig/Buscha (1991 : 421-422) gegebenen sieben Gebrauchsweisen entdecken wir nicht den in (178) vorliegenden Fall. Wir halten jedenfalls die korrekte Verwendung dieser Präposition durch den fremdsprachigen Benutzer dann für nicht einfach, wenn es um die Darstellung von Zusammenhängen abstrakterer Natur geht. Nach Weinrich (1993 : 650-653) erhält der Hörer durch diese Präposition die Anweisung, die Bedeutung des Adjunkts (= **Antriebsbatterien** in unserem Beispiel) als "Rahmen" für die Bedeutung der Basis (= **die Auftragseingänge**) anzusehen. Darüber, welches Element hier für welches als Rahmen fungiert, läßt sich sicherlich trefflich streiten. Inwieweit also eine solche Erklärung dem fremdsprachigen Benutzer die angemessene Verwendung der Präposition erleichtert oder ob eine solche Überlegung erst vor dem Hintergrund eines immensen muttersprachlichen Wissens ihre Erklärungskraft voll entfaltet, ist schwer

zu entscheiden. Wir hegen mit Dauses (1994 : 47) einige Zweifel, ob Bedeutungsangaben dieses Typs, die aus einer "nirgends mehr greifbaren Systembedeutung" abgeleitet werden, diese Hilfestellung geben können. Sicherer ist es allemal, dem Benutzer die entsprechenden Beispiele, möglichst viele unterschiedliche Verwendungsmöglichkeiten abdeckend, "gebrauchsfertig" zu liefern.

(179) **die Hersteller in der Zivilluftfahrt** LB ø
Wenn selbst das in noch viel stärkerem Maße sich aufdrängende Kollokationsmuster **Hersteller von**/Genitiv von Potonnier nicht berücksicht wird, ist schwerlich zu erwarten, das in (179) vorhandene anzutreffen.

(180) **das negative Ergebnis bei PB BATTERY** LB ø
Der von Weinrich (1993) in (178) angeführte "Rahmen" dürfte hier für den fremdsprachigen Benutzer leichter verständlich sein, da er durch die "Institution" des Unternehmens dargestellt wird.

(181) **die Konjunktur in der Bundesrepublik** LB ø

(182) **die Absatzmöglichkeiten im zweiten Halbjahr** ø
Zeitliche Angaben spielen in der Fachsystematik des Kontext-Fachwörterbuchs der Rechnungslegung eine herausragende Rolle. Es muß darum gehen, in den Artikeln der "Zeit-Lemmata", (z.B. **Quartal**, **Jahreshälfte**, **Vormonat**, **Vergleichszeitraum** etc.) die jeweils gebräuchlichen Kollokationsmuster darzubieten. Es dürfte jedenfalls schwierig sein, die "Zeit-Kollokationen" bei allen "zeitsensitiven" Lemmata aufzuführen.

Sachsystematische Relevanz der Präposition

Im Anschluß an die Besprechung des Präpositionattributs mit Angabecharakter bietet es sich an, noch etwas näher auf das Zusammenspiel von Präpositionen und Fachbegriff einzugehen. Wir sehen dabei von der attributiven Verwendungsmöglichkeit ab und konzentrieren unser Interesse allein auf das präpositionale Syntagma selbst. Wegen der bisweilen großen syntaktisch-semantischen Autonomie desselben ist seine Abhandlung unter der Junktionskollokation nicht unproblematisch. Wir nehmen diese Ungenauigkeit hier in Kauf:

(183) **auf der Passivseite**

(184) **bei der erstmaligen Konsolidierung**

(185) **am Abschlußstichtag**

(186) **bei der Buchwertmethode**

(187) **im Zuge der Erstkonsolidierung**

(188) **bei Ansatz zum Buchwert**

(189) **bei der Erstellung des Konzernabschlusses**

(190) **im abgelaufenen Geschäftsjahr**

(191) **am Standort Duisburg**

(192) **im internationalen Geschäft**

(193) **in den wichtigsten Auslandsmärkten**

Präzisierungen sind eventuell für die Kollokationen (188) und (193) angebracht. Im ersten Fall handelt es sich um den konditionalen Gebrauch der Präposition **bei**, der zumeist mit Nullartikel erfolgt (Helbig/Buscha 1991 : 421). Im letzten Fall ist auch die Verwendung von **auf** und unter Umständen **an** möglich. Für alle angeführten präpositionalen Syntagmen gilt, daß das Auftreten der jeweiligen Präposition nicht zufällig, sondern durch mehr oder weniger sach- und handlungslogische Gegebenheiten bedingt ist. In (185) ist der Zusammenhang zwischen der Präposition **an** und dem **Abschlußstichtag** deshalb fachlich relevant, weil es eben nicht **vor** und auch nicht **nach**, sondern **an dem** bzw. **am Abschlußstichtag** ist, an dem im Rahmen der Bilanzierung der Stand sämtlicher **Vermögensgegenstände, Schulden, Rechnungsabgrenzungsposten, Aufwendungen** und **Erträge** auszuweisen ist. Allerdings können auch die Präpositionen **vor** und **nach** in eine fachsystematisch bedeutsame Beziehung zu dem betreffenden Terminus geraten, wenn es etwa um die Bestimmung der **antizipativen** und **transitorischen Rechnungsabgrenzungsposten** geht. Erstere stellen einen Ertrag **vor dem Abschlußstichtag** und eine Einnahme **nach dem Abschlußstichtag** dar, letztere dagegen Ausgaben **vor dem Abschlußstichtag** und Aufwand **nach dem Abschlußstichtag** (Peat/Marwick/Mitchell 1987 : 58, 60). In (188) ist der Gebrauch des konditionalen **bei** ebenfalls fachlich relevant. Er ist die Folge der im Rahmen der Kapitalkonsolidierung bestehenden Wahlmöglichkeit zwischen **Buchwertmethode, Neubewertungsmethode** und (in eingeschränkterem Maße) **Pooling-of-interest-Methode (Interessenzusammenführungsmethode)** (Peat/Marwick/ Mitchell 1987 : 159). Eine besondere Erwähnung verdient noch der Gebrauch der Präposition **bei** in der Kollokation (189). Reinhardt/Köhler/Neubert (1992 : 162) weisen auf den sprachökonomischen Vorzug der durch sie gebildeten Wortgruppe gegenüber der aufwendigen Bildung eines Satzes (Wenn ..., ...) hin. Ein Fachwörterbuch sollte solchen Zusammenhängen Beachtung schenken. Schaut man z.B. unter dem Lemma **Jahr** nach, so findet man im Potonnier kein einziges präpositionales Syntagma. In Boelcke/Straub/Thiele und ganz besonders in Doucet/Fleck ist das in noch viel geringerem Maße erwartbar. Dafür trifft man auf syntaktische, d.h. kontra-sprachproduktive, "Neutra" vom Typ **ertragreiches Jahr** oder **laufendes Jahr**. Dabei entdeckt man im übrigen, daß die Wahrscheinlichkeit des Auftretens einer Präposition auch von dem Attribut beeinflußt werden dürfte. Wir erwarten aufgrund bestimmter sachsystematischer Regelmäßigkeiten eher das Auftreten von **im laufenden Jahr** als von **in dem/im ertragreichen Jahr.**

Sekundäre Präpositionen

Auf der Ebene der Präpositionalphrase mit Angabecharakter ist auch auf die fachsprachliche Bedeutung jener Präpositionen hinzweisen, die von Helbig/Buscha (1991 : 402f.) "sekundäre Präpositionen" genannt werden und die Eisenberg (1986 : 254) als "Präpositionen der jüngeren Schicht" bezeichnet. Damit werden solche Präpositionen wie **abzüglich, zuzüglich, gemäß, dank, seitens, aufgrund, infolge, wegen, in Verbindung mit** etc. gegen die "primären Präpositionen" bzw. "Präpositionen der älteren Schicht" wie **in, an, auf, bei** etc. abgegrenzt. Von Helbig/Buscha (1991 : 402) erfahren wir, daß die sekundären Präpositionen meistens den Genitiv regieren. Nach Benes (1976 [1966] : 93) findet die Fachsprache in ihnen ein fein differenzierendes Instrumentarium zur Darstellung von Denkbeziehungen. In dem von uns selektierten Sprachmaterial fallen besonders jene Präpositionen ins Auge, die kausale Beziehungen zum Ausdruck bringen (**infolge, aufgrund**). Lauterbach (1993 : 157) spricht speziell im Hinblick auf die kausale Attribuierung von einer Erweiterung des nominalen Syntagmas um eine wichtige Grundkategorie der Sprache. Sie könne von anderen nominalen Sprachmustern nicht geleistet werden. Wir halten den exakten Gebrauch der kausalen Attribuierung für das fach(sprach)liche Handeln in einem problemlösungsorientierten Kontext wie dem eines Unternehmens für äußerst wichtig. Nachstehend geben wir einige Beispiele von Kollokationen mit sekundären Präpositionen:

(194) **die Abschreibungen aufgrund des Niederstwertprinzips** BIRILI

(195) **die Lohnsteigerungen aufgrund hoher Tarifabschlüsse** LB

(196) **die Kosten in Verbindung mit der (notwendigen) Schrumpfung des Unternehmen** LB

(197) **die steuerrechtlichen Abschreibungen gemäß Abschnitt 34 EStR** AN

(198) **die Anschaffungskosten abzüglich planmäßiger Abschreibungen** AN

Nach unserer Erkenntnis berücksichtigt Potonnier die sekundären Präpositionen nicht bzw. syntaktisch dysfuntional bei der Präsentation von Kollokationen. In einigen Fällen erfolgt zwar eine Lemmatisierung (z.B. **Zusammenhang, Verbindung, abzüglich, zuzüglich, gemäß**). **Gemäß** wird jedoch ohne irgendeinen Kontext angeführt. Unter **Verbindung** ist **in Verbindung mit** nicht auszumachen und unter **Zusammenhang** findet man die den fremdsprachigen Benutzer vor enorme Anwendungsprobleme stellende Kollokation **im Zusammenhang (mit etw) stehende Fragen. Abzüglich** und **zuzüglich** werden nur nach dem Kollokationsmuster **abzüglich 5% Skonto, zuzüglich der Kosten** dargestellt. Damit hat man offenbar nur ihre -natürlich auch mögliche- adverbiale Funktion, nicht aber ihre attributive Verwendungsmöglichkeit im Auge. Eine zur Produktion anleitende Darstellung muß beiden Funktionen durch die Berücksichtigung entsprechender Kollokationen Beachtung schenken.

6.3 Appositive Strukturen und Attributsatz

Berücksichtigung von Namen, Firmennamen, Bezeichnungen

Ein aktives Fachwörterbuch sollte sich in der Darstellung des Sprachmaterials so eng wie möglich an die für das zugrunde liegende Korpusmaterial typischen Sprachstrukturen anpassen. Daher halten wir es für notwendig, die Apposition und den Attributsatz zu berücksichtigen. Wir fassen die Apposition als eine Art Attribut auf. Sie wird durch ein Substantiv repräsentiert und ist mit dem Bezugswort referenzidentisch. Unser Interesse gilt nur der "engen Apposition", welche nicht durch Kommas vom Bezugswort getrennt ist und in Vorder- und Nachstellung vorkommt. Während das Bezugswort flektiert wird, ist die Apposition morphologisch nicht gekennzeichnet (Helbig/Buscha 1991 : 606-609). Piirainen/Airismäki (1987 : 62) weisen auf die hohe Anzahl von Namen und ganz besonders von Firmennamen im Handelsblatt hin. Die folgenden Beispiele geben einen Eindruck von dieser Sprachstruktur, die in den einschlägigen Wirtschaftsfachwörterbüchern (Potonnier, Boelcke/Straub/Thiele, Doucet/Fleck) nicht vertreten ist, da ihnen offenbar keinerlei sprachenspezifische Markierungen zugeschrieben werden (Reinart 1993 : 119):

(199) **der Finanzvorstand Dr. Schmidt** HB

(200) **der Bereich Gerätebau** LB

(201) **die Sparte Tischkultur** HB

(202) **die Bilanzposition Beteiligungen** BIRILI

(203) **der Posten sonstige Vermögensgegenstände** BIRILI

(204) **das Ergebnis 1992** LB

(205) **das Geschäftsjahr 1993** HB

(206) **die Hoogovens Aluminium Hüttenwerk GmbH** LB

(207) **die CEAG AG** LB

(208) **die CEAG Industrie-Aktien und Anlagen AG** LB

(209) **der CEAG-Konzern** LB

(210) **die Friemann & Wolf-Gruppe** LB

(211) **die Bleibatteriegesellschaften DETA und MAREG** LB

Vermeidung schwerfälliger Konstruktionen

Die Entscheidung, ob auch der Attributsatz lexikographisch verarbeitet werden sollte, ist vor dem Hintergrund seiner Beziehung zum anteponierten Attribut zu treffen. Letzteres kann, wie wir gesehen haben, eine enorme Ausdehnung annehmen (siehe Seite 159ff.). Die Anforderungen an das Gedächtnis des fremdsprachigen Benutzers sind hoch. Die folgenden Beispiele zeigen, um welche Alternativen es gehen kann:

(212) **die sich aus der Lagerdauer ergebenden Bestandsrisiken**

(212 a) **die Bestandsrisiken, die sich aus der Lagerdauer ergeben** AN

(213) **die von uns an Werksangehörige gegebenen Wohnungsbaudarlehen**

(213 a) **die Wohnungsbaudarlehen, die wir an Werksangehörige gegeben haben** AN

(214) **ø**

(214 a) **das Unternehmen, an dem wir mit mindestens 20 % beteiligt sind** AN

Piirainen/Airismäki (1987 : 183f.) haben festgestellt, daß der Relativsatz im Handelsblatt als Attributsatz am häufigsten vorkommt, um umfangreiche Bestimmungen in eine Anschlußstellung zu bringen. Neben der damit angesprochenen Schwerfälligkeit der anteponierten Attribute ist auch ihre eingeschränkte Fähigkeit zur Darstellung gewisser Verbvalenzen (214) ein Grund, ihnen gegebenenfalls den Attributsatz vorzuziehen.

6.4 Verbale Kollokationen

6.4.1 Bedingungsfaktoren einer satzförmigen Präsentation

Dependenzgrammatisches Satzmodell

Wir verlassen nun die nominale Wortgruppe und konzentrieren uns auf die besondere Rolle des Verbs als zentraler Satzorganisator. Vergleiche mit der Behandlung der verbalen Kollokation im Potonnier werden wir nicht anstellen, da sich die Vergleichsbasis angesichts der von uns verfolgten Konzeption der verbalen Kollokation als zu schmal und daher unergiebig erwiesen hat.
Wir gehen von der dependenzgrammatischen Annahme aus, daß das Verb den zentralen Knoten eines Satzes darstellt und daher bei der semantischen Satzverar-

beitung eine herausragende Rolle spielt (Fenk-Oczlon 1983 : 36, 38; Dürscheid 1991 : 21). Nach Breindl (1989 : 78) ist das Bestreben, die Valenz in einem pragmatischen Rahmen zu situieren, gleichbedeutend mit der Frage nach der kommunikativen Relevanz von Begleitern des Verbs in einem kommunikativen Akt. Für uns heißt das, die Stellenbesetzung der verbalen Kollokationen am Maßstab der damit erreichbaren kommunikativen Relevanz auszurichten.

Sprachformaler Bindungsbegriff fachlexikographisch ungeeignet

Die Bindung der Begleiter an das Verb hat einen sprachformalen und einen inhaltlichen Aspekt. Mit dem ersten ist die Rektion der Verben gemeint, d.h. ihre Fähigkeit, Substantive in bestimmten Kasus, einschließlich des Präpositionalobjektes, zu fordern. Helbig/Buscha (1991 : 286) nehmen in der Bindung der "reinen Kasus" an das Verb die folgende Hierarchie an: Nominativ - Akkusativ - Dativ/Genitiv. Die letzten beiden stellten, im Unterschied zu den ersten beiden, periphere oder Randkasus im syntaktischen Sinne dar. Bei den "präpositionalen Kasus" dagegen bestehe immer nur ein durch die Präposition vermittelter, mittelbarer Kontakt zwischen Verb und Substantiv. Wie dieser sprachformal motivierte Bindungsbegriff letzlich zu begreifen ist, lassen wir einmal dahingestellt (vgl. Dauses 1994 : 40). Für entscheidend halten wir, daß dieser Bindungsbegriff sich teilweise fatal auf die lexikographische Darstellung der vom Verb abhängigen Valenzstellen ausgewirkt hat.

Theoretische Anteriorität des Semantischen und der "Praxis"

Wir halten die Aussage von Helbig/Buscha (1991 : 286), daß aus sprachformalen Bedingungen "nicht in direkter Weise semantische Schlußfolgerungen abgeleitet werden" dürfen, für symptomatisch für eine Haltung, die eine eindeutige Stellungnahme gegenüber dem Phänomen des Semantischen scheut. Natürlich können keine "direkten Schlußfolgerungen abgeleitet werden", weil es nämlich die semantischen Bedingungen sind, die die Bindungskräfte entscheidend beeinflussen. Der Neurophysiologe Lenneberg (1975 : 25, 27) ist durch seine Forschungen zu dem Ergebnis gelangt, daß eine grammatische Theorie, "where grammatical categories take a position of primacy and are taken for granted" nicht haltbar ist. Seine zentrale These besteht darin, daß "progress in semantic differentiation leads to syntactic development" (siehe auch Linz 1994 : 12).
Gemäß Viehwegers (1988_1 : 15f.) prioritärer Setzung des Semantischen betrachten wir das Verb als einen Funktor, der einem Argument eine bestimmte Eigenschaft zuschreibt bzw. Argumente zueinander in Beziehung setzt. Diese Argumente sind nach den semantischen Funktionen, die sie in bezug zum Verb einnehmen, als Agens, Thema, Instrument etc. charakterisiert. Die Art und Weise, in der das Verb als "Sachrelator" fungiert, beruht wiederum auf einer gesellschafts- und kulturspezifischen Fixiertheit von Sachverhalten Vorgängen und Handlungen.

An dieser Darstellung nehmen wir nun allerdings eine Korrektur vor, die mehr als eine nur rein sprachliche ist. Wir betrachten den Zeichenbenutzer als in einer grundsätzlichen Weise selbst verantwortlich für jene vom "Funktor" ausgeführten Operationen. Wir sehen hierin auch einen Unterschied zu dem kognitiv basierten szenischen Valenzmodell von Blühdorn (1993 : 15, 27, 61, etc.) bei aller sonstigen Nähe zu seinem Ansatz. Die von Blühdorn (1993 : 84) beschriebene "Merkmalszuweisung" durch den "Valenzträger" zur Eröffnung einer Leerstelle begreifen wir immer als eine ureigene Tätigkeit des Zeichenbenutzers. Dieser Tätigkeit ordnen wir die grammatikalisierte Form der Merkmalszuweisung unter und begreifen sie als ein mnemotechnisches bzw. gedächtnisentlastendes Hilfsmittel, das sich eine Sprachgemeinschaft geschaffen hat.
Wir gehen von einer semantischen Anteriorität aus, die ihre Grundlage in einer theoretischen Anteriorität der "praxis interdiscursive" und letzlich der Tätigkeit als solcher hat (Schneider 1989 : 30f.). Semantische Differenzierung im Sinne Lennebergs (1975) ist in unserer Sehweise ein Produkt von Realitätsbewältigung aufgrund von (kommunikativer) "Praxis". Dieser grundlegende Sachverhalt ist nicht aus den Augen zu verlieren auch wenn in der Folge -aus formulierungspraktischen Gründen- z.B. davon die Rede ist, daß "Verben Beziehungen stiften". Die Emanzipierung des Zeichenbenutzers von starren grammatischen Vorgaben halten wir für das Funktionieren des fachlich ausgerichteten Gespräch für unverzichtbar. Zur Bewältigung seiner Aufgaben muß ihm ein Satz- oder Valenzmodell zur Verfügung gestellt werden, über dessen Stellenbesetzung er in Abhängigkeit fachlicher, kommunikativer und situativer Anforderungen grundsätzlich selbst entscheiden kann und muß.

Lexikographische Vernachlässigung des Subjekts und von "Randkasus"

Aus der dem Nominativ zugesprochenen stärksten Bindungskraft hat man offenbar die Berechtigung abgeleitet, daß man auf die Darstellung dessen, was sowieso selbstverständlich vom Verb gefordert wird, gleich ganz verzichten könne. Eine Teilerklärung für diese Praxis dürfte sich daraus ergeben, daß der traditionelle Rektionsbegriff, gegen den Tesnière sich wandte, das Subjekt aus der Rektion des Verbs ausklammerte (Dürscheid 1991 : 22). Wir wissen, welche Schwierigkeiten mit der Abgrenzung des Subjektbegriffs verbunden sind. Wir wissen um die Unmöglichkeit, ihm eine exklusive Themafunktion oder eine besondere Eigensemantik zuzusprechen. Bekannt ist allerdings, daß ein Verb seinem Subjekt bestimmte thematische Rollen (z.B. Patiens, Instrument, Experiencer, etc.) zuweisen kann (Fanselow/Felix 1987 : 78) und daß diesem Subjekt eine Sonderrolle in Bezug auf syntaktische Gesetzmäßigkeiten (z.B. Verbalkongruenz) zukommt (Reis 1982 : 175, 178, 200).
Die genannten Eigenschaften, die selbstverständliche semantische Regularitäten als illusorisch erscheinen lassen und die auf die wichtigen syntaktischen Informationen des Subjekts hinweisen, machen eine lexikographische Berücksichtigung des Subjekts erforderlich. Peirce (1976 : 327, 328) meinte, daß vom logischen Standpunkt aus die Terminologie der älteren Grammatiker treffender gewesen sei, da sie vom Nominativsubjekt und Akkusativsubjekt sprachen und erweitert die beiden noch um

das Dativsubjekt. *Was* man zu erwarten habe, werde durch das Prädikat ausgedrückt, während die Subjekte einen informieren, *bei welcher Gelegenheit* man es zu erwarten habe. In der Tat ist es diese Sehweise auf die Natur des Subjekts, die wir für seine lexikographische Berücksichtigung als entscheidend betrachten. Den gleichen Effekt einer lexikographischen Vernachlässigung wie der des Subjekts hat die Annahme von den gegenteiligen Fällen der "Randkasus" und der lediglich "mittelbaren" Präpositionalkasus. Hier führte die "periphäre" Lage in bezug zum Verb zu deren Vernachlässigung in der lexikographischen Darstellung. Lediglich den Akkusativ beschnitt man nicht in seinem Recht, wovon jeder entsprechende Wörterbuchartikel -nicht nur im Potonnier- unübersehbar zeugt.

Die Beziehungen, die durch Verben gestiftet werden (eigentlich: die der Zeichenbenutzer durch den Gebrauch von Verben stiftet) sind vielfältiger Natur: z.B. Herstellung eines Zusammenhangs **(X hängt zusammen mit Y)**, Entsprechungsverhältnisse **(X stimmt überein mit Y, X entspricht Y)**, Abhängigkeitsverhältnisse **(X hängt ab von Y)**, Mittel-Zweck-Relation **(X dient zu Y)**, Ursache-Wirkungs-Verhältnis **(X bewirkt Y, X trägt zu Y bei, X verursacht Y)** u.s.w. (Starke 1986 : 150).

Wir gehen davon aus, daß die morpho-syntaktische Ausprägung, die eine Rolle verlangt, wenn sie in einer Äußerung realisiert werden soll, dem fremdsprachigen Benutzer gerade in der Produktionssituation die größten Probleme bereitet (Storrer 1992 : 206). Um diesem Benutzer die Produktionsaufgabe zu erleichtern, haben wir uns u.a. durch eine Erkenntnis von Sternkopf (1992 : 223) anregen lassen. Sie besteht darin, daß durch die traditionelle Kodifizierung der Nennform von Phraseologismen **(jdm das Geld aus der Tasche ziehen)**, eine wesentliche Gebrauchsbedingung derselben "weggezaubert" wird. Es sei aber gerade Aufgabe des Wörterbuchs, dem Benutzer diese zu liefern.

Nennform vernachlässigt Sachrelationen (Beispiele)

Wir möchten anhand einiger Beispiele verdeutlichen, wie sehr durch die alleinige Präsentation der Nennform wichtige Sachrelationen unberücksichtigt bleiben. In die freie Subjektstelle ist jeweils das Substantiv einzusetzen, das wir hinter jeder Nennform anführen:

(215) **von Abschreibungen gedeckt werden > die Sachinvestitionen** HB

(216) **aus dem Netto Cash flow finanziert werden > die Investitionen** HB

(217) **mit einem Bilanzverlust enden > das Geschäftsjahr** HB

(218) **einen Fehlbetrag ausweisen > die Konzern-Rechnung** HB

(219) **dem Warenverkaufskonto gutgeschrieben werden > die Warenausgänge** (Lehrbuch)

(220) **auf die Forderungen verzichten > die Gläubiger** HB

(221) **in die Anschaffungskosten einbezogen werden > die Anschaffungsnebenkosten** BIRILI

(222) **auf die einzelnen Kostenträger entfallen > die Kosten** BIRILI

(223) **steuerliche Anerkennung finden > die Abschreibungen** BIRILI

(224) **mit dem niedrigeren Wert ansetzen > Gegenstände des Anlagevermögens** BIRILI

(225) **zum amtlichen Handel zugelassen sein > die Wertpapiere** BIRILI

(226) **bilanzierungspflichtig sein > die Rechnungsabgrenzungsposten** BIRILI

(227) **in den Sonderposten mit Rücklageanteil eingehen > die Wertberichtigungen** BIRILI

(228) **eine kündbare Verbindlichkeit fällig stellen > der Gläubiger** BIRILI

Die Beispiele zeigen, daß Sternkopf (1992) berechtigterweise anstatt der Darstellung von Nennformen eine Integration des Valenzmodells in Satzmodelle **(jd zieht jdm das Geld aus der Tasche)** fordert (siehe auch Helbig/Buscha 1991 : 619-637).

Die "szenenspezifische Funktion" von NOM

Es ist unbestritten, daß in einem Fachwörterbuch immer der Sachinformation die oberste Priorität zukommen muß. Blühdorn (1993 : 87, 125, 132) gibt z.B. den wichtigen Hinweis, daß das Merkmal NOM an Bezeichnungen für Sachverhaltsteilnehmer mit "szenenspezifischer Funktion" zugewiesen wird und dadurch die Perspektive der Sachverhaltsinszenierung bestimmt wird. Diese Zuweisung setzt Sachwissen voraus. Hinzu kommt, daß dieses Wissen, etwa im Fall des Nominativs, in einem prototypisch bestimmten Raum angewandt werden kann. Das hat zur Folge, daß es sich bei dem Nominativ oft "um eine Art Agens" (Welke 1988 : 204) handelt. Die hiermit verbundene Vagheit führt in der Sprachproduktion des Wörterbenutzers zu Unsicherheiten.
Wir kommen zu dem Schluß, daß dem Benutzer mit dem Verzicht auf eine Besetzung der Subjektstellen nicht nur wichtige sprachstrukturelle Informationen, sondern auch kostbare Sachinformationen vorenthalten werden. Selbst wenn man einwendet, daß der Benutzer aufgrund seiner Fachkompetenz selbst die Leerstellen besetzen kann, ist dennoch folgendes zu berücksichtigen. Über das zutreffende begriffliche Konzept zu verfügen heißt noch nicht, daß er die fremdsprachige Benennung dafür parat hat. Außerdem muß er sich in einer anderen als der gewohnten Fachsystematik bewegen. Daß dabei nicht von einem einfachen Entsprechungsverhältnis ausgegangen werden darf, werden wir bei der Behandlung der Äquivalenz zur Genüge sehen (siehe besonders die Seiten 270ff.).
Mit der Entscheidung für die Besetzung der Subjektstelle haben wir auch eine Entscheidung zugunsten der Präsentation finiter Sätze getroffen (Fanselow/Felix 1987 : 89). Es ist offensichtlich, daß sich hieraus Konsequenzen für die lexikographi-

sche Darstellung aller verbalen Kollokationen ergeben müssen. In dieser bewußten Entscheidung für eine ausgiebige Präsentation satzförmiger Kollokationen sehen wir im Hinblick auf die Sprachproduktion einen Kompromiß zwischen dem Wirken der grammatikgesteuerten "propositionalen Sprache" und der formelhaften "nicht-propositionalen Sprache". Angesichts des gegenwärtigen Forschungsstandes scheint uns das die beste vertretbare Lösung. Herrmann/Grabowski (1994 : 42) beschreiben diesen Forschungsstand so:

> Zu wenig bekannt ist das diffizile Zusammenspiel von ‹Grammatik-Zentrum› und Hirnbereichen, in denen der eher formelhafte, nicht ad hoc aus einzelnen Morphemen aufgebaute Teil unseres Sprechens beheimatet ist. Und die Rolle des nicht-propositionalen Anteils des Sprechens wird von vielen (Psycho-) Linguisten und Sprachpsychologen offensichtlich unterschätzt.

6.4.2 Merkmale des kollokationären Satzes

Maximale Nähe zu den Satzstrukturen des Korpus

Mit den vorgenannten Bedingungen steht erst das Grundgerüst der für das Kontext-Fachwörterbuch in Frage kommenden verbalen Kollokationen. Weitere Feineinstellungen sind notwendig. Hierzu müssen wir uns bewußt machen, daß ein aktives Wörterbuch in besonderem Maße die typischen Sprachstukuren seiner Korpustexte widerspiegeln muß, um die intendierten Sprachproduktionen so nah wie möglich an die Vorlage heranzuführen. Schauen wir uns daher einige authentische Sprachgebilde aus dem Korpusmaterial an:

(229) **Im Vorjahr wurde in Höhe der Anschaffungskosten für die 75,2% Beteiligung an der KBA-Planeta AG mit DM 45,1 Mio eine den steuerlichen Gewinn mindernde Rücklage gebildet** AN

(230) **Im Konzern erfolgten weitere Sachanlageinvestitionen von DM 8,1 Mio bei der amerikanischen Tochtergesellschaft für ein Plattenwerk** AN

(231) **Bei Nachholung von Instandhaltungsaufwendungen nach Ablauf von drei Monaten, aber innerhalb des nächsten Geschäftsjahres, besteht ein Passivierungswahlrecht** (BIRILI)

(232) **Die aktivierten Ingangsetzungs- und Erweiterungsaufwendungen sind nach § 282 HGB in jedem folgenden Geschäftsjahr zu mindestens einem Viertel durch Abschreibungen zu tilgen** (BIRILI)

(233) **Die Mengen gemäß Lagerkartei wurden im Weg planmäßiger permanenter Inventuren im Verlaufe des Berichtsjahres überprüft** (PRÜFUNGSBERICHT)

(234) **Die Talfahrt im Flugzeugbau hat sich 1992 weltweit noch verstärkt fortgesetzt** LB

Klammerung adverbialer Elemente

Diese Beispiele verdeutlichen die enorm wichtige Funktion adverbialer Elemente in den verbalen Kollokationen. Adamzik (1992 : 310/311) nimmt zu der damit verbundenen Problematik wie folgt Stellung: Aus der Benutzerperspektive ist es irrelevant, ob bestimmte Konstituenten als Ergänzungen oder Angaben aufzufassen sind. Wichtig ist für ihn, welche Kontextpartner (im Sinne semantischer Rollen) typischerweise vorkommen und wie sie morphosyntaktisch realisiert werden. Eine enge und rein formal bestimmte Ausgliederung der Ergänzungen kommt den Interessen des Benutzers nicht entgegen, viel mehr dagegen eine möglichst großzügige Behandlung von Kontextpartnern. Man kann Storrer (1992 : 112) nur zustimmen, wenn sie bemerkt, daß Angaben von einem kommunikativen Standpunkt aus gesehen notwendiger sein können als manche Ergänzung. Dies deshalb, weil sie die rhematische Funktion übernehmen. Hoffmann (1987 : 100) betont den wichtigen Beitrag von Adverbien in "verbal groups" zur Erhöhung der Genauigkeit einer Aussage.
Wir kommen zu dem Schluß, daß auf Angaben, obwohl sie nicht von der Valenz des Verbs determiniert sind, bei der Aufbereitung der verbalen Kollokationen nicht verzichtet werden kann. Hierbei bieten sich mehrere Möglichkeiten an. Nehmen wir z.B. die folgende Kollokation:

(235) **das Betriebsergebnis wird erstmalig mit 7 Millionen DM negativ ausgewiesen** LB

Die erste und sehr raumaufwendige Möglichkeit präsentiert folgende Kollokationen:

(236 a) **das Betriebsergebnis wird ausgewiesen**

(236 b) **das Betriebsergebnis wird erstmalig ausgewiesen**

(236 c) **das Betriebsergebnis wird mit 7 Millionen DM ausgewiesen**

(236 d) **das Betriebsergebnis wird negativ ausgewiesen**

(236 e) **das Betriebsergebnis wird erstmalig mit 7 Millionen DM ausgewiesen**

(236 f) **das Betriebsergebnis wird erstmalig negativ ausgewiesen**

(236 g) **das Betriebsergebnis wird erstmalig mit 7 Millionen DM negativ ausgewiesen**

Die zweite raumsparende Möglichkeit bedient sich des folgenden Verfahrens:

(237) **das Betriebsergebnis wird (erstmalig) (mit 7 Millionen DM) (negativ) ausgewiesen**

Weitere Klammerungen wären möglich, doch sind sie dem Benutzer nicht mehr zuzumuten. Das Klammerverfahren hat jedenfalls den Vorzug, mit wenig Aufwand lexikographisch realisierbar zu sein. Durch den Gebrauch der Klammern können dem Benutzer Satzmodelle mit möglichst maximaler Stellenbesetzung präsentiert werden.

Gleichzeitig bekommt er Informationen über die Weglaßbarkeit von Satzgliedern geliefert. Der Benutzer sollte in den Hinweisen auf die Funktion der Klammern hingewiesen werden. Wichtig für dessen Anleitung zur syntaktischen Expansion erscheint uns auch, ein maximales Satzmodell in der Mikrostruktur auffällig zu plazieren bzw. zu markieren.

Adverbiale Differenzierung und Graduierung, Komparation

Die besondere Bedeutung adverbialer Elemente in dem untersuchten Korpusmaterial basiert zu einem guten Teil auf ihrer Fähigkeit zur Differenzierung und Graduierung von Mengen, Werten u.ä.:

(238) **die Jahresproduktion sank von 77 000 Tonnen auf 71 300 Tonnen** LB

(239) **der Jahresüberschuß ging auf 0,1 Mill. DM zurück** LB

(240) **das Unternehmen hat die Zahl der Mitarbeiter um 230 auf 2591 verringert** LB

(241) **der Umsatz lag bei 334 Mio. DM**

(242) **der Abschwung verstärkte sich von Quartal zu Quartal** LB

In den meisten Fällen ergeben sich diese Angaben aus Zeitvergleichen:

(243) **der Umsatz lag um 4% unter dem Vorjahr** AN

(244) **der Umsatz ist gegenüber dem Vorjahr um 9 Prozent gesunken** AN

(245) **die Gesamtleistung nahm gegenüber der Vergleichsperiode um 7% ab** AN

(246) **Im Vergleich zum Vorjahr hat sich der Bilanzausweis um 4, 21 Mill. DM erhöht** AN

Insbesondere in der Bilanzanalyse bedient man sich zusätzlich gern adjektivischer komparativer Elemente:

(247) **die Gesamtleistung ist noch stärker als der Umsatz zurückgegangen** (Bilanzanalyse)

(248) **der Personalaufwand ist nicht so stark wie die Gesamtleistung gesunken** (Bilanzanalyse)

Initialstellung des Adverbs

Das adverbiale Element verdient noch aus einem anderen Grund besondere Beachtung bei der Erarbeitung von Kollokationen mit Satzstatus. Benes (1976[1966] : 94f.)

beobachtet insbesondere in Fachsprachen das häufige Vorkommen der "invertierten" Wortfolge. Damit meint er das Auftreten der Adverbialbestimmung am Satzanfang, während sich das Subjekt sogar bis an das Satzende verschieben kann. Je nach Thema-Rhema-Verteilung kann so der Mitteilungswert des Satzes moduliert werden. Nach Hoffmann (1987 : 103f.) übernimmt ein adverbiales Element oft die thematische Funktion am Satzanfang. In nur 35% der Fälle im Durchschnitt sei dagegen das grammatische Subjekt das Thema. Diese von ihm im Hinblick auf wissenschaftliche und fachliche Texte gemachte Aussage wird durch das von uns bearbeitete Korpusmaterial bestätigt. Wir halten es aufgrund einer groben Schätzung für angemessen, in etwa der Hälfte der Fälle von einem adverbialen Satzanfang auszugehen. Auch die von Benes (1976[1966] : 95) gemachte Beobachtung, den ganzen Satz oftmals als eine zweipolige Einheit zu intonieren, durch Hervorhobung des Anfangs und Endpols, finden wir vielfach bestätigt:

(249) **An diesem Gemeinschaftsprojekt ist Hoogovens Aluminium mit 20 Prozent beteiligt** LB

(250) **Am stärksten war die Nachfrage auf dem Binnenmarkt** LB

In der vorhandenen (nicht nur fach-) lexikographischen Praxis spielen diese sich in der Sehweise der funktionalen Satzperspektive ergebenden Erkenntnisse so gut wie keine Rolle. Da sie aber von nicht zu unterschätzender Bedeutung für kommunikative Zwecke sind, darf ein aktives Wörterbuch sie nicht übersehen. Aus der Berücksichtigung initialer adverbialer Elemente ergibt sich ein weiterer Vorteil, von dem der fremdsprachige Benutzer profitieren kann. Gemeint ist die grammatische Schwierigkeit der Inversion, mit der er auf diesem Wege vertraut gemacht wird.

Passivische und modale Merkmale

Fahren wir fort in unseren Bemühungen, korpusnahe Kollokationsmuster zu entwickeln, und betrachten wir die folgenden selektierten Beispiele:

(251) **die Zahl der Arbeitsplätze wurde verringert** LB

(252) **die Anteile werden von der Muttergesellschaft gehalten** BIRILI

(253) **die Pensionsrückstellungen wurden voll dotiert** AN

(254) **die Tochterunternehmen sind in den Konzernabschluß einbezogen** AN

(255) **die nicht ausgeschütteten Gewinn sind in die Gewinnrücklagen eingestellt** AN

(256) **die Beteiligungen sind zu Anschaffungskosten angesetzt** AN

(257) **der Abschlußprüfer kann abberufen werden** BIRILI

(258) **der Kundenabsatz konnte gesteigert werden** LB
(259) **Absatzeinbußen mußten hingenommen werden** LB

(260) **die Preise mußten leicht zurückgenommen werden** LB

(261) **der Ausgleichsposten darf ergebniswirksam nur aufgelöst werden, wenn ...** BIRILI

(262) **der Geschäfts- oder Firmenwert ist mit mindestens 25% anzusetzen** BIRILI

(263) **der verbleibende Goodwill ist mindestens über 4 Jahre zu verteilen** BIRILI

(264) **das Liquiditätsproblem läßt sich lösen** HB

Die Beispiele sollen uns für folgende auffällige Merkmale der Korpustexte sensibilisieren:

- das Passiv und "Konkurrenzformen" des Passivs
- die modalen Aspekte
- die zeitlichen Aspekte

Nach unserem Eindruck werden in den vorhandenen Fachwörterbüchern durchweg keine passivischen Formen dargeboten. Angesichts der allgemein bekannten, wichtigen Rolle des Passivs in Fachtexten (Ohnacker 1992 : 73-75), halten wir diese Praxis für nicht mehr vertretbar. Gross (1990 : 55) steuert ein didaktisches Argument zu unserer Forderung bei. Die verbale Kategorie genus verbi bereite dem DaF-Lerner besondere Schwierigkeiten. Die übliche Nichtberücksichtigung des Passivs in Fachwörterbüchern dürfte eine wesentliche Ursache in der fragwürdigen Auffassung haben, daß es sich dabei lediglich um aus aktivischen Grundstrukturen abgeleitete Sprachformen handelt. Für Helbig/Buscha (1991 : 625) ist das denn auch ein Grund, Sätze im Passiv nicht in die Satzmodelle aufzunehmen. Wir sprechen dagegen dem Passiv einen entscheidend stärkeren Eigenwert zu. Wir sehen unseren Standpunkt in solchen Auffassungen vertreten, die von keiner prinzipiellen Auswechselbarkeit zwischen Passiv und Aktiv ausgehen (Lexikon sprachwissenschaftlicher Termini 1985 : 81, 173).
In den Kollokationen (257) - (264) gesellen sich modale Faktoren zu den passivischen Aktionsarten. Dies geschieht entweder durch die üblichen Modalverben oder durch die Verwendung von "Passiv-Paraphrasen" bzw. "Konkurrenzformen" des Passivs mit einem Modalfaktor ((262), (263), (264)) (vgl. Weinrich 1993 : 297-316, 163-173; Laurencikowa 1988). Die von Ohnacker (1992 : 69) getroffene allgemeine Feststellung, daß die in der Wirtschaftsfachsprache häufige Verwendung der Modalverben zum Ausdruck von Möglichkeit, Notwendigkeit und Aufforderung diene, läßt sich für unsere Korpustexte weiter präzisieren. Hier spielen die gesetzlichen Bestimmungen, die die Buchführungs- und Bilanzierungspraxis in hohem Maße bestimmen, eine wesentliche Rolle beim verstärkten Auftreten von Modalformen (zu den in diesem Zusammenhang relevanten juristischen Termini des "Ermessens", der "Soll-", "Kann-" und "Mußvorschriften" siehe jeweils Creifelds [1990]). Beachtung

verdient ebenso der Hinweis von Gerber (1990 : 41/42), daß Modalverben subjektive Feststellungen über die Wirklichkeit oder Unwirklichkeit, geringe oder hohe Wahrscheinlichkeit, Möglichkeit und Notwendigkeit des Eintretens von Zuständen vermitteln.

Tempora für vergangenheitsbestimmte und zukunftsorientierte Entscheidungen

Von dem letztgenannten Aspekt läßt sich unschwer eine Verbindung zu dem folgenden Merkmal der verbalen Kollokationen herstellen. Ihre von uns favorisierte Satzrepräsentation bietet die Möglichkeit, den in den Korpustexten vorhandenen besonderen zeitlichen Perspektiven gerecht zu werden. Die Steuerung eines Unternehmens durch dessen Entscheidungsträger beruht im wesentlichen auf vergangenheitsorientierter Ursachenforschung und zukunftsorientierten Problemlösungsstrategien (vgl. Lück 1989 : 384). Tempusformen der Vergangenheit müssen daher bei der Darbietung der verbalen Kollokationen berücksichtigt werden:

(265) **Der Preisdruck auf die Produkte nahm zu** LB

Ebenso futurische Formen. Diese erfordern jedoch eine differenzierte Beurteilung. Einerseits übernimmt das Präsens die Aufgabe des Futurs. Dies geschieht recht häufig in Verbindung mit entsprechenden Adverbien (Piirainen/Airismäki 1987 : 213). Weinrich (1993 : 231) weist allerdings darauf hin, daß dieses Präsens nur bei leichter oder scheinbar leichter Erreichbarkeit eines Ziels im unmittelbaren Handlungsraum der Gesprächsteilnehmer gebraucht würde. Anderserseits wird aber der Rückgriff auf die Form des Futurs notwendig, so Weinrich, wenn das zukünfige Geschehen außerhalb des verläßlich überschaubaren Handlungsraums liegt, zumal dann, wenn bei der Ausführung einer Absicht Schwierigkeiten zu befürchten sind und wenn größere Anstrengungen verlangt werden. Damit ermöglicht das Futur sehr genau eine Form der Selbstdarstellung, die bei Unternehmensverantwortlichen besondere Sympathien genießt: sich darzustellen als jemand, der schwierige Entscheidungen mit weitreichenden Konsequenzen zu treffen hat:

(266) **Allein für die Verfahrensentwicklung werden wir in diesem Jahr rund 450 Millionen DM aufwenden** (Hauptversammlungsrede)

Personalisierte Aussageformen: "WIR ..."

Daß es Menschen sind, die sich als Subjekte von Prozessen empfinden, wird schließlich noch an einer weiteren Auffälligkeit deutlich. Die Entscheidungsträger bedienen sich stark des pluralis -ob majestatis oder modestiae, soll uns nicht weiter beschäftigen-, wenn sie von "ihrem" Unternehmen sprechen. Die Textsorte der Hauptversammlungsrede, gehalten von den führenden Unternehmensrepräsentanten, liefert hierfür wieder ein besonders anschauliches Beispiel:

(267) **Im Inland haben wir zwei Prozent weniger umgesetzt**

(268) **Die Finanz- und Bilanzrelationen unseres Unternehmens konnten wir ... noch verbessern**

Aber auch auf darunter angesiedelten Hierarchieebenen, z.B. unter Mitarbeitern des Rechnungswesens, lassen sich für diesen Gebrauch viele Belege finden. So etwa, wenn sie als Autoren des Anhangs im pluralis auctoris formulieren:

(269) **Wir haben einzelne Posten der Bilanz zusammengefaßt**

(270) **die Roh-, Hilfs- und Betriebsstoffe haben wir zu Anschaffungskosten angesetzt**

Vier Präsentationsbedingungen für die verbale Kollokation

Unsere Untersuchungsergebnisse zusammenfassend, sollten bei der Präsentation der verbalen Kollokation im Fachwörterbuch die folgenden Bedingungen erfüllt sein:

1. Die Kollokation erfolgt in Satzform.
2. Sie trägt den durch das Verb organisierten Sachrelationen Rechnung.
2. Sie berücksichtigt die morphosyntaktische Ausprägung der semantischen Rollen des Verbs.
4. Sie berücksichtigt (auch initiale) adverbiale Elemente, passivische Aktionsarten, modale Faktoren, personalisierte Aussageformen, Tempusvarianten.

6.4.3 Satzmodelle

"Verschlankung" der nominalen Elemente und generalisierte Klammerung

Nachdem wir das Grundgerüst der verbalen Kollokation angereichert haben, stellt sich die Frage, in welchem Ausmaß die genannten Erscheinungen bei der Anlage der einzelnen Wörterbuchartikel berücksichtigt werden sollen. Aufgrund der von uns vertretenen konsequent qualitativen Vorgehensweise, verbietet sich eine pauschale Antwort. Die Entscheidung kann nur in Abhängigkeit von den fachsystematischen Eigenschaften jedes einzelnen Lemmas getroffen werden.
Keine Bedenken dürften sich jedoch gegen eine generelle "Arbeitsteilung" zwischen den beiden großen Gruppen der nominalen und der verbalen Kollokationen ergeben. Beim Transport nominaler Elemente in die verbalen Kollokationen sollten die nominalen Verbindungen immer gerade so "schlank" gemacht werden, daß sich keine fachsystematischen Ungenauigkeiten oder gar Fehler ergeben.
Was das bisher nur auf das adverbiale Element bezogene Verfahren der Klammerung betrifft, stellt sich die Frage, inwieweit auch andere Satzteile einbeziehbar sind. Wenn man die Klammerung generell als eine Möglichkeit zur situationsgerechten Adapta-

tion begreift, wird deutlich, daß davon nicht nur die adverbialen Elemente betroffen sein können.
In der Folge präsentieren wir eine Reihe verbaler Kollokationen, die sich mehr oder weniger genau unterschiedlichen Satzmodellen zuordnen lassen. Wir legen dabei den Schwerpunkt auf die Illustrierung des "Grundgerüsts". Auf Fragen, die durch Klammerungen entstehen, gehen wir deshalb nur an wenigen Beispielen ein. Was die invertierte Wortfolge betrifft, verweisen wir auf die Ausführungen weiter oben.

Vielfältige Sn + V + (pS) - Modelle

Beginnen wir mit dem Strukturmodell **Sn + V + (pS)**. Die Forderung nach einer satzartigen Präsentation stößt notgedrungen bei ihm ins Leere, weil es gar nicht anders darstellbar ist. Dennoch zeigen die nachstehenden Beispiele, daß dieses Modell sich nicht auf den allgemein üblichen Kollokationstyp **die Preise fallen** beschränken darf.

(271) **der Wettbwerb verschärfte sich** HB

(272) **die Traditionsmärkte sind zusammengebrochen** HB

(273) **der Goodwill ist über 4 Jahre zu verteilen** BIRILI

Das Beispiel (273) zeigt, daß -für Zwecke der Klammerung- geprüft werden muß, ob ein adverbiales Element als fakultativ einzustufen ist oder nicht. In allen Zweifelsfällen sollten sachsystematische Gesichtspunkte für die letzlich zu treffende Entscheidung den Ausschlag geben. Es kann nicht darum gehen, daß sich durch die Frage der Klammerungen eine müßige grammatische Diskussion wieder einen Eingang durch die Hintertür verschafft. Auf **über 4 Jahre** sollte aus sachlichen Gründen nicht verzichtet werden. Jedenfalls würde eine Klammerung und die damit gegebene Möglichkeit eines Wegfalls dieses Elements zu einem Satz mit sehr geringem bzw. unpräzisem fachlichen Gehalt führen. Daß dennoch Situationskonstellationen möglich sind, in denen der Verzicht auf das adverbiale Element möglich ist, soll erwähnt werden, um diesbezüglichen Einwänden zu begegnen. Eine Lexikographie ohne Kompromisse ist nun mal nicht denkbar.

(274) **die Auflösung der stillen Reserven ist erfolgswirksam** BIRILI

(275) **+der Abschlußprüfer kann (auf Antrag des Aufsichtsrats) (vom Gericht) abberufen werden** BIRILI

Dieses aufgrund der vorgenommenen Klammerungen leicht irreführende Beispiel zeigt noch einmal, wie eng die Frage der Klammerungen mit Fragen der sachlichen Korrektheit zusammenhängt. Läßt man beide geklammerten Teile weg, entsteht eine sehr generelle Aussage, die aber in ihrer Generalität akzeptabel ist. Läßt man das geklammerte Agens **vom Gericht** weg, entsteht eine Aussage, die nicht zu beanstanden ist. Sie verlangt aber nach einer Sättigung der Informationslücke, die durch die Realisierung des ersten adverbialen Elements eröffnet worden ist. Wird jedoch nur die zweite Klammerung realisiert, entsteht eine sachlich zweifelhafte Aussage, da eine wichtige Voraussetzung für das richterliche Handeln nicht genannt wird. Aus diesem Grunde dürfte eine gemeinsame Klammerung beider Elemente sachlich am angemessensten sein. Also:

(275 a) der Abschlußprüfer kann (auf Antrag des Aufsichtsrats vom Gericht) abberufen werden

Um der unterschiedlichen Weglaßbarkeit Rechnung zu tragen, wäre eine Differenzierung in der Klammerung technisch möglich:

(275 b) der Abschlußprüfer kann (auf Antrag des Aufsichtsrats [vom Gericht]) abberufen werden

Die damit verbundenen hohen Anforderungen an den Benutzer im Hinblick auf seine satzsegmentierenden Fähigkeiten verbieten unseres Erachtens jedoch ein solches Verfahren.

(276) die neuen Aktien sind (für das Jahr 1992) (nur zur Hälfte) gewinnberechtigt AN

(277) das Unternehmen ist publizitätspflichtig BIRILI
(278) der Konzernanhang ist publizitätspflichtig BIRILI

Die Kollokationen (277) und (278) verdeutlichen die schon weiter oben angesprochene grundsätzliche semantische Unbestimmtheit der Subjektstelle, die einmal durch den Aktanten 'Institution' (= Unternehmen) und einmal durch den "Aktanten" 'schriftliches Dokument' (= Anhang) besetzt ist. Dem L_2- Benutzer müssen solche Denkoperationen erleichtert werden.

(279) der Jahresfehlbetrag wurde (auf neue Rechnung) vorgetragen LB

An (279) ebenso wie schon an (275) soll deutlich werden, daß das Sn + V - Modell in starkem Maße durch Passivkonstruktionen gespeist wird.

Flexibler Gebrauch des Dativelements

Den folgenden Kollokationen liegt das Satzmodell **Sn + V (+ Sd) + (Sa)** zugrunde. Bei diesem Satzmuster ergeben sich mit dem Dativelement über die Klammerung von adverbialen Elementen hinausgehende Klammerungsmöglichkeiten.

280) die Bank hat (der Maxwell Communication Corp. Plc) einen Kredit gewährt HB

(281) die Hauptversammlung verweigerte (dem Vorstand) die Entlastung HB

(282) **den Kleinaktionären wurde eine zweistellige Dividende in Aussicht gestellt** HB

(282a) **eine zweistellige Dividende wurde (den Aktionären) in Aussicht gestellt**

(283) **den Kostenrägern werden die Kosten zugerechnet** BIRILI

(284) **die Gemeinkosten können (den Herstellungskosten) zugeschlagen werden** BIRILI

An der von uns manipulierten Kollokation (282a) könnte dem Benutzer (implizit) verdeutlicht werden, wie sich die Eliminierungsbedingungen von (282) zu (282a) aufgrund der abgewandelten syntaktischen Anordnung verändern können. Ob der Lexikograph sich solche Manipulationen erlauben kann, muß er von Fall zu Fall entscheiden. Oberste Richtschnur ist, wie immer, die Respektierung sachlicher Korrektheit und kommunikativer Funktionalität.
Es versteht sich, daß der Wegfall des geklammerten Dativelements in (284) nur unter sehr spezifischen situativen Bedingungen möglich ist. Sie dürften in der Regel einen anaphorischen "Text"verweis ermöglichen. Vermutlich liegt aber in dieser hier unterstellten Implizitheit die Ursache für eine (diskutierbare) Inakzeptabilität der Kollokation. Sie entsteht nach dem Wegfall des Dativelementes und ist nur durch die Realisierung des als anaphorisches Element fungierenden Direktionsadverbs **hin-** (d.h. **hinzugeschlagen**) völlig zu beseitigen. Daß man in gewissen Regionalismen (z.B. in Norddeutschland) dieses adverbiale Element nicht unbedingt antrifft, sei nur am Rande erwähnt. Mit solchen Überlegungen haben wir sicherlich schon die Grenze dessen, was in einem Fachwörterbuch an Informationen gegeben werden sollte, überschritten.

(285) **der Steueraufwand wird (dem Geschäftsjahr) zugerechnet** BIRILI
s. Kommentar zu (284)

(286) **mittelgroße Unternehmen unterliegen der Prüfungspflicht** BIRILI

(287) **der Jahresabschluß entspricht den Grundsätzen ordnungsmäßiger Buchführung** BIRILI

Die unter diesem Satzmodell aufgeführten Kollokationen demonstrieren recht anschaulich, daß der Gesamtbestand der in dem Wörterbuch zu berücksichtigen ist, sich tendenziell zwei großen Gruppen zuordnen läßt. Die einen dem Bereich des (statischen) Sachwissens (283) - (287), die anderen dem des (dynamischen) Handlungswissens (280) - (282a). Gleichzeitig wird deutlich, daß das letztere immer dem ersteren aufsitzt (vgl. Wilss 1992 : 115). Die Korpusabhängigkeit der beiden Kollokationstypen fällt ebenfalls ins Auge (HB = Handelsblatt vs BIRILI = Kommentierung des Bilanzrichtliniengesetzes).

Sach- und sprachstrukturelle Einsichten durch Subjektbesetzung im V-O-Modell

Das folgende Satzmodell (V-O-Modell) mit der Struktur **Sn + V + Sa** bedarf eigentlich keines besonderen Kommentars, da die ihm zugrunde liegende Verb-Akkusativ-Verbindung in den vorhandenen Wörterbüchern am stärksten berücksichtigt wird. Ein wesentlicher Unterschied ist dennoch vorhanden. Wie schon bei der dativischen und auch bei der anschließenden präpositionalen Struktur ist die Subjektstelle gefüllt. Die benutzerfreundlichen Konsequenzen, die sich hieraus ergeben, seien deutlich herausgestellt: Es können schwierige syntaktische Diskontinuitäten bzw. Rahmenbildungen ((288), (292), (293), (294), (295)) nahegebracht werden, u.a. die Darstellung trennbarer und nichttrennbarer Verben (Kromann/Riiber/ Rosbach 1984 : 215), ebensosehr können wichtige sachsystematische Zusammenhänge, en passant, verdeutlicht werden können (z.B. in (288): 'der Aufsichtsrat ist befugt, ein Vorstandsmitglied abzuberufen'):

(288) **der Aufsichtsrat hat das Vorstandsmitglied abberufen** HB

(289) **der Abschlußprüfer erteilt den Bestätigungsvermerk** BIRILI

(290) **DANBRIT hält hohe Marktanteile (in Südjütland)** LB

(291) **der Bereich Gerätebau verzeichnet Auftragszuwächse** LB

(292) **Bilanzmaßnahmen haben das Ergebnis verschlechtert** LB

(293) **die billigen Importe setzen das Preisniveau unter Druck** LB

(294) **die Investitionen haben die Bilanzsumme steigen lassen** LB

(295) **wir haben hohe Abschreibungen (bei Vermögensgegenständen) vorgenommen** AN

Aufwertung der präpositionalen Elemente

Das folgende Satzmodell weist die Struktur **Sn + V + pO/pS** auf. Es wird angestrebt, die Leerstellen, die durch die beim Verb stehenden präpositionalen Kasus eröffnet werden, maximal zu besetzen. Unter einem grammatischen Aspekt betrachtet, geht es im wesentlichen um die Erfassung von obligatorischen und fakultativen Aktanten (vgl. Helbig/Buscha 1991 : 295, 298). Die Möglichkeiten zur Klammerung bleiben davon unberührt.

(296) **mit dem Kunden wurde eine Vereinbarung (über Gegenleistungen) getroffen** BIRILI

(297) **der Zwischenverlust ergibt sich aus dem Vergleich** BIRILI

(298) **die Muttergesellschaft ist (mit einer Quote von 30%) (an einem assoziierten Unternehmen) beteiligt** BIRILI

(299) **die Notierung der Aktie sackte (um 10%) auf 320 DM** HB

(300) **die Prüfung erstreckt sich auf die Buchführung** BIRILI

(301) **die Jahresfehlbeträge sind (mit den Gewinnrücklagen) verrechnet** AN

(302) **bezogene Waren haben wir zu den niedrigeren Tageswerten angesetzt** AN

(303) **das Geschäft mit Spezialbatterien leidet unter einer schwachen Nachfrage** LB

Kopplung von Handlungs-, Sach- und Sprachstrukturen als Grundprinzip des fachlichen Allbuchs

Unsere Ausführungen zur satzförmigen Darstellung der Kollokation, das sollte deutlich geworden sein, sind einer Syntax verpflichtet, die den Satz auf funktionale Bedingungen hin organisiert (Eroms 1994 : 2). Diese Organisationsform ist essentiell für ein aktives Wörterbuch.
Eine Folge dieses Prinzips besteht darin, daß es in vielen Fällen zu einer Abbildung sachsystematischer Beziehungen auf der syntagmatischen Ebene der einzelnen Kollokation kommt. Damit ist in der Regel eine Möglichkeit zur Rationalisierung der Konsultationshandlung verbunden. Der Energieverbrauch zur Verfolgung konsultationsaufwendiger Fernverweise innerhalb der Makrostruktur kann aufgrund der syntagmatischen Nachbarschaft von fachsystematisch verbundenen Begriffen erheblich reduziert werden:

(304) **Den <u>Aktionären</u> soll eine <u>Dividende</u> ausgeschüttet werden** HB

(305) **Die <u>Investitionen</u> dienten zur <u>Rationalisierung</u>/<u>Ersatzbeschaffung</u>/<u>Kapazitätserweiterung</u>/ <u>Qualitätssicherung</u>**

In dieser bewußten Koppelung von sprachhandlungsfunktionalen, sach- und sprachstrukturellen Einsichten durch den Lexikographen (288) sehen wir das wohl typischste Merkmal des aktiven Kontext-Fachwörterbuchs in der besonderen Form des "fachlichen Allbuchs" (siehe Seite 18).

TEIL C Die Äquivalenz im aktiven Kontext-Fachwörterbuch

1. Textmaterial zur Äquivalentenerarbeitung

Deutsche und französische Rechnungslegungen aus unterschiedlichen Perspektiven

Werfen wir einen kurzen Blick zurück. Im ersten Teil der Darstellung standen Fragen der Bearbeitung des deutschsprachigen Korpus und der Lemmagewinnung im Vordergrund. Im zweiten stellten wir die Gewinnung der Kollokationen aus dem genannten Korpus in den Mittelpunkt. Um die in diesem dritten Teil notwendige lexikographische Arbeit durchführen zu können und um die metalexikographische Reflexion in Gang zu setzen, die diese begleitet, war die Heranziehung von überwiegend neuem Arbeitsmaterial erforderlich. Wir suchten nach französischsprachigen Darstellungen, in denen idealerweise aus der Perpektive eines französischsprachigen Muttersprachlers und Experten der französischen und deutschen Rechnungslegung ein Blick auf die deutsche Rechnungslegung geworfen wird (nachstehende Gruppe I). In Frage kamen ebenfalls Darstellungen von deutschsprachigen Muttersprachlern und Experten der deutschen und französischen Rechnungslegung, die die französische Rechnungslegung aus einer deutschen Perspektive betrachteten (Gruppe II). Schließlich zogen wir Material heran, in dem französische Experten das französische (Gruppe III) und deutsche Experten das deutsche (Gruppe IV) Rechnungslegungssystem beschreiben, erläutern und kommentieren. Nachstehend die Darstellungen der einzelnen Gruppen:

GRUPPE I

1 Chmielewski, Daniel (1992): Comprendre la comptabilité allemande (Monographie)
2 Caussemille, Edith (1992): Les comptes annuels de sociétés de capitaux en France et en Allemagne (mémoire présenté en vue de l'obtention du diplôme d'expertise comptable)
3 Heitzler, Jean-Marc (1991): Mise en place d'un outil de transcription de comptabilité française en comptabilité allemande destiné aux petites et moyennes entreprises (mémoire en vue de l'obtention du diplôme d'expertise comptable)
4 Klee, Louis (1992): La comptabilité des sociétés dans la C.E.E.: Allemagne (Teil in Monographie)
5 Mazars, Robert/Lebrun, Jean-Louis (1993): Comptabilité dans les principaux Etats de la CEE: Allemagne (Teil in Monographie)
6 Code de commerce (Übersetzung des deutschen Handelsgesetzbuchs in der Collection Jupiter)

GRUPPE II

1 Altmeier, David et al. (1994): Bilanzpolitische Gestaltungsmöglichkeiten in Frankreich (Artikel in Küting/Weber)
2 Schwandtner, Heike, C. (1994): Französische Rechnungslegung (Artikel in Gräfer/ Demming)
3 Castan, Edgar (1993): Rechnungslegung in der Europäischen Gemeinschaft (Vergleichende Studie, die die nationalen Rechnungslegungen, u.a. die französische und die deutsche, im Verhältnis zur Vierten EG-Richtlinie untersucht)

GRUPPE III

1 La Villeguérin, Eric de (1993): dictionnaire de la comptabilité
2 Esnault, Bernard (1993): Le bilan d'entreprise (Que sais-je?)
3 Mikol, Alain (1992): Le Plan comptable commenté (Que sais-je?)
4 Lavoyer, Jean-Claude (1989): manuel de consolidation (Monographie)
5 Lassègue, Pierre (1993): lexique de comptabilité
6 Les Échos (Wirtschaftszeitung, insbesondere die Sparten "Industrie" und "Services", die mit der Sparte "Unternehmen und Märkte" im Handelsblatt vergleichbar, allerdings wesentlich geringer im Umfang sind)
7 Roussel Uclaf: Rapport de gestion du directoire - exercice 1993,
8 Sociétés commerciales: Loi n° 66-537 du 24 juillet 1966 in Verbindung mit dem Décret n° 67-236 du 23 mars 1967 (code de commerce).
9 De la comptabilité des commerçants: Loi n° 83-353 du 30 avril (code de commerce)
10 Plan comptable général (P.C.G.) 1982. Editions Foucher. Paris

GRUPPE IV

1 Beckscher Bilanz-Kommentar (1990)
2 Lück, Wolfgang (1989): Lexikon der Rechnungslegung und Abschlußprüfung
3 Chmielewicz, Klaus/Schweitzer, Marcel (1993): Handwörterbuch des Rechnungswesens
4 Pooten, Holger (1994): Deutsche Rechnungslegung (Artikel in Gräfer/Demming)

Mit dieser Aufzählung ist jenes Material genannt, das für die Durchführung der Arbeit in der dritten Phase erforderlich ist. Wir bedienten uns nicht aller genannten Texte mit der gleichen Intensität. Es geht uns auch um einen gewissen exemplarischen Wert der Aufzählung. Die an diesem Material ausgeführten Arbeitshandlungen bestanden im wesentlichen in folgendem:

i) Ermittlung der französischen Entsprechungen zu den deutschen Termini (Gruppen I, III)
ii) Ermittlung von morpho-syntaktischen Phänomenen am französischen Material, deren deutsche Entsprechungen dem frankophonen Benutzer vermutlich Schwierigkeiten bereiten (Gruppen I, III)

iii) Herstellung begrifflicher Präzision für die äquivalenten deutschen und französischen Termini (Gruppen II, III, IV)
iv) Herausarbeitung kontrastiver Aspekte (Gruppen I, II)

Wenden wir uns nun jenem Phänomen zu, das die folgenden Ausführungen dominiert, der Äquivalenz.

2. Begriffliche Bestimmung der Äquivalenz

Wir gehen davon aus, daß das Phänomen der Äquivalenz ein vielschichtiges ist, für das es nicht nur eine gültige Definition geben kann. Wir werden mit Überlegungen allgemeinerer Art beginnen. Immer deutlichere Konturen soll dann der Begriff durch unsere Darstellung selbst anhand von repräsentativen Beispielen gewinnen. Unsere Überlegungen und Demonstrationen werden dabei immer von der Zielvorstellung geleitet sein, zu einer lexikographisch brauchbaren Bestimmung der Äquivalenzrelation zu gelangen, die den hohen qualitativen Ansprüchen eines aktiven Wörterbuchs genügt (zur Qualitätsfrage der Äquivalenz siehe z.B. Pöhl 1988 : 430, 433, 434).

2.1 Sprachtheoretische Grundlagen

Übersetzung eine Form reflektierter Sprachnaivität

Koller (1992 : 215) äußert sich wie folgt zum Äquivalenzbegriff:

> Mit dem Äquivalenzbegriff wird postuliert, daß zwischen einem Text (bzw. Textelementen) in einer Sprache L2 (ZS-Text) und einem Text (bzw. Textelementen) in einer Sprache L1 (AS-Text) eine *Übersetzungsbeziehung* besteht.

Nach Stolze (1994 : 96) ist mit 'Äquivalenz' eine Relation gemeint, die die Gleichwertigkeit bestimmter Aspekte von Elementen eines ausgangssprachlichen und eines zielsprachlichen Textes zum Gegenstand hat. Wir verstehen 'Äquivalenz' nicht im mathematisch-logischen Sinne einer "umkehrbar eindeutigen Zuordnung" zweier Elemente (93).

Ein differenziertes Herangehen an den Äquivalenzbegriff sollte grundlegende sprachtheoretische Überlegungen einschließen. Wir greifen dazu einerseits auf den Humboldtschen Gedanken von der lautlich-begrifflichen Synthesis der Sprache zurück (Scharf 1994 : 152-165), gehen also von einer prinzipiellen "Gleichursprünglichkeit von sinnlichen und intellektuellen 'Elementen' des 'Stoffs der Sprache' im Wort-Begriff" (160) aus.

Aufgrund übersetzungspraktischer Notwendigkeiten nehmen wir andererseits Einschränkungen an dieser theoretischen Ortsbestimmung vor. In diesen Einschränkungen sollen jedoch lediglich Tendenzen deutlich werden, es geht nicht um eine theoretische Neubestimmung. Entsprechend dem sachbezogenen Interesse unseres Wörterbuchbenutzers halten wir immer dann, wenn sich Probleme bei der Bestimmung von Äquivalenten ergeben, die prioritäre Setzung des inhaltlich-onomasiologischen Aspektes für die benutzeradäquateste Lösung (vgl. Wichter 1994 : 141f.). Wir implizieren damit eine lediglich tendenzielle Korrektur an der sich aus dem Humboldtschen Sprachbegriff ergebenden Konsequenz einer prinzipiellen Unübersetzbarkeit (Koller 1992 : 56f., 159; Stolze 1994 : 28). Aufgrund übersetzungspraktischer Erfordernisse schließen wir uns Koller (1992 : 173, 179, 186) an, der die Annahme prinzipieller Übersetzbarkeit als unabdingbare Voraussetzung für eine erfolgreiche

Übersetzungspraxis ansieht. Übersetzung ist also ohne ein gewisses Maß an reflektierter Sprachnaivität, d.h. ohne ein gewisses Zugeständnis an interlingual gültige "ontologische" Bedeutungskorrelate, nicht möglich (vgl. Vigener 1979 : 50).

Funktionsähnlichkeit der Rechnungslegungssysteme als tertium comparationis

Die übersetzungstheoretische Diskussion spiegelt -in vereinfachter Sehweise- über weite Strecken eine Art "dualistischen Denkzwangs" (Scharf 1994 : 158) wieder, der in den Namen Schleiermachers und Martin Luthers (Koller 1992 : 39-45) personifiziert ist. Der erste steht stellvertretend für alle ausgangssprachlich orientierten Übersetzungskonzepte. In deren Rahmen ist dann die Rede von "transferierender Übersetzung" (60), "formaler Äquivalenz" (156, 192), etc. Der zweite Name steht beispielhaft für alle zielsprachlich ausgerichteten Konzepte, innerhalb derer man solche Bezeichnungen wie "adaptierende Übersetzung" (60), "dynamische Äquivalenz" (156, 192), etc. findet. Das Kriterium der "Vergleichbarkeit" bzw. des tertium comparationis stellt sicher eines der diffizilsten theoretischen Probleme (217) dar. Wir sehen es dennoch durch die Unterstellung einer Funktionsähnlichkeit der deutschen und der französischen Rechnungslegung als erfüllt an. Wir plädieren bewußt für diesen pragmatischen Kompromiß der Prinzipien "Unübersetzbarkeit" - "Übersetzbarkeit". Sie können nur bei einer übersetzungspraxisfernen Versteifung auf theoretischen Positionen als unvereinbar betrachtet werden. Die Übersetzungsprodukte, die wir unserem Wörterbuchbenutzer präsentieren, werden letzlich die gesamte Spannweite zwischen diesen beiden theoretischen Extremen abdecken. Sie werden von ihm verlangen, sich mit der "Fremdheit" der wörtlichen Übersetzung zu arrangieren und sich von der "Vertrautheit" der freien Übersetzung nicht zu einer (begrifflichen) Isomorphismusillusion hinreißen zu lassen.

Dominanz der denotativen Äquivalenz

Keinen Zweifel lassen wir daran, daß die "denotative Äquivalenz" für die Bewältigung der Übersetzungsarbeit innerhalb eines fachlexikographischen Rahmens die Hauptrolle spielt. Sie bildet einen der fünf, von Koller (1992 : 216) so genannten, "Bezugsrahmen", auf den der Äquivalenzbegriff zu beziehen ist. Konnotative Aspekte spielen gelegentlich eine Rolle, bleiben aber insgesamt von untergeordneter Bedeutung. Die "textnormative Äquivalenz" (Koller 1992 : 247) kommt in gewissen formelhaften Ausdrucksschemata am stärksten zur Geltung (zu den "fachlichen Sprachformeln" siehe Seite 332). Sie überschreitet jedoch nicht den Satzrahmen, wenn wir einmal von dem sog. **Bestätigungsvermerk** (siehe die Seiten 332f.) absehen. Die "pragmatische Äquivalenz" (Koller 1992 : 248) betrachten wir als ein in allen Übersetzungsaktivitäten wirksames Prinzip. Ein Übersetzungsprodukt, das nicht auch den Benutzer desselben in Rechnung stellt, ist für eine lexikographische Verwertung nicht sinnvoll vorstellbar.

2.2 Äquivalenz von Begriffssystemen

Die Herstellung von Äquivalenz erfolgt immer zwischen zwei Begriffssystemen und zwei Sprachsystemen im Sinne formativer Strukturen. In den beiden obengenannten theoretischen Extrempositionen von Übersetzbarbeit und Unübersetzbarkeit tut sich jeweils eine dieser beiden Möglichkeiten tendenziell kund. Im Falle prinzipieller Unübersetzbarkeit rückt der begrifflich-inhaltliche Aspekt in das Zentrum des Interesses, im Falle prinzipieller Übersetzbarkeit richtet sich der Blick vornehmlich auf morpho-syntaktische Strukturen bzw. auf Elemente mit speziellen syntaktischen Funktionen. Arntz (1992 : 110, 112) weist auf die beiden unterschiedlichen Übersetzungsperspektiven mit den folgenden Worten hin:

> Der bilinguale Terminologievergleich ruht auf zwei Säulen, zum einen auf der Kontrastierung der Begriffssysteme in den beiden Sprachen, zum anderen auf der Gegenüberstellung der terminologischen Einheiten in den betreffenden Sprachen... Es ist nicht schwer, eine Brücke vom bilingualen Terminologievergleich zum bilingualen Fachtextvergleich zu schlagen... Dabei geht es in erster Linie um fachphraseologische Aspekte, d.h. um die syntagmatische bzw. syntaktische Ebene.

Wir wenden uns zunächst dem begrifflich-inhaltlichen Aspekt zu.

Übersetzunpsperspektive schafft neue begriffssystematische Relevanzen

Besonders erwähnt werden sollte, daß der Perspektivenwechsel, welcher sich aus dem Wechsel von der bisherigen Arbeit am deutschsprachigen Material zum französischsprachigen Material ergibt, mit Konsequenzen für die bisherige Lemmatisierung und das bisher ausgearbeitete Verweissystem verbunden ist. Aufgrund der veränderten Perspektive, die dem verwendeten französischsprachigen Material zugrundeliegt, entstehen neue Relevanzen. Wir wurden also plötzlich auf die besondere Bedeutung aufmerksam, die ein bestimmter deutscher Terminus oder ein bestimmter Verweis für den französischen Benutzer haben muß. Es ist z.B. bekannt, daß die diffizile deutsche Steuergesetzgebung international ihresgleichen sucht. Wir haben nicht die Absicht, uns dieser lexikographischen Herausforderung zu stellen, obwohl sie angesichts der für Deutschland (und Frankreich) typischen engen Verzahnung von "comptabilité" und "fiscalité" in Angriff genommen werden müßte. Wir beschränken die Berücksichtigung steuerlicher Sachverhalte in bewußter Selbstbescheidung auf das Fundamentale. Hierzu gehört etwa der Hinweis auf die besondere Praxis der **Steuerauskunft : le renseignement fiscal** in Deutschland, den Chmielewski (1992 : 48) speziell an seine frankophone Leserschaft adressiert (Unserem Experten ist der Terminus Steuerauskunft nicht bekannt. Er ersetzte ihn durch Anrufungsauskunft). Unsere besondere Aufmerksamkeit wurde ebenso auf die für den frankophonen Benutzer notwendige Verdeutlichung der Unterscheidung von **Geschäftsführung** bzw. **Geschäftsleitung** gelenkt, einmal im Sinne des Organs und einmal im Sinne der Tätigkeit (siehe Seite 319). Durch Kommentare und entsprechende Verweise bei den beiden Termini ist folglich für den Benutzer Eindeutigkeit herzustellen.

Terminologiekartei: die oberste Zeile der Terminologiekarte

Äquivalenzherstellung zwischen deutschen und französischen Ein- und Mehrworttermini macht den wesentlichen Teil der übersetzerischen Tätigkeit in unserem Wörterbuchkonzept aus. Es soll aber keinesfalls aus dem Blick geraten, daß damit die übersetzerischen Anforderungen nur teilweise beschrieben sind. Terminologiearbeit fassen wir als integralen Bestandteil der zweisprachigen Fachlexikographie auf. Picht (1993 : 10) sieht hierin den Vorteil, auch Relationswissen und Faktenwissen in die lexikographische Arbeit einbringen zu können.
Zur praktischen Bewältigung dieser Arbeit haben wir in einem Zeitraum von 5 Monaten etwa 500 Einheiten mit Terminusqualität unter Äquivalenzgesichtpunkten bearbeitet. Wir greifen einige dieser Einheiten in alphabetischer Reihenfolge zur Illustration des Gesagten heraus:

1) **Pensionsrückstellungen/Rückstellungen für Pensionen und ähnliche Verpflichtungen** (§ 266 Abs. 3 HGB)/**Rückstellungen für Pensionsverpflichtungen** (Fussan: 260)

2) **Periodenabgrenzung** (§ 252 (1))

3) **Personalaufwand** (6. Gkv) **> Löhne und Gehälter, soziale Abgaben und Aufwendungen für Altersversorgung**

4) **plus-value/moins value**

5) **Pooling-of-Interests-Methode/Interessenzusammenführungsmethode > Vollkonsolidierung, Kapitalkonsolidierung, Purchase-Methode**

6) **(Bilanz)Posten** (s. § 265 HGB) **> Bilanzgliederung, Mitzugehörigkeit (zu anderen Bilanzposten)**

7) **Preissteigerungsrücklage**

8) **prêt**

9) **provision - amortissement - dépréciation > Abschreibungen auf Vorräte, Rückstellungen**

10) **provisionner > Rückstellungen, Wertberichtigungen**

Bei den aufgeführten terminologischen Einheiten handelt es sich immer nur um die oberste Zeile der Terminologiekarte. Die jeweiligen Kommentare, Erläuterungen, Äquivalentmöglichkeiten etc. zu diesen sind unter Umständen sehr umfangreich, wie wir gleich an einem Auszug sehen werden. Zunächst noch einige Bemerkungen zu den Beispielen. Dabei geht es nur um Exemplarität, nicht um Vollständigkeit:

- Es werden terminologische Varianten berücksichtigt: 1, 5
- Die Problematik des Grundwortes beim Kompositum wird berücksichtigt: 6

- Es erscheinen auch französische Termini. Dabei handelt es sich um solche, bei denen die Äquivalenzrelation mit irgendeiner Problematik behaftet ist.
- Es werden Verweise zu Termini gegeben, die in irgendeiner relevanten Beziehung zu dem erstgenannten Terminus stehen: >.
- Es erscheinen auch andere als substantivische Einheiten, sei es in deutscher, sei es in französischer Sprache: 10
- Fundstellen werden festgehalten, z.B. (6. Gkv) = 6. Posten in dem Gliederungsschema der Gewinn- und Verlustrechnung nach dem Gesamtkostenverfahren. In diesem Fall ist der Vermerk besonders wichtig, da alle Posten, sei es der Bilanz, der Gewinn- und Verlustrechnung oder des Anhangs, besondere Aufmerksamkeit bei der lexikographischen Bearbeitung, z.B. zur Herstellung von Maniabilität, erfordern.

Ein Blick auf die Terminologiekarte **Pensionsrückstellungen**

Schauen wir nun noch etwas genauer auf z.B. die Terminologiekarte **1) Pensionsrückstellungen ...** (Auszüge):

CHM (1) : les provisions pour retraites (2) > les engagements hors bilan figurant dans l'annexe für Franzosen, aucune obligation de comptabilisation (3) (S. 12) (4)

VILLEG : provisions pour retraites obligatoires du personnel (5); compte "provisions pour pensions et obligations similaires" (6) (S. 1032)

B/S/T D-F: Pensionsrückstellungen - provisions pour retraite (7); B/S/T F-D: provision (7) pour retraites obligatoires du personnel - Pensionsrückstellung (8)

POT D-F: provisions pour les (7) retraites du personnel; POT F-D: provisions pour constitution de fonds de retraite du personnel (8)

KÜT/WEB: Pensionrückstellungen in D, Passivierungspflicht für Neuzusagen ... Sehr hohe Bedeutung in der Praxis (3) (S. 282). In F Passivierungswahlrecht ... In der Praxis nur sehr geringe Bedeutung (3) (S. 283)

DIFF (9): la déductibilité n'est pas admise en France (Chm S. 46)

SOG; provision pour pensions - Rückstellung für Pensionen

VILLEG: provision pour retraites obligatoires du personnel: Les entreprises peuvent décider d'inscrire au bilan, sous forme de provision, le montant correspondant à tout ou partie de ces engagements (10) (c. com. art. 9) (1) ...

POT D-F: Rückstellungen für Pensionsverpflichtungen (11) - provisions pour retraites du personnel; POT F-D: vorhanden (8)

DOUC/F F-D: fehlt unter provision und retraite (12)

POOT: Für unmittelbare Pensionsneuzusagen, die unter "Rückstellungen für ungewisse Verbindlichkeiten" fallen, besteht eine Passivierungspflicht (10)

CHM: Rückstellungen für Pensionen und ähnliche Verpflichtungen - provisions pour retraite et engagements similaires (6) (S. 100)

VILLEG: engagements en matière de retraite (S.1139) ist weiter als Begriff als nur mit 'de' (10)

Erläuterungen:

(1) Abgekürzter Verweis auf die benutzte Quelle, sei es den Autor, das Wörterbuch (z.B. DOUC/F = Doucet/Fleck), den Gesetzestext (z.B. c. com. art. 9 = code de commerce article 9)

(2) Festhalten der in der bearbeiteten Literatur verwendeten französischen Äquivalente von deutschen Termini

(3) Festhalten kontrastiver Aspekte. Wenn möglich, werden französische und deutsche Bemerkungen festgehalten. Es handelt sich hier um wichtiges glossierbares Material, für das u. U. eine Präsentation in der einen oder anderen Sprache in Frage kommen kann
(4) Seitenangabe, wichtig für spätere vergleichende Betrachtungen mit anderen Ausführungen in anderen Quellen
(5) Festhalten eines Original-Terminus aus dem Bereich der französischen Rechnungslegung, der dem deutschen Sachverhalt (mehr oder weniger genau) entspricht
(6) Festhalten einer (deutschen oder französischen) Kontenbezeichnung, u.a. wegen des generellen Problems der Findung maniabler Bezeichnungen für Posten und Konten.
(7) Vermerk morpho-syntaktischer Auffälligkeiten, in diesem Fall bestehen sie in der unterschiedlichen Verwendung von Pluralformen
(8) Das Konfrontieren der Einträge von biskopalen/bidirektionalen Wörterbüchern erlaubt Rückschlüsse auf berechtigte/unberechtigte Symmetrien oder Asymmetrien, Übersetzungsschwächen
(9) DIFF = difference, wenn sich im Laufe der Lektüre Kontraste als besonders wichtig herausstellen, werden sie extra markiert
(10) Informationen zu dem Terminus aus einer nicht-kontrastiven, d.h. systeminternen, Perspektive zur Gewinnung terminologischer Sicherheit des Lexikogra-phen
(11) Es kann im Hinblick auf die endgültige Auswahl eines Terminus oder von Terminusvarianten lohnend sein, die Terminusqualität der konsultierten Wörterbücher zu berücksichtigen
(12) Vermerk von Schwächen/Stärken von Wörterbüchern. Die Ermittlung des Leistungsprofils eines Wörterbuchs ist z.B. wichtig, wenn in Zweifelsfällen Rückgriffe auf Garanten notwendig sind.

Wir haben, wie erwähnt, zu 500 Termini solche Karten angelegt. Es kann sich hier also nur um ein exemplarisches Aufzeigen ihrer Funktion handeln.

Begriffliche Konfrontierung: Französische und deutsche Gewerbesteuer

Wir treiben nun unsere onomasiologische Feineinstellung auf Termini noch weiter voran. Hierzu geben wir nachstehend in Form einer Gegenüberstellung eine Art Merkmalanayse des deutschen und französischen Konzeptes der Gewerbesteuer (GS). Ein grundlegender Unterschied zwischen den beiden Konzepten besteht darin, daß in Deutschland die Gewerbeertrag- und Gewerbekapitalsteuer (= Substanzsteuer) erhoben wird, während dies in Frankreich nur für die Gewerbeertragsteuer der Fall ist. Die Gegenüberstellung stützt sich auf eine "étude comparée France - Allemagne" über "La taxe professionnelle" von Christine Collette (1992) in der Fachzeitschrift Revue de Comptabilité Française (Nr. 239, novembre 1992). Gegeben sei die Information, daß innerhalb der EG nur Frankreich und Deutschland die Gewerbesteuer erheben. Auf die von der Verfasserin verwendeten übersetzungstechnisch interessanten Bezeichnungen **taxe professionnelle** für Frankreich und **impôt commercial** für Deutschland sei an dieser Stelle ebenfalls hingewiesen.

DIE FRANZÖSISCHE GEWERBESTEUER	DIE DEUTSCHE GEWERBESTEUER
1. Gemeindesteuern stellen nur 8,7% des staatlichen Steueraufkommens dar.	1. Die Gemeindesteuern stellen 30,6% des gesamten staatlichen Steueraufkommens dar.
2. Die GS entspricht einem Anteil von 44% des Gemeindesteueraufkommens.	2. Die GS entspricht 79% des Gemeindesteueraufkommens.
3. Die GS wird von Gemeinde, Département und Région erhoben.	3. Die Gemeinden erheben die GS.
4. Die GS fließt den Gemeinden zum allergrößten Teil zu.	4. 1/4 der GS muß von den Gemeinden an Bund und Länder abgeführt werden.
5. Der Bemessungszeitraum zur Ermittlung der Steuerbemessungsgrundlage ist das vorletzte Jahr vor dem Jahr, in dem die Summe zu zahlen ist. Die stark zeitverschobene Berechnung erlaubt eine ertragsprospektive Festsetzung der Hebesätze.	5. Der Bemessungszeitraum ist das abgelaufene Jahr
6. Ø	6. Der Begriff der 'Betriebsstätte' (établissement stable) dominiert die Idee der Hebeberechtigung.
7. GS-Befreiungen sind in starkem Maße identisch mit denen in Deutschland, mit Ausnahme von zeitlich befristeten Befreiungen bei Neuansiedlungen von Unternehmen.	7. GS-Befreiungen stark identisch.
8. Große Unterschiede in der Festsetzung der Steuerbemessungsgrundlage. Diese ergibt sich aus: dem Mietwert der materiellen Betriebsmittel, 18% der Lohnsumme, 10% der Betriebseinnahmen bei freiberuflich tätigen Steuerpflichtigen mit weniger als fünf Angestellten. <u>Kürzungen</u>: pauschaler Freibetrag in Höhe von 25 000F vom Mietwert, für Einstellungen und Investitionen, allgemeiner Freibetrag von 16%.	8. Große Unterschiede ... Die Bemessungsgrundlage ist der **Gewerbeertrag**. <u>Hinzurechnungen</u>: die Hälfte der Zinsen für Dauerschulden, Renten und dauernde Lasten, die mit dem Erwerb des Betriebs zusammenhängen, die Hälfte der Miete für die Benutzung nicht in Grundbesitz bestehender Wirtschaftsgüter des Anlagevermögens. <u>Kürzungen</u>: 1,2% des Einheitswerts des zum Betriebsvermögen gehörenden Grundbesitzes, Teil, der auf eine nicht im Inland gelegene Betriebsstätte entfällt, Gewinnanteile aufgrund von Beteiligungen, Freibetrag von 36 000 DM für natürliche Personen und Personengesellschaften. Anwendung einer Steuermeßzahl von 5% auf den so errechneten Ertrag. Man erhält den Steuermeßbetrag für den Gewerbeertrag. Das **Gewerbekapital** wird aus dem Einheitswert ermittelt. <u>Hinzurechnungen</u>: Hälfte der Zinsen für Dauerschulden. <u>Kürzungen</u>: Gewinnanteile aufgrund von Beteiligungen. Anwendung einer Steuermeßzahl von 2‰. Pauschaler Freibetrag von 120 000 DM.

9. Ø	9. Das Gewerbekapital wird geringer besteuert als der Gewerbeertrag.
10. Der Gewerbeetrag ist die wichtigste Besteuerungsgrundlage.	Die Gewerbeertragsteuer macht 85% der Gewerbesteuer aus.
11. Sogar das Unternehmen mit Verlusten kann zu hohen Steuerzahlungen verpflichtet sein.	11. Das Unternehmen mit geringem Ertrag bzw. mit Verlusten bezahlt geringere bzw. keine Gewerbeertragsteuer bzw. überhaupt keine Gewerbesteuer.
12. Geringes Fluktuationsrisiko für Gemeinden bei Steueraufkommen.	12. Starkes Fluktuationsrisiko für Gemeinden bei Aufkommen aus Gewerbeertragsteuer.
13. "Valeur locative cadastrale" als Besteuerungselement mit sehr geringer Aussagekraft über den aktuellen Wert des Betriebs.	13. Einheitswert als Bewertungsgrundlage bei stark aktualisiertem Wert des Betriebskapitals.
14. Freibeträge verringern lediglich Besteuerungsgrundlage, ohne Berücksichtigung der Unternehmensrealität.	14. Hinzurechnungen und Kürzungen berücksichtigen stark die reale Ertragssituation.
15. Kritik: Die GS hält die Unternehmen von Einstellungen und Investitionen ab.	15. Kritik: Ertragsstarke Unternehmen werden durch die GS "bestraft".
16. Sehr große Unterschiede zwischen den Hebesätzen der Gemeinden (1 - 6fache).	16. Maximale Spanne der Hebesätze nur 2 1/2fache.
17. Erhebung einer Mindest-GS.	17. Mindest-GS gibt es nicht.

Mangelndes Sachwissen als Ursache (fach)sprachlicher Fehleinschätzungen

Der vorangehende Terminologievergleich sollte deutlich gemacht haben, daß terminologische Arbeit, mit dem Ziel Äquivalente zu ermitteln, eine sehr anspruchsvolle Arbeit (Schmitt 1989 : 184) ist, die äußerst zeitintensiv ist (Benson 1990 : 52). Eine Trennung des semasiologischen vom onomasiologischen Aspekt ist schlechterdings nicht möglich (Goffin 1994 : 152). Sprachkenntnis und Sachkenntnis lassen sich sinnvollerweise nicht streng unterscheiden (siehe Albrecht 1992 : 76). Schon der minimalste terminologische Qualitätsanspruch verlangt die Berücksichtigung beider Aspekte. Dort, wo man diese Zusammenhänge aus welchen Gründen auch immer nicht mehr sehen mag, sprechen wir gerne von der "vergessenen Semiose".

Man fragt sich, wieso es nicht selten zu kapitalen Fehleinschätzungen der Funktionsweise fachspezifischeren Sprachmaterials kommt. Reinart (1993 : 15) rennt wahrlich offene Türen ein, wenn sie die Behauptung von Coseriu, daß die Fachsprachen einer einheitlichen "durch die Sachen selbst" unzweideutig vorgegebenen Strukturierung folgten, widerlegt. Wie soll man sich das eigentlich vorstellen: die "Sprache" wird durch eine "Sache" bestimmt? Streng genommen ist diese Aussage Unsinn (vgl. Vossenkuhl 1995 : 287; Pape 1989 : 88; siehe auch Albrecht 1992 : 64/65), es sei denn, man geht von einem ontologisch-naiven Zeichenbegriff aus. Es scheint eher so zu sein, daß ganz einfach domänenspezifische Wissensdefizite die Ursache solcher Behauptungen sind. Wichter (1994 : 96, 115, 258) weist denn auch mit Recht darauf hin, daß die von Coseriu vertretene Auffassung von Terminologien als nicht-sprachlichen Erscheinungen auf einer undifferenzierten Betrachtung aller Fachspra-chen beruhe, und daß sie zudem vom Prototyp der Gemeinsprache ausgehe. Daraus folge die Annahme, daß die Terminologie nur einen minderen Status habe. Den tieferen Grund hiervon sieht Wichter in dem Bemühen, "die vermeintlichen 'Sachen' aus der linguistischen Betrachtung" auszuschließen und in dem Versuch "nur mit einem Teil des Wissens, dem, den man als sprachliches Wissen unterstellte, zu operieren". Eine solche theoretische Position halten wir für unvereinbar mit einer effektiven Terminologiearbeit. Im übrigen kann man schon bei Humboldt nachlesen, daß das Prinzip der sprachlichen "Objekt"-Konstitution für alle Arten von "Gegenständen" gilt, sogar für die "äußeren, körperlichen, geradezu durch die Sinne wahrnehmbaren" (vgl. Scharf 1994 : 155, 133).

Daß eine nur am sogenannten Sprachwissen interessierte Linguistik auch zu ungenauen sprachlichen Einschätzungen anderer Art kommen kann, wird unseres Erachtens an folgendem Beispiel in Kocourek (1982 : 167) deutlich. Er meint, "la structure sémantique de la terminologie est plus prononcée, plus compliquée (Unterstreichung des Verf.) et mieux définie que la structuration du lexique usuel". Ist nicht letzlich das, was "compliqué" ist, sich aber merkmalsemantisch beschreiben läßt, also das Definierte und damit Definierbare, weniger kompliziert als "simple words like 'see' and 'own' that are so hard to define" (Johnson-Laird 1987 : 202, ebenso 201; Dietze 1994 : 19)? Die inadäquaten Beurteilungen (fach)sprachlicher Erscheinungen sind in der Regel die Folge des Ausblendens sachlich-inhaltlicher Aspekte und der unreflektierten Bevorzugung einer Beschäftigung mit der sogenannten Gemeinsprache und sprachformalen Aspekten. Der kritischen Bemerkung von Portine (1990 : 69) zu der sprachformal untadeligen Arbeit von Kocourek (1982) ist daher nichts hinzuzufügen. Anstatt sich, wie es sein sollte, auf den Referenzaspekt zu konzentrieren, meint sie, "on peut avoir tendance ... à se centrer presque exclusivement sur le lexique, travail utile mais insuffisant".

Anisomorphie ein ubiquitäres Phänomen in Terminologien

Rettig (1985 : 98), der das zweisprachige gemeinsprachliche Wörterbuch im Visier hat, erwähnt bei seinem Vorschlag für eine Äquivalenttypologie nur die Kriterien der Lexematizität und der Syntagmenstruktur. Das sind tendenziell überwiegend formale Kriterien. Ohne ihre Berechtigung in Abrede stellen zu wollen, können sie dennoch für sich betrachtet keine Garanten für Äquivalenz sein. Allerdings unterstellen wir Rettig nicht, daß er den Referenzaspekt nicht sieht. Sein Bezug auf die onomasiologisch-semasiologische Lexemanalyse von Baldinger schließt solche Bedenken aus. Es bleibt aber der Eindruck einer Unterschätzung des semantischen Aspekts. Ein Indiz hierfür ist etwa seine nach unseren gewonnenen Erkenntnissen zu unkritische Sehweise der 1:1-Kongruenz. Für uns gilt "that no lexeme in one language is exactly equivalent to a lexeme in another" (Steiner 1989 : 253). Diese Konsequenz müßte sich auch aus den von Schaeder (1990 : 69-71) erschöpfend aufgezählten "Bedingungen der Möglichkeit von Äquivalenz" ergeben. Durch sein Haftenbleiben an dem Coseriuschen Konzept der "Bezeichnung" (67) vollzieht er diesen Schritt für die Fachterminologien noch nicht. Das Problembewußtsein dafür, daß die Einbeziehung interkultureller Aspekte die Unterscheidung von "Bedeutung" und "Bezeichnung" in Frage stellen muß, ist allerdings bei Schaeder (1990 : 73) vorhanden. Wir vollziehen diesen Schritt konsequent.

Die von Zgusta (1971 : 294, 296) auf alle (gemeinsprachlichen) lexikalischen Einheiten und nicht nur auf die "so called culture-bound words" bezogene Anisomorphie bedarf einer Ausdehnung in den Bereich der Terminologien. Und zwar nicht nur für die der Geistes- und Sozialwissenschaften, zu der wir hier auch die Wirtschaftswissenschaft zählen, sondern im Prinzip auch für die der naturwissenschaftlichen und technischen Disziplinen (vgl. Albrecht 1992; Schmitt 1994). Diese Einsicht drängt sich dann auf, wenn man den Begriff des Kulturellen in einer fundamentaleren Weise ansetzt als dies etwa die besondere Erwähnung sogenannter "culture-bound words" bei Zgusta (1971) impliziert. Etwa im Sinne Hofstedes, der Kultur als eine "programmation collective de l'esprit humain" betrachtet. In diesem Fall gilt: "La culture détermine les manières de penser, de sentir, de communiquer, de produire des objets concrets" (Gauthier/Xardel 1993 : 18). Die technisch-materielle Produktion ist also miteinzubeziehen. Mit den Worten von Rey (1991 : 2869) stellt sich damit für den Lexikograph-Übersetzer "le problème du découpage référentiel d'univers culturellement différents" in einer allumfassenden Weise.

Es kann nicht ernsthaft bezweifelt werden, daß wirtschaftliches, technisches oder wissenschaftliches Tun und Denken und damit Konzeptualisieren kulturell geprägt sind. Wenn man diesen Standpunkt konsequent vertritt, verliert auch eine strenge Differenzierung zwischen "natural sciences and technology" und "social sciences", wie dies etwa in einer Wüsterschen Tradition üblich ist (Morgenroth 1994 : 72), an Schärfe. Die Schwäche des Zeichenbegriffs Wüsters (1991 : 85) liegt darin, daß er den Sprecher und "das Reich der Begriffe" in unzulässiger Weise dissoziiert. Dennoch sollte nicht übersehen werden, daß sich auch Wüster (1991 : 87) der Tatsache bewußt ist, daß die vollständige Eindeutigkeit in der Terminologie "ein frommer Wunsch" bleiben muß. Wir sind der Meinung, daß der von Sarcevic (1989 : 279) gemachte Verweis auf eine nur für die Sozialwissenschaften gültige flexible Unterscheidung von "essentialia" und "accidentialia" als "caracteristics of concepts" auch grundsätzliche Gültigkeit für technische Konzepte haben muß.

Obwohl Jahr (1993 : 28-46) nur "tendenzielle Unterschiede" in der Verwendung von Fachwörtern in den Naturwissenschaften und Geisteswissenschaften nachweisen möchte, gelangt sie letzlich doch über eine recht starre Dichotomie nicht hinaus. Das könnte zwei Ursachen haben. Einmal tauchen in ihren Überlegungen solch intermediäre Wissenschaften wie die Wirtschafts- und Rechtswissenschaften nicht auf. Zu anderen scheint uns die semiotische Natur von Sprache unterbelichtet. Dies erklärt möglicherweise den recht unkritischen Gebrauch solcher Termini wie "Sache", "objektiv", "außermenschliche Welt", etc. und, wir meinen auch, den des Terminus der "Vagheit".

Die von uns vorgenommene Gegenüberstellung des deutschen und des französischen Konzepts der Gewerbesteuer soll auch ersichtlich machen, wie schwer es ist, eine solche Unterscheidung in Essentielles und Akzidentelles innerhalb einer entschei-

dungsorientierten Praxis aufrechtzuerhalten. Wir gehen davon aus, daß Konzepte, also Bedeutungen, Verhalten steuern, Entscheidungen determinieren, Motivationen schaffen oder beseitigen etc. Konzepte werden aus Interessenlagen heraus "bedeutungsvoll für jemanden". Diese Aspekte sind in praxisnahen Bedeutungsmodellen primär. Hier werden nämlich Bedeutungen in durchaus flexibler Weise "definiert" (zum Terminus des Konzeptes siehe Herrmann/Grabowski 1994 : 51f.).
Wir sind uns selbstverständlich bewußt, daß Termini im "Normalfall" -sozusagen zur Aufrechterhaltung der Ordnung- relativ eindeutig definierte und normierte Elemente eines terminologischen Systems zu sein haben (Schippan 1992 : 231). Für gewinnbringender halten wir jedoch den Hinweis von Schippan, daß auch Termini zur Polysemie -zutreffender für unsere Argumentationsbelange wäre 'Vagheit'- neigen. Dabei meinen wir eine Eigenschaft, von der "nahezu das gesamte Lexikon natürlicher Sprachen" betroffen ist und die durch die nicht aufhebbare "Kontextabhängigkeit" von Bedeutung zu erklären ist (Pinkal 1985 : 45, 43). Wer also glaubt, daß solche Termini wie "Gewinn", "Vermögen", "Verlust", "Abschreibung", "Rückstellung", "Herstellungskosten", etc. für die Praxis ein für allemal gültige Handlungssteuerungen beinhalten, irrt (vgl. Schneider o.J. : AKAD RW 7 Seite 3; Hahn 1983 : 99). Eine gewisse Entzauberung des Terminus ist überfällig.

Wissensintensivere lexikographische Darstellungsformen notwendig

Wir sind der Meinung, daß für die begriffliche Ajustierung (qualitatives Matching) von Äquivalenten in zweisprachigen Wörterbüchern -ob fachlichen oder weniger fachlichen Charakters- in Zukunft bedeutend mehr intellektuelle Energie aufgewandt werden muß, wenn für die Praxis leistungsfähigere Bedeutungskonzepte die Richtschnur sein sollen. Rossenbeck (1994 : 144) gehört zu denjenigen, die diesen Imperativ sehr gut erkannt haben. Er fordert überzeugend für die zweisprachige Fachlexikographie einen konsequenteren Rückgriff auf Sachwissen, wenn ein Höchstmaß an Äquivalenz erreicht werden soll. Auch Picht (1993 : 10) fordert, die wissensärmeren Darstellungsformen der fachsprachlichen Lexikographie durch wissensintensivere lexikographische Darstellungsformen zu ersetzen. Für den fachlexikographischen Bereich gilt diese Forderung angesichts der "praktischen Folgen" (Koller 1992 : 274ff.) bzw. Sanktionen im Falle des Gebrauchs ungenauer Äquivalente, welche in verantwortlicher Position Handelnde zu erwarten haben, in besonderem Maße. Es ist daher verständlich, wenn der in einem Interview befragte und in der Wirtschaftsprüfung tätige Dr. Claus Baier, Deutsche Treuhand-Gesellschaft, Frankfurt, den Wunsch äußerte, "gefährliche" Begriffe sollten in den Wörterbüchern mit einem roten Sternchen versehen sein (ähnlich auch Sarcevic 1989 : 288).

Das aktive Wörterbuch bedarf hochwertiger begrifflicher Äquivalenz

Die obige Gegenüberstellung der beiden Gewerbesteuerkonzepte ist alles andere als vollständig. Eine solche Vollständigkeit ist eine Fiktion. Wir müssen dies akzeptieren.

Die Forderung an die Terminologiearbeit innerhalb der zweisprachigen Fachlexikographie muß dennoch lauten, den matching-Prozeß weiter voranzutreiben als bisher. Wir sehen allerdings auch, daß eine qualitativ anspruchsvolle vergleichende Terminologiearbeit über das in einen lexikographischen Rahmen Integrierbare hinausgeht. Insofern kommt dieser Disziplin, die für die notwendige zukünftige Verfeinerung der internationalen Kommunikation entscheidend ist, ein uneingeschränktes Recht auf Eigenständigkeit zu.
Die Forderung nach verfeinerter begrifflicher Äquivalenz im Rahmen des in der Fachlexikographie Möglichen gilt in besonderem Maße für das aktive Wörterbuch. Kommunikativ erfolgreiches Agieren des enkodierenden Sprachteilhabers hängt wesentlich von der begrifflichen Präzision der mitgeteilten Inhalte ab. Die im Gespräch für den Rezipierenden bestehende Möglichkeit zur korrigierenden Vereindeutigung begrifflicher (und sprachformaler) Ungenauigkeit seines Partners durch den hilfreichen Rückgriff auf die muttersprachliche Kompetenz ist zwar in Rechnung zu stellen, allerdings stößt die dafür erforderliche Geduld, zumal in stark ziel- und zweckbestimmten Gesprächen schnell an Grenzen.
Auch wenn Herr Dietz Mertin, ein in der internationalen Wirtschaftsprüfung erfahrener Experte der C&L Treuarbeit Deutsche Revision, seine Bemerkung in dem mit ihm geführten Interview nicht total ernst gemeint hat, so verblüfft sie einen dennoch. Er sagte, daß die internationale Kommunikation auf relativ niedrigem Niveau mit ein paar Hundert Vobabeln stattfinde. Da kann man eben nur noch verblüfft fragen: Und das funktioniert? Oder sollten in dieser Kommunikationsrealität noch so viele bisher nicht genutzte Möglichkeiten der Verbesserung der (fachlichen) Verständigung liegen?

2.3 Sprachformale Äquivalenz (= Korrespondenz)

Interlinguale kontrastive Fachsprachenforschung als Rahmen

Nach diesen grundsätzlichen Ausführungen zur begrifflichen Äquivalenz wenden wir uns nun ihrer sprachformalen Seite zu. Als selbstverständlich setzen wir voraus, daß auch eine solche Vorgehensweise nicht ohne ein Minimum an inhaltlichen Kenntnissen möglich ist. Wir sehen diese auf die äußere sprachliche Form zentrierte Arbeit innerhalb einer "Kontrastiven Fachsprachenforschung" (Baumann/Kalverkämper 1992) angesiedelt. Hinzutritt eine interlinguale Perspektive (vgl. Hoffmann 1992 : 103f.). Nach Morgenroth (1994 : 54) ist eine "étude contrastive" zweier Sprachen notwendig zur Ermittlung syntaktischer und morphologischer Besonderheiten einer Fachsprache.
Wir haben diese Arbeit zum einen im terminologischen Bereich und zum andern im weiteren Rahmen der Kollokationsmuster durchgeführt. Für die Termini bzw. die terminologischen Syntagmen nehmen wir nachstehend eine vergleichende Gegenüberstellung von Bildungsmustern vor. Bei der Kontrastierung handelt es sich, mit den Worten von Stein (1993 : 4), teilweise um einen "Sprachvergleich" und teilweise um einen "Übersetzungsvergleich". Ein Sprachvergleich liegt dann vor, wenn beide

Äquivalente originale Ausdrücke der jeweiligen nationalen Rechnungslegungssystematik sind (z.B. die den Ziffern 1, 6, 9 entsprechenden Termini in der unten folgenden Gegenüberstellung). Um einen Übersetzungsvergleich handelt es sich in den Fällen, in denen der deutsche Terminus keine (direkte) Entsprechung im französischen System hat (z.B. 4, 8, 16). Daß mit dieser Unterscheidung auch bestimmte Konsequenzen für die Validität des Vergleichs verbunden sind, ist erkannt, wird an dieser Stelle aber vernachlässigt. Vermerkt sei noch, daß wir das von Wilss (1994 : 18) bemängelte unklare Verhältnis zwischen Kontrastivität und Vergleich für einen nicht sonderlich gravierenden Mangel halten. Der Vergleich stellt sicher das umfassendere Konzept dar, dem sich Gemeinsamkeiten und Kontraste unterordnen lassen. Wir stimmen Helbigs Auffassung (1994 : 204) zu, daß in einer speziell didaktischen Perspektive nicht nur den starken Kontrasten, sondern auch den Ähnlichkeiten und schwachen Kontrasten Aufmerksamkeit geschenkt werden muß.

Gegenüberstellung von Bildungsmustern aus der deutschen und französischen Rechnungslegung

das Betriebsergebnis S + S	1	le résultat d'exploitation S + de + S
die Auflösung der Rückstellung S + ART + S	2	la reprise de provision devenue sans objet S + de + S + PART
der Vorstand S	3	le directoire S
der Bericht des Aufsichtsrats S + ART + S + S	4	le rapport du conseil de surveillance S + deART + S + de + S
die Aufwandsrückstellungen S + S	5	les provisions pour charges S + PRÄP + S
die außerordentlichen Aufwendungen ADJ + S	6	les charges exceptionnelles S + ADJ
die sonstigen betrieblichen Aufwendungen ADJ + ADJ + S	7	les autres charges d'exploitation ADJ + S + de + S
Ausleihungen an Unternehmen, mit denen ein Beteiligungsverhältnis besteht S + PRÄP + S + REL	8	créances sur des sociétés avec lesquelles il existe un lien de participation S + PRÄP + deART + S + REL
der beizulegende Wert PART + S	9	la valeur d'inventaire/la valeur actuelle S + de + S / S + ADJ
ein eingeschränkter Bestätigungsvermerk PART + S	10	une certification avec réserve S + PRÄP + S
die allgemeinen Bilanzierungsgrundsätze ADJ + S + S	11	les principes comptables généraux S + ADJ + ADJ
die allgemeinen Bewertungsgrundsätze ADJ + S + S	12	les principes généraux d'évaluation S + ADJ + de + S
(das Prinzip der) Bilanzidentität S + S	13	(le principe d') intangibilité du bilan d'ouverture S + deART + S + de + S

die Buchführungspflicht S + S	14	l'obligation de tenir une comptabilité S + de + INF
die gewogene Durchschnittsmethode PART + S + S	15	la méthode du prix moyen pondéré S + deART + S + ADJ + PART
der nicht durch Eigenkapital gedeckte Fehlbetrag komplexPART + S	16	la part de la perte non couverte par les fonds propres S + deART + S + PART
die Eigenkapitalveränderungsrechnung S + S + S	17	le tableau d'évolution des capitaux propres S + de + S + deART + S + ADJ
Forderungen aus Lieferungen und Leistungen S + PRÄP + S und S	18	créances clients S + S
die Forschungs- und Entwicklungsaufwendungen S- und S + S	19	les frais de recherche et (de) développement S + de S et (+ de +) S
die Fremdwährungsverbindlichkeiten S + S	20	les dettes en devises S + PRÄP + S
die Stichtagskursmethode S + S + S	21	la méthode du taux de clôture S + deART + S + de + S
die Minderheitenanteile S + S	22	les "minoritaires" ADJ NOMINAL

Formenreichtum erlaubt keine festen formalen Korrespondenzen

Die Aufstellung hat lediglich exemplarischen Charakter, sie ließe sich fast beliebig fortführen. Die gegebenen französischen Äquivalente dürfen nur als eine Möglichkeit (von oftmals mehreren sich anbietenden) betrachtet werden. So könnte z.B. in 14 auch **les obligations comptables** an die Stelle treten, in 15 **le mode de calcul sur la base du coût moyen pondéré**, etc. Wir möchten damit auf die nur sehr geringe Möglichkeit hinweisen, zuverlässige Aussagen über feste formale Korrespondenzen zwischen den beiden Sprachen zu machen. Hierüber besteht in der Literatur allgemeine Übereinstimmung (Kocourek 1982 : 186). Wolf (1990 : 154) meint, daß keine allgemeine Aussagen über bestimmte Realisierungsformen möglich sind, weil die Entscheidung für diese oder jene Form entscheidend von semantischen Faktoren abhängt.

Die Schwierigkeit, einigermaßen gesicherte Aussagen über formale Korrespondenzen zu machen, ist in nicht unerheblichem Maße mit dem Problem verbunden, eine trennscharfe Ordnung in die französischen Bildungsmuster hineinzubekommen. Die Definitionen des französischen Kompositums etwa bewegen sich von einer sehr engen Auslegung, die nur die "unité graphiquement continue" (Kocourek 1982 : 90, 110) als Kriterium gelten läßt, über eine mittlere Position, die noch einen Terminus vom Typ piston de la pompe (Stein 1993 : 28/29) als Nominalkomposition gelten läßt, bis hin zu der Bezeichnung "mots composés" für alle Konstruktionen "relevant de la formule terme générique + terme(s) différenciateur(s)" (Müller 1985 : 194). In jedem Falle hat man auch bei dem französischen Kompositum von einer "échelle de figement" (Gross 1988 : 70) auszugehen. Wir wollen uns hier mit der von Kocourek (1982 : 119) getroffenen Unterscheidung von "terme-mot", "mot composé", "terme syntagme/syn-

tagme lexical" und "syntagme libre" zufriedengeben, wohl wissend, daß Abgrenzungsprobleme zwischen dem "mot composé" und dem "terme syntagme" einerseits und dem "terme syntagme" und dem "syntagme libre" andererseits bestehen.
Stein (1993 : 32) weist darauf hin, daß eine Untersuchung von 100000 französischen Nominalkomposita über 500 verschiedene Kompositumtypen ergeben habe. Diese Vielfalt ist aus der obigen Aufstellung zu erahnen. Bei den deutschen Bildungsmustern dominiert das des asyndetischen zweigliedrigen Typs, hinzu gesellen sich in weit geringerer Zahl dreigliedrige Komposita. Zu erwähnen ist außerdem die Kombination von präattributivem Element + Substantiv (z.B. 6, 7, 9, 10, 11, 12, 15, 16). Schließlich sind noch postattributive Konstruktionen mit genitivischer (2, 4) oder präpositionaler (18) Struktur zu nennen. Bei der relativischen Konstruktion in 8 handelt es sich um den besonderen Fall einer Postenbezeichnung der Bilanz. Generalisierungen dürfen hieraus nicht abgeleitet werden.
Alles in allem haben wir es bei den deutschen Konstruktionsmöglichkeiten mit einem relativ gut überschaubaren Phänomen zu tun. Dem stehen auf der französischen Seite, z.B. die "adjectivation à source nominale" (18) (Kocourek 1982 : 69) gegenüber. Gerade dieses Bildungsmuster scheint in der französischen Wirtschaftssprache an Produktivität zu gewinnen (z.B. société de **capital-risque**, privilégier les actions de **capital-développement** par rapport à **l'activité prêts**" (Les Échos, mercredi 17 août 1994, S. 11). Binon (1994 : 12) sagt: "Les noms composés **salaire-coût** ...et ... **salaire-revenu** ... sont très courants". Es wäre allerdings unangebracht, hier auf eine feste formale Korrespondenz etwa des Typs **capital-risque > Risikokapital** zu spekulieren. Des-weiteren finden wir die Substantivierung des Adjektivs (22), die hier aus **les intérêts minoritaires** abgeleitet ist. Wir haben die "adjectivation terminologique" (Müller 1985 : 194), mit vorangestelltem (7) und nachgestelltem einfachem (6) und doppeltem (11) Adjektivattribut. Weiss (1992 : 308) weist auf die Schwierigkeiten hin, die frankophone Lerner bei der Übersetzung von Substantiven mit Relationsadjektiven haben (**déficit commercial**: +kaufmännisches Defizit anstatt **Handelsdefizit**). Der ganze Formenreichtum der französischen Konstruktionen entfaltet sich jedoch innerhalb der "constructions à addition successives" (Müller 1985 : 198), bei denen die präpositionalen Konstruktionen die Hauptrolle spielen (5, 10, 13, 17, 20, etc.). Die mit nur sehr geringem autosemantischem Potential ausgestattete Präposition **de** weist die stärkste Frequenz auf. Hierbei fällt der sehr große Funktionsumfang der **de**-Phrase auf, der weit über den des -mit Einschränkung- vergleichbaren deutschen Genitivattributs hinausreicht (Stein 1993 : 60). Hieraus dürften sich für die Produktionsrichtung F>D erhebliche Schwierigkeiten ergeben.
Erwähnt werden müssen auch die postnominalen partizipialen Anschlüsse (16), von denen das Französische bekanntermaßen reichlichen Gebrauch macht (s. S. 97).

Nur sehr abstrakte Korrespondenzregularitäten

Wenn man den Versuch unternimmt, einigermaßen gesicherte Aussagen über relativ feste formale Ensprechungen zu machen, so kann das nur mit großer Vorsicht geschehen. In einer relativ starken Korrespondenzrelation dürften die Muster S + S > S + de

+ S (obiges Beispiel Nr. 1) und S + S + S > S + de + S + de + S (Beispiel Nr. 21) (vgl Stein 1993 : 54; Wolf 1990 : 101; Weiss 1992 : 309) stehen. Reinart (1993 : 31) stellt heraus, daß das Französische als analytische Sprache häufiger als das Deutsche eine Sinneinheit auf mehrere Wörter aufspaltet. Wo im Deutschen das Kompositum bevorzugt wird, ist daher im Französischen häufig eine Bildung aus Substantiv + Relationsadjektiv oder aus Substantiv + Präpositionalgruppe zu finden. Schließlich lassen sich Determinationsstrukturen beobachten, die man mit den Worten von Zemb im Deutschen als "centripète" (**Kosten > Anschaffungskosten**) und im Französischen mit "centrifuge" (**coûts d'acquisition**) (Wolf 1990 : 86) charakterisieren kann. Grundsätzlich zuzustimmen ist auch der allgemeinen Beobachtung von Reinart (1993 : 36), daß sich im Französischen die Grade der Explizitheit extrem zwischen Einzel-termini und Präpositionalgruppen verteilen, während im Deutschen mit dem Komposi-tum ein mittlerer Grad von Explizitheit die Regel ist. Es lassen sich ohne Frage noch eine Reihe weiterer Hypohesen zu dem Komplex formale Entsprechungen im terminologischen Bereich formulieren. Wir wollen uns mit den erwähnten Beobachtungen begnügen.

Man könnte möglicherweise vermuten, daß die Produktionsrichtung F>D "einfacher" ist als die Richtung D>F, da der frankophone Enkodierer seine Wahl innerhalb einer um einiges geringeren Anzahl von Bildungsmustern treffen kann als der germanophone. Oder ist es nicht gerade umgekehrt, weil die geringeren Möglichkeiten im Deutschen offensichtlich mit einem rigideren semantischen und formalen Regelwerk verbunden sind? Gewährt also nicht doch die formale und semantische Flexibilität der französischen Konstruktionstypen dem germanophonen Enkodierer größere Spielräume? Diese Überlegungen bleiben letzlich abstrakt und spekulativ. Dem unter Zeitdruck formulierenden Enkodierer helfen sie in der realen Sprachproduktionssituation nicht. Dem Übersetzer können sie allenfalls eine allgemeine Richtschnur sein.

3. Paralleltextvergleich

Ermittlung enkodierungserschwerender struktureller Kontraste

Erweitern wir nun den vergleichenden Rahmen über die morpho-syntaktischen Grenzen des Terminus hinaus. Hierzu bedienen wir uns des "Sprachvergleichs". Genauer gesagt handelt es sich um eine Form der "Paralleltextanalyse, deren methodisches Prinzip darauf beruht, daß Texte einander gegenübergestellt werden, die nicht in Translat-Relation zueinander stehen, wohl aber aus textthematischen und textpragmatischen Gründen vergleichbar sind" (Wilss 1994 : 18). Wir haben keine Makrostrukturen des Textes im Visier, uns interessieren lediglich mikrostrukturelle Erscheinungen, soweit sie kontrastiv relevant sind. Wir vergleichen fünf Texttypen: Gesetze, kommentierende Literatur zur Bilanzierung, Jahresabschlußdokumente, Wirtschaftszeitungen (Sparte Unternehmensnachrichten), Fachlexika. Es versteht sich, daß alle Texte in enger thematischer Beziehung zur Rechnungslegung stehen. Wir werden jeweils nach der Gegenüberstellung von Exemplaren eines Texttyps auf Textmerkmale hinweisen, die Probleme bei der Enkodierung schaffen könnten. Im Blick haben wir dabei den frankophonen Enkodierer. Wir stellen die Frage, welche Strukturmerkmale seiner Muttersprache sich in strukturell anderer Weise im deutschen Medium reflektieren. Auch hier unterstellen wir wiederum in reflektierter Sprachnaivität eine Vergleichbarkeit. Die festgestellten Differenzen könnten zu Formulierungen führen, die dem deutschen fachsprachlichen Stil unangemessen wären. Wir richten unser Augenmerk außerdem auf Erscheinungen des deutschen Textes, die keine Entsprechung im französischen Vergleichstext haben. Um die Darstellung nicht zu sehr auszudehnen, erwähnen wir bei wiederholtem Auftreten nicht in jedem Falle von neuem das entsprechende Merkmal (D = deutscher Text, F = französischer Text). Wir möchten darauf aufmerksam machen, daß die Texte in ihrer Gesamtheit eine gute Vorstellung von dem fachlichen Diskurs vermitteln, den das Wörterbuch dann lexikographisch verdichtet widerspiegeln sollte.

HGB und code de commerce

GESETZESTEXTE

Handelsgesetzbuch (HGB)		code de commerce
§ 238. Jeder Kaufmann ist verpflichtet, Bücher zu führen und in diesen seine Handelsgeschäfte und die Lage seines Vermögens nach den Grundsätzen ordnungsmäßiger Buchführung ersichtlich zu machen... Die Geschäftsvorfälle müssen sich in ihrer Entstehung und Abwicklung verfolgen lassen.	1	Art.8 Toute personne physique ou morale ayant la qualité de commerçant doit procéder à l'enregistrement comptable des mouvements affectant le patrimoine de son entreprise; ces mouvements sont enregistrés chronologiquement.
§ 255 (3) Zinsen für Fremdkapital, das zur Finanzierung der Herstellung eines Vermögensgegenstandes verwendet wird, **dürfen** angesetzt werden,	2	Décret du 29 nov 1983 7.2 :. les intérêts des capitaux empruntés pour financer la fabrication d'une immobilisation peuvent être inclus dans le

soweit sie auf den Zeitraum der Herstellung entfallen.		coût de production lorsqu'ils concernent la période de fabrication;
§ 264 (2) Der Jahresabschluß der Kapitalgesellschaft hat unter Beachtung der Grundsätze ordnungsmäßiger Buchführung ein den tatsächlichen Verhältnissen entsprechendes Bild der Vermögens-, Finanz- und Ertragslage der Kapitalgesellschaft zu vermitteln. Führen besondere Umstände dazu, daß der Jahresabschluß ein den tatsächlichen Verhältnissen entsprechendes Bild im Sinne des Satzes 1 nicht vermittelt, so sind im Anhang zusätzliche Angaben zu machen.	3	Art. 9 Les comptes annuels doivent être réguliers, sincères et donner une image fidèle du patrimoine de la situation financière et du résultat de l'entreprise. Ø Lorsque l'application d'une prescription comptanble ne suffit pas pour donner l'image fidèle mentionnée au présent article, des informations complémentaires doivent être fournies dans l'annexe.
§ 252 (1) Die Wertansätze in der Eröffnungsbilanz des Geschäftsjahrs müssen mit denen der Schlußbilanz des vorhergehenden Geschäftsjahrs übereinstimmen. (3) Die Vermögensgegenstände und Schulden sind zum Abschlußstichtag einzeln zu bewerten.	4	Art. 13 Le bilan d'ouverture d'un exercice doit correspondre au bilan de clôture de l'exercice précédent. Les éléments d'actif et de passif doivent être évalués séparément.
§ 250 (1) Als Rechnungsabgrenzungsposten sind auf der Aktivseite Ausgaben vor dem Abschlußstichtag auszuweisen, soweit sie Aufwand für eine bestimmte Zeit nach diesem Tag darstellen. (2) Auf der Passivseite sind als Rechnungsabgrenzungsposten Einnahmen vor dem Abschlußstichtag auszuweisen, soweit sie Ertrag für eine bestimmte Zeit nach diesem Tag darstellen.	5	Décret du 29 nov 1983 23. Les charges comptabilisées pendant l'exercice qui concernent un exercice ultérieur doivent figurer à l'actif du bilan au poste "Comptes de régularisation". Les produits comptabilisés pendant l'exercice qui concernent un exercice ultérieur doivent figurer au passif du bilan au poste "Comptes de régularisation".
§ 256 Soweit es den Grundsätzen ordnungsmäßiger Buchführung entspricht, kann für den Wertansatz gleichartiger Vermögensgegenstände des Vorratsvermögens unterstellt werden, daß die zuerst oder daß die zuletzt angeschafften oder hergestellten Vermögensgegenstände zuerst oder in einer sonstigen bestimmten Folge verbraucht oder veräußert worden sind ...	6	Art. 12 Les biens fongibles sont évalués soit à leur coût moyen pondéré d'acquisition ou de production, soit en considération que le premier bien sorti est le premier bien entré.
§ 284 (2) Im Anhang müssen 1. die auf die Posten der Bilanz und der Gewinn- und Verlustrechnung angewandten Bilanzierungs- und Bewertungsmethoden angegeben werden;	7	Décret du 29 nov 1983 24. L'annexe doit comporter toutes les informations...ces informations portent notamment sur les points suivants: 1. Les modes et méthodes d'évaluation appliqués aux divers postes du bilan et du compte de résultat

Kontrastierende Strukturanalyse der beiden Gesetzestexte

1 In F erscheinen zwei attributive Partizipialsätze, jeweils im Anschluß an ein Nomen, eingeleitet durch ayant und affectant. In D entsprechen diesen das Kompositum Kaufmann und das nominale Syntagma Lage seines Vermögens. Dem Modalverb doit entspricht der Modalersatz ist zu + Infinitiv. Das Modalverb müssen ist ohne direkte Entsprechung in F. Hier findet man die assertierende Passivkonstruktion sont enregistrés. Das Adverb chronologiquement wird durch die Verbalsubstantive Entstehung und Abwicklung wiedergegeben. Auch wenn man berücksichtigt, daß beide Texte generell durch starke Formelhaftigkeit gekennzeichnet sind, so treten dennoch besonders typische formelhafte Konzentrate hervor. In F finden wir Toute personne physique ou morale ayant la qualité de commerçant und die für die "langue administrative" charakteristische verbale Wendung (Grevisse/Goose 1988 : 1166) procéder à. In D ist in dieser Hinsicht nach den Grundsätzen ordnungsmäßiger Buchführung zu erwähnen.

2 Die polyfunktionale Präposition de in dem Nominalsyntagma les intérêts des capitaux erscheint in D in Form der Präposition für in Zinsen für Fremdkapital. Der infinitivischen Konstruktion pour financer entspricht das präpositionale Nominalsyntagma zur Finanzierung. Dadurch kommt es in F nicht zu einer mit in D vergleichbaren dreigipfligen komplexen nominalen Verbindung wie Finanzierung der Herstellung eines Vermögenswerts. Übereinstimmungen sind dagegen bei der Bildung zweigipfliger genitivischer Verbindungen festzustellen: fabrication d'une immobilisation : Herstellung eines Vermögenswerts; période de fabrication : Zeitraum der Herstellung. Dem Modalverb pouvoir entspricht das Modalverb dürfen. In beiden Fällen erscheinen diese innerhalb einer Passivkonstruktion. Eine große "strukturelle Distanz" besteht zwischen être inclus dans (le coût de production) und angesetzt werden. Das Äquivalent von lorsque ist die restriktive Konjunktion soweit.

3 Dem Modalverb doivent entspricht in D hat zu + Infinitiv. Die Formel image fidèle ... hat in D die Entsprechung ein den tatsächlichen Verhältnissen entsprechendes Bild ... Die explizit subordinierende Simultan-Konjunktion mit konditionalem Element lorsque taucht in D als verkürzte implizit-konditionale Konstruktion mit eliminierten wenn bzw. falls auf: Führen ... **so**. Die Konjunktion **so** fungiert als explizite konditional-konsekutive Markierung. Nebenbei erwähnt sei die in terminologischer Hinsicht interessante Beobachtung, daß dem unspezifischen Terminus entreprise der die Unternehmensform genau benennende Terminus Kapitalgesellschaft gegenübersteht, was sich durch die größere Bedeutung der Unternehmensform im deutschen Bilanzrecht im Vergleich zum französischen erklären dürfte.

4 Die adverbiale lokale Determination die Wertansätze in der Eröffnungsbilanz hat keine äquivalente Struktur in F. Unter informationstheoretischem Aspekt ist die deutsche Struktur im Vergleich zur entsprechenden französischen le bilan d'ouverture als redundant zu bezeichnen.

5 Die "normale" prädikative Struktur Les charges ... doivent figurer in F erscheint in D als modale Verbindung mit der spezifizierenden Präposition als am Satzanfang. Die gleiche Beobachtung läßt sich an dem zweiten Satz in F machen. In D befindet sich in diesem Fall eine lokale Determination am Satzanfang: Auf der Passivseite. Bilanztechnisch von Bedeutung sind solche verbalen Ausdrücke mit Terminusqualität wie comptabiliser und figurer à l'actif in F und ausweisen in D. Terminologisch interessant ist, daß der in D vorhandenen Differenzierung von Ausgaben und Aufwand der alleinige Terminus charges in F gegenübersteht.

6 Die verbale Struktur sont evalués findet sich in dem Kompositum Wertansatz wieder.

7 Der in F vorhandenen partizipialen Rechtserweiterung > appliqués ... entspricht in D das komplexe vorangestellte partizipiale Attribut die auf die Posten der Bilanz angewandten < ...

Implizitheit vs Explizitheit in Abhängigkeit von Adressateneinschätzung

Bei globaler Betrachtung der beiden Texte fällt als generelles Merkmal die größere Textmenge auf der deutschen Seite auf. In **6** wird besonders deutlich, wie sehr explizite Formulierung in D und implizite Formulierung in F kontrastieren können. Eine Erscheinung, auf die auch Weiss (1992 : 313) hinweist und die sicherlich interessante Schlußfolgerungen zuläßt, z.B. im Hinblick auf die Einschätzung des Adressaten. Die deutschen Formulierungen haben unserer Meinung nach einen stärker didaktisch-belehrenden Charakter. Wir können hier nur die einer eingehenden Überprüfung bedürfende Hypothese aufstellen, daß im französischen fachlichen Diskurs in stärkerem Maße Expertentum unterstellt wird. Wir stützen unsere Vermutung durch ähnliche Beobachtungen bei der vergleichenden Lektüre der beiden Wirtschaftszeitungen Handelsblatt und Les Echos. Hier zeichnet sich die deutsche Zeitung ebenfalls durch erheblich mehr didaktisch motivierte explikative Informationen aus als die französische, in der dieser Informationstyp nur minimale Verwendung findet. Inwieweit ein impliziterer und möglicherweise elitärerer französischer Fachdiskurs mit einem expliziteren und explikativeren deutschen Fachdiskurs in der face-to-face-Kommunikation in Konflikt geraten kann, sei hier nur als interessante Untersuchungsperspektive angerissen. Solche in Zukunft notwendig werdenden Perspektiven dürften zur Differenzierung bekannter Einsichten in allgemeine interkul-turelle Differenzen zwischen Deutschen und Franzosen beitragen, etwa derjenigen des größeren Informationsbedarfs des monochronen Deutschen im Gegensatz zu dem "schon informierten" polychronen Franzosen (Hall/Hall 1984 : passim). Die lexikogra-phische Verwertbarkeit solcher Erkenntnisse kann, zumal im Falle eines aktiven Wörterbuchtyps, durchaus gegeben sein. Zu denken wäre an eine Darstellung solcher Erkenntnisse etwa in der Wörterbucheinleitung.

Erläuternde Texte zur Bilanzierung in D und F

ERLÄUTERNDE TEXTE

Leitfaden zum Bilanzrichtliniengesetz

(Peat, Marwick, Mitchell)

Bei dem Posten *"geleistete Anzahlungen und Anlagen im Bau"* sind alle Vermögensgegenstände auszuweisen, die dazu bestimmt sind, dauernd dem Geschäftsbetrieb zu dienen, aber noch nicht fertiggestellt waren. Bei den hier auszuweisenden gelei-

Le bilan de l'entreprise

(Mikol)

Avances et acomptes - Ce poste reçoit le montant des avances et acomptes versés par l'entreprise à des tiers pour la réalisation d'opérations dont l'objet est la livraison d'une immobilisation corporelle. Il disparaît à la réception définitive du steten Anzahlungen handelt es sich um Vorleistungen der Gesellschaft auf im übrigen noch schwebende Geschäfte. Mit Ausnahme der Anzahlungen auf immaterielle Vermögensgegenstände, die in Zukunft separat unter Posten Nr. I .3. auszuweisen sind, ist der Posteninhalt unverändert zum bisherigen Aktienrecht. (S. 56)

bien par compensation avec la dette vis-a-vis du fournisseur.
Immobilisations en cours - Ce compte a pour objet de faire apparaître au bilan les immobilisations corporelles créées par les propres moyens de l'entreprise ou réalisées par des tiers, mais non achevées à la fin de l'exercice. Ces derniers figurent dans ce poste pour un montant proportionnel a leur état d'achèvement. Lorsque l'immobilisation corporelle est définitivement achevée par l'entreprise, ou livrée, le coût de cette immobilisation est viré dans le poste concerné. (S. 51)

Bei der Gegenüberstelllung dieser beiden Texte weisen wir auf die Möglichkeit der Korrespondierung von Posten (Kursivdruck) der deutschen und französischen Bilanz hin. Eine Tatsache, die bei Erstellung des Index und speziell bei der Suche nach "Einstiegshilfen" für den frankophonen Benutzer eine wichtige Rolle spielen wird.

Handelsblatt und Les Échos

ZEITUNGSTEXTE

Handelsblatt (Nr.199 14./15. 10. 1994)

Moeller-Gruppe / Deutlicher Gewinnanstieg - Joint Ventures

Restrukturierung trägt die ersten Früchte

Konzentration auf das Kerngeschäft und Vorstoß in neue Märkte heißt die Devise, mit der die Elektrogeräte-Gruppe Moeller nachhaltig zu schwarzen Zahlen zurückkehren will. Im vergangenen Jahr haben sich die optimistischen Prognosen nicht erfüllt.

Handelsblatt, Donnerstag 13.10.94

kv BONN. Bei der Klöckner-Moeller GmbH, Bonn, und ihren Beteiligungsgesellschaften "fährt die Inlandslokomotive zwar noch reichlich stotternd dahin", doch trage die Belebung im Ausland zu einem "erfreulichen Ausgleich" bei. Deshalb gab sich Gert Moeller, Vorstandsvorsitzender der Obergesellschaft Moeller-Stiftung Holding, Bonn, vor der Presse zuversichtlich, daß die Gruppe im Geschäftsjahr 1994/95 (30. 4.) die Wende endgültig geschafft hat. Der Umsatz, der im vergangenen Jahr um 6,5% auf 1,186 (1,268) Mrd. DM zurückgegangen war, soll auf 1,25 bis 1,3 Mrd. DM steigen.

In den ersten fünf Monaten konnte der Umsatz des Unternehmens, das elektrische und elektronische Geräte, Systeme und Anlagen zur Automatisierung und Energieverteilung herstellt, um 4,2% gesteigert werden. Das Betriebsergebnis, das -anders als das Bilanzergebnis-auch im abgelaufenen Jahr positiv blieb, konnte sogar um 127% gesteigert werden. Moeller: "Alles in allem habe ich Anlaß zu der realistischen Aussage, daß die Gruppe 1994/95 mit endgültiger Erholung und schwarzen Zahlen aufwarten kann". Allerdings könne die bisherige Wachstumsrate beim Ertrag nicht durchgehalten werden.

Um das Ziel zu erreichen, muß in der Gruppe gründlich aufgeräumt werden, ein Pozeß, der sich in gemäßigter Form auch in diesem Jahr noch fortsetzt. "Konzentration auf das Kerngeschäft, das ist unsere Marschrichtung", bekräftigte Dr. Emil Seidel, Vorsitzender der Geschäftsführung der GmbH. Seidel, Schwiegersohn von Gert Moeller, hat inzwischen den wesentlichen Anteil" des Kommanditkapitals des Familienstammes Harry Möller übernommen. Damit liegt nun das gesamte Kapital bei den Familien Moeller und Seidel.

Dem Ausbau der Auslands--aktivitäten gelten die Vertriebsanstrengungen der Gruppe. In Ungarn und Polen seien zwei Töchter gegründet worden. In China betreibe man inzwischen zwei Joint-Ventures, ein drittes werde noch in diesem Jahr unter Dach und Fach gebracht. In Singapur sei eine eigene Niederlassung entstanden. In Südamerika werde man zwei weitere Regionalbüros installieren und die Vertriebsstrukturen dort neu ordnen.

Das vergangene Jahr gehörte -so Seidel- "sicher nicht zu den erfolgreichsten in unserer Firmengeschichte". Während Gert Moeller im vergangenen Jahr noch voller Zuversicht schwarze Zahlen angekündigt hatte, sah das tatsächlich erreichte Ergebnis anders aus. Das Betriebsergebnis blieb bei einer Gesamtleistung von 1,191 (1,267) Mrd. DM mit 24 (15) Mill. DM weiter positiv und verbesserte sich deutlich.

Nach einem negativen Finanzergebnis von 12 (4) Mill. DM erhöhte sich das Geschäftsergebnis auf 13 (11) Mill. DM. Unter anderem durch die Restrukturierungsmaßnahmen fiel nochmals ein außerordentliches Ergebnis von minus 11 (minus 35) Mill. DM an. Im vergangenen Geschäftsjahr und 1994 bis Ende August sank die Belegschaft um 1320 auf 6900 Beschäftigte, wofür rund 21 Mill. DM Aufwendungen erforderlich waren. Im laufenden Jahr wird die Zahl der Mitarbeiter nochmals um 200 zurückgehen.

"Damit kommen die Restrukturierungsmaßnahmen zum Abschluß", so Seidel. Neue Rückstellungen müßten nicht mehr gebildet werden. Der Konzern-Jahresfehlbetrag stellte sich auf 11 Mill. DM. Durch den Rückgang der Bilanzsumme erhöhte sich der Eigenkapitalanteil auf 39,5 (38,6) %, eine im Vergleich zum Durchschnitt der deutschen Industrie sehr gute Zahl.

<u>Les Échos</u> (Lundi 1er août 1994, p. 8)

INFORMATIQUE • **Redressement**

Bull réduit ses pertes au premier semestre et évoque sa privatisation

Enregistrant une progression de 11% de son chiffre d'affaires sur les premiers mois de l'année, le groupe informatique public affiche une nette réduction de ses pertes. Le coup d'envoi à la privatisation pourrait être donné cette année.

• La course aux économies engagées par Jean-Marie Descarpentries, le PDG de Bull, commence à porter ses fruits. Sur les six premiers mois de l'année, le groupe informatique public a réduit son déficit de manière sensible avec une perte nette courante de 843 millions de francs au premier semestre, en réduction de 57% par rapport enregistrée lors de la période correspon-dante de 1993. Ce chiffre ne tient toutefois pas compte d'une provision complémentaire pour restructuration de 710 millions, ce qui porte la perte nette du groupe à 1,55 milliard et ramène à 28% l'amélioration du résultat.

Bull qui a perdu, l'an dernier, plus de 5 milliards de francs dont une provision de 1, 65 milliard, comptabilisée en une seule fois au 31 décembre, estime que la forte réduction de ses frais financiers (1,8% du chiffre d'affaires contre 5,5% un an plus tôt) a largement contribué au redressement du résultat. En 1993, les frais financiers pesaient pour 1,3 milliard de francs, auxquels s'ajoutent 4,1 milliards de remboursements d'emprunts. Cet allègement s'accompagne d'une marge brute d'auto-financement redevenue positive a 158 millions de francs.

Equilibre d'exploitation dès 1994

La perte d'exploitation a été également ramenée à 433 millions de francs contre 1,2 milliard au premier semestre 1993. La direction estime que les coûts non salariaux ont été réduits dans le même temps de 623 millions. Les frais de personnel sont en baisse de 535 millions, soit de 9% par rapport

à la période correspondante de l'an dernier et il ne devrait plus y avoir de plans sociaux généraux. Le chiffre d'affaires du groupe affiche une hausse de

11% à 13,85% milliards de francs sur six mois, les progrès les plus significatifs étant à mettre à l'actif de la division micro-informatique (Zenith Data Systems) qui connaît une progression de 55% apres avoir été, il y a un an, en grande partie responsable du déficit de Bull. Le constructeur enregistre aussi une forte hausse des commandes (+ 29%) sur le semestre, grâce notamment aux bonnes performances enregistrées sur le marché français dans le domaine des systèmes Unix.
Estimant que "ces résultats confirment que le redressement de Bull est en bonne voie", Jean-Marie Descarpentries table pour le second semestre sur une poursuite de la croissance du chiffre affaires, une réduction "sélective" des coûts et une maîtrise de l'endettement, trois axes prioritaires qui doivent permettre au groupe de parvenir à l'équilibre de son résultat d'exploitation dès cette année. Bull indique qu' "un effort particulier sera mené au cours du second semestre en matière de réduction de l'endettement. Cette dernière devrait être d'autant plus significative qu' est attendu, avant la fin de l'exercice, le feu vert de Bru-xelles et le versement du solde 1994 de la dotation en capital attendue (3,1 milliards de francs), "pour solde de tout compte".
L'amélioration de la rentabilité du groupe, tâche prioritaire de la mission de redressement confiée par Gerard Longuet à Jean-Marie Descarpentries, s'inscrit dans la perspective d'une privatisation. "Bull se sent prêt à mener, avec ses actionnaires actuels, sa privatisation dans de bonnes conditions", soulignant vendredi la direction, convaincue de pouvoir rendre l'entreprise plus attractive tandis que le PDG évoquait la possibilité d'un coup d'envoi de l'opération "dès 1994".

Kontrastierende Strukturanalyse der beiden Zeitungstexte

Wir haben an beiden Zeitungstexten Auszählungen vorgenommen, die Rückschlüsse auf lexikalische und morphosyntaktische Merkmale erlauben. Unsere Ergebnisse beanspruchen jedoch keine 100 %ige Validität. Dazu wären eingehende Überlegungen über die Definition von "Wort", "Kompositum" im französischen Text etc. und natürlich eine bedeutend breitere Erhebungsbasis notwendig. Dies würde den Rahmen unserer Aufgabenstellung überschreiten. In unseren Aussagen werden daher lediglich mit großer Vorsicht Tendenzen formuliert. Sie stellen Verhältnisse zwischen der Menge der jeweils untersuchten lexikalischen Einheit und der Gesamtmenge der lexikalischen Einheiten des Textes dar. Erwähnenswert erscheinen uns die folgenden Ergebnisse:

- in D ist die Substantivdichte höher als in F.
- in D sind die Substantive mit fachspezifischen Merkmalen zahlreicher.
- in D werden mehr Modalverben gebraucht.
- in D werden erheblich mehr Adjektive und Adverbien gebraucht.
- in D ist die Zahl der Präpositionen geringer. In F dominiert unangefochten die Präposition de. Sie ist in erheblichem Maße ursächlich für die Überzahl gegenüber D. Die lexikographische Relevanz liegt in der Steuerung unserer Aufmerksamkeit auf die wichtige grammatisch-semantische Bindefunktion der Präposition. Die Präposition stellt hohe Anforderungen an die Korrespondenz- (und Äquivalenz-) herstellung.
- Zahlen und Numerale sind in D und F mit gleich auffallender Häufigkeit verwendet
- in D und F fällt der Gebrauch idiomatischen und metaphorischen Sprachmaterials auf.

- in D sind adverbiale und dativische Satzanfänge auffallend häufig vertreten im Vergleich zu F, wo eher die normale Subjekt-Prädikat-Struktur dominiert.

Die im letzten Punkt herausgestellte Differenz ist wohlbekannt. Blumenthal (1983 : 67) weist, über das von uns erwähnte Satzmuster hinausgehend, darauf hin, "daß das Französische zu prädikativen Relationen und zur Explizitmachung der Thema-Rhema-Opposition neigt, das Deutsche dagegen zu determinativen Relationen und zur Vernachässigung der genannten Opposition auf der syntaktischen Ebene". Allerdings verdient die von Blumenthal je nach Gegenstandsbereich gemachte Einschränkung der Gültigkeit dieser Beobachtung ganz besondere Aufmerksamkeit. Wir verweisen dazu auf die folgenden determinativen Satzmuster, die wir in Les Echos (Mardi 7 mars 1995) ohne Mühe ausfindig machen konnten:

De l'industrie automobile à l'hôtellerie, la reconversion peut paraître osée.
Sur trois ans, Nissan espère convertir 3.000 employés en vendeurs dans le réseau.
A 95 yens pour un dollar, la hausse des profits n'est plus que de 42,2 %, estime l'étude.

Wir haben den generellen Eindruck, daß im französischen wirtschaftsjournalistischen Sprachgebrauch determinative Umstandsbestimmungen ebenfalls eine wichtige rhematische Funktion übernehmen können. Eindeutiger, im Sinne der von Blumenthal herausgestellten allgemeinen Tendenz, ist der Kontrast zwischen der Textsorte "rapport de gestion" und der in etwa vergleichbaren Textsorte "Bericht des Vorstands" mit insbesondere Anhang und Lagebericht, wie wir in der folgenden Gegenüberstellung sehen können:

Bericht des Vorstands und **rapport du directoire**

JAHRESABSCHLUSSDOKUMENTE

Bericht des Vorstands - Anhang der Hagen Batterie AG und des Konzerns, 1993	rapport du directoire - exercice 1993 Roussel Uclaf
In den Konzernabschluß sind neben der HAGEN Batterie AG sechs ausländische Unternehmen einbezogen, bei denen der HAGEN Batterie AG unmittelbar oder mittelbar die Mehrheit der Stimmrechte der Gesellschafter zusteht. ... Das Geschäftsjahr aller konsolidierten Gesellschaften ist das Kalenderjahr. Von dem Wahlrecht des § 308 Abs. 3 HGB, steuerlich zulässige Werte auch in den Konzernabschluß zu übernehmen, wird Gebrauch gemacht ... Auf die ergebniswirksamen Konsolidierungsvorgänge werden Steuerabgrenzungen vorgenommen, soweit sich der Steueraufwand in späteren Geschäftsjahren voraussichtlich ausgleicht. Wegen der geltenden ertragsteuerlichen Organschaft mit der MANOS Verwaltungsgesellschaft mbH ergeben sich keine Steuerabgrenzungen auf die im Einzelabschluß der HAGEN Batterie AG realisierten	Les comptes annuels sont établis conformément aux principes comptables en vigueur généralement admis en France. L'évaluation des éléments inscrits en comptabilité a été pratiquée selon la méthode dite des coûts historiques. Les valeurs immobilisées figurent au bilan pour leur valeur d'origine corrigée des incidences de la reevaluation légale de 1976 qui figurent constatées dans les comptes de l'exercice 1978. Les amortissements sont calculés suivant le mode linéaire en fonction de la durée de vie ... Les stocks et encours sont évalues au plus bas de leur coût de revient determiné selon la méthode FIFO (coût d'acquisition ou de production) ou de leur valeur actuelle à la clôture de l'exercice 1993. Les créances et les dettes ont été évaluées à leur valeur nominale...

Zwischengewinne, die im Konzern eliminiert werden. (BUNDESANZEIGER Mittwoch, den 1. September 1993)

Les différences de change non réalisées figurent dans les comptes "Ecarts de conversion".

Die Gegenüberstellung macht deutlich, daß in dem französischen Text eindeutig die prädikative Relation dominiert. Diese Dominanz gilt nicht im gleichen Maße für die determinative Struktur im deutschen Text. Dort findet sich -das sagen wir aufgrund unserer allgemeinen Kenntnis dieser Textsorte - in der Regel auch ein nicht zu übersehender Anteil prädikativer Relationen. Er bleibt aber, weit hinter dem Anteil zurück, der in der französischen Textsorte festzustellen ist. Relevanz im Hinblick auf unsere Korrespondenzreflexion haben noch die folgenden Merkmale des französischen Dokuments: semantisch arme Verben vom Typ pratiquer, starke lexikalisch-semantische Distanzen, wieder einmal im Falle der Präposition: pour (mit) in les valeurs immobilisées figurent au bilan pour leur valeur d'origine.

Lexikon der Rechnungslegung und dictionnaire de la comptabilité

TEXTE AUS FACHLEXIKA

1 Lexikon der Rechnungslegung und Abschlußprüfung (Lück)

Aktiva
Summe der Vermögensgegenstände, der aktiven Rechnungsabgrenzungsposten und der aktiven Bilanzierungshilfen eines Unternehmens. Die Aktivseite einer Bilanz umfaßt einerseits das betriebliche Vermögen (Mittelverwendung), unterteilt in > Anlagevermögen, > Umlaufvermögen, andererseits > Rechnungsabgrenzungsposten und Bilanzierungshilfen, ggf. ergänzt durch den "nicht durch Eigenkapital gedeckten Fehlbetrag" sowie evtl. durch > ausstehende Einlagen auf das gezeichnete Kapital als Korrekturposten zum > gezeichneten Kapital (> Gliederung der Bilanz).

Dictionnaire de la comptabilité (La Villeguérin)

Actif
L'actif est la partie du *bilan* où sont regroupés tous les éléments du patrimoine ayant une valeur économique positive pour l'entreprise. L'I.A.S.C., dans un document intitulé "Cadre de préparation et de présentation des états financiers", définit l'actif comme "une ressource contrôlée dont on attend des avantages économiques futurs au bénéfice de l'entreprise". Cependant, les actifs peuvent comprendre les éléments d'actif réel et des éléments d'*actif fictif*. L'actif représente l'emploi des ressources de l'entreprise, c'est-à-dire des capitaux mis à sa disposition. Ceux-ci sont investis soit à titre permanent: actif immobilisé (voir *Immobilisations*), soit à titre temporaire: *actif circulant*. ...

2 Jahres- und Konzernabschluß von A - Z (Fussan)

Umlaufvermögen
Beim Umlaufvermögen sind diejenigen Gegenstände auszuweisen, die bestimmt sind, nur vorübergehend, kurzfristig oder zeitlich bedingt, dem Geschäftsbetrieb des Unternehmens zu dienen (§ 247 Abs.1 HGB). Entscheidend für den Ausweis ist die Zweckbestimmung des

lexique de comptabilité (Lassègue)

les **actifs circulants**, ou cycliques, correspondent au capital circulant des économistes. " ...en raison de leur destination ou de leur nature, n'ont pas vocation à rester durablement dans l'entreprise..." (P.C.G. 1982). Leur incorporation à la production les détruit dès le premier usage; ils changent de forme à mesure de l'avancement de

Gegenstandes am Abschlußstichtag (vgl. unter *"Anlagevermögen"*)...

la production et reprennent, suivant un rythme cyclique, la forme d'une encaisse monétaire; leur liquidité varie en sens inverse de la durée de ce cycle.

Strukturvergleich von Lexikontexten wenig ergiebig

Die Gegenüberstellung der Texte aus Fachlexika ist sprachstrukturell wenig ergiebig. Man kann von einer Einebnung von Differenzen durch einen sprachenübergreifenden für Lexika typischen Schreibstil sprechen. Der Schwerpunkt liegt hier zudem eindeutig auf dem terminologischen Element, weshalb dieser Texttyp eine wichtige Hilfsfunktion bei der Präzisionskontrolle ermittelter Terminusäquivalente übernehmen kann. Im übrigen sei daran erinnert, daß er in unserem Konzept wegen seines dominanten meta-gegenständlichen bzw. definitorischen Charakters als nicht gut geeignet für einen Korpustext und damit für die Kollokationsselektion betrachtet wird.

Der "Praktiker" als Lexikonadressat

Gewinnbringender erscheint uns der Versuch, die Gegenüberstellung zum Anlaß für Überlegungen makrotextueller, textpragmatischer Natur zu machen. Lück (1989 : Vorwort) wendet sich mit seinem Lexikon an "Studenten der Wirtschaftswissenschaften und benachbarter Disziplinen, an Praktiker in der Wirtschaft und Verwaltung, an Steuerberater, vereidigte Buchprüfer, Wirtschaftsprüfer, Interne Revisoren sowie an Mitarbeiter von Aufsichtsämtern; Kammern und berufsständischen Institutionen". Fussan (1988 : Vorwort) möchte einen "praxisnahen Überblick über den Jahresabschluß und den Konzernabschluß für Kapitalgesellschaften wie auch für Personengesellschaften" vermitteln. La Villeguérin (1993 : 3) spricht nur allgemein von dem "lecteur". Man darf aber mit Sicherheit davon ausgehen, daß der "expert comptable" der Hauptadressat ist, da Erik de la Villeguérin auch als expert comptable und commissaire aux comptes praktiziert. Auch Lassègue (1993 : Avertissement) wendet sich allgemein an den "lecteur". Pierre Lassègue gibt sich als "professeur" aus. Seinem Buch liegt ein theoretischer Anspruch zugrunde mit grundsätzlicheren Überlegungen über das Funktionieren der Rechnungslegung. Dennoch darf man auch ihm praktische Ambitionen unterstellen, da er z.B. dabei behilflich sein möchte "de résoudre un problème particulier". Man kann demnach feststellen, daß alle Autoren "praktische Ratgeber" sein möchten. In den französischen Titeln wird es jedoch offenbar nicht für notwendig erachtet, auf die praktischen Ambitionen hinzuweisen, was als Indiz für einen anderen Stellenwert der "Praxis" im Kontext der französischen Rechnungslegung gedeutet werden könnte. Trotz von uns unterstellter gleicher oder ähnlicher Zielsetzung fällt nämlich ins Auge, daß die französischen Texte theoretischer an den Gegenstand herangehen als die deutschen. Der Diskurs wirkt expertenhafter, exklusiver, elitärer, womit wir zu einem ähnlichen Ergebnis wie oben kommen. Diese Überlegungen könnten eine Bestätigung darin finden, daß Opitz (1992 :

149 ff.) im Hinblick auf die "Berufszugangsregelungen für Abschlußprüfer" zwar von einer "Akademikerlösung" in beiden Ländern spricht, zudem aber auf die nur für Deutschland geltende "Praktikerlösung" hinweist. Der Nachweis praktischer (Jahresabschluß) Prüfungserfahrungen hat in Deutschland offenbar einen höheren Stellenwert als in Frankreich (siehe auch Litters [1995 : 63], die auf die besondere Bedeutung des "Praktikers" auf der Führungsebene deutscher Unternehmen im Gegensatz zum französischen hinweist). Was die lexikographische Relevanz solcher pragmatischer Erkenntnisse betrifft, verweisen wir wie oben auf die Möglichkeit, solche Informationen im Umtext unterzubringen.

Wir meinen, daß die konfrontierten Texte in ihrer Gesamtheit einen ausreichenden Eindruck von den sich stellenden Korrespondenz- (und Äquivalenz-)problemen vermitteln. Es ist bekannt, daß eine anspruchsvolle lexikographische Arbeit immer auch linguistische Fragestellungen in ihrer ganzen Breite einschließt. Wir können und wollen in dieser Gegenüberstellung lediglich einen Aufriß solcher Probleme und Fragestellungen geben. Im Rahmen unserer Wörterbuchkonzeption ist es von Vorteil, zwischen einer tendenziell terminologischen, onomasiologisch zentrierten Äquivalenzproblematik und einer tendenziell sprachstrukturellen, semasiologisch zentrierten Korrespondenzproblematik zu unterscheiden. Die beiden Problembereiche lassen sich in der Anlage des Wörterbuchs gut lokalisieren. Der erste betrifft den Index, die Glosse und das Verweissystem zwischen den Lemmata, der zweite kommt innerhalb der Wörterbuchartikel im ausgebreiteten Sprachmaterial zum Tragen.

4. Ursachen mangelnder Qualität von Äquivalenz und Korrespondenz

In der Folge wollen wir unsere Vorstellungen von einem für unser Wörterbuch adäquaten Äquivalenz- und Korrespondenzbegriff präzisieren. Dies werden wir durch das Aufzeigen und Hinterfragen von in der Übersetzungspraxis beobachteten Mängeln tun. Hieraus erhoffen wir uns Anregungen für eine positive Bestimmung und für die praktische Anwendung der beiden genannten Begriffe auf das Kontext-Fachwörterbuch.

4.1 Heterogene Verwendungspraxis

L'actif net

Wir sehen uns zu einer an lexikographischen Erfordernissen ausgerichteten Präzisierung des Äquivalenzbegriffs insbesondere aufgrund von Übersetzungsmängeln veranlaßt, auf die wir während unserer (meta)lexikographischen Arbeit immer wieder gestoßen sind.

Diese Mängel können sich in einer noch entschuldbaren Weise z. B. aus einer von Lassègue (1993 : 3) wie folgt beschriebenen Sachlage ergeben:

> **Actif net**: Le vocabulaire souffre d'une fâcheuse incertitude. Naguère le 'droit de sociétés' appelait Actif net la différence: Actif moins Passif externe (dettes). Depuis la Loi comptable (c. comm., art. 9, al. 1), le droit comptable ne dit plus 'Actif net', mais 'Capitaux propres'. Mais le droit fiscal continue d'employer l'expression 'Actif net' dans la détermination du bénéfice imposable... Le terme 'Actif net' reparaît dans le Bilan consolidé en liste, où il mesure la somme des capitaux propres et des intérêts minoritaires (P.C.G.):

Es dürfte kaum zu vermeiden sein, daß sich aufgrund einer solch heterogenen Verwendungspraxis eines Terminus, die selbst der Fachmann als "ärgerlich" bezeichnet, Äquivalenzprobleme ergeben können. Diese hat dann aber weniger der Übersetzer zu vertreten. Sie haben ihre Ursache eher in Gebrauchsunsicherheiten der Sprachbenutzer.

Ausleihungen

Schwierig gestaltet sich die Übersetzungssituation auch dann, wenn die Definitionslage eines Terminus mit Unsicherheiten behaftet ist. Hier läßt sich als Beispiel **Ausleihungen** anführen. Er erscheint weder in Gabler (1988) noch in Lück (1989). BECK'scher Bilanzkommentar (1990 : § 253 407 - 413) verwendet den Terminus undefiniert. In BECK'sches Steuerberater-Handbuch 1988 (B 485) erfährt man, daß das HGB keine spezielle Angabe darüber macht, wie der Begriff der **Ausleihungen** im Hinblick auf die Laufzeit abzugrenzen ist. Weiter heißt es dann, daß "als Ausleihungen nur langfristige Finanz- und Kapitalforderungen zu aktivieren" seinen. In Chmielewicz/Schweitzer (1993 : 590) findet man immerhin:

"Als *Ausleihung* wird die Hingabe von Kapital an Dritte bezeichnet, wobei diese zur Kapitalrückzahlung nach Ablauf der vereinbarten Zeit verpflichtet sind. Es handelt sich also um Finanzforderungen, die aus der Absicht entstanden sind, dem Empfänger für einen gewissen Zeitraum in Form der Darlehenshingabe Kapital zur Verfügung zu stellen. Forderungen aus Lieferungen und Leistungen gehören nicht zu den Ausleihungen, auch dann nicht, wenn für sie längerfristige Zahlungsziele gewährt werden. Verbriefte Gläubigeransprüche mit Dauerbesitzabsicht sind Wertpapiere des Anlagevermögens und langfristige unverbriefte Gläubigeransprüche aus Finanzgeschäften als Ausleihungen einzustufen."

Vielleicht wäre unter Zugrundelegung dieser an der üblichen Praxis ausgerichteten Definition ein Äquivalent wie z.B. **créances à long terme purement fiscales** das angemessenste Äquivalent. Jedenfalls gilt, daß definitorische Unbestimmtheit sich unvermeidlich im Übersetzungsprodukt niederschlägt. Für das terminologische Mehrwortlexem **Ausleihungen an verbundene Unternehmen** finden wir folgende Übersetzungen von Domänenexperten vor:

- **avances, prêts à des entreprises liées** (Chmielewski)
- **créances rattachées à des participations dans des entreprises liées** (Chmielewski)
- **prêts à des sociétés liées** (Caussemille)

Man kann hier von drei verschiedenen kompensatorischen Übersetzungsverfahren sprechen, mittels derer man dem Definitionsdefizit entgehen möchte. Im ersten Fall greift der Übersetzer und Experte auf ein hyponymes und im zweiten Fall auf ein hyperonymes Verfahren zurück. Im dritten und wohl am wenigsten befriedigenden Fall kann man von einer interlingualen Kohyponymie sprechen.

Anzahlung - Vorauszahlung - Teilzahlung - Ratenzahlung

Als weitere mit hohen Äquivalenzunsicherheiten behaftete Kandidaten sind uns die Termini **Anzahlung - Vorauszahlung - Teilzahlung** und die als Äquivalente in Frage kommenden Termini **arrhes - avance - acompte** aufgefallen. Hinzu kommt noch der Terminus **Ratenzahlung,** den Gabler (1988 : 1915) ausdrücklich von **Teilzahlung** unterscheidet. Schorr (1981 : 72) weist auf die synonyme Verwendung der drei erstgenannten Termini durch deutsche Autoren hin. In der Tat scheint die deutsche Definitionslage größere Unsicherheit zu stiften, da die Termini nicht selten in tautologischer Weise zur gegenseitigen Definition verwendet werden, nach dem Muster "Anzahlung: Vorauszahlung des Auftraggebers an ..." (Gabler 1988 : 252). Was die französische Definitionslage betrifft, scheint uns diese klarer als die deutsche zu sein (La Villeguérin 1993 : 144). Auch der ansonsten recht sprachkritische Lassègue (1993 : 2f.) äußert sich diesbezüglich zumindst nicht negativ. Daß gemeinsprachliche Wörterbücher wie Duden Das große Wörterbuch der deutschen Sprache und Le Petit Robert zur definitorischen Instabilität beitragen, kann nicht ausgeschlossen werden (vgl. zu dieser Problematik Mazière [1981]). Beide Wörterbücher führen zwar alle Termini auf, die Definitionen sind aber mehr oder weniger austauschbar. Ein Blick in verschiedene Wörterbücher macht die Situation sehr schnell deutlich. Siemens (1977) bringt unter **Teilzahlung : paiement à crédit (ou à tempérament)**, was **Ratenzahlung** entspricht. Boelcke/Straub/Thiele, Doucet/Fleck und Potonnier präsentieren unisono **paiement/payement partiel**, wählen also die wörtliche Übersetzung, obwohl sich **acompte** anbietet. In SoGeLex erscheinen unter **acompte : An-, Abschlags-, Vorauszahlung**, das äquivalenteste **Teilzahlung** sucht man dagegen vergeblich. In Wagner/Morgenroth (1995) erscheinen **Vorauszahlung** und **Teilzahlung** nicht im Glossar, ebensowenig **avance. Arrhes** und **acompte** werden undifferenziert mit **Anzahlung** übersetzt.

Faillite - dépôt de bilan - Konkurs(antrag)

Mit einer gewissen Toleranz muß man wohl auch dem, gemessen an strengen definitorischen Grundsätzen, in der Regel unkorrekten Gebrauch des Terminus **faillite** begegnen. Hierzu heißt es bei Lassègue (1993 : 178):

> **faillite:** le langage courant emploie encore, mais de façon impropre, le mot 'faillite' pour désigner les procédures collectives de règlement des affaires d'une entreprise en difficultés. En fait, la réglementation, et plus encore l'esprit de la loi, ont considérablement évolué et, dans le vocabulaire juridique, le mot 'faillite' désigne maintenant l'une des sanctions personnelles qui frappent les dirigeants d'entreprises qui ont commis certaines fautes.

Dieser Definitionsregelung ist der allgemein übliche Sprachgebrauch und manchmal sogar derjenige "en doctrine" (Cornu 1992 : 347) offenbar noch nicht gefolgt. Im Dictionnaire de l'entreprise (1993 : 131) findet man hierfür eine mögliche Erklärung: "La loi du 25 janvier 1985 a établi un nouveau droit de la faillite qui ne s'est pas révelé plus efficace sur le plan économique ou social" (genauer: faillite personnelle, F.S.). . Definitorisch korrekter wäre jedenfalls, **Konkurs** bzw. **Konkursantrag**, dem sich im allgemeinen ein gerichtliches Vergleichsverfahren (procédure de règlement judiciaire) anschließt, durch **dépôt de bilan** zu übersetzen.

Wir sagten oben, daß wir die angeführten Beispiele als "Störgrößen" betrachten, die eine interlinguale Kommunikation als mehr oder weniger unvermeidbar in Rechnung stellen muß. Übersetzungen sind eben auch sichtbare Resultate von Abstimmungsprozeduren über den Gebrauch von Wörtern. Die Tatsache, daß diese Abstimmung im Falle der Übersetzung zwischen zwei Sprachräumen stattfinden muß, ist im Grunde nicht verschieden von dem Phänomen einer Aushandlung des "richtigen" Gebrauchs innerhalb eines Sprachraums. Für beide Fälle gilt, daß Abstimmungen mit Schwierigkeiten behaftet sind, die durch heterogene Lebenspraxis bedingt sind.

4.2 Unzureichende Terminologierecherche

Betrachten wir nun eine Reihe von Fällen, für die nur schwerlich "Entschuldigungen" angeführt werden können. Z.B. solche, in denen eine eingehende Terminologierecherche unterblieben ist.

Auszahlungen - Ausgaben - Aufwand - Kosten

Zu nennen sind hier solche Termini wie **Auszahlung(en) - Ausgabe(n) - Aufwand - Kosten** (vgl. Wöhe 1992 : 9ff.; für das Schwedisch-Deutsche siehe Rossenbeck 1994 : 272f.). Wir schlagen die Äquivalente **décaissements - dépenses - charges - frais/coût(s)** (vgl. Terminologie Comptable 45 - 49) vor. Wesentlich ist die Unterscheidung von **dépenses** und **charges**. Während **charges** immer mit einer Vermögensminderung verbunden sind, kann das bei **dépenses** der Fall sein, muß es aber nicht. Bei letzteren besteht das wesentliche Merkmal im Abfluß von Zahlungsmitteln (Lassègue 1993 : 120ff.). Über den Gebrauch des Terminus **frais** sagt Lassègue (1993 : 193): "Terme traditionnel employé pour désigner, soit des charges, soit des regroupements de charges." In diesem Zusammenhang ist außerdem der Terminus **coût** zu nennen, zu dem Lassègue (109) ausführt: "En termes *comptables*, un **coût** est une charge, ou une somme de charges (et non de dépenses)."
In der deutschen Rechnungslegungspraxis sind bei der Ermittlung des Betriebsergebnisses innerhalb der Kostenrechnung nicht Aufwendungen, sondern Kosten zu berücksichtigen. D.h. im Gegensatz zum Aufwand sind Kosten streng auf die betriebliche Leistungserstellung bezogen (Lück 1989 : 73). Diese strenge Unterscheidung wird allerdings nach unserem Eindruck im deutschen -vor allem wirtschaftsjournalistischen- Sprachgebrauch nicht immer eingehalten. Daher ergeben sich -unter Berücksichtigung einer gewissen terminologischen Nachlässigkeit in der Praxis- als relativ ungefährliche französische Äquivalente für diese beiden Termini **charges, coût(s)** und **frais**.

Schauen wir in Potonnier nach, so liest man unter **Aufwand** (Ausgabe) charge, dépense, frais. Bedenklich daran ist, daß als Glosse 'Ausgabe' erscheint, obwohl ein Aufwand nicht mit einer Ausgabe verbunden sein muß. Ebenso bedenklich ist die Angabe von dépense, da mit dieser nicht immer ein Aufwand gemeint sein muß. Wesentlich ist, wie schon erwähnt, daß sie "une sortie de trésorerie" (Lochard 1993 : 10) darstellt.

Fonds de commerce - fonds commercial

Weitere oftmals Verwirrung stiftende Termini sind **fonds de commerce** und **fonds commercial**, die am exaktesten mit **Gesamtwert des Unternehmens** und (erworbener derivativer) **Geschäfts- oder Firmenwert** (vgl. Schwandtner 1994 : 22O) wiedergegeben werden sollten. Die Bedeutungsunterschiede beider Termini sind erheblich. Wesentlich ist, daß der **fonds commercial** ein "sous-ensemble acquis d'éléments incorporels non-identifiables" des **fonds de commerce** darstellt (Lassègue 1993 : 188). Es handelt sich hierbei in der Regel um eine "survaleur" oder einen "goodwill", welche den positiven Unterschiedsbetrag ("écart d'acquisition") zwischen dem für ein Unternehmen bezahlten Preis und dem Wert darstellen, der sich aus dem synergetischen Zusammenwirken solcher Faktoren wie "clientèle", "achalandage", "emplacement", "enseigne", etc. ergibt (La Villeguérin 1993 : 612).

In Potonnier F-D fehlt **fonds commercial**, wodurch die Möglichkeit einer - zumindest aus der Sicht des germanophonen Benutzers notwendigen- gegenseitigen Abgrenzung der Termini nicht gegeben ist. Nach **fonds de commerce** steht als erstes Äquivalent **Firmenwert**, was zu einer Gleichsetzung mit dem (erworbenen derivativen) **Geschäfts- und Firmenwert** im Sinne des **fonds commercial** führen kann. Doucet/Fleck übersetzt Geschäftswert ohne weitere Glossierung mit valeur du fonds de commerce. Noch schwieriger wird sich wohl die Verständigung für beide Benutzergruppen nach der Konsultation von Boelcke/Straub/Thiele gestalten. Nach **Geschäftswert** erscheint als erstes Äquivalent das unspezifische valeur commerciale. Die genannten Beispiele machen sicherlich die von Schmitt (1989_1 : 205) herausgestellte wichtige Rolle der terminologischen Forschung als Mediator zwischen Sach- und Sprachnorm gut deutlich.

Lexikographische Abschreibpraxis: z.B. **biens fongibles**

Wir haben weiter festgestellt, daß eine übliche Abschreibepraxis sich als nicht zu unterschätzender Trägheitsfaktor im Hinblick auf notwendige Verbesserungen der Präzision von Äquivalenten und, allgemeiner, auf die Erneuerung und kohärente Darstellung des Lemmabestands erweist. Man gewinnt den Eindruck, als habe keiner den Mut oder als unterziehe sich keiner der Mühe, über das Vorhandene hinauszugehen oder das Vorhandene zu verbessern. Letzteres wird z.B. deutlich, wenn man in Potonnier, Boelcke/Straub/Thiele und Doucet/Fleck in gleicher Weise für den Terminus **bien(s)/chose(s) fongible(s)** nur den juristischen Terminus **vertretbare Sache(n)** findet. Niemand bringt den Terminus mit dem Bewertungsverfahren **gleichartiger Vorräte** des Umlaufvermögens/**gleichartiger Vermögensgegenstände des Vorratsvermögens** (Wöhe 1992 : 496f.; Lassègue 1993 : 191f.) in Verbindung, obwohl sich die drei genannten Wörterbücher zumindest auch als Wirtschaftswörterbücher verstehen, Boelcke/Straub/Thiele sogar ausschließlich. Daß man sogar in dem von Wirtschaftsprüfern verfaßten SoGeLex (1988 : 11) unter **bien fongible** nur das Äquivalent **vertretbare (fungible) Sache** findet, zeigt, daß auch Fachverstand durch ein zu vertrauensseliges Sich-Verlassen auf das im Wörterbuch (Potonnier ?) Niedergeschriebene, beeinträchtigt werden kann. Zusammenfassend können wir feststellen, daß eine übliche Abschreibepraxis sich nachteilig auf die Ausschöpfung z.B. des polysemischen Potentials eines Terminus in Form bisher nicht gegebener Äquivalente auswirken kann.

Abschreibpraxis zerstört Kohärenz: z.B. **Rücklagearten, Nutzungsdauertypen**

Hinderlich wirkt sich die konstatierte Abschreibepraxis ohne Zweifel auf das konsequente Durchhalten einer kohärenzstiftenden Lemmaerfassung aus. Nehmen wir etwa die Termini **gesetzliche Rücklage** und **satzungsmäßige Rücklagen.** Man findet beide in Boelcke/Straub/Thiele unter "Rücklage", der erste Terminus erscheint zudem unter "gesetzlich". Wenn diese beiden Rücklagetypen aufgeführt werden, ist es nicht begründbar, warum z.B. die **Kapitalrücklage** und die **Gewinnrücklage** nicht er-

scheinen, obwohl diese mit den beiden vorerwähnten als Teile des Eigenkapitals in engstem sachsystematischen Zusammenhang stehen. Die Erklärung für diese sachlich heterogene Erfassung von Termini könnte darin bestehen, daß die Autoren nur unter "Rücklage" im Potonnier nachgeschaut haben, wo sie nur die adjektivisch attribuierten Rücklagetypen vorfanden. Der fachliche Reflex auf die beiden Komposita Kapitalrücklage und Gewinnrücklage wurde nicht ausgelöst, auch nicht durch die Tatsache, daß in Potonnier am Artikelende "Gewinnrücklage" als Verweislemma erscheint. Die im Falle der Gewinnrücklage gegebene aber nicht genutzte Hilfestellung kann von Potonnier für die Kapitalrücklage deshalb nicht gegeben werden, weil dieser Terminus zur Zeit des Erscheinens der Potonnier-Ausgabe noch nicht im deutschen Bilanzrecht vorhanden war. Boelcke/Straub/Thiele hätten diesen Terminus also eigenständig ermitteln müssen, was aber unterblieben ist.
Auf dieses Phänomen der Nichtberücksichtigung von Sprachmaterial, das in engstem sachsystematischem Zusammenhang steht, sind wir des öfteren aufmerksam geworden. Es handelt sich sozusagen um ein Nebenprodukt unseres Äquivalentenvergleichs, der u.a. ein intensives Rochieren zwischen den einzelnen Wörterbüchern verlangt. Wenn ein Wirtschaftswörterbuch z.B. den Terminus **Nutzungsdauer** lemmatisiert, ergibt sich aus sachsystematischen Gesichtspunkten die Notwendigkeit einer Unterscheidung von **betriebsgewöhnlicher - voraussichtlicher - technischer - wirtschaftlicher Nutzungsdauer.** Doucet/Fleck erwähnt den Terminus nicht, obwohl es sich um einen im Rahmen der Abschreibung zentralen Begriff handelt. Gibt ein Wörterbuch nur die Äquivalenz Nutzungsdauer: durée d'utilisation *(d'une immobilisation)* wie Boelcke/Straub/Thiele, dann bietet es, streng genommen, einen Terminus im Nullkontext an. Daß die reale Sprachsituation eine Kontextualisierung der Bedeutung leistet, ist zwar für die Rezeption in Rechnung zu stellen. Dennoch ist die für den Terminus u.U. notwendig werdende verständnissichernde Vereindeutigung selbst in dieser Situation nur durch den Gebrauch eines der Attribute möglich. Für die Produktionssituation ist daher der Nullkontext-Terminus unzureichend.
Nehmen wir als weiteres Beispiel den Terminus **Geschäfts- oder Firmenwert,** mit dem der Fachmann sofort die Unterteilung in einen **originären** und einen **derivativen Geschäftswert** bzw. **Firmenwert** assoziiert. In Doucet/Fleck und Boelcke/Straub/Thiele findet man die terminologische Differenzierung nicht. In Potonnier ist sie vorhanden. Unterstellen wir einmal, daß Potonnier den beiden genannten Wörterbüchern in solch einem Fall als Vorlage diente. Da beide Wörterbücher im Umfang weit hinter Potonnier zurückbleiben, stellte sich natürlich für deren Autoren die Frage "was können wir weglassen ?" Vermutlich sieht man in einer solchen Entscheidungssituation die präattributive Struktur als besonders geeignet für Reduktionen an. Dabei dürften unversehens sprachstrukturelle Überlegungen gegenüber sachsystematischen die Oberhand gewinnen. Das geht aber i.d.R. zu Lasten kostbarer sachsystematischer Zusammenhänge.
Aus den drei angeführten Beispielen können wir die Erkenntnis ableiten, daß Abschreiben wertvolle Kohärenz in der Gesamtheit der Äquivalenzbeziehungen zwischen dem deutschen und dem französischen Rechnungslegungssystemen auflösen kann.

4.3 Fachsprachliche und/oder domänenspezifische Wissensdefizite

Exaktes Übersetzen ein schwieriges Geschäft

Wir geben in der Folge eine Reihe von Übersetzungsbeispielen. Beide Übersetzungsrichtungen, also F > D und D > F, kommen zur Sprache. Weiss (1992) berichtet von "Hauptschwierigkeiten frankophoner Studenten beim Übersetzen französischer Wirtschaftstexte ins Deutsche". Er gibt u.a. folgendes (als korrekt intendiertes) Beispiel:

Il est établi depuis dix ans, que les variations du déficit sont liées aux décalages de conjonctures entre les deux pays. (Le Monde 11./12.1. 1987)	Seit zehn Jahren steht fest, daß diese Defizitschwankungen eng mit den jeweiligen Konjunkturgefällen zwischen den beiden Ländern zusammenhängen. (312)

Wir sind der Meinung, daß der Übersetzungsvorschlag von Weiss in sprachformaler und inhaltlicher Hinsicht verbesserungsbedürftig ist. Stellen wir also unsere Version gegenüber:

Seit zehn Jahren steht fest, daß die Schwankungen in diesem (Handelsbilanz)defizit/daß diese Schwankungen des (Handelsbilanz)defizits/daß diese Schwankungen im (Handelsbilanz)defizit eng zusammenhängen mit den zeitlich versetzten Konjunkturverläufen in den beiden Ländern.

ODER

... zusammenhängen mit den jeweiligen wirtschaftssektoriellen Konjunkturgefällen zwischen den beiden Ländern.

Weiss begründet die Bildung des fachsprachenstilistisch anfechtbaren "thematischen Kompositums" "Defizitschwankungen" mit der besonderen thematisch-anaphorischen Funktion des französischen Syntagmas "les variations du déficit". Wir müssen gestehen, diese Argumentation -vermutlich in Unkenntnis des gesamten Textzusammenhangs- nicht ganz nachvollziehen zu können, glauben aber, daß sich unter den von uns gegebenen Möglichkeiten eine finden sollte, die dem Anliegen von Weiss entgegenkommt. Für unsere Übersetzungsversionen spricht zum einen ihre größere fachsprachliche Adäquatheit, die im Vorschlag von Weiss nicht mehr in befriedigender Weise gegeben ist. Das Kompositum braucht also unseres Erachtens nicht gebildet zu werden. Zum anderen, und das scheint uns gravierender, gibt es einen inhaltlichen Kritikpunkt. Wenn man die Weisssche Übersetzung genau liest, muß man feststellen, daß sie nur schwer verstehbar ist. Ein Gesamt-Konjunkturgefälle zwischen zwei Ländern kann man sich vorstellen, ebenso mehrere branchen- oder sektorspezifische Konjunkturgefälle. Die Übersetzung von Weiss läßt hierüber aber alles offen. Das "jeweilige" ist schwer in einen Sinnzusammenhang einzuordnen. Mit unseren Übersetzungsvorschlägen versuchen wir Eindeutigkeit herzustellen. In dem nachstehenden Beispiel liegt möglicherweise eher ein Versehen von Weiss vor, das allerdings in der realen Kommunikation zu Mißverständnissen führen dürfte:

gain de productivité + Produktionszuwachs (309)
> Produktivitätszuwachs/Produktivitätsverbesserung/Produktivitätssteigerung

Kritische Kommentare zur Übersetzungsqualität eines Lehrwerkmoduls "Rechnungswesen"

Die folgenden Übersetzungsbeispiele und Beispiele für den deutschen fachsprachlichen Gebrauch entnehmen wir dem Buch von Morgenroth/Wagner (1991) "L'Allemand Economique D' Entreprise", das sich an den frankophonen Sprachenstudenten und berufs-tätigen Autodidakten richtet. Diese Publikation verkauft sich nach den Worten Wagners sehr gut und zeigt damit, daß es sich um ein Desiderat handelt. Wagner machte in einem Gespräch auch deutlich, daß die Veröffentlichung unter strengen zeitlichen Vorgaben erfolgen mußte. Wir konzentrieren uns nur auf das für uns relevante Modul 7 "Rechnungswesen" (107 - 122):

die Kostenrechnung - la comptabilité des prix de revient (107)

Kommentar: Der "terme traditionnel 'prix de revient'" wurde 1982 durch "coût de revient" ersetzt (Lassègue 1993 : 297). Als Gegenbegriff zur comptabilité générale wird üblicherweise comptabilité analytique zur Bezeichnung der Kostenrechnung verwendet.

der Jahresabschluß - la clôture des comptes (107)

Kommentar: Der Terminus "Jahresabschluß" ist nomen acti und nomen actionis. Es ist also zwischen dem Dokument les comptes annuels und dem Abschluß der Bücher als Tätigkeit zu unterscheiden.

die Gewinn- und Verlustrechnung le compte des pertes et profits (107)

Kommentar: In der aktuellen französischen Literatur zur Rechnungslegung, z.B. in La Villeguérin(1993) und Lassègue (1993) wird ausschließlich der Terminus le compte de résultat verwendet. Der Terminus "le compte de pertes et profits" findet sich im Plan comptable 1957. Heute ist der Plan comptable 1982 Grundlage der französischen Rechnungslegung. Er hat die im alten Kontenplan vorhandene Unterscheidung in le compte d'exploitation und le compte de pertes et profits nicht übernommen (Conso 1983 : 77 - 81).

das Wareneinkaufsbuch - le journal des achats (108)
das Einkaufswarenbuch
das Warenverkaufsbuch - le journal de vente
das Verkaufswarenbuch

Kommentar: Die zutreffendsten Termini dürften das Wareneingangsbuch/das Warenausgangsbuch sein. Ein ziemlich willkürlich anmutender Wechsel der Terminologie trägt nicht zur Sicherheit im Gebrauch einer Fachsprache bei.

das Tagebuch - le brouillard (108)

Kommentar: Der von uns befragte Experte bezeichnete den Terminus Tagebuch als ungebräuchlich. Üblich ist heute der Terminus Journal (ebenso BUCHER o. J. : AKAD 2 Seite 15). Bei der Übersetzung von Journal ist der im französischen Buchführungssystem klaren Unterscheidung zwischen dem brouillard als einem Dokument der "précomptabilisation" (Lassègue 1993 : 39), das an keine Formvorschriften gebunden ist, und dem streng formalisierten französischen Journal (ebd. 226) Rechnung zu tragen.

Vermehrung des Bestandes (109)

Kommentar: Fachsprachlich adäquater: Erhöhung des Bestands

AKTIVA	**PASSIVA**	
1. Anlagevermögen	**1. Eigenkapital**	
.	.	
.	.	
3. Verlust	**3. Gewinn**	(110)

Kommentar: Die Termini Verlust und Gewinn müßten hier durch die Termini Bilanzverlust und Bilanzgewinn ersetzt werden. Die ersten beiden bezeichnen den Jahresfehlbetrag bzw. Jahresüberschuß, welche aus der Gewinn- und Verlustrechnung jeweils als Differenzbetrag von Aufwendungen und Erträgen hervorgehen. Die letzten beiden decken sich dagegen keineswegs mit dem von einem Unternehmen erzielten Verlust/Gewinn. Ein Bilanzgewinn kann selbst dann ausgewiesen werden, wenn keine Gewinne, sondern Verluste entstanden sind. Der Bilanzgewinn entspricht dem Geldbetrag, der insgesamt als Dividende an die Aktionäre ausgeschüttet werden soll (Lück 1989 : 148). Es handelt sich hier um äußerst wichtige sachliche Unterscheidungen.

Für die Bilanz sind Bestandsveränderungen maßgeblich. Sie erfaßt die **Zunahme** oder **Abnahme** von Grundstücken oder Maschinen, von Schulden oder Guthaben etc. ... [Die Geschäftsvorfälle] erfassen nicht den Prozeß, der die Entstehung von Gütern oder ihren Verzehr **hervorruft.** (110)

Kommentar: In der Rechnungslegung spricht man in diesem Zusammenhang nicht von Zunahme und Abnahme, sondern von Zugängen und Abgängen. Der Verbkollokator "hervorruft" ist fachsprachlich angemessener durch "darstellt" wiederzugeben.

Für die Erfolgsrechnung sind dagegen **Zahlungsvorgänge** maßgeblich. (111)

Kommentar: Eine geringe, aber entscheidende Veränderung dieser Formulierung ist aus Gründen sachlicher Präzision notwendig: Für die Erfolgsrechnung sind dagegen in Geld bewertete Zahlungsvorgänge maßgeblich.

die Kostenart, en **la charge indirecte** (111)

Kommentar: Hier dürfte der in der comptabilité générale verwendete Terminus la charge par nature als Äquivalent gemeint sein.

Die Kostenartenrechnung bezieht sich auf sogenannte **kalkulatorische Kostenarten**, die in der Bilanz oder in der Gewinn- und Verlustrechnung nicht vorkommen. (111)

Kommentar: Diese Aussage müßte zumindest wie folgt erweitert werden: Die Kostenartenrechnung erfaßt Einzelkosten, Gemeinkosten und kalkulatorische Kosten (Stück 1991 : 16). Die Formulierung könnte außerdem die Tatsache aus dem Blick geraten lassen, daß die Kostenartenrechnung ja gerade auf den "Aufwendungen" der Finanzbuchhaltung basiert, diese aber so "abgrenzt", daß als Resultat die "Kosten" für die Betriebsabrechnung entstehen.

Neben der Kostenträger-Stückrechnung ... gibt es eine **Kostenträger-Periodenrechnung.** (112)

Kommentar: Üblich ist der Terminus Kostenträger-Zeitrechnung.

Unter **Planungsrechnung** (Operations Research) versteht man die Anwendung mathematischer Methoden und Modelle auf die Betriebsführung, um Entscheidungen nach wissenschaftlichen Gesichtspunkten optimal vorbereiten zu können. (112)

Kommentar: Dieser Satz wurde durch den von uns befragten Experten wie folgt verändert: "Unter Operations Research (Unternehmensforschung) versteht man die Anwendung mathematischer Verfahren und Entscheidungsmodelle, um Entscheidungen für die Betriebsführung nach wissenschaftlichen Gesichtspunkten optimal vorbereiten zu können." Die Gleichsetzung von Planungsrechnung mit Operations Research erscheint uns problematisch (vgl. Gabler 1988 : 710, 906; Wöhe 1990 : 168, 784; Woll 1991 : 569; Wöhe 1992 : 8).

... **ordentliche Buchführung** (113)

Kommentar: Im HGB (Handelsgesetzbuch) wird immer nur von einer "ordnungsmäßigen" Buchführung gesprochen.

... werden im Falle der Erfolgsrechnung pagatorische Vorgänge (**Einzahlungen** oder **Auszahlungen**) registriert. (117)

Kommentar: "Einzahlungen" und "Auszahlungn" müssen aus sachlichen Gründen durch "Aufwendungen" und "Erträge" ersetzt werden.

Kostenarten und **Kostenstellen** werden im **Betriebsabrechnungsbogen** gegenübergestellt und miteinander verglichen. (121)

Kommentar: Die Aussage ist nicht nachvollziehbar. Korrekt wäre: Der Betriebsabrechnungsbogen ist eine Tabelle, in der gewöhnlich die Kostenarten vertikal und die Kostenstellen horizontal aufgeführt werden (Wöhe 1990 : 1251). Wesentlicher ist noch, daß sämtliche Kosten aus der Kostenartenrechnung auf Kostenstellen und/oder Kostenträger verteilt werden.

... **einen Jahresabschluß ... erstellen** - ... **établir ... une clôture des comptes annuelle** (!) (153)

Kommentar: Die von den Autoren vorgenommene Übersetzung eines deutschen Satzes -als version-Übung- berücksichtigt nicht die weiter oben erwähnte Unterscheidung von nomen actionis und nomen acti im Falle des Terminus "Jahresabschluß". Es entsteht eine Inkompatibilität zwischen "établir" und "clôture". Die Singularform des nachgestellten adjektivischen Attributs stellt eine sachlich unkorrekte Beziehung zu "clôture" her. "Annuelles" bildet mit "comptes" einen Terminus. Unser Übersetzungsvorschlag: ... établir les comptes annuels (à la clôture de l'exercice):

Zum Jahresabschluß gehört die Erstellung der Bilanz und der Gewinn- und Verlustrechnung.
La clôture annuelle des comptes englobe l'établissement du bilan et celui du compte de pertes et profits(153)

Kommentar: Unser Vorschlag:
Der Jahresabschluß besteht aus Bilanz, Gewinn- und Verlustrechung (und Anhang)
Les comptes annuels comprennent le bilan, le compte de résultat (et l'annexe)
Die Ergänzung durch den "Anhang" sollte erfolgen, da dieser für Kapitalgesellschaften in Deutschland Pflichtbestandteil des Jahresabschlusses ist. Das gilt also u.a. für die GmbH als der bei weitem häufigsten Unternehmensform in Deutschland.

Hinzuweisen ist schließlich noch darauf, daß die auf den Seiten 116 und 118 des Lehrbuchs angegebenen Gliederungsschemata von Bilanz und Gewinn- und Verlustrechnung völlig veraltet sind. Dies ist deshalb gravierend, weil gerade die genauen Postenbezeichnungen zentral sind für das Verständnis eines Rechnungslegungssystems und für die fachliche Verständigung darüber. Herr Dr. Claus-Michael Baier von der KPMG Deutsche Treuhand-Gesellschaft sagte uns, daß er in Gesprächen mit französischen Partnern immer sein "balance-sheet" griffbereit habe, auf dem die Bilanzposten im einzelnen festgehalten sind.

Gefährdung des fachsprachlichen Charakters durch didaktisch motivierte Eingriffe

Problematisch erscheint uns bei dem Übungstyp "thème de contrôle" (154) die von den Autoren (in Form einer Herübersetzung) vorgenommene Übertragung der französischen Sätze ins Deutsche. Es kommt dabei zu Formulierungen, die ihren fachsprachlichen Charakter verloren haben und teilweise sogar die Verständigung erschweren können. Hier wäre ein Rückgriff auf die in der deutschen Rechnungslegung parallelen und meist formelhaften Formulierungen zu empfehlen. Dies ist deshalb besonders wichtig, weil der intendierte Adressat des Lehrbuchs der frankophone Deutschlernende ist. Wir illustrieren unsere Bedenken an dem folgenden auffälligen Beispiel:

Les comptes de capitaux propres précisent l'origine du financement de l'actif de l'entreprise par des capitaux lui appartenant.
Eigenkapitalkonten verweisen auf den Ursprung der Finanzierung des Betriebsvermögens des Unternehmens durch ihm angehöriges Kapital. (154)

Der befragte Experte hat die Übersetzung mit einem Fragezeichen versehen. Die Übersetzung ist (zu) stark durch die Ausgangssprache geprägt. Anstelle von "Ursprung" spricht man von **(Mittel)Herkunft**, "ihm angehöriges Kapital" dürfte angemessener mit **Eigenmittel** wiedergegeben werden, "l'actif" kann problemlos durch **Aktiva** übersetzt werden. Wagner (1993 : 144/145) spricht in bezug auf die hier dargestellte Problematik von "lexikalisch aufbereiteter Form", die didaktisch motiviert ist. Solche Eingriffe dürfen aber nicht so weit gehen, daß der fachsprachliche Charakter verlorengeht.
An dieser Stelle sei die Zwischenbemerkung angebracht, daß die Korrespondenz- und Äquivalenzrelationen in dem von Wagner/Morgenroth (1995) erstellten "Wirtschaftslexikon Französisch. Definitionen, Übersetzungshilfen, Glossare" gegenüber dem unter Zeitdruck erstellten besprochenen Lehrwerk präzisiert worden sind. Eine eingehende Analyse wollen wir hier nicht vornehmen. Kritisch sei dennoch vermerkt, daß uns bei einer kurzen Probekonsultation aufgefallen ist, daß z.B. so zentrale fachliche Konzepte wie Herstellungskosten, Produktionskosten, Fertigungskosten, Herstellkosten, Selbstkosten, Einstandspreis, etc. einiger Präzisierungen bedürften. Es ist zu vermuten, daß sich in dieser Beobachtung allgemein Kohärenzdefizite aufgrund einer primär quantitativ ausgerichteten Erfassung des Sprachmaterials andeuten.

Schließlich fällt generell an dem in dem Lehrwerk verwendeten Textmaterial der stark definitorische Charakter auf. Dies, obwohl die Autoren immerhin eine Verbindung zur "communication professionnelle dans les entreprises allemandes" (Introduction) herstellen. Im genannten "Wirtschaftslexikon Französisch" der beiden Autoren ist die "explizite Prädikation" (Henne 1985 [1976] : 227) eindeutig die dominierende lexikographische Präsentationsform des Wortschatzes. Es versteht sich als und ist ein Definitionswörterbuch (Vorwort). Wenn man das "Primat der Äußerung oder des Textes-in-Funktion" (Henne 1985 [1976] : 226), d.h. den Anwendungsaspekt im Auge hat, stellt sich die Frage, in welcher Situation man sich dieser Definitionskompetenz bedient. Uns fällt hierzu vor allem ein auf den Fachterminus fixiertes Lerngeschehen ein. Diese Kompetenz mag eine Voraussetzung von Sprachhandlungsfähigkeit sein, zu deren Ausbildung bedarf es aber noch qualitativ anderen Textmaterials.

Vergleiche der Übersetzungsprodukte von Experten und einer Übersetzerin

Wir haben mit den vorstehenden Ausführungen eine Übersetzungsproblematik angerissen, mit der wir uns in den folgenden Beispielen noch näher beschäftigen werden. Wir haben die Übersetzungen dreier Autoren von Fachtermini aus dem Deutschen ins Französische miteinander verglichen. Die Autoren sind:

1. Daniel Chmielewski, Verfasser des Buches "Comprendre la comptabilité allemande": "diplômé Essec, Science Po (service public), expertise comptable, associé du Cabinet Mazars, auditeur depuis 1973. Tout en exerçant son activité professionnelle auprès de sociétés françaises, il a également participé, depuis une dizaine d'années, à la révision de comptes de filiales allemandes de groupes français" (Angaben zur Person im genannten Buchtitel; Erscheinungsjahr 1992).
2. Mehrere Autoren aus dem Bereich der Universität, die über praktische Erfahrungen in der Wirtschaftsprüfung verfügen. Titel des Buches: La comptabilité des sociétés dans la C.E.E. Verantwortlicher Koordinator: Louis Klee, maître de conférence au C.N.A.M.; diplômé d'expertise comptable. Erscheinungsjahr 1992.
3. Madame Annie Barzeghian-Ricou, Übersetzerin des Handelsgesetzbuchs (Code de commerce) ins Französische. 1988 Editions Jupiter.

Um von vornherein dem Vorwurf der Expertengläubigkeit zu entgehen, stellen wir unseren Überlegungen die beiden folgenden Urteile über Experten voran:
"Experto credito" (Virgil, 19 B.C.)
"No lesson seems to be so deeply inculculated by the experience of life as that you never should trust experts" (Lord Salisbury, 1877) (Shanteau 1992 : 252).

Übersetzungen von Posten der deutschen Gewinn- und Verlustrechnung

In der Folge führen wir die Übersetzungsversionen mit den jeweiligen Ziffern in der Reihenfolge der Nennung der Autoren an:
Abschreibungen (Posten Nr. 7 der GuV-Rechnung nach dem Gesamtkostenverfahren = GKV):

1. amortissements et provisions (148)
2. amortissements et provisions pour depréciation (76)
3. amortissements (Art. 275)

Kommentar: Der deutsche Terminus "Abschreibungen" muß unbedingt durch die beiden von 1. und 2. genannten Termini übersetzt werden, da der deutsche Abschreibungsbegriff in einem umfassenderen Sinne als amortissements gebraucht wird. Die Übersetzung von 1. ist im Grunde im genannten Kontext ausreichend. Die Hinzufügung "pour dépréciation" beseitigt dennoch jedes mögliche Mißverständnis, denn bei dem Terminus "provision" handelt es sich um ein äußerst umfassendes Konzept, das sich sowohl auf die Aktivseite als auch auf die Passivseite der Bilanz bezieht.

Abschreibungen auf Finanzanlagen und auf Wertpapiere des Umlaufvermögens (Posten Nr. 12 der GuV-Rechnung, GKV)

1. provisions pour dépréciation des immobilisations financières et des valeurs mobilières de l'actif circulant (149)
2. provisions pour dépréciation des immobilisations financières et des titres de placement de l'actif circulant (82)
3. amortissements sur les investissements financiers et sur les titres du fonds de roulement (Art. 275)

Kommentar: 1. und 2. gebrauchen für "Abschreibungen" den hier einzig angemessenen Terminus "provisions pour dépréciation": Er muß anstelle von "amortissement" auf alle "biens non amortissables" angewandt werden, worunter die "immobilisations financières" und die "valeurs mobilières" fallen (Friedrich 1993 : 170). Die approximativste Übersetzung dürfte 1. geben, da er "Wertpapiere" mit "valeurs mobilières" übersetzt. Durch diesen Terminus werden die Wertpapiertypen "eigene Anteile" (eigene Aktien) und "sonstige Wertpapiere" abgedeckt. Der dritte Typ "Anteile an verbundenen Unternehmen" ist nicht abdeckbar, da er in F nicht existiert. Die Übersetzung von 2. möchte trotzdem mit dem Terminus "titres de placement" auf diesen dritten Typ hinweisen. Seine Definition ist jedoch nicht mit dem deutschen Begriff identisch: "Titres de placement: Une société possède des actions d'une autre société pour tirer un revenu de ressources dont elle n'a pas l'emploi pour le moment" Lassègue 1993 : 373). Die Einschränkung auf "verbundene Unternehmen" erfolgt hier erwartungsgemäß nicht. Die Übersetzung von 3. weist drei Schwächen auf: Für den Begriff der Abschreibung verwendet sie nicht den für diesen Sachverhalt in der französische Rechnungslegung bereitstehenden Terminus "provision pour dépréciation (des titres = von 1. und 2. durch die entsprechenden Wertpapiere ersetzt). Der Begriff "amortissement" ist nicht korrekt. Das Äquivalent für "Finanzanlagen" ist vermutlich aus Doucet/Fleck entnommen. Inhaltlich ist es nicht zu bestanden, allerdings entspricht es nicht dem in der französischen Bilanz für diesen Sachverhalt gebrauchten Terminus "immobilisations financières", den die beiden Fachexperten daher gebrauchen. Gravierender ist jedoch der Gebrauch des Terminus "fonds de roulement" für "Umlaufvermögen". In Doucet/Fleck erscheint er als erstes Äquivalent für "Umlauf-vermögen", der angemessene Terminus "actif circulant" ist nicht aufgeführt. "Fonds de roulement" entspricht dagegen dem "Working capital" (= Umlaufvermögen minus kurz- und mittelfristige Verbindlichkeiten). Mit den Worten Viehwegers ist die 3. Übersetzung durch mindestens zwei semische Unverträglichkeiten gekennzeichnet.

Abschreibungen auf immaterielle Vermögensgegenstände des Anlagevermögens und Sachanlagen sowie auf aktivierte Aufwendungen für die Ingangsetzung und Erweiterung des Geschäftsbetriebs (Posten Nr. 7a der GuV-Rechnung, GKV)

1. amortissements et provisions des immobilisations incorporelles et corporelles et des frais de démarrage et de développement de l'activité (148)
2. amortissements et provisions pour dépréciation des immobilisations incorporelles et corporelles ainsi que des frais de démarrage et de développement de l'exploitation (76)
3. amortissements sur les éléments incorporels des immobilisations et sur les investissements matériels ainsi que sur les dépenses portées à l'actif qui ont été engagées pour la mise en service et l'extension de l'exploitation (Art. 275)

Kommentar: An der 3. Übersetzung läßt sich gut aufzeigen, daß geringe fachliche Kompetenz, gepaart mit einer guten sprachformalen Kompetenz, zur lexikalischen und syntagmatischen Aufblähung beitragen kann. Dadurch daß 3. das ausdrucksökonomische Begriffspaar "incorporelles" und "corporelles" in der jeweiligen Verbindung mit "immobilisations" nicht zur Verfügung steht, ist sie zu einer aufwendigen Wiederholung des gleichen syntaktischen Musters "amortissements sur ... et sur ..." gezwungen. Der Terminus "investissements matériels" für "Sachanlagen" ist zwar inhaltlich nicht zu bestanden, er entspricht aber nicht der in der französischen Bilanzsprache üblichen Postenbezeichnung. (Immerhin erscheint das Äquivalent "immobilisations corporelles" in Potonnier und Boelcke/Straub/Thiele als jeweils einziges. In Doucet/Fleck ist der zentrale Terminus "Sachanlagen" nicht (!) als Lemma zu finden). (Grammatisch korrekte) Konstruktionsredundanz von 3. wird in noch stärkerem Maße an der syntagmatischen Einheit "les dépenses ... l'exploitation" sichtbar. Zunächst ist noch zu sagen, daß für "Aufwendungen" "charges" oder "frais" in jedem Falle unmißverständlicher wären. "Dépenses" sind, wie wir weiter oben schon erwähnten, nicht unbedingt "Aufwendungen". Für den in der französischen Fachsystematik bereitstehenden Terminus "frais de démarrage" -einem Bestandteil der zu den sog. "frais d'établissement" gehörenden "frais de premier établissement"- benötigt 3. "les dépenses qui ont été engagées pour la mise en service": Der -sprachtypologisch durchaus angemessenen partizipialen Konstruktion "... portées à l'actif" bedarf es hier eigentlich nicht, weil die Verbindung von "amortissements" und "frais" notwendigerweise eine Aktivierung impliziert. 1. und 2. verzichten daher auf eine Explizierung dieses (im deutschen Text redundanten) Inhaltes. Bei der Übersetzung "Erweiterung des Geschäftsbetriebs" durch "l'extension de l'exploitation" haben wir den Eindruck, daß 3. nur die räumliche Erweiterung eines Betriebs im Auge hat. Die Verwendung "la mise en service" weist ebenfalls darauf hin. Wenn unsere Annahme richtig ist, hat 3. den Terminus "Erweiterung des Geschäftsbetriebs" in einer unzulässigen Weise verengt. Dieser ist nämlich in einer umfassenderen Weise auch z.B. als "Erschließung neuer Märkte" oder "Aufnahme eines neuen Geschäftszweiges" (BECK'scher Bilanzkommentar 1990 : § 265, S. 925) zu verstehen. Caussemille (1992 : 18) spricht demgemäß auch von "la mise en route d'une nouvelle activité".

Erträge aus Beteiligungen, davon aus verbundenen Unternehmen (Posten Nr. 9 der GuV-Rechnung, GKV)

1. produits des participations dont entreprises liées (149)
2. produits des participations, dont entreprises liées (82)
3. produits provenant de participations, dont les produits provenant d'entreprises liées (Art. 275)

Kommentar: Auch dieses Beispiel soll die von uns so genannte Konstruktionsredundanz von 3. deutlich machen. Wiederum greift die Übersetzerin auf die grammatisch einwandfreie Partizipialkonstruktion zurück. Aus einer gewissen Übervorsicht heraus, sich "genau" auszudrücken, geschieht dies sogar zweimal. Dabei wird zumindest beim zweiten Gebrauch eine mangelnde Vertrautheit mit fachlichen Sprachformeln deutlich. Im französischen Sprachgebrauch des Faches steht für die deutsche Formel "davon + ..." die parallele Formel "dont + Substantiv", d.h. ohne Artikel, zur Verfügung.

Syntaktische Expansion in Form von "Konstruktionsredundanz"

Stein (1993 : 134) hat bei der Untersuchung von Übersetzungen aus dem Bereich des Patentwesens eine Entdeckung gemacht, die sich aus unserer Perspektive in interessanter Weise interpretieren läßt. Bei der Übersetzung D > F werde fast doppelt so häufig verbalisiert wie bei der Übersetzung F > D nominalisiert werde, d.h. das Nomen wird verbal übersetzt, wo eigentlich ein Nomen angemessen wäre. Die von der Übersetzerin verwendeten Äquivalente zeigen im Vergleich mit den Fachexperten eine eindeutige Tendenz zu dieser verbalisierenden Dehnung der Satzstruktur. Die von Stein erwähnte unterbleibende Nominalisierung dürfte vor allem auf eine mit mangelnder fachlicher Kompetenz eng zusammenhängende ungenügende terminologische Kompetenz zurückzuführen sein. Bezeichnenderweise sieht sich Wolf (1990 : 98) für ihre Untersuchung veranlaßt, wegen der mangelnden Qualität der Übersetzungen von Fachtermini in Wörterbüchern auf Glossare zurückzugreifen, da diese genauere Übersetzungen geben. Inwieweit das von Stein (38) für beide Übersetzungsrichtungen festgestellte generelle Überwiegen einer Expandierung gegenüber einer Reduzierung durch mangelnde fachliche Kompetenz bedingt ist, vermögen wir nicht zu sagen. Eine Untersuchungshypothese dürfte sich aber aus dieser Vermutung generieren lassen.

5. Notwendige Veränderungen übersetzerischer Grundbedingungen

Übersetzungsqualität und notwendige "Enzyklopädisierung" (der Linguistik)

Der von uns beabsichtigte Demonstrationszweck dürfte durch die angeführten Beispiele erfüllt sein. Die Mängel im terminologischen Bereich, die ungenügende Berücksichtigung fachsprachenstruktureller und fachsprachenstilistischer Merkmale in der Zielsprache, schließlich die Mißachtung von Sachkohärenz als mögliche Folge unterbliebener Terminologievergleiche, etc., all dies sind gewichtige Argumente, den Äquivalenzbegriff für die Erfordernisse eines aktiven Wörterbuchs zu überdenken. In den folgenden Zitaten spiegelt sich die Problemlage wider. Kocourek (1982 : 185) stellt treffend fest "Il est préférable de traduire un terme par un terme". Das klingt einfacher als es ist. Arntz (1994 : 291) meint im Hinblick auf die Erarbeitung einer juristischen Terminologie in mehreren Sprachen, daß dies nicht nur eine sprachliche, sondern zugleich eine juristische Aufgabe sei. Dem ist absolut zuzustimmen. Schmitt (1989_1 : 182) vertritt selbstbewußt die Auffassung, daß auch der Linguist und Übersetzungswissenschaftler sich die notwendige Sachkenntnis aneignen könne, um zu reüssieren. Daß dies möglich ist, demonstriert er in eindrucksvoller Weise an zwei Beispielen aus dem Bereich der Technik, der Compact Disc und dem Bildschirmtext.
Wir schließen uns der Meinung Schmitts an, können aber unsere Skepsis angesichts einer Linguistik, die in ihrem oftmals allzu "einfachen Weltbild" meilenweit davon entfernt ist, enzyklopädische Komplexität zu erfassen, nicht verbergen. Hinter der von keinem Geringeren als Coseriu (1989 : 128) erhobenen Forderung nach einer so vielversprechend klingenden "Linguistik der Sachen" ("skeuologische Linguistik") verbergen sich, schlicht gesagt, Banalitäten. Mit dem Wissen, daß es in unserem empirischen Universum nur eine Sonne und einen Mond gibt (99), lassen sich schwerlich zukünftige Anforderungen einer nun mal immer komplexer werdenden Realität bewältigen. "Maintain generality" und sich möglichst nicht kümmern um "knowledge access", das gilt auch heute noch für "the fundamental works in linguistic theory" (de Beaugrande 1991 : 99). Die Linguistik schleppt ein schweres struktura-listisches Erbe mit sich herum, sei es europäischer oder nordamerikanischer Herkunft, aufgrund dessen Inhalte entweder auf distinktive Merkmale reduziert oder ganz aus der Betrachtung verbannt wurden (vgl. Lüdi 1985 : 70, 72).
Nun kann man ja sagen, daß die Übersetzungswissenschaft ihre Aufgaben alleine, d.h. ohne die Linguistik erledigen könne. Das bestreiten wir nicht. Dennoch halten wir das in der Linguistik vorhandene sprachanalytische Potential für wertvoll genug, um es in den Dienst der Übersetzungswissenschaft zu stellen. Hier hat die Linguistik allerdings eine Bringschuld. Sie muß sich nämlich in starkem Maße "enzyklopädisieren". Diese Enzyklopädisierung müßte mit einer Steigerung ihrer onomasiologischen Analysefähigkeit einhergehen. Bei dieser Verlagerung der Schwerpunkte in der linguistischen Arbeit kann es letzlich um nichts anderes gehen als das in ein Ungleichgewicht geratenene Verhältnis zwischen "Sachkenntnis" und "Sprachkenntnis" wieder ins Gleichgewicht zu bringen (siehe Albrecht 1989 : 263).

"Qualitatives Matching" anstelle klassischen "Übersetzens"

Unsere These ist, daß sich bei einer konsequenten Akzentuierung des onomasiologischen Aspektes die Koordinaten und Schwerpunkte im fachübersetzerischen Tun verschieben müssen. Dies gilt in ganz besonderer Weise für jenes Sprachmaterial, das den Produktionsanforderungen eines aktiven Wörterbuchs genügen soll. Wir haben große Zweifel, daß dies in einem klassischen Sinne "übersetztes" Material leisten kann. In der Literatur wird immer wieder darauf hingewiesen, daß in dem Übersetzungsprodukt in einer kaum zu vermeidenden Weise die Strukturen der Ausgangssprache transparent sind, so daß Rückschlüsse auf den tatsächlichen Gebrauch in der Zielsprache nur mit größter Vorsicht gezogen werden dürfen (Arntz 1994 : 295; vgl. auch Goffin 1994 : 156; Stein 1993 : 3). Ergänzt werden muß diese Erkenntnis durch den Hinweis, daß sich damit auch die sach- und handlungssystematischen bzw. kulturspezifischen Strukturen in unzulässiger Weise in diesem "übersetzten" Material niederschlagen. Wir plädieren daher dafür, daß immer dann, wenn die Möglichkeit gegeben ist, das klassische Übersetzen durch ein "qualitatives Matching" ersetzt wird.

6. Äquivalenzbedingungen des aktiven (zweisprachigen) Kontext-Fachwörterbuchs

6.1 Grundbegriffe

Adresse, Angabe, Skopus, Funktion und Direktion bei Hausmann

Zur Sprachregelung für unsere weiteren Ausführungen machen wir einige terminologisch-begriffliche Anleihen bei Hausmann (1991_1). Er weist auf folgenden grundlegenden Sachverhalt hin, der für die zweisprachige Lexikographie generell Geltung hat:

> Zentrale Bedeutung im allgemeinen zweisprachigen Wörterbuch kommt einem Typ zweisprachiger Bedeutungseinheit zu, welcher sich aus einer Wortschatzeinheit der Ausgangssprache (als Adresse) und einer darauf adressierten, als äquivalent angenommenen Wortschatzeinheit der Zielsprache (als Angabe) zusammensetzt (2729).

Desweiteren unterscheidet er den *Skopus*, die *Funktion* und die *Direktion* eines zweisprachigen Wörterbuchs:

- Ein *monoskopales* Wörterbuch bietet die Äquivalente nur einer bestimmten anderen Sprache. Werden dagegen für beide Sprachrichtungen Äquivalente gegeben, spricht man von einem *biskopalen* Wörterbuch (2740).
- Ein Wörterbuch erfüllt eine *aktive Funktion* , wenn es zur Produktion fremdsprachlicher Texte dient. Es erfüllt eine *passive Funktion*, wenn es zur Rezeption fremdsprachlicher Texte verwendet wird. Darüber hinaus lassen sich jeweils eine *translationsabhängige* Produktion und Rezeption sowie eine *Hinübersetzung* mit muttersprachlicher Dekodierung und eine *Herübersetzung* mit muttersprachlicher Enkodierung unterscheiden (2741).
- Ein *monodirektionales* Wörterbuch ist nur auf die Muttersprachler einer der beiden Wörterbuchsprachen ausgerichtet, ein *bidirektionales* auf die Muttersprachler beider Wörterbuchsprachen (2743).

Außerdem unterscheidet Hausmann (1991_1 : 2745) zwischen "Systemäquivalenten" und "Übersetzungsäquivalenten":

> 'Systemäquivalente' sind diejenigen Einheiten, die im System einer bestimmten Sprache in einer bestimmten Einzelbedeutung dem funktionalen ... Stellenwert am nächsten kommen, den eine bestimmte Einheit im System einer bestimmten anderen Sprache einnimmt. 'Übersetzungsäquivalente' sind diejenigen Einheiten einer bestimmten Zielsprache ..., die bei Translationsvorgängen als zu bestimmten Bauteilen eines bestimmten Textes in einer bestimmten Quellsprache parallele Bauteile eines zum Quelltext kommunikativ äquivalenten Textes in Frage kommen.

Das Kontext-Fachwörterbuch - ein monodirektionaler, aktiver, weitgehend translationsunabhängiger, biskopaler Typ mit Index

Bei dem von uns reflektierten Typ des Kontext-Fachwörterbuchs handelt es sich, mit den Worten Hausmanns, um einen monodirektionalen, aktiven, vornehmlich transla-

tionsunabhängigen, biskopalen Typ mit Index. Der frankophone Benutzer soll also zur (mündlichen/schriftlichen) Produktion in der deutschen Sprache befähigt werden, wobei er sich in der Regel nicht auf eine Textvorlage in der französischen Muttersprache stützt, sondern von einem Null-Text ausgeht. Er findet als Produktions-Einstiegshilfe einen terminologisch ausgerichteten französisch-deutschen Index vor, wird von diesem zu dem deutschen Lemma im Wörterbuchteil geführt. Hinter dem Lemma wird ihm in Form einer Herüberübersetzung wiederum der französische Terminus präsentiert. Innerhalb des Wörterbuchartikels trifft er an den Stellen, an denen das deutsche Kollokationsmaterial (von uns vermutete) Verstehensschwierigkeiten bereitet, auf verständnissichernde französische Herübersetzungselemente (siehe die Seiten 322ff.).
Es finden sich also die folgenden drei Typen zweisprachiger Bedeutungseinheiten:

- Im Index ist eine deutsche Angabe mit terminologischer Qualität auf eine französische Adresse mit entsprechender Qualität adressiert.
- Im Eingang des Wörterbuchartikels ist eine französische Angabe mit terminologischer Qualität auf eine deutsche Adresse mit entsprechender Qualität adressiert.
- Im Wörterbuchartikel ist eine französische Angabe mit primär sprachstruktureller, d.h. sprachelementverknüpfender, Qualität auf eine entsprechende deutsche Adresse adressiert.

6.2 Die Akteure des Übersetzungsprozesses

Übersetzerische Superkompetenz in einer Person - eine notwendige Utopie

Nach Hazera (1989 : 101) muß eine Übersetzungsequipe aus Mitgliedern beider Sprachgemeinschaften bestehen. Dem ist im Prinzip zuzustimmen. Nicht übersehen werden darf aber die Tatsache, daß es in diesem Fall eher zu einer Addition als einer echten Integration von Kompetenzen kommt. Es gibt für uns keinen Zweifel, daß die einzige und beste Garantie für eine optimale Übersetzung die in einer Person vereinigte "Superkompetenz" ist. Damit meinen wir die jeweilige fachliche und sprachliche Kompetenz in beiden Systemen. Wir fassen sie als eine Art nicht erreichbare, aber für die optimale Ausbildung der übersetzerischen Kompetenz dennoch notwendige utopische Zielgröße auf.
Die bei den zweisprachigen Experten leicht zu beobachtende intra- und interpersonale Äquivalentenvarianz mag als ein gewisser Beweis für unsere Behauptung der nicht erreichbaren utopischen Zielgröße gelten. Bei Chmielewski (1992 : 116, 120) findet man für den Terminus **Anlagespiegel** einmal le tableau d'évolution de l'actif immobilisé und le tableau d'analyse de l'évolution des immobilisations. Caussemille (1992 : 16) dürfte dem Äquivalent le tableau de synthèse des mouvements d'immobilisations de l'exercice den Vorzug geben. Bei Esnault (1993 : 45) trifft man auf den französischen Originalterminus le tableau des immobilisations et amortissements. Hierfür hält Chmielewski (1992 : 116) wiederum folgende Benennung parat: le tableau d'évolution des

valeurs brutes et d'amortissements cumulés. Eine gesunde Portion Kritikfähigkeit ist also auch gegenüber der Expertenübersetzung stets angebracht.
Für die reale Übersetzungspraxis ist von einer Aufsplitterung der "Superperkompetenz" in mehrere Übersetzungsakteure auszugehen. Sie ergibt sich daraus, daß eine bestimmte dominierende Teilkompetenz den Akteur für die Erledigung einer übersetzerischen Teilaufgabe im Rahmen des komplexen lexikographischen Übersetzungsprozesses prädestiniert. An erster Stelle ist hier die Herübersetzungskompetenz zu nennen. Wir schauen uns nun an, um welche Akteure es sich im Falle des Kontext-Fachwörterbuchs handelt.

Der deutschsprachige frankophone Muttersprachler und Experte beider Rechnungslegungssysteme

1) Dieser Übersetzungsakteur möchte den frankophonen Leser eines französischsprachigen Fachbuchs mit dem deutschen Rechnungslegungssystem vertraut machen. Hierzu übersetzt er deutsche Termini ins Französische. Deutsche und französische Termini stehen in einem Verhältnis der Systemäquivalenz zueinander. Bei der von ihm vorgenommenen sprachstrukturellen Einbettung dieser Termini im Französischen handelt es sich tendenziell um die Herstellung einer Übersetzungsäquivalenz (Korrespondenz). Beide Arten von Übersetzungshandlungen beinhalten als "Herübersetzung" zwar eine muttersprachliche Enkodierung. Diese erfolgt jedoch relativ unabhängig von einer direkten deutschen Textvorlage, was durch die starke fachliche Kompetenz des Experten ermöglicht wird. Die hier beschriebenen Übersetzungshandlungen führen zu dem Texttyp der Gruppe I (siehe Seite 202). Als Beispiel sei die Monographie von Chmielewski (1992) genannt: "Comprendre la comptabilité allemande".

Der französischsprachige germanophone Muttersprachler und Experte beider Rechnungslegungssysteme

2) Dieser Übersetzungsakteur möchte den germanophonen Leser eines deutschsprachigen Fachbuchs mit dem französischen Rechnungslegungssystem vertraut machen. Hierzu übersetzt er französische Termini ins Deutsche. Sie stehen in einem Verhältnis der Systemäquivalenz zueinander. Bei der von ihm vorgenommenen sprachstrukturellen Einbettung dieser Termini im Deutschen handelt es sich tendenziell um die Herstellung einer Übersetzungsäquivalenz (Korrespondenz). Beide Arten von Übersetzungshandlungen beinhalten als Herübersetzung zwar eine muttersprachliche Enkodierung. Diese erfolgt jedoch relativ unabhängig von einer direkten französischen Textvorlage, was durch die starke fachliche Kompetenz des Experten ermöglicht wird. Die hier beschriebenen Translationsvorgänge führen zu dem Texttyp der Gruppe II (siehe Seite 203). Als Beispiel sei genannt: Schwandtner (1994): "Französische Rechnungslegung".

Der französischsprachige germanophone Muttersprachler und Lexikograph-Übersetzer mit eingeschränkten Fachkenntnissen

3) Dieser Übersetzungsakteur mit im Vergleich zum Experten eingeschränkten Fachkenntnissen in beiden Rechnungslegungssystemen ermittelt mit Hilfe der von 1) zur Verfügung gestellten französischsprachigen Texte über die deutsche Rechnungslegung relevante terminologische und sprachstrukturelle deutsche Äquivalente. Für die Termini ergibt sich das Kriterium der Relevanz aus der Kenntnis des entsprechenden terminologischen Materials, das der Lexikograph-Übersetzer aus originalen deutschen Korpustexten, die die deutsche Rechnungslegung zum Gegenstand haben, selektiert hat. Es ergibt sich ebenfalls aus der besonderen (bewußt oder unbewußt kontrastierenden) Perspektive, aus der der französische Experte 1) das deutsche Rechnungslegungssystem darstellt. Für das sprachstrukturelle Material ergibt sich das Kriterium der Relevanz aus seiner Vermutung kontrastiv bedingter Übersetzungsschwierigkeiten des frankophonen Wörterbuchbenutzers. Es handelt sich somit um eine stark selektiv-punktuelle Form von Übersetzung. Bei der grundsätzlich als Herübersetzung zu beschreibenden Übersetzungshandlung mit muttersprachlicher Enkodierung handelt es sich sowohl bei der terminologieorientierten Herstellung von Systemäquivalenz als auch bei der sprachstrukturorientierten Herstellung von Übersetzungsäquivalenz (Korrespondenz) eher um einen Suchprozeß, der als ständiges Rochieren zwischen der französischen Adresse und der deutschen Angabe beschrieben werden kann. Er kommt dann zur Ruhe, wenn die beste Ajustierung zwischen den beiden Elementen erreicht wurde (qualitatives Matching). In den Fällen, in denen einem Terminus des deutschen Rechnungslegungssystems kein entsprechender Terminus im französischen Rechnungslegungssystem gegenübersteht, handelt es sich im Hinblick auf die französische Rechnungslegung um eine Art sachsystemerweiternde Form der Äquivalenzherstellung.

3a) In dem Falle, in dem der Lexikograph-Übersetzer nicht auf eine Experten-Übersetzung zurückgreifen kann, muß er dessen Übersetzungsfunktion übernehmen. Das trifft für seine übersetzerische Tätigkeit am Text der französischen Wirtschaftszeitung Les Échos oder an einer französischen Monographie, z. B. Le bilan d'entreprise (1993) von Bernard Esnault (beide Textgruppe III) zu. Allerdings besteht auch hier seine Übersetzungshandlung im wesentlichen in einer Zuordnung französischer Termini und sprachstruktureller Elemente zu dem von ihm vorher selektierten deutschen Sprachmaterial. Man kann sagen, daß der Charakter einer Zuordnungshandlung in dem Maße zunimmt, wie der Lexikograph über beide Rechnungslegungssysteme Bescheid weiß. Nicht aus den Augen verloren werden darf die Tatsache, daß in den beiden genannten französischen Texten die Darstellung der französischen Wirtschaftsrealität entweder dominiert oder ausschließlich erfolgt.

spielen. Für das sprachstrukturelle Material ergibt sich das Kriterium der Relevanz aus seiner Kenntnis kontrastiv bedingter Übersetzungsschwierigkeiten des frankophonen Wörterbuchbenutzers. Es handelt sich somit um eine stark selektiv-punktuelle Form von Übersetzung. Bei der grundsätzlich als Herübersetzung zu beschreibenden Übersetzungshandlung mit muttersprachlicher Enkodierung kann im Falle der Terminologie im Grunde nicht von Systemäquivalenz gesprochen werden. Es handelt sich im Hinblick auf die deutsche Rechnungslegung vielmehr um eine systemerweiternde Form der Äquivalenzherstellung.

4a) In dem Fall, in dem der Lexikograph-Übersetzer nicht auf eine Experten-Übersetzung zurückgreifen kann, muß er dessen Übersetzungsfunktion übernehmen. Das trifft für seine übersetzerische Tätigkeit am Text der deutschen Wirtschaftszeitung Handelsblatt oder an einer deutschen monographischen Darstellung, z.B. Deutsche Rechnungslegung (1994) von Holger Pooten (beide Textgruppe IV) zu. Dabei richtet sich sein Hauptaugenmerk auf die Erfassung und Übersetzung von solchen deutschen Termini, die keine Entsprechung im französischen Rechnungslegungssystem haben. Nicht aus den Augen verloren werden darf die Tatsache, daß in den beiden genannten deutschen Texten die Darstellung der deutschen Wirtschaftsrealität entweder dominiert oder ausschließlich erfolgt.

Der frankophone Wörterbuchbenutzer

5) Der frankophone Wörterbuchbenutzer möchte eine translationsunabhängige Produktion in die deutsche Sprache bzw. eine Hinübersetzung in die deutsche Sprache vornehmen. Er greift hierzu auf das Material zurück, das aus den in 1) - 4a) beschriebenen Übersetzungshandlungen hervorgegangen ist.

6.3 Faktoren der Übersetzungshandlung des Lexikograph-Übersetzers

Die Übersetzungshandlung des Lexikograph-Übersetzers wird durch die folgenden Faktoren bestimmt:

- i) **Enkodierungssprache** (des Wörterbuchs): deutsch
- ii) **Enkodierer:** frankophoner Wörterbuchbenutzer als sprechender/schreibender Übersetzer
- iii) **Dekodierer:** germanophoner Hörer/Leser
- iv) **Originales Enkodierungsmaterial:** authentisch-deutsch **(ORIG-D)**
- v) **Nicht-originales Enkodierungsmaterial:** authentisch französisch **(ORIG-F)**
- vi) **Enkodierungsgegenstand$_1$:** deutsche Rechnungslegung **(OBJ-D)**
- vii) **Enkodierungsgegenstand$_2$:** französische Rechnungslegung **(OBJ-F)**
- viii) **Experte als Übersetzer:** der bilinguale germanophone und frankophone Experte mit Kenntnissen beider Rechnungslegungssysteme. Die terminologische

Übersetzungskompetenz übertrifft die sprachstrukturelle Übersetzungskompetenz (**D-EXP F>D**), (**F-EXP D>F**).

Betrachtet man nun die angegebenen Faktoren im Hinblick auf ihre Funktion in der Übersetzungshandlung des Lexikograph-Übersetzers, so lassen sich i), ii) und iii) als Konstanten betrachten. Bei ii) und iii) nehmen wir bewußt eine Idealisierung vor, die aber für unsere Belange unschädlich ist. Entscheidend für unsere Absicht, die Übersetzungshandlung und damit auch das Äquivalenzphänomen zu präzisieren, sind die restlichen Faktoren, die in variabler Weise in die Übersetzungshandlung des Lexikograph-Übersetzers einfließen können. Die Beschreibung der Person des Lexikograph-Übersetzers läßt sich nun wie folgt präzisieren: Es handelt sich je nach übersetzerischer Anforderungssituation um einen germanophon-französischsprachigen oder einen frankophon-deutschsprachigen Lexikographen mit eingeschränkten Kenntnissen beider Rechnungslegungssysteme. Seine sprachstrukturelle Übersetzungskompetenz übertrifft die terminologische Übersetzungskompetenz. (**D-LEX F>D**), (**F-LEX D>F**).
Wir sehen uns nun die verschiedenen Konstellationen von Übersetzungssituationen an, in denen sich ein Lexikograph-Übersetzer bei der Bewältigung der Übersetzungsarbeit befinden kann, welche zur Erstellung des aktiven Kontext-Fachwörterbuchs insgesamt notwendig ist. Unsere Unterscheidung in eine terminologische und eine sprachstrukturelle Übersetzung ist genauer zu lesen als "tendenziell terminologisch" und "tendenziell sprachstrukturell". Die nachstehend gebrauchten Zahlen **1)**, **2)**, **3a)**, **4a)** sollen den jeweiligen inhaltlichen Zusammenhang mit den Ausführungen verdeutlichen, die unter den oben benutzten gleichen Zahlen erscheinen. Zu beachten ist, daß wir die Überlegungen unabhängig von dem Arrangement F>D (Index)/ D>F (Wörterbuchartikel) im Wörterbuch anstellen. Darüber muß anschließend in Abhängigkeit von den für den frankophonen Benutzer optimalsten Produktionsbedingungen nachgedacht werden.

Die Übersetzung des französischsprachigen Textes über das deutsche Rechnungslegungssystem

1) / OBJ-D / ORIG-F / F-EXP D>F / D-LEX F>D /

Der französischsprachige germanophone Muttersprachler und Lexikograph-Übersetzer nimmt Übersetzungen ins Deutsche an französischsprachigen Texten vor. Diese Texte haben das deutsche Rechnungslegungssystem zum Gegenstand. Sie wurden vom deutschsprachigen frankophonen Muttersprachler und Experten des französischen und deutschen Rechnungslegungssystem in seiner französischen Muttersprache verfaßt.
Beispiel: Übersetzungsarbeit am Text von Chmielewski: "La comptabilité allemande" (Gruppe I, siehe Seite 202).
Lexikographisch-übersetzerische Beurteilung: Die deutschen "Übersetzungen" -besser: qualitatives Matching- durch den Lexikograph-Übersetzer erreichen ihre höch-

ste Qualität dann, wenn sie identisch sind mit Termini und sprachlichen Strukturen, die dem Lexikographen aus seiner Selektionsarbeit am deutschen Korpus vertraut sind. Sie weisen damit auch die maximal erreichbare Enkodierungsqualität des deutschen Korpusmaterials auf. Im französischen Sprachmaterial sind insbesondere im terminologischen Bereich unvermeidbar Strukturen des deutschen Gegenstands transparent. Dies gilt in geringerem Maße für das sprachstrukturelle Material, da der Experte hierbei in direkterer Weise auf muttersprachliche Strukturen zurückgreifen kann.

Beispiel für Äquivalentenermittlung:

a) terminologisch
Les écarts de consolidation actif $_1$ **peuvent être compensés avec *les écarts de consolidation passif*** $_2$
(251)
1 **der aktivische Unterschiedsbetrag** (aus der Kapitalkonsolidierung)
2 **der passivische Unterschiedsbetrag** (aus der Kapitalkonsolidierung)
b) sprachstrukturell
Les actions *sont nominatives* $_1$ **ou *au porteur*** $_2$ (30)
1 die Aktien lauten auf den Namen
2 die Aktien lauten auf den Inhaber

Die Übersetzung des deutschsprachigen Textes über das französische Rechnungslegungssystem

2) / OBJ-F / ORIG-D / D-EXP F>D / F-LEX D>F /

Der deutschsprachige frankophone Muttersprachler und Lexikograph-Übersetzer nimmt Übersetzungen ins Französische an deutschsprachigen Texten vor. Diese Texte haben das französische Rechnungslegungssystem zum Gegenstand. Sie wurden vom französischsprachigen germanophonen Muttersprachler und Experten des deutschen und französischen Rechnungslegungssystem in seiner deutschen Muttersprache verfaßt.
Beispiel: Übersetzungsarbeit am Text von Schwandtner: "Französische Rechnungslegung" (Gruppe II, siehe Seite 203).
Lexikographisch-übersetzerische Beurteilung: Die Erfassung von deutschem Sprachmaterial durch den Lexikographen konzentriert sich nur auf solche Elemente, die in einer relevanten Beziehung zum deutschen Rechnungslegungssystem stehen. Damit sind z.B. solche gemeint, die im Rahmen der Konsolidierung des französischen Abschlusses mit dem deutschen Konzernabschluß eine Rolle spielen und die nicht durch das selektierte deutsche Korpusmaterial erfaßt sind. Es handelt sich nicht selten um Nulläquivalente. Das so gewonnene Material kommt als Äquivalentenlieferant insbesondere für französische Termini und in geringerem Maße für französische Sprachstrukturen in Frage. Das deutsche Sprachmaterial wird wegen der unvermeidbaren Transparenz französischer Objektstrukturen nicht als Enkodierungsmaterial für Sachverhalte benutzt, die über die für die Konsolidierung relevanten Teilbereiche der französischen Rechnungslegung hinausgehen. Dabei sind wir uns bewußt, daß

Interpretationsspielräume gegeben sind. Für das hier festgehaltene deutsche Sprachmaterial gilt, daß es nicht den strengen Anforderungen, die wir an das Enkodierungsmaterial stellen, entsprechen kann. Dies liegt an seinem Merkmal OBJ-F. Dadurch ist es nur als übersetztes Material verfügbar.

Beispiel für Äquivalentenermittlung:

a) terminologisch
Hierzu zählen eine *Kapitalflußrechnung(tableau de financement)* und eine *Deckungsbeitragsrechnung (tableau des soldes intermédiaires de gestion)* (174)
Hier handelt es sich um den günstigen Fall, daß die Übersetzung sofort durch den Experten gegeben wird.
b) sprachstrukturell
Hierzu ist dieser Texttyp nicht geeignet, da Transparenzen der französischen Objektstruktur nicht auszuschließen sind. Dies wird in der folgenden Formulierung des deutschen Experten deutlich, in der es um die Tatsache geht, daß der Jahresabschluß aus Bilanz, Gewinn- und Verlustrechnung und Anhang besteht:

+ Diese Elemente *bilden ein unteilbares Ganzes* (173) < Transparenz< Ils *forment un tout indissociable* (La Villeguérin 1993 : 328)

In der Fachsprache der deutschen Rechnungslegung findet man dagegen:

Der Jahresabschluß ist durch einen Anhang zu ergänzen, der mit der Bilanz und der GuV *eine Einheit bildet* (Chmielewicz/Schweitzer 1993 : 991)

Die Übersetzung des französischsprachigen Textes über das französische Rechnungslegungssystem

3a) / OBJ-F / ORIG-F / F-EXP Ø / D-LEX F>D /

Der französischsprachige germanophone Muttersprachler und Lexikograph-Übersetzer nimmt Übersetzungen ins Deutsche an französischsprachigen Texten vor. Diese Texte haben das französische Rechnungslegungssystem zum Gegenstand. Sie wurden von einem französischen Muttersprachler und Experten des französischen Rechnungslegungssystems verfaßt. Sie weisen keine translatorischen Merkmale auf.
Beispiel: Übersetzungsarbeit am Text von Esnault: "Le bilan d'entreprise" oder an Les Échos (Gruppe III, siehe Seite 203)
Lexikographisch-übersetzerische Beurteilung: Das erfaßte französische Sprachmaterial korreliert mit dem von 2) erfaßten deutschen Sprachmaterial. Es eignet sich also zur Äquivalenzherstellung. Es kann gegenüber den in 2) zugeordneten französischen Äquivalenten eine Korrekturfunktion ausüben. Die eingeschränkte Fachkompetenz hat möglicherweise in einigen Fällen zu Äquivalenten geführt, die durch Rückgriff auf den originalsprachlichen französischen Text verbessert werden können. Es versteht sich, daß es dazu einer Zusammenarbeit von 2) und 3a) bedarf. Die Korrekturfunktion kann unter Umständen auch im Hinblick auf 1) wirksam werden.

Es ist möglich, daß das durch den französischen Experten zur Darstellung von OBJ-D verwendete französische Sprachmaterial von vermeidbaren Transparen-zen befreit werden kann. Diese Eingriffe in die Expertenübersetzung bedürfen einer sorgfältigen fachlichen und fachsprachlichen Absicherung. Gewinnbringend für die Verbesserung der Äquivalentenqualität kann eine intensive kontrastive Betrachtung des französischen Sprachmaterials durch den deutschen Muttersprachler eingebracht werden. Dadurch können Termini mit deutschen Nulläquivalenten und "typisch" französische Strukturen erfaßt werden, die dann den deutschen Entsprechungen zugeordnet werden können.

Beispiele für Äquivalentenfindung:

a) terminologisch
des *frais de premier établissement*₁ qui comprennent *les frais de prospection*₂ et de publicité engagés avant *l'entrée en activité de l'entreprise*₃ (Esnault 1993 : 45)

1 die Vorlaufkosten der Gründung, die Anlaufkosten
2 die Kosten für Markterschließung, die Markterschließungskosten
3 die Aufnahme des Geschäftsbetriebs

Les frais de publicité haben wir vernachlässigt, da dieser Terminus keine besonderen Anforderungen bei der Äquivalentenfindung stellt. Äußerst wichtig ist es dagegen, 1 und 2 als Termini zu identifizieren, welche für das französische Rechnungslegungssystem im Rahmen der sog. **frais d'établissement** spezifisch sind (Klee 1992 : 294f.). Die gegebenen deutschen Äquivalente bedürfen daher besonderer Aufmerksamkeit. Was 3 betrifft, so erinnern wir uns, daß weiter oben die Übersetzerin des Handelsgesetzbuchs diesen Terminus durch la mise en service übersetzt hatte

b) sprachstrukturell
une provision *doit être constatée pour* un montant ...
es *ist* eine Rückstellung *in Höhe von* ... *auszuweisen*

Die Übersetzung des deutschsprachigen Textes über das deutsche Rechnungslegungssystem

4a) / OBJ-D / ORIG-D / D-EXP Ø / F-LEX D>F /

Der deutschsprachige frankophone Muttersprachler und Lexikograph-Übersetzer nimmt Übersetzungen ins Französische an deutschsprachigen Texten vor. Diese Texte haben das deutsche Rechnungslegungssystem zum Gegenstand. Sie wurden von einem deutschen Muttersprachler und Experten des deutschen Rechnungslegungssystems verfaßt. Sie weisen keine translatorischen Merkmale auf.
Beispiel: Übersetzungsarbeit am Text von Pooten: "Deutsche Rechnungslegung" oder am Handelsblatt (Gruppe IV, siehe Seite 203).
Lexikographisch-übersetzerische Beurteilung: Bei dieser Tätigkeit geht es nicht darum, die (im Teil A unserer Ausführungen dargestellte) Selektionsarbeit am deut-

schen Korpustext zu ersetzen oder auch nur teilweise zu übernehmen. Wir vertreten die Auffassung, daß die Selektion des deutschen terminologischen Materials und des Kollokationsmaterials durch den germanophonen Muttersprachler erfolgen sollte (vgl. Vollmer 1988 : 82). Diese Forderung gilt in jedem Falle für das aktive Wörterbuch, für das passive Wörterbuch gilt sie nicht in gleich strengem Maße. Wir haben gesehen, daß Termini in vielen Fällen Mehrwortlexeme oder gar ausgedehnte Syntagmen darstellen, daß es Varianten mit mehr oder weniger synonymer Qualität gibt. Wir haben auch festgestellt, daß Kollokationen in nicht seltenen Fällen Bearbeitungen erfahren müssen, um sie lexikographisch aufzubereiten. Oftmals sind sie nur durch Extraktionen aus komplexen Satzgebilden zu erfassen. Dabei müssen fachliche Strukturen berücksichtigt werden. Zu all diesen Handlungen bedarf es einer muttersprachlichen Kompetenz, aber auch einer Vertrautheit mit Sachstrukturen, die sich im eigenen Kulturraum allemal leichter einstellt. Unsere Forderung gilt in ganz besonderem Maße für die satzartig präsentierten Kollokationen. Hilfreich kann die Arbeit dagegen für die Ermittlung von französischen Äquivalenten für das aus den deutschen Korpustexten gewonnene Sprachmaterial sein. Dies trifft besonders für das Material aus dem Handelsblatt zu, das ja in geringerem Maße mit dem aus Les Échos parallelisiert werden kann als die Texte in Gruppe I mit den ihnen zugrundeliegenden deutschen Gesetzestexten und bilanzrechtlichen Vorschriften. Was die Arbeit an dem Texttyp "Deutsche Rechnungslegung" von Pooten betrifft, so können durch eine bewußt kontrastive Sichtung aus französischer Perspektive sowohl terminologische Nulläquivalente als auch sprachstrukturelle und lexikalisch-semantische "Distanzen" ermittelt werden. Durch die Zusammenarbeit von 1) und 4a) können sich wertvolle Synergien ergeben.

Beispiele für die Äquivalentenfindung:

a) terminologisch
die Konzentration auf das Kerngeschäft (häufig verwendet im Handelsblatt)
le recentrage sur les activités principales
die Kapitalherabsetzung mit anschließender Kapitalerhöhung (Büschgen 1991 : 397/398)
le coup d'accordéon (code des sociétés L 1966 Art. 71)
Es handelt sich um zwei stark fixierte Syntagmen, weshalb wir ihnen Terminusqualität zuschreiben.
b) sprachstrukturell
der Umsatz *ist* um 6% *zurückgegangen* (häufig verwendet im Handelsblatt)
le chiffre d'affaires *est en baisse* de 6%

Überwindung der übersetzerischen Binnenperspektive

In unseren Überlegungen spielt die Variable **OBJ** eine besondere Rolle. Dahinter steckt die Überzeugung, daß die Sprachproduktion des frankophonen Benutzers in erheblicher Weise davon beeinflußt wird, ob der Gegenstand, über den er spricht/schreibt, seinem eigenen oder dem fremden Kulturraum angehört. In der Literatur wird dieser Aspekt zwar angesprochen, die lexikographischen Konsequenzen, die

daraus gezogen werden, bleiben jedoch zu schwach (Daß die Berücksichtigung von "Informationsterritorien" in einer fundamentalen Weise die Qualität der [interkulturellen] Verständigung beeinflußt, macht Ueki (1991) deutlich). Der von uns betonte Sachverhalt macht eine Sprachregelung notwendig. Die Termini "Ausgangs-" und "Zielsprache" sind immer zusammen mit den Termini "Muttersprache" oder "L_1-Sprache" und "Fremdsprache" oder "L_2-Sprache" zu gebrauchen. Wir sprechen also, wenn erforderlich, von der L_1-Ausgangssprache und der L_2-Zielsprache, von der L_2-Ausgangssprache und der L_1-Zielsprache.
Diese Sprachregelung ergibt sich als notwendige Folge aus der Annahme, daß Muttersprache und intellektuelle Tätigkeit in letzlich unauflösbarer Weise ineinander "verwoben" sind, Sprachformen also nicht einfach als austauschbare Etiketten allen möglichen Inhalten zugeordnet werden können. Kromann (1992 : 159) weist darauf hin, daß die "außerordentlich essentielle Dichotomie Muttersprache versus Fremdsprache" weder von den (inländischen) Lexikographen bei der Wörterbucherstellung noch von den (inländischen) Germanisten und Linguisten in der wissenschaftlichen Diskussion ernst genommen werden. Hier zeigt sich, wie wenig Binnenperspektiven unter Umständen dem Phänomen "Sprache" angemessen sein können.

Die zentrale Bedeutung der Kulturraumzugehörigkeit des Rechnungslegungssystems

Koller (1992 : 166f.) unterscheidet (nach Henschelmann) vier "Thematiktypen":

(1) Texte, sie sich mit "internationaler Thematik" beschäftigen.
(2) Texte, die sich mit landesspezifischen Gegenständen befassen.
(3) Texte, die sich mit Themen aus dem ZS-Kulturkontext befassen.
(4) Texte, die sich mit Themen befassen, die ein Land betreffen, das weder zum AS noch zum ZS-Kulturkontext gehört.

Zukunftsweisend ist die Beobachtung von Goffin (1994 : 157), nach der es ein "modèle terminologique national" gibt in Abhängigkeit von der technologischen Führerschaft, die ein Land in diesem oder jenem Bereich übernommen hat. Die sprachlich wichtige Konsequenz, die sich hieraus für die Zukunft ergeben könnte, ist die folgende: Aufgrund der immer stärker werdenden Notwendigkeit eines ökonomischen Einsatzes von Ressourcen, werden einzelne Realitätsbereiche (= OBJ) in viel exklusiverer Weise als in der Vergangenheit alleinige Angelegenheit eines bestimmten Sprach- und Kulturraums. Zumindest dürfte dieses Kooperationsmodell besondere Geltung für Frankreich und Deutschland für eine aus heutiger Sicht überschaubare Zukunft haben. Die lexikographische Relevanz der Betonung der Objektzugehörigkeit zu einem bestimmten Sprach- und Kulturraum, sehen wir in zweifacher Weise gegeben. Zum einen müssen sich die Objektdifferenzen in intensiver Weise in der Glossierung niederschlagen, zum andern ergibt sich eine Auswirkung auf die Lemmaerfassung.

Deutsch ist so fern wie Suaheli

Wir werden uns zunächst mit dem letztgenannten Aspekt beschäftigen. Dessen Problematik spiegelt sich in den beiden nachstehenden Auffassungen wider. Bei Chmielewicz/Schweitzer (1991 : 2719) lesen wir:

> There are words which only apply to the particular circumstances of each country. Such words should only be included in bilingual dictionaries as lemmata when the language in question is the source language of the dictionary, while in the opposite case their surrogate equivalents should not be given lemma status.

"Allerheiligen", so die Autoren, sollte demnach nicht in einem Dänisch-Deutschen, sondern nur in einem Deutsch-Dänischen Wörterbuch gegeben werden. Diese Behauptung erstaunt eigentlich aus dem Munde von Autoren, denen ein großes Verdienst in der Sensibilisierung für den Unterschied von aktivem und passivem Wörterbuch zukommt. Die hier angeschnittene Frage hängt nämlich ganz eng mit dieser wichtigen Unterscheidung zusammen. Was macht denn der dänische Sprecher, der mit seinem deutschen Nachbarn über deutsche Feiertage sprechen möchte? Was macht der frankophone Mitarbeiter der Abteilung Rechnungswesen eines französischen Tochterunternehmens, der mit seinem Kollegen der deutschen Muttergesellschaft über einen für die deutsche Rechnungslegung spezifischen Sachverhalt sprechen muß?

Schon bei Zgusta (1971 : 309/310, Anm. 51) finden wir dagegen folgende angemessenere Betrachtungsweise:

> To some extend, the target language must always be taken into consideration; even an English-French dictionary which intends to help the speaker of English to express himself in French must respect some French specialities. But this consideration is much more important if, for instance, the source language is a European one and the other Chinese or Suaheli.

und weiter heißt es (310):

> Because it may be legitimately assumed that the source-language speaker will use the dictionary to generate texts about the milieu of the target language (possibly also while residing in the other surroundings) ...

Zgusta verdeutlicht ziemlich genau unser Anliegen. Die ungenügende Präzisierung von Ausgangs- und Zielsprache durch Mutter- und Fremdsprache sei lediglich nebenbei erwähnt. Der Meinung, daß die Differenzen zwischen den beiden Sprach- und Kulturräumen jenes von ihm beschriebene Ausmaß annehmen müssen, schließen wir uns allerdings nicht an. Wir wissen mittlerweile, daß gerade minimale Differenzen erhebliche Störungen verursachen können. Die entscheidende Frage, die sich demnach für das aktive Wörterbuch stellt, ist: Wie ist es lexikographisch zu bewerkstelligen, den frankophonen Benutzer an das sprachliche Mittel heranzuführen, das ihn in die Lage versetzt, über einen Sachverhalt zu sprechen/schreiben, der nur in dem anderen Kulturraum vorhanden ist und für den daher kein eigenes und vertrautes sprachliches Mittel zur Verfügung steht? Hier rückt nun der Index in den Mittelpunkt des Interesses.

7. Der Index und seine "Trampolin-Funktion"

Keine Vereinnahmung durch die Muttersprache

Der Index ist der Ort der "Systemäquivalenz". Der frankophone Benutzer findet hier die Übersetzungsrichtung F > D vor. Im Wörterbuchteil erhält er im Artikeleingang zum deutschen Lemma das französische Äquivalent. Es liegen folglich beide Übersetzungsrichtungen vor. Die wesentliche Funktion des Index besteht in seiner Brückenfunktion von der Mutter- in die Fremdsprache. Er soll den frankophonen Benutzer so schnell wie möglich, in das fremdsprachliche Medium befördern. Wir vertreten daher die Auffassung Mugdans (1992 : 21), daß der Benutzer eines Wörterbuchs über den Gebrauch eines L_2-Elements besser in einem L_2>L_1-Wörterbuch informiert wird als in einem L_1>L_2-Wörterbuch. Dahinter steht ein begründetes Mißtrauen gegenüber dem üblichen und gängigen zweisprachigen Wörterbuch (L_1>L_2) als einem Sprachproduktionsinstrument. Wir betrachten es im Sinne Scerbas (1982 [1940] : 53) als ein "malum necessarium". Wir teilen also, in einer gewissen Weise, die folgenden Bedenken von Steiner (1989 : 255):

> It is no wonder that the bilingual dictionary is regarded by many as pedagocical peril and useless for producing acceptable translations. As an index, its real function is to lead to usable texts. If the index is used alone without recourse to other texts, successful translation will be fortuitous.

Synthese von Scerba und Hausmann

Wesentlich für unser Anliegen ist nun allerdings, daß wir den nach Steiners (1989 : 255) Meinung nicht behebbaren Mangel des zweisprachigen Wörterbuchs, "the absence of text", im Rahmen unserer Wörterbuchkonzeption für behebbar halten. Steiner (256) plädiert zwar für eine Ergänzung des "Index" durch weitere Text- und auch Bildteile u.ä., hat aber starke Bedenken gegen deren Integration in den Artikel und möchte sie deshalb per Computer abrufbar machen. Diese Bedenken sind beim "translation dictionary" sicher dann berechtigt, wenn damit, wie das Steiner offenbar tut, vor allem das passive Wörterbuch gemeint ist. Mit Sicherheit können wir das aber nicht behaupten, da er, wie das ja so oft bei Darstellungen über zweisprachige Wörterbücher der Fall ist, nicht eindeutig sagt, ob er seine Behauptungen x, y, z auf den aktiven oder den passiven Typ bezieht. Die Bedenken sind aber nicht berechtigt, wenn das Wörterbuch eine aktive Funktion erfüllen soll. Wir weisen also die von Steiner erwähnte Textfunktion den Artikeln des eigentlichen Wörterbuchteils zu und integrieren in diesen Textteil eine für den frankophonen Benutzer "passive" Herübersetzungskomponente mit einer "aktiven" Funktion. Hier greifen wir wieder auf die überzeugende Argumentation Mugdans (1992 : 21) zurück:

> It is thus not the active but the passive translation dictionary (or explanatory dictionary) which can be used for production in L_2 if it provides the required phonological, morphological, syntactic information etc. about the source language items.

Wir streben eine Synthese des "passiven" Prinzips im Sinne Scerbas mit dem "aktiven" Prinzip im Sinne Hausmanns an (zum unterschiedlichen Gebrauch von "aktiv" und "passiv" durch Scerba und Hausmann siehe Mikkelsen [1992 : 35f.]). Im Index, in den Glossen und in den französischsprachigen L_1-Herübersetzungselementen im Wörterbuchteil sind tendenziell Vorstellungen Scerbas angesiedelt, indem die möglichst genaue "kognitive Passung" zwischen dem L_1- und dem L_2-Konzept hergestellt wird. In der L_1>L_2-Übersetzungsrichtung im Index und im maximal ausgebreiteten (originalen, d.h. nicht übersetzten) deutschsprachigen L_2-Kollokationsmaterial des Wörterbuchteils schlagen sich tendenziell Vorstellungen Hausmanns nieder.

Die Artikel sind vom Prinzip her, mit dem tschechisch-französischen Wörterbuch von O. Stehlik (1936) vergleichbar (siehe Hausmann 1994 : 16). Weiter können wir nicht auf diesen Komplex eingehen, da er in den Bereich der Mikrostruktur fällt, der nicht mehr Gegenstand dieser Arbeit ist.

Mit einer Wörterbuchtypologie von L_1 nach L_2

Das aktive Kontext-Fachwörterbuch stellt -unter Anlegung eines auf die üblichen Wörterbuchtypen bezogenen Beurteilungsmaßstabs- ein hybrides Produkt zwischen dem voll ausgearbeiteten biskopalen und dem monolingualen Wörterbuch dar. Dabei lassen wir einmal offen, ob wir unter dem monolingualen Wörterbuch ein solches für den L_1- oder den L_2-Benutzer verstehen. Ein Produktionswörterbuch von außerordentlicher Qualität ist zweifelsohne das auf den L_2-Benutzer ausgerichtete einsprachige Wörterbuch im Stile des Dictionnaire du français langue étrangère (DFLE) von Dubois. Es besteht jedoch die Gefahr, daß dieses ausgezeichnete Wörterbuch von dem Benutzer recht schnell nicht mehr zur Hand genommen wird, weil ihm der Einstieg aus seinem muttersprachlichen in das fremdsprachliche Medium nicht gelingt. Diese Erfahrung hat in besonderer Weise unsere Aufmerksamkeit auf die wichtige Rolle des Index für den Produktionsprozeß gelenkt.
Wir geben nachstehend eine Abfolge von Wörterbuchtypen. Die ihr zugrunde liegende Logik besteht in dem durch diese Typen bewirkten sukzessiven Aufbau einer fachlichen Sprachproduktionskompetenz eines frankophonen L_2-Benutzers (zu lesen von 1. nach 6.):

6. Das Fachlexikon (D) über das Rechnungswesen für den germanophonen L_1-Benutzer. Mit definitorischen und theoriekritischen Elementen.
L_1-Benutzer mit mittleren bis sehr guten Fachkenntnissen, L_2-Benutzer mit guten bis sehr guten Sprachkenntnissen und guten bis sehr guten Fachkenntnissen.

5. Monolinguales WB (D) über das Rechnungswesen mit intensiver Makrostruktur und intensiver Mikrostruktur, die auf den germanophonen L_1-Benutzer ausgerichtet ist. Mit definitorischen Elementen. Keine kontrastiven Elemente.
Fortgeschrittene Sprachkenntnisse, gute bis sehr gute Fachkenntnisse des frankophonen L_2-Benutzers, geringere Fachkenntnisse des L_1-Benutzers.

4. Monolinguales WB (D) mit relativ intensiver Makrostruktur und sehr intensiver Mikrostruktur, die auf den frankophonen L_2-Benutzer ausgerichtet ist, d.h. in der Art des DFLE, aber mit fachlicher Ausrichtung auf das Rechnungswesen. Eventuell mit Index F>D. Keine explizite sprachstrukturelle Kontrastivität. Starke kontrastive Komponente im terminologisch-inhaltlichen Bereich.
Sehr gute Grundkenntnisse, gute bis sehr gute Fach kenntnisse

3. Biskopales WB über das Rechnungswesen mit der Übersetzungsrichtung D>F nur im Eingang des Wörterbuchartikels. F>D im Index. D>F Äquivalente im Artikel nur bei kontrastiv bedingten Schwierigkeiten. Relativ intensive Makrostruktur und intensive Mikrostruktur. Starke kontrastive Komponente im terminologisch-inhaltlichen Bereich.
Gute Grundkenntnisse und gute bis sehr gute Fachkenntnisse

2. Biskopales WB D>F über die "Bereichssprache" Wirtschaft. Alle Beispiele sind übersetzt. Im Index F > D. Extensive Makrostroktur und einfache Mikrostruktur. Die Zahl der Indexwörter und der Lemmata ist identisch. Starke kontrastive Komponente im sprachstrukturellen Bereich, schwache im inhaltlich terminologischen.
Fortgeschrittene Anfänger mit allgemeinem fachlichen Interesse an der Wirtschaft.

1. Biskopales gemeinsprachliches WB mit Index D>F. Im Wörterbuchteil Übersetzungsrichtung F>D, extensive Makrostruktur und einfache Mikrostruktur, alle Beispiele übersetzt. Index D>F zum Aufbau eines passiven Wortschatzes; die Zahl der Indexwörter ist ungefähr dreimal so hoch wie die der Lemmata. Im Index sind die lemmatisierten Wörter markiert.
Anfänger, der fachliche Aspekt spielt keine Rolle

Wir möchten mit dieser Darstellung, wie gesagt, in erster Linie die Parallele zwischen einer Wörterbuchabfolge und dem Aufbau einer Produktionskompetenz verdeutlichen. Die Frage, ob dies auch verlagstechnisch realisierbar ist, soll hier ausgespart bleiben. Metalexikographische Reflexion muß das Recht beanspruchen, sich in sachgesetzlich begründbaren Freiräumen zu bewegen, wenn es um die kreative Weiterentwicklung und Verbesserung eines so "alten" Produktes, wie es das Wörterbuch nun einmal ist, geht.

Stellung des Kontext-Fachwörterbuchs in der Wörterbuchtypologie

Auf der **1. Ebene** wird eine Sprachkompetenz mit sehr geringer Fachspezifik vermittelt. Sie ist als Grundlage für eine fachliche Verständigungsweise notwendig (vgl. Fluck 1992 : 109).
Der sprachlich gesehen relativ große Sprung von 1. nach 3. ist auf folgende Weise zu schaffen. Zum einen durch die Zwischenschaltung eines auf den Kernwortschatz der "Bereichssprache" Wirtschaft (Schaarschuh 1991 : 142) ausgerichteten Wörterbuchtyps (**2. Ebene**). Speziell dieser Idee kommt der von Allene Tuck editierte Oxford Dictionary of Business English for Learners of English (1993) nahe. Allerdings müßte er nach unserem Konzept durch eine voll ausgearbeitete Äquivalentenkomponente ergänzt werden. Über einen Index verfügt er bei Tuck nicht. In unserer Darstellung versehen wir auch diesen Typ mit einem F>D-Index. Zum anderen ist der Sprung aufgrund der für 3. vorausgesetzten guten bis sehr guten Fachkenntnisse der Benutzer möglich. Wir gehen davon aus, daß gute Fachkenntnisse sich erleichternd und sogar fördernd auf die Aneignung einer Sprache auswirken (Braunert 1993 : 145,

146). Es ist sehr wahrscheinlich, daß sich Domänenwissen positiv auf die Gesprächsfähigkeit auswirkt, wie die Untersuchungen von Zuengler/Bent (1991 : 410) nahelegen:

> What did emerge was the influence of content knowledge when interlocutors had unequal levels of expertise. If interactional involvement provides important opportunities for both language use and language acquisition, and if greater content knowledge facilitates more active conversational involvement, then learners should have extensive opportunity to be relative content 'experts'.

Für den aktiven Erwerb einer Fremdsprache gilt immer noch das Lutherwort: "rem tenere, verba sequuntur" (erfasse die Sache, dann folgen die Worte von selbst) (ähnlich Boileau; siehe hierzu in Quisthoudt-Rowohl 1988 : 252).

Das Kontext-Fachwörterbuch befindet sich in dieser Hierarchie auf der **3. Ebene**, womöglich auch auf der 4., wie wir gleich darlegen werden. Beim Übergang von Ebene 2 nach Ebene 3 begibt sich der Benutzer in einen abgegrenzten Sach- und Kommunikationsbereich hinein. Wir halten dies für ein entscheidendes, wenn nicht sogar das entscheidende Moment zur Ausbildung einer aktiven Sprachkompetenz.

Eine unsichere Position hat in dieser Hierarchie die **4. Ebene**. Wir sind der Meinung, daß deren Aufgabe besser durch unseren Wörterbuchtyp übernommen werden kann. Dies sollte nach einer entsprechenden Verfeinerung von Makro- und Mikrostruktur und nach dem Wegfall nicht mehr notwendiger muttersprachlicher Rückversicherungen im Artikel kein Problem sein. Wir sehen eben die Gefahr, daß der Einstieg auch auf dieser Ebene noch als zu mühsam erlebt wird und daher nicht erfolgt. Nach persönlicher Mitteilung ordnet Binon (1994) seinen Dictionnaire d'Apprentissage du Français des Affaires (DAFA) am ehesten der Nr. 4 zu. Unsere vorgebrachten Bedenken werden im Falle dieses Wörterbuchs in dem Moment hinfällig, in dem es für den nichtfrankophonen Lerner mit einem Einstiegsindex in seiner Muttersprache versehen ist. Dies soll geschehen. Das Binonsche Wörterbuch ist allerdings thematisch umfassender als das Kontext-Fachwörterbuch der Rechnungslegung angelegt. Die von uns bei diesem Typ betonte kontrastive Komponente im inhaltlich-terminologischen Bereich ist zudem -abgesehen von einer fallweise belgisch-französischen Kontrastierung- nicht Gegenstand des Konzeptes von Binon (1994). Das Wörterbuch von Binon sucht nach unserer Einschätzung bezüglich der außerordentlichen Qualität seiner onomasiologisch-kollokationären Bearbeitung nach seinesgleichen im Bereich des fachsprachlich ausgerichteten monolingualen Lernwörterbuchs, und das nicht nur im frankophonen Sprachraum.

Für einen besonders interessanten Wörterbuchtyp halten wir den auf der **5. Ebene** angeordneten. Er ist unseres Wissens noch nicht am Markt vorhanden. Er ist zwar nur im Hinblick auf den fach(sprach)lich gering versierten germanophonen L_1-Benutzer konzipiert, ist aber gerade deshalb für den frankophonen L_2-Benutzer sehr gut geeignet, den endgültigen Übertritt in das fremde Sprachmedium zu vollziehen. Hier fällt z.B. die in allen vorhergehenden Modellen vorhandene Außenperspektive für die Auswahl der Kollokationen weg. Für den germanophonen Benutzer ergibt sich das Erwerbsinteresse aus dem Wunsch, in dem Fachgespräch in der Muttersprache "mithalten" zu können. Möglicherweise stellt er in Zukunft ein Hilfsmittel dar, dem Phänomen der zunehmenden Verfachlichung aller Lebensbereiche von der sprachlichen Seite besser beizukommen. Wir schließen uns hierbei der Problemsicht von de Beaugrande (1991) an: "Specialisation of language versus freedom of access to knowledge". Für beide Benutzertypen gleichermaßen von Nutzen sind die definitorischen Elemente. Für den germanophonen L_1-Benutzer dienen sie zur Verbesserung seiner fachlichen Kompetenz. Für den frankophonen L_2-Benutzer ist die durch diese originalen Informationen mögliche vergleichende Betrachtung des französischen und des deutschen Rechnungslegungssystems mit großem Erkenntnisgewinn verbunden. Der frankophone Benutzer erhält hier eine letzte didaktisch abgefederte Vorbereitung für den Gebrauch des deutschsprachigen Fachlexikons (ohne jegliche sprachdidaktische Hilfestellung) auf der **6. Ebene**. Hier verschwindet der sprachliche Aspekt endgültig hinter der fachlichen Information.

Der Index ein lexikographisches Stiefkind

Wir haben schon wiederholt auf die besondere Bedeutung des Index für das aktive Wörterbuch hingewiesen. Viele Wörterbücher haben dessen Bedeutung hierfür inzwi-schen erkannt. Die Frage ist nur, wie gut sich diese Indexe als Starthilfe für die Produktion und für den Einstieg in das L_2-Medium eignen. Wir haben den Eindruck gewonnen, daß sie in den meisten Fällen recht nachlässig gemacht werden. Folgende Schwachpunkte haben wir, ohne Anspruch auf Vollständigkeit zu erheben, ausgemacht:

- Der funktionale Zusammenhang zwischen Index und Wörterbuchteil ist unklar. Das Satzlexikon der Handelskorrespondenz von Zavada/Hartgenbusch (1971), erschienen im Brandstetter-Verlag, hat im Wörterbuchteil die Übersetzungsrichtung D > F. Im Vorwort wird ausdrücklich der deutsche Muttersprachler angesprochen, bei dem lediglich elementare Kenntnisse im Französischen voausgesetzt werden, um einen "französischen Brief zusammenzustellen". Das heißt, daß dem F>D-Index wohl kaum eine Sprachproduktionsfunktion zugedacht ist, die dem germanophonen Benutzer zugute kommen könnte. Anderseits heißt es, "um dieses Buch auch in der Richtung Französisch - Deutsch voll nutzen können, ist am Schluß des Stichwortteils ein französisch-deutscher Index angefügt, mit dem das Aufsuchen des gewünschten deutschen Textbausteines durch Angabe des Leitwortes ermöglicht wird". Theoretisch kann sich hierdurch der deutsche und der französische Muttersprachler angesprochen fühlen. Wenn der deutsche Benutzer gemeint ist, wird möglicherweise unterstellt, daß er eine translationsabhängige Herübersetzung anfertigen möchte. Der Zeit- und Suchaufwand der Nachschlagehandlung ist in diesem Fall erheblich. Wenn der (nicht erwähnte) frankophone Benutzer gemeint sein soll, dann ist er in seinen Produktionsmöglichkeiten gegenüber dem germanophonen Benutzer stark benachteiligt. Der von ihm geforderte Energieaufwand zur Herstellung eines deutschen Textes wird in vielen Konsultationen ein Mehrfaches von dem des germanophonen Benutzers betragen. Das gilt zum einen für alle jene Indexwörter mit kumulierten Äquivalenten. Zum andern gelangt der frankophone Benutzer in vielen Fällen nicht bis zu dem gewünschten Wort oder der gewünschten Wendung, da sie außer Reichweite bleiben. In den nächsten beiden Punkten werden diese beiden Schwachpunkte explizit erwähnt.
- Im Wörterbuchteil vorhandene Lemmata sind nicht über den Index erschließbar, weil sie dort nicht aufgeführt sind.
- Hinter dem polysemen Indexwort werden kumulativ Äquivalente angegeben, so daß der Benutzer gezwungen ist, so lange im Wörterbuchteil nachzuschlagen, bis er das gewünschte Lemma antrifft. Im genannten Satzlexikon der Handelskorrespondenz findet man beispielsweise hinter **rapport: Rechenschaftsbericht, Meldung, Bericht, Aussage, Befund, Beziehung, Ertrag, Verbindung, Verhältnis.**

- Es erfolgt zwar eine Degruppierung der polysemen ausgangssprachlichen Indexwörter durch Hochzahlen. Dadurch ist aber für den Benutzer, für den die Ausgangssprache Muttersprache ist, gegenüber Schwachpunkt Nr. 2 nichts gewonnen. Im Index des -im übrigen in seinen satzförmigen Beispielen ausgezeichneten aktiven- The AOTS. Nihongo Dictionary for Practical Use (1993), erstellt unter der Leitung von Fumio Tamamura, findet der Benutzer z.B. folgende Informationen: **row**[1] ... **retsu** und **row**[2] ... **kogu**. Die eigentlich entscheidenden bedeutungsdifferenzierenden Informationen werden ihm erst im Artikel selbst gegeben: **retsu** [n] ***line, queue, row***; **kogu** [vt] ***row, pedal***. Diese gehören schon in den Index. In diesem Fall würde schon die Angabe der Wortart genügen. **row [n] ... retsu; row [v] ... kogu.**
- Bei der Angabe von Mehrworttermini als Äquivalente wird das Wort, unter dem man die Adresse im Wörterbuchteil findet, nicht hervorgehoben. Das kann zu mehreren vergeblichen Suchhandlungen führen. Im Index des PONS Fachwörterbuch Wirtschaft englisch-deutsch. deutsch englisch (1990) von P.H. Collin et al. ist hinter **Vorspiegelung falscher Tatsachen** u.a. **fraudulent misinterpretation** angegeben, man findet die Adresse im Wörterbuchteil aber nur unter misinterpretation, nicht unter fraudulent. **Verwaltungskosten administration expenses** erscheint nur unter administration, nicht unter expenses. **Vorauszahlung money up front** ist nur unter front auffindbar. In diesem Wörterbuch sind die genannten Fälle dennoch eher die Ausnahme. Es ist im allgemeinen recht gut in dieser Hinsicht bearbeitet.

Die Sprachproduktionsfunktion des Indexes unter kognitionspsychologischem Aspekt

Entscheidend für die Qualität des Index ist, daß seine Funktion in Bezug auf den Wörterbuchteil eindeutig definiert ist. In unserem aktiven Wörterbuch kommt ihm die wichtige Aufgabe zu, dem frankophonen Benutzer den Start zur Sprachproduktion zu erleichtern, ihn in Gang zu setzen. Er soll den frankophonen Benutzer aus dem ihm vertrauten Sachsystems der französischen Rechnungslegung herausführen und in das ihm unvertraute Sachsytem der deutschen Rechnungslegung hineinführen. Hermans (1993 : 14) bekam in einer Befragung von Fachwissenschaftlern und Domänenpraktikern, welche er im Rahmen seiner "Analyse de la valeur appliquée aux produits terminographiques" durchführte, als ganz oben stehenden Wunsch zu hören:

> Le bon fonctionnement des pratiques, y compris des pratiques théoriques, dépend de la connaissance de ces terminologies et de la description des systèmes de notions. Cette description doit permettre de découvrir une dénomination inconnue à partir d'une notion connue. (Hervorhebung durch F.S.)

Wir lassen einmal dahingestellt, ob es sich hier um eine intralinguale oder eine interlinguale Entdeckungsprozedur handelt. Entscheidend ist die Relevanz dieses Prinzips als solches für die Praxis. Es läßt sich als Inferenz beschreiben, d.h. es findet eine Generierung weiterer Konzepte durch bereits aktivierte Konzepte statt (Rickheit/ Strohner 1993: 147). Es dürfte von Vorteil für die Anlage des Indexes sein, sich Klarheit darüber zu verschaffen, wie ein solcher Produktionsprozeß abläuft.
Allzu großer Optimismus, von der Kognitiven Psychologie lexikographisch umsetzbare Anregungen zu bekommen, ist allerdings nicht angesagt. Nach Pechmann (1994 : 111) bleiben die Überlegungen zu den mentalen Verarbeitungsprozessen während der inkrementellen Generierung von Sätzen noch recht allgemein und müssen dies beim augenblicklichen Wissensstand wohl auch bleiben. Er bemerkt, daß es sehr viel mehr psycholinguistische Untersuchungen zum Sprachverstehen als zur Sprachproduktion gebe (10). Levelt (1989) hat den bisher einzigen Versuch unternommen, den gesamten

Prozeß der Sprachproduktion von der Konzeptualisierung bis zur Artikulation detailliert zu beschreiben. Kees de Boot (1992 : 2)) adaptiert das für monolinguale Zwecke erarbeitete Sprachproduktionsmodell Levelts für bilinguale Zwecke, da viele Aspekte vergleichbar seien, weist aber auch darauf hin, daß empirische Untersuchungen zur zweisprachigen Sprachproduktion selten seien (7). Was die Vorstellungen über mögliche Modellierungen des Produktionsprozesses betrifft, lassen sich nach Pechmann (1994 : 11) unabhängig von den Annahmen einzelner Modelle drei Stufen unterscheiden, die in der Terminologie von Levelt als Konzeptualisierung, Formulierung und Artikulation bezeichnet werden können. Hierzu führt Pechmann im einzelnen aus:

> Auf der Stufe der *Konzeptualisierung* wird über den Inhalt der späteren Äußerung entschieden. Dazu ist aber nicht nur der semantische oder propositionale Gehalt zu rechnen, sondern auch alle pragmatischen Aspekte sind hier von Bedeutung, also etwa der soziale Rahmen, in dem eine Äußerung stattfindet ...
>
> Auf der zweiten Stufe, der *Formalisierung*, wird die konzeptuelle Struktur in eine sprachliche überführt. Das impliziert mehrere Teilprozesse. Zum einen müssen lexikale Einträge aktiviert werden, die der konzeptuellen Struktur entsprechen. Zum zweiten muß eine syntaktische Struktur aufgebaut werden, die die Beziehungen der einzelnen lexikalen Einheiten untereinander adäquat abbildet. Zum dritten muß die semantisch und syntaktisch spezifizierte Struktur phonologisch enkodiert werden, d.h. den einzelnen Morphemen muß ihre phonologische Form zugeordnet werden.
>
> Auf der dritten Stufe, der Artikulation, wird schließlich das Ergebnis der phonologischen Enkodierung in neuromuskuläre Aktivität umgesetzt, um sie letzlich als Schallereignis realisieren zu können.

Knobloch (1994 : 216) spricht sich genau gegen die Evidenz aus, "daß da zuerst etwas "Inneres" ist: ein Gedanke, eine Idee, eine Intention, etwas, das wir dann auf sprachliche Form bringen und nach außen setzen". Seiner Meinung nach "spricht doch einiges dafür, daß uns erst die motorische Aktivität des Sprechens als angeeignete (und andere nach innen genommene Aktivitäten) ein hinreichend strukturiertes und willkürlich verfügbares 'Innenleben' verleiht, das ausgedrückt werden könnte". Obwohl wir für die Auffassung Knoblochs aufgrund einer grundsätzlich größeren Nähe zu seinem sprachtheoretischem Ansatz starke Sympathie haben, sehen wir uns nicht in der Lage, eine entsprechende lexikographische Adaptation vorzunehmen.

"Brücken" für den Übergang vom L_1-Sachsystem ins L_2-Sachsystem

Wir leiten also aus den Überlegungen Pechmanns ab, daß dem Index eine wichtige Aufgabe bei der Aktivierung von L_2-Lemmata und deren phonologischer Enkodierung zukommt. Der Aufbau der syntaktischen Struktur ist dagegen Aufgabe des Wörterbuchartikels. Wir betrachten die konzeptuelle Struktur des deutschen Äquivalents als Ausgangspunkt der syntaktischen Expansion. Somit ergibt sich eine semantisch-strukturelle und eine kommunikativ-funktionale Verbindung zwischen Index und Gebrauch des Indexwortes im Wörterbuchartikel. Der während der Konsultation des Indexes im Benutzer ablaufende "kognitive" Vorgang des "Heraustretens" aus der vertrauten eigenen Sachsystematik und des "Hineintretens" in die unvertraute fremde Sachsystematik ist als sachter Übertritt zu gestalten. Das heißt, daß alle sich anbietenden "Brücken" genutzt werden müssen. Andererseits ist aber auch das Unterscheidende deutlich zu machen, damit es nicht zu einer verständniserschwerenden Vermischung der beiden Systeme kommt. Dies ist nur durch eine eingehende Reflexion der Äquivalenzbeziehung erreichbar. Eine weitere für den Index relevante Erkenntnis lautet schließlich: "It is assumed that idioms and phrases can be entries in the mental lexicon" (Kees de Boot : 1992 : 10). Mehrworttermini sind also in Gänze im Index anzuführen. Wir behandeln in der Folge verschiedene Äquivalenztypen und stellen dabei ihre Einarbeitung in den Index dar.

8. Äquivalenzen im Index

Drei wesentliche Äquivalenzrelationen

Als unnötige Kompliziertheit vermeidende Richtschnur zur Systematisierung von Äquivalenztypen bietet sich die Dreiteilung von Arntz an (1994 : 301; ebenso Dryberg/Tournay 1990 : 268; Kromann/Riiber/Rosbach 1991 : 2717):

- die Begriffe A und B stimmen voll überein;
- der Begriff A bzw. B fehlt in der anderen Sprache;
- die Begriffe A und B sind teilweise äquivalent (Inklusion eingeschlossen).

Im ersten Fall sprechen wir von 1:1-Äquivalenz, im zweiten von Nulläquivalenz und im dritten von Teiläquivalenz. Die Einteilung nach Äquivalenztypen fassen wir als kategoriale Hilfskonstruktion auf. Es bietet sich an, die Typen im Sinne der Prototypensemantik als jeweils "bestes Exemplar" zu betrachten (Kleiber 1993 : 30ff.). Bei der Besprechung der Äquivalenztypen müssen wir uns auf exemplarisches Aufzeigen beschränken. Die Untersuchung hat derart reichhaltiges Material zu Tage gefördert, daß wir es schon aus Platzgründen nicht ausbreiten können. Wir weisen außerdem darauf hin, daß es uns bei der Präsentation besprochener Äquivalenzfälle für den Index darum geht, die nur aus dem jeweiligen Fall für diese Präsentation sich ergebenden Konsequenzen deutlich zu machen. Wir sehen also aus Gründen der Übersichtlichkeit bewußt von u.U. außerdem zu berücksichtigenden Merkmalen der Präsentation ab.

Institutionelle Benennungen/Gesetze, etc.

Der Übersichtlichkeit halber behandeln wir institutionelle Benennungen, etc. gesondert. Sie lassen sich, je nach Übereinstimmung mit den Verhältnissen in Deutschland, einem der oben aufgeführten Äquivalenztypen zuordnen. Sie eignen sich daher gut, um auf einige Besonderheiten hinzuweisen, die die Darstellung der Äquivalenz im Index generell betreffen:

le comité d'entreprise (F) > le comité d'établissement (D)	der (französische) Betriebsrat > der deutsche **Betriebsrat**
le Plan Comptable Général (F) > le code de commerce (D)	der Allgemeine Kontenplan (F) > das **Handelsgesetzbuch** (D)
le "Handelsgesetzbuch" (D)	das **Handelsgesetzbuch** (D)

Kulturraummarker, Systembrücke, Wortakzent, Lemmaindikator

Ins Auge fallen die hinter den Termini in Klammern stehenden "Kulturraum-Marker" (D) oder (F). Wir halten sie für eine einfache aber effiziente Regelung, um dem Benutzer einen eindeutigen Hinweis zu geben, welchem Wirtschafts-Kulturraum der jeweilige Terminus originär angehört (vgl. auch Földi 1988 : 62). Er erhält damit eine Information, die im Bedarfsfall in der realen Kommunikationssituation zur Vermeidung von "Störungen" abgerufen werden kann, z.B. um zu vereindeutigen.
Desweiteren verwenden wir das Winkelzeichen ">". Wir nennen es "interlinguale" oder "intralinguale Systembrücke". Mit System ist das jeweilige Sachsystem gemeint. "A > B" ist zu lesen: "A hat sachsystematisch etwas mit B zu tun".
Zur Einprägung und Festigung eines wesentlichen Merkmals des phonologischen Musters ist der stärkste Akzent unterstrichen. Andere typographische Mittel sind hierfür ebenfalls denkbar. Wir halten die genannte lautliche Information an dieser Stelle angesichts des relativ flüchtigen Primärkontakts des Benutzers mit dem gesuchten deutschen Äquivalent für ausreichend. Wird der Konsultationsvorgang schon hier abgebrochen, was nicht ausgeschlossen werden darf, so hat der Benutzer schon eine wesentliche Information für dessen lautliche Realisierung erhalten. Wird der Vorgang, was die Regel ist, in den entsprechenden Wörterbuchartikel verlängert, finder der Benutzer dort die genauen Ausspracheangaben. Hierzu empfiehlt es sich, sich an die im DUDEN Das große Wörterbuch der deutschen Sprache (1976 : Bd. 1, Seite 5) geübte Praxis anzulehnen und im wesentlichen auf die Internationale Lautschrift der "International Phonetic Association" zurückzugreifen.
Der Fettdruck von **Betriebsrat** und **Handelsgesetzbuch** verweist den Benutzer auf die entsprechenden Lemmata im Wörterbuchteil. Er dient demnach als Lemmaindikator. Deutlich werden soll an diesen beiden Beispielen auch, was der Index nicht leistet. Es ist nicht seine Aufgabe, die völlige Feineinstellung der Äquivalenz herzustellen. Deren Ort ist der Wörterbuchartikel. Dort muß die "Systembrücke" in Form einer kontrastiv angelegten Glossierung expliziert und präzisiert werden.

le comité d'entreprise in Potonnier

In Potonnier F-D erscheint hinter comité d'entreprise Unternehmensausschuß als Äquivalent für den französischen und Betriebsrat als Äquivalent für den deutschen Betriebsrat. Das Äquivalent Unternehmensausschuß gerät leicht in Konflikt mit dem deutschen Betriebsausschuß, der als Organ des deutschen Betriebsrates für die Führung der laufenden Geschäfte verantwortlich ist (Gabler 1988 : 729). Betriebsausschuß findet man wiederum als Äquivalent des französischen Terminus comité d'établissement. Laut Cornu (1992 : 151) versteht man darunter eine "institution qui se substitue, dans les entreprises à établissements multiples, au comité d'entreprise, pour en exercer les attributions, à l'exception de celles dévolues au comité central d'entreprise. In Potonnier D-F ist conseil d'établissement das Äquivalent von Betriebsrat, was einer wörtlichen Übersetzung entspricht. Eine wesentliche Ursache dieser verwirrungsstiftenden Übersetzungen besteht darin, daß die Gefahr einer Kollision

von systeminternen (originären) und systemexternen (übersetzten) Termini nicht berücksichtigt wird. Man muß also versuchen, solche Kollisionen zu vermeiden. Dort wo es nicht vermeidbar ist, können die Kulturraum-Marker eine wichtige Warnfunktion erfüllen.
Nachstehend geben wir eine kleine Auswahl weiterer Termini, die unter die hier behandelte Kategorie fallen:
die Abgabenordnung, das Aktiengesetz, der Aufsichtsrat, der Beirat, das Bewertungsgesetz, das Einkommensteuergesetz, das Finanzamt, die GmbH & Co KG, die Körperschaftsteuer, die Wirtschaftsprüferkammer, etc.

Der "Kulturraummarker" bei Haensch/Desportes

In der von Haensch/Desportes (1994) erstellten Wirtschaftsterminologie Französisch/ Deutsch haben wir in dem Teil "Comptabilité et vérification des comptes/Buchführung und Rechnungswesen" -der zweite Teil der Übersetzung ist im übrigen äußerst problematisch- (2142 - 2713) ein "(D)" 6x hinter Termini ausfindig gemacht. Die beiden Autoren begründen die Verwendung von (D)- und (F)-Zeichen wie folgt:

(D) nach einem Stichwort bedeutet, 'daß es sich um einen typisch deutschen Ausdruck handelt und daß das französische Äquivalent nur eine ad-hoc Übersetzung ist'.
(F) bedeutet 'Terminus, der eine französische Realität bezeichnet und keine genaue Entsprechung im Deutschen hat' (8).

Die Zahl 6 ist völlig unzureichend. Schon rein quantitativ kann von einer sachsystematisch adäquaten Verwendung der (D)- und (F)-Markierungen -trotz des guten Gedankens- nicht gesprochen werden. Warum in dem von uns betrachteten Teil keine (F)-Markierungen vorhanden sind, können wir nicht erklären. Nehmen wir etwa so zentrale fachliche Konzepte wie **la réévaluation, les charges à répartir sur plusieurs exercices, les réserves réglementées**, um nur ein paar Beispiele zu geben, dann hätten sie alle eine (F)-Markierung erhalten müssen. Der erste Terminus er-scheint ohne eine solche Markierung, weil seine Systemspezifik vermutlich nicht erkannt wurde. Hierauf läßt zumindest das Äquivalent Wertberichtigung schließen, die mit der provision pour dépréciation (d'actif) vergleichbar ist. Mit réévaluation ist dagegen die in der deutschen Bilanz nicht mögliche "Neubewertung" bestimmter Aktiva. Die beiden anderen Mehrwort-Termini sind nicht aufgeführt. Nicht recht einleuchten will uns, warum in der Beschreibung zur (D)-Markierung von einem "typisch deutschen Ausdruck" die Rede ist und in der Beschreibung zur (F)-Markierung von einer "französischen Realität". Sinnvoll kann doch wohl immer nur von einem Unterschied von "Realitäten" gesprochen werden, der sich dann in den "Ausdrücken" bzw. Äquivalenten widerspiegeln kann. Wenn man allerdings hinter **les biens de moindre valeur** die (D)-Markierung antrifft (98), ist dies schwerlich zu begründen, denn in der französischen Systematik ist ebenfalls von **biens de faible/moindre valeur** (Klee 1992 : 299) die Rede. Die damit gemeinten **geringwertigen Wirtschaftsgüter** sind auch in

Deutschland im Jahr der Anschaffung in voller Höhe als Betriebsausgaben absetzbar. Auch die Beträge von 800 DM und 2500 Frs sind fast identisch. Das von Haensch/Desportes (1994 : 98) gegebene Äquivalent +die minderwertigen Wirtschaftsgüter ist kein Fachterminus.
Die Einarbeitung von Kulturraummarkern ist eine sehr anspruchsvolle und zeitaufwendige Arbeit. Dies zu betonen, halten wir für unbedingt notwendig.

8.1 Eins-zu-Eins-Äquivalenz

Sprachnaivität in fachlicher Praxis

Die Behauptung einer 1:1- Äquivalenz stellt ein strukturalistisches Erbe dar. Von einer ernsthaften, d.h. der Komplexität der Realität angemessenen, Beschäftigung mit dem Aspekt des Semantischen kann dabei nicht gesprochen werden. Aufgrund des immer stärkeren Einfließens (inter)kultureller Aspekte -um nur einen Grund zu nennen- in die linguistische Forschung im allgemeinen und die Lexikographie im besonderen läßt sich eine solche letzlich ethnozentrische und statische Betrachtung von Realitäten nicht länger aufrechterhalten. In der Literatur hat sich mittlerweile die Meinung durchgesetzt, daß die 1:1-Äquivalenz ein äußerst seltenes Phänomen ist (Dryberg/ Tournay 199 : 268). Duval (1991 : 2823) weist allerdings darauf hin, daß das Sprachbewußtsein des Wörterbuchbenutzers dieser Entwicklung hinterherhinkt. Wir haben den Eindruck, daß auch im Kontext fachlichen Handelns ein solch naives Sprachverständnis nicht ungewöhnlich ist (siehe Grossfeld [1995] in "Konklusion und Ausblick" Seite 333).

L'annexe - der Anhang (±); le principe de prudence - das Vorsichtsprinzip (±)

Albrecht (1989 : 267) macht auf die Gefahr aufmerksam, daß die in zweisprachigen Wörterbüchern üblichen Wortgleichungen zu gravierenden Fehlinformationen führen können. Nehmen wir einmal an, wir sähen die beiden folgenden Termini im Index als Kandidaten für die 1:1-Äquivalenz vor. Wir können getrost davon ausgehen, daß kein Fachwörterbuch, sollte es sie aufführen, irgendeine differenzierende Glosse mitliefern wird:

l'annexe - der Anhang
le principe de prudence - das Vorsichtsprinzip

Wie schwierig eine solche Entscheidung allerdings im Einzelfall sein kann, sei einmal verdeutlicht. Für eine 1:1-Äquivalenz spricht etwa die vergleichende Gegenüberstellung des u.a. deutschen und französischen Anhangs in Küting/Weber (1994 : 290/291). Sie läßt keine Unterschiede zwischen den beiden Jahresabschlußdokumenten erkennen. Nun teilt uns aber Castan (1993 : 232-234) mit, daß im deutschen

Anhang keine Informationen etwa zur "Neubewertung" und zur "Forschung und Entwicklung" gegeben werden können, weil es im deutschen System keine Neubewertung gibt und der Inhalt des Postens "Forschung und Entwicklumg" nicht zu erläutern ist, da es diesen Posten in Deutschland nicht gibt. Beides ist dagegen in Frankreich der Fall. Hinzu kommen hier z.B. besondere Informationen über den Anfangsbestand, die Neubildung, die Auflösung und den Endbestand von Rückstellungen. In Deutschland sind dagegen Angaben und Erläuterungen zu Rückstellungen nur unter sehr speziellen Bedingungen erforderlich, z.B. bei Aufwandsrückstellungen (Peat/Marwick/Mitchell 1987 : 117), wenn sie einen nicht unerheblichen Umfang haben. Auf spezielle Regelungen des deutschen Anhangs weisen auch Mazars/ Lebrun 1993 : 43) hin. Man hätte also zu entscheiden, ob lediglich inhaltliche Unterschiede des deutschen und französischen Anhangs noch eine 1:1-Äquivalenz rechtfertigen. Lassen sich aber inhaltliche und funktionale Aspekte so einfach trennen. Sind also mit den inhaltlichen Unterschieden nicht auch funktionale Unterschiede verbunden, so daß eine 1:1-Äquivalenz in geringerem Maße zu rechtfertigen ist? Die Antwort ist sicher nicht einfach.
Über den zweiten deutschen Terminus erfahren wir von Chmielewski (1992 : 69): "Cette définition du principe comptable de prudence est tout à fait comparable à celle retenue en France". Über die Handhabung des Vorsichtsprinzips gibt Caussemille (1992 : 6) folgende Auskunft: "De façon générale, le principe de prudence fait l'objet d'une application plus stricte en Allemagne qu'en France". In die gleiche Richtung argumentieren Küting/Weber (1994 : 248-249). Danach hat das Vorsichtsprinzip in Deutschland einen erheblichen Einfluß. In Frankreich hat es dagegen zwar einen "prägenden" Einfluß, eine Durchbrechung ist aber leichter möglich (249).
Welche Konsequenzen ergeben sich aus den gewonnenen Einsichten für die Darstellung der beiden Termini im Index? Vielleicht sollte durch ein Zeichen auf die Tatsache hingewiesen werden, daß zwar keine gravierenden, aber dennoch nicht zu ignorierende Unterschiede zwischen den jeweiligen mit den Termini in Deutschland und Frankreich verbundenen Konzepten bestehen. Auf das Bestehen einer nur gewissen Ähnlichkeit könnte der Benutzer also etwa so hingewiesen werden:

l'annexe - der Anhang (±)

le principe de prudence - das Vorsichtsprinzip (±)

Das Zeichen entspricht laut Sarcevic (1989 : 280/281) einem der drei vom Internationalen Institut für Rechts- und Verwaltungssprache in Berlin gebrauchten. Daneben verwendet dieses Institut noch die beiden Zeichen "=" für identische und "≠“ für nicht-äquivalente Konzepte.

8.2 Nulläquivalenzen

F ø : D: l'aide bilantielle (D), l'aide à l'établissement du bilan (D) - die Bilanzierungshilfe (D)

In diesem Fall ist im deutschen Rechnungslegungssystem ein Terminus bzw. ein Konzept vorhanden, das es im französischen nicht gibt. Nachstehend ein Beispiel:

l'aide bilantielle, l'aide à l'établissement du bilan - die Bilanzierungshilfe

Ermittlung von Einstiegshilfen

Dieser Äquivalenztyp stellt im Hinblick auf die Darstellung im Index hohe Anforderungen an den Lexikographen. Die entscheidende Frage ist hier: Wie gelingt es am besten, den frankophonen Benutzer an einen Sachverhalt des deutschen Rechnungswesens heranzuführen, den er nicht kennt (Unser Experte spricht hier von einem "sehr großen Problem"). In der hier gezeigten Präsentation wird er mit großer Wahrscheinlichkeit nicht die Konsultation im Wörterbuchteil durchführen -eine Neugierkonsultation ausgenommen-, da er mit dem Terminus aide bilantielle keine rechte Vorstellung verbindet. Wir schlagen in Fällen dieser Art vor, die sachsystematische Umgebung des unvertrauten Konzepts nach solchen Konzepten abzusuchen, die dem frankophonen Benutzer vertraut sind oder sein dürften. Klee (1992 : 49) macht den frankophonen Experten wie folgt mit dem deutschen Konzept der "aide bilantielle" vertraut:

> En lui donnant le caractère d'aide bilantielle, le code de commerce reconnaît que ce poste déroge aux normes générales d'établissement du bilan, qu'il n'est pas en accord avec les objectifs des comptes annuels. Il s'agit, en quelque sorte, d'une exception légale.
> L'utilisation de ce poste donne à l'entreprise le moyen de réduire une **perte** de l'exercice, d'éviter que son **capital social** soit amputé par des pertes, et en particulier que ses **capitaux propres** deviennent inférieurs à **la moitié du capital social.** L'entreprise peut encore l'utiliser pour écarter l'apparition de **capitaux propres négatifs**. Cependant elle ne pourrait pas s'en servir dans le cas de **non-continuité d'exploitation**.

Das deutsche HGB bzw. das Aktiengesetz nennen folgende Fälle, in denen der Ansatz einer Bilanzierungshilfe möglich ist:

- entgeltlich erworbener Geschäftswert oder **derivativer Geschäftswert** (§ 255 Abs. 4)
- **Aufwendungen für die Ingangsetzung** und **Erweiterung des Geschäftsbebetriebs** (§ 269, § 282 HGB)
- **Damnum/Disagio** (§§ 250 Abs. 3 und 268 Abs. 6 HGB)
- **aktivische latente Steuern** (§ 274 Abs. 2 HGB)
- **Verschmelzungsmehrwert** (§ 348 Abs. 2 AktG)

Wir haben all jene Termini durch Fettdruck hervorgehoben, die sich als Einstiegshilfen in das unvertraute Konzept 'aide bilantielle' anbieten. Im nächsten Schritt muß geprüft werden, welche sich davon am besten für die Aufgabe eignen. Im französischen Text ist darauf zu achten, daß die Einstiegshilfen nicht zu umfassende Konzepte darstellen. Sie müssen vielmehr eine ausreichende sach- oder handlungssystematische "Nähe" zum unvertrauten Konzept aufweisen. Dies ist so zu verstehen, daß wir in der hier angenommenen Problemsituation einen Handlungsbedarf ansetzen, der durch die Hinführung zum unvertrauten Konzept befriedigt werden könnte. Diese Nähe weisen im französischen Text am ehesten jene Konzepte auf, die auf eine Verlustsituation hinweisen, also perte, (perte de) la moitié du capital social, capitaux propres négatifs. Perte berücksichtigen wir jedoch wegen seines großen Radius nicht. Im deutschen Text sollte jenen Konzepten der Vorzug gegeben werden, die dem frankophonen Benutzer in der betreffenden Bedeutung ausreichend bekannt sind und zudem eine möglichst wichtige Rolle in der Rechnungslegungspraxis spielen. Wir entscheiden uns für die Termini derivativer Geschäftswert (fonds commercial acquis à titre onéreux) und Aufwendungen für die Ingangsetzung und Erweiterung des Geschäftsbetriebs (frais de démarrage et de développement de l'activité). Damit kommen folgende Einstiegshilfen für den Terminus Bilanzierungshilfe in Frage:

la perte de la moitié du capital social > l'aide bilantielle (D)	der Verlust in Höhe der Hälfte des Grundkapitals/Stammkapitals > die **Bilanzierungshilfe** (D)
les capitaux propres négatifs > l'aide bilantielle (D)	das negative Eigenkapital > die **Bilanzierungshilfe** (D)
le fonds commercial acquis à titre onéreux> l'aide bilantielle (D)	der derivative Geschäftswert > die **Bilanzierungshilfe** (D)
les frais de démarrage et de développement de l'activité (D) > l'aide bilantielle (D)	die Aufwendungen für die Ingangsetzung und Erweiterung des Geschäftsbetriebs (D) > die **Bilanzierungshilfe** (D)

Der Terminus les capitaux propres négatifs findet sich zwar -nach unseren Recherchen- nicht ausdrücklich in der französischen Rechnungslegung. Dem Fachmann ist aber der damit angesprochene Sachverhalt sofort einsichtig, da das negative Eigenkapital in der französischen Bilanz gesondert auf der Passivseite als report à nouveau débiteur auszuweisen ist (in der deutschen Bilanz auf der Aktivseite). Eventuell sollte dennoch einer expliziteren Version der Vorzug gegeben werden:

les pertes non couvertes par les capitaux propres	der nicht durch Eigenkapital gedeckte Fehlbetrag

Die letzte Einstiegshilfe les frais de démarrage et de développement de l'activité ist als solche nicht gut geeignet, weil sich dahinter ein spezifisch deutsches Konzept verbirgt. Da es sich allerdings dem umfassenderen Konzept frais d'établissement unterordnen läßt, welches dem frankophonen Benutzer vertraut ist, bietet sich in diesem Fall noch die folgende Einstiegshilfe an:

les frais d'établissement (F) > l'aide bilantielle (D)	die Aufwendungen für die Errichtung und Erweiterung des Unternehmens (F) > die **Bilanzierungshilfe** (D)

Es steht außer Frage, daß im Falle der Fø > D-Äquivalenz besonders intensiv von einer multiplen Einstiegshilfe Gebrauch gemacht werden muß. Der Benutzer soll auf das ihm unvertraute Konzept "gestoßen" werden.

F : D ø: la réévaluation (F) - die Neubewertung (F); die Wertaufholung (D), die Zuschreibung (D)

Scheinbare Nulläquivalenz: "Abweichungsabschreibungen"?

Wenn man in Küting/Weber (1994 : 158) mit dem im deutschen System nicht vorhandenen Terminus "Abweichungsabschreibungen" (für: amortissements dérogatoires) konfrontiert wird (ohne Angabe des französischen Terminus), dann haben wir es nur scheinbar mit dem hier zu beschreibenden Null-Äquivalenztyp zu tun. Die Übersetzungsqualität des gegebenen Äquivalents ist nämlich verbesserungsfähig. Es geht hier lediglich darum, die Nische im deutschen Abschreibungssystem ausfindig zu machen, in die das französische Phänomen (vgl. La Villeguérin 1993 : 80) hineinpaßt. Wir meinen diese im § 281 Abs. 1 HGB gefunden zu haben. Danach kann von Kapitalgesellschaften der Unterschiedsbetrag zwischen einer nur steuerrechtlich zulässigen Bewertung und der handelsrechtlich gebotenen Bewertung als Wertberichtigung in den Sonderposten mit Rücklageanteil eingestellt werden (Wöhe 1992 : 492). Es handelt sich also um (steuerrechtliche) Sonderabschreibungen, die in der Handelsbilanz auch indirekt vorgenommen werden dürfen. Anstelle von "Abweichungsabschreibungen" schlagen wir das Äquivalent "indirekte Sonderabschreibung mit Rücklageanteil" vor. Solche Fälle klammern wir also aus unseren weiteren Überlegungen zur Nulläquivalenz aus.

Die Kulturraummarker (F) und (D) als Warnsystem

In der für uns hier wichtigen Perspektive geht es darum, den frankophonen Sprecher im Falle einer tatsächlichen F>Dø-Äquivalenz vor möglichen Mißverständnissen gegenüber seinen germanophonen Gesprächspartnern abzusichern. Betrachten wir die Sache eingehender anhand eines Beispiels:

la réévaluation (F) - die Neubewertung (F)

Hierzu gibt Schwandtner (1994 : 190) die folgende Auskunft:

> Seit 1983 besteht in Frankreich ein Wahlrecht, die Bilanzansätze der Sach- und Finanzanlagen im Wege einer **Neubewertung** nach oben zu korrigieren. Ziel ist es, der Inflation Rechnung zu tragen und gleichzeitig die

Substanzerhaltung der Gesellschaft zu sichern... Der Unterschiedsbetrag zwischen dem aktuellen Wert und dem Buchwert wird auf der Passivseite unter dem Eigenkapital als **Neubewertungsrücklage** getrennt ausgewiesen.

Von Chmielewski (1992 : 113) erfahren wir: "La réévaluation suivant la conception française n'est pas pratiquée en Allemagne". Wir sehen also, daß der französische Terminus für den frankophonen Benutzer keine Auffindungsprobleme bereitet, da ihm der Begriff vertraut ist. Dies machen die Kulturraummarker deutlich. Es ist aber gerade diese Vertrautheit, gegenüber der dieser Benutzer durch den Marker mißtrauisch gemacht werden soll. Er soll in ihm eine kritische Distanz zu dem angebenen Äquivalent bewirken. Hierdurch ist er für die Beisteuerung erklärender Elemente disponiert.

Die "table de correspondance des comptes" als Äquivalenzhersteller

Der besprochene Terminustyp (F) wird nur dann im Index festgehalten, wenn er in einer relevanten Beziehung zu dem deutschen System steht. Diese Bedingung dürfte für das Konzept 'réévaluation' erfüllt sein. Die Relevanz ist z.B. dann vorhanden, wenn sich über eine "table de correspondance des comptes" (Heitzler 1991 : 73-94) eine Möglichkeit ergibt, das französische und ein funktionsähnliches deutsches Konzept miteinander zu koppeln. Heitzler beschreibt, wie er eine solche "table" erarbeitet hat:

Il s'agissait de faire correspondre à chaque compte du Plan Comptable Général français son équivalent allemand. L'absence de plan comptable général allemand posait là un problème. Il convenait d'effectuer un choix et celui-ci s'est porté sur le plan "DATEV". Outre son utilisation, il présentait l'avantage d'être mentionné dans certains ouvrages traitant de comptabilité en Allemagne (68).

Interessant in dem vorhandenen Zusammenhang ist es, etwas über Sprachnöte aus der Sicht des Experten zu erfahren. Diese sind nämlich eine wesentliche Ursache für die Erstellung der erwähnten "table":

Il nous a en effet été permis de constater que le lecteur allemand de comptes présentés selon la réglementation française est confrontée:

- à un problème de langue: rares sont les Allemands maîtrisant notre langue, ils sont plus souvent anglophones. Et quand ils la maîtrisent, le langage "comptable" leur reste étranger en général;
- à la méconnaissance du droit comptable français.
- Or, s'agissant d'analyser les comptes d'une filiale, il est bien sûr très important pour le chef d'entreprise de disposer de tous les éléments nécessaires à une interprétation objective. D'autre part, les professionnels que nous sommes, même s'ils pratiquent la langue allemande, sont souvent mis en difficulté pour renseigner efficacement leur interlocuteur allemand du fait de leur connaissance parfois imparfaite du droit comptable allemand.

Aussi a-t-il paru des plus utiles de disposer d'un outil général, adaptable facilement, permettant à partir d'une balance comptable française, d'établir aisément une balance et postérieurement des documents de synthèse selon les règles allemandes et bien entendu en langue allemande. (67-68)

Wir halten fest, daß diese Arbeit von einem französischen Experten für den deutschen Firmenchef einer französischen Tochtergesellschaft durchgeführt wurde, und zwar in Zusammenarbeit mit einem "partenaire allemand, de manière à s'assurer de la signification des termes employés en matière comptable" (Heitzler 1991 : 65).

Wir drehen nun die Perspektive einfach herum und stellen diese Arbeit in den Dienst des französischen Experten, um diesen in das deutsche System hineinzuführen. Wir finden in der "table" (74) neben dem französischen Terminus und Bilanzposten **écart de réévaluation** den deutschen Mehrwortterminus **andere Zuzahlungen in das Eigenkapital** (vgl. BECK'scher Bilanzkommentar 1990 : § 272 66, 67). Damit haben wir also für den frankophonen Benutzer ein funktionsähnliches Konzept im deutschen System ausfindig gemacht, mit dessen Hilfe sich dann die D-objektbezogene Sprachproduktion entfalten kann. Damit ergibt sich für den Index die folgende Präsentation der Äquivalenz:

'écart de réévaluation (F) > autres versements supplémentaires aux capitaux propres (D)	die **Neubewertungsrücklage** (F) > Andere **Zuzahlungen** in das **Eigenkapital** (D)

Übersetzungsbedingte Homonymenkonkurrenz

Erwähnt sei an dieser Stelle ein Sachverhalt, der die indexikalische Erfassung des Terminus réévaluation zusätzlich verkompliziert. Es kann nämlich eine in jedem Fall konsultationserschwerende Situation entstehen, wenn ein -wie in diesem Fall gleichzeitig nur im deutschen System vorhandenes Konzept- homonymisch ebenfalls mit réévaluation übersetzt wird. Hierzu führt Chmielewski (1992 : 59), die möglichen Mißverständnisse des frankophonen Lesers vor Augen, aus: "Il ne s'agit pas de réévaluation des actifs dans le sens de la réévaluation française de 1976 mais d'une annulation de dépréciation ou d'amortissement". Zum Verständnis muß ergänzt werden, daß es sich bei der "réévaluation de 1976" um die oben von Schwandtner erwähnte sogenannte "gesetzliche Neubewertung" (réévaluation légale) handelt (hiervon zu unterscheiden ist die réévaluation libre, die seit 1984 möglich ist). Wir erhalten also unter Umständen im Index den folgenden Eintrag:

la réévaluation (D) - die Wertaufholung (D), die Zuschreibung (D)

Solche "Zuschreibungen" auf Sachanlagen sind in Frankreich unzulässig. Ist der Werteverzehr voraussichtlich nicht dauerhaft, wird eine "Rückstellung" (Schwandtner meint vermutlich eine "provision pour dépréciation" = Wertberichtigung; FS) gebildet (Schwandtner 1994 : 194). Wir haben damit den unter dem vorhergehenden Äquivalenztyp besprochenen Fall einer F ø > D-Äquivalenz und verweisen auf die dort vorgeschlagene Prozedur zur Indexerfassung. Es sollte jede Möglichkeit genutzt werden, die Homonymenkonkurrenz zu entschärfen. In unserem Fall kann dies durch die Wahl eines anderen (französischen) Terminus bzw. Äquivalents geschehen. Zu denken wäre etwa an revalorisation. Den sichersten Weg, Mißverständnisse zu vermeiden, sieht Chmielewski (1992 : 32) jedoch in einer Paraphrasierung oder im Rückgriff auf Termini, die nicht in der Gefahr stehen, dem Konzept der 'réévaluation' (F) zu nahe zu kommen:

a reprise d'amortissements et de provisions sur actifs, devenus sans objet (D)	die Wertaufholung (D), die Zuschreibung (D)

la "réestimation" (des postes du bilan) (D) die Wertaufholung (D), die Zuschreibung (D)
(ebd. 310)

Eine andere Expertin entscheidet sich für die folgende französische Übersetzung:

les corrections (D) - die Zuschreibungen (D)
(Caussemille 1992 : 16)

Man darf, wie gesagt, annehmen, daß die von den frankophonen Experten vorgeschlagene reichhaltige Zahl von Äquivalenten ein Reflex auf die mögliche Gefahr einer Kollision mit dem an sich naheliegendsten, aber schon besetzten Terminus réévaluation darstellt. Diese Kollision möchte man unter allen Umständen vermeiden. Um dies zu erreichen, halten wir von den vorgeschlagenen französischen Äquivalenten das erste wegen seiner guten Transparenz für das geeignetste.

Boelcke/Straub/Thiele (1990) übersetzen den Terminus réévaluation mit (Wert)berichtigung, was wiederum einem anderen Sachverhalt entspricht. Hier bietet es sich an, für das deutsche Konzept je nach Wertberichtigungstyp das französische Terminusmuster provision (pour ...) zu verwenden. Obwohl die deutsche Wertberichtigung keine Rückstellung im Sinne der französischen provision darstellt, sind diese Äquivalente ungefährlich. Die Funktion dieser beiden unterschiedlich benannten bilanziellen Maßnahmen ist identisch. Man hätte hier den Fall, daß man den französischen Terminus mit einem (F) markieren könnte und den deutschen mit einem (D), könnte also von funktionaler Äquivalenz sprechen. Doucet/Fleck (1988) gibt hinter réévaluation kumulativ Aufwertung, Wertberichtigung, Neubewertung, was natürlich für eine Produktion völlig unzureichend ist. Dafür ist es wohl auch nicht vorgesehen.
Zur Null-Äquivalenz noch eine Randbemerkung. Thomas (1992 : 148) untersucht zweisprachige Wörterbücher des Sprachenpaares Japanisch-Deutsch unter der Fragestellung, ob ein Ausgangslexem durch Umkehrung des Nachschlagevorgangs im Wörterbuch der umgekehrten Richtung wieder auffindbar ist. Ihre These lautet: Ist ein Lexem im Wörterbuch der umgekehrten Richtung nicht auffindbar, dann ist es gegenüber der anderen Sprache äquivalentlos. Dem ist im Prinzip zuzustimmen. Wenn ich aber davon ausgehe, daß Reversibilität für das zweisprachige Wörterbuch grundsätzlich nur in sehr eingeschränktem Maße in Frage kommen darf, ist die Fragestellung -jedenfalls für ein produktionsorientiertes Wörterbuch, das ja Brücken zu unvertrauten Elementen eines anderen Systems schlagen soll- sehr problematisch.
Tomaszyk (1984 : 289, 290) spricht die Produktionsproblematik des Null-Äquivalenztyps an. Er würde im Falle von Neubewertung (F) von "non-native varieties" (293) sprechen, wenn wir uns folgende Situation vorstellen. Dies ist notwendig, um -mutatis mutandis- der Logik seiner Argumentation ("Polish variety of English") gerecht zu werden (294-295). Innerhalb der Rechnungsabteilung eines frankophonen (also in der Regel in Frankreich angesiedelten) Unternehmens, besteht die Notwendigkeit, etwa bei der Erstellung der in deutscher Sprache abzufassenden Handelsbilanz II für das deutsche Mutterunternehmen, mit deutschen Äquivalenten schriftlich oder mündlich zu agieren. Durch diese müssen Sachverhalte benannt werden, die spezi-

fisch für das französische Rechnungslegungssystem sind. Nach Tomaszyk wäre die Verwendung der "non-native variety " Neubewertung (F) für den Fall zu empfehlen, daß frankophone Sprecher, die die gemeinsame Kulturerfahrung ihres eigenen französischen Rechnungslegungsystems besitzen, miteinander kommunizieren. Das Deutsche hätte dann den Status einer "second language" und nicht den einer "foreign language".

8.3 Teiläquivalenzen

Irrationale Entsprechungen

Unter diesem Typ führen wir drei Erscheinungsformen (a, b, c) an. Sie entsprechen der Aufteilung Kollers (1992 : 230f., 236ff.), dessen Benennungen wir uns hier bedienen. Wie bei allen bisher gebrauchten Benennungen der Äquivalenzrelationen behalten wir uns ihnen gegenüber eine sprachkritische Distanz vor. Wir betrachten sie als Kompromißformeln, die einer einzelwortorientierten langue-Linguistik verpflichtet sind. Im Hinblick auf den Index, der notgedrungen den einzelnen weitgehend dekontextualisierten Einzelterminus akzentuiert, halten wir die Verwendung dieser Benennungen jedoch für vertretbar. Als Ausgangssprache fungiert Französisch, als Zielsprache Deutsch:

- Die Eins-zu-viele-Entsprechung (Diversifikation) = a) $F : D_n$
- Die Viele-zu-eins-Entsprechung (Neutralisation) = b) $F_n : D$
- Die Eins-zu-Teil-Entsprechung = c) $F_{\pm 1}/D_{\pm 1}$

Albrecht (1989 : 271) bringt diese Relationen auf die kurze Formel: "Die Entsprechungen zwischen den Lexemen zweier Sprachen sind in der Regel irrational im mathematischen Sinn, also z.B. im Sinne der Zahl π oder $\sqrt{2}$. D.h., sie lassen sich nur annäherungsweise durch Brüche, durch Proportionen zweier natürlicher Zahlen ausdrücken." Vereinfachend lassen sich die partiellen Äquivalenzen als interlinguale Hyperonymierelationen ($F : D_n$ und $F_n : D$) und als interlinguale Heteronymierelationen ($F_{\pm 1}/D_{\pm 1}$) auffassen. In den ersten beiden Fällen steht jeweils in einer Sprache ein übergordnetes Konzept zur Verfügung, dem sich die Konzepte der anderen Sprache (grosso modo) unterordnen lassen. Dies ist im dritten Fall nicht möglich. Wir haben es jeweils mit einem Plus oder Minus von konzeptualisierten Realitäten zu tun.

8.3.1 Interlinguale Hyperonymierelationen

$F : D_n$: La provision als Modellfall

In diesem Fall stehen einem umfassenden Konzept und einem entsprechenden Terminus des französischen/deutschen Systems mehrere Teilkonzepte mit einem vergleichbaren Umfang und entsprechende Termini im deutschen/französischen System gegenüber. Weiss (1992 : 303) spricht von "fachsprachlichen Polysemen" als einer typischen Erscheinung besonders im Bereich der französischen Wirtschaftstermini (ebenso Albrecht 1989 : 261, der zudem auf die besondere desambiguierende Funktion des Kontextes in diesen Fällen hinweist; kritischer ebenfalls Albrecht 1992 : 70). Wir können diese Einschätzung bestätigen. Als charakteristisches Beispiel dieses Phänomens innerhalb unseres Fachgebiets kann der Terminus provision gelten, einem "terme comptable à acception très large en français ne permettant pas d'établir une correspondance simple avec les termes allemands" (Chmielewski 1992 : 325) (wir verweisen nur auf einige Termini wie provision pour dépréciation, provision réglementée, provision pour risques et charges). Mit den Worten Duvals (1991 : 2821) liegt hier im deutschen Rechnungslegungssystem eine "puissance supérieure d'analyse du réel" vor, während im französischen System von einer "puissance supérieure de synthèse" gesprochen werden kann. Auf das Konzept der 'provision' wird hier nur kurz als wirklich typisches Beispiel verwiesen. Es bedarf einer eingehenden Analyse, die wir in einem anderen Rahmen durchzuführen gedenken. Kommen wir also zu einem etwas weniger komplexen, aber unseren Demonstrationszwecken genügenden Beispiel.

F : D_n : le capital : das gezeichnete Kapital, das Nennkapital, das Stammkapital, das Grundkapital, das Eigenkapital ...

Präzisierende Attribute im Deutschen

Gegeben sei das folgende Beispiel:

le capital (social/souscrit) - das gezeichnete Kapital, das Nennkapital > das Grundkapital (D), das Stammkapital (D)

Wir haben es hier mit einem für die französische Fachsprache -hier als generischer Terminus verstanden- offenbar recht häufigen Phänomen des Gebrauchs von relativ allgemeinen begrifflichen Konzepten zu tun. In einer Fußnote zum Terminus "capital" im Kontenplan von Foucher (1994) kann man bezeichnenderweise lesen: "A qualifier selon la forme juridique de l'entreprise (capital social, individuel ...)". Besondere Aufmerksamkeit verdienen die drei abschließenden Pünktchen. Welche Schwierigkei-ten dieses Phänomen für die interlinguale Verständigung bereiten kann, aber auch mit welch erstaunlicher Sorglosigkeit mit Verwirrung stiftenden Äquivalenten selbst von Experten umgegangen wird, zeigt das folgende Beispiel aus Schwandtner (1994 : 196): "Das Grund- bzw. Stammkapital (capital social ou <u>individuel</u>) wird einschließlich des gezeichneten, nicht eingeforderten Kapitals ausgewiesen". Von capital individuel wird nur in bezug auf die entreprise individuelle (Einzelunternehmung) gesprochen nicht aber in bezug auf die Aktiengesellschaft oder die GmbH, die hier mit dem Grund- und Stammkapital angesprochen sind. Es sei denn, es ist die Rede von der entreprise unipersonnelle à responsabilité limitée (Einmann-GmbH) die Rede.

Der Terminus capital social/souscrit erscheint normalerweise nur in der Form capital, was sich daraus erklärt, daß in der französischen Bilanz nur von "capital" die Rede ist. Nach Cornu (1987 : 115) "capital: Désigne le capital social". Es kann daher nicht überraschen, daß z.B. der Dictionnaire de la Comptabilité von Eric de La Villeguérin (= La Villeguérin) (1993 : 205) unter dem Stichwort capital inhaltlich das abhandelt, was im Lexikon der Rechnungslegung und Abschlußprüfung von Lück (1989 : 317f.) unter dem Stichwort gezeichnetes Kapital (capital social/souscrit) erfolgt. Für den deutschen fachsprachlichen Gebrauch des Terminus Kapital läßt sich generell sagen, daß er häufiger mit einem präzisierenden Attribut gebraucht wird als das französische capital. Dem entspricht die leicht zu machende Beobachtung, daß die genaue Bedeutung des französischen Terminus capital in vielen Fällen erst aus dem Kontext erschlossen werden muß, in dem er gebraucht wird:

> L'affectation de la prime d'émission est librement décidée par les associés...Elle peut être incorporée au **capital** et donne couverture au droit fixe de 500 F (La Villeguérin 1993 : 963).

Gemeint ist hier le capital social. In einer deutschen Perspektive würde man hier von Kapitalrücklage sprechen, da ein Emissionsagio als eine solche ausgewiesen wird (Lück 1989 : 412). Unter dem Aspekt der Produktion läßt sich für den frankophonen Sprecher/ Schreiber die Tendenz vermuten, im deutschen Sprachmedium häufiger als dort üblich auf den zu undifferenzierten Gebrauch des Terminus Kapital zurückzugreifen. In Klee (1992 : 310) lesen wir:

> L'écart de réévaluation ... peut être incorporé en tout ou partie au **capital**

In diesem Fall bietet sich Eigenkapital (Schwandtner 1994 : 197f.) als Äquivalent an.

Société de capitaux = Kapitalgesellschaft?

Bei einer Untersuchung von Indexen der einschlägigen französischen Fachliteratur stößt man im wesentlichen auf die folgenden Kapitalarten: capital social, capitaux propres, capitaux permanents. Das im Falle des Einzelkaufmanns, also des Bäckers oder des Fleischers, vorhandene capital individuel können wir für unsere Belange außer acht lassen. Von capital social wird im Hinblick auf die "entreprises sociétaires" gesprochen, worunter genannt werden: sociétés anonymes, sociétés à responsabilité limitée und sociétés de personnes (La Villeguérin 1993 : 205). Gegenüber deutschen Verhältnissen ergibt sich insofern eine Verschiebung, als sich das gezeichnete Kapital nur auf die Kapitalgesellschaften, sprich AG, KGaA und GmbH bezieht -von der Genossenschaft sehen wir hier ab-, nicht aber auf die Personengesellschaften. Daß es nicht ganz einfach ist, bei einer solchen Sachlage den Überblick zu behalten, wird aus den folgenden Ausführungen von Morgenroth (1994 : 48) deutlich:

> Ainsi, le concept Kapitalgesellschaft englobe en allemand, par rapport au terme français société de capitaux, les S.A.R.L. et les S.A. Le terme français ne s'applique pas aux S.A.R.L.... Ainsi, société de personnes englobe en français aussi les S.A.R.L. ...

Dagegen erfährt man in La Villeguérin (1993 : 117O):

> Sont considerées comme des sociétés de capitaux:
> - la société anonyme;
> - la société en commandite par actions;
> - la société à responsabilité limitée

Aber auch diese Einordnung ist nicht ganz exakt, wie wir wiederum in La Villeguérin (1193 : 1185) erfahren. Er spricht vom "caractère hybride" der S.A.R.L:

> On classe traditionnellement les sociétés commerciales en deux catégories:
> - les sociétés de personnes dont le type est la société en nom collectif;
> - et les sociétés de capitaux dont le type est la société anonyme.
>
> Or la S.A.R.L. est réfractaire à un tel classement, car, par certains côtés, elle ressemble aux sociétés de personnes et, par d'autres, aux sociétés de capitaux.

Les capitaux permanents = das Eigenkapital + das langfristige Fremdkapital

Die capitaux permanents schließlich fassen die capitaux propres und die dettes à long termes zusammen (Friedrich 1993 : 295) und haben keine direkte terminologische Entsprechung in der deutschen Bilanz. Inhaltlich deckt es sich mit dem Eigenkapital und dem langfristigen Fremdkapital (Wolf 1993 : 199). Lassègue (1993 : 45) meint zu diesem Terminus: La notion demeure utile bien qu'elle ait été abandonnée par le P.C.G. 1982. Er ist im Plan comptable général durch die Benennung comptes de capitaux ersetzt worden. Er gehört daher nicht mehr zum Vokabular des Kontenplans, wohl aber zu dem der "analyse financière" (La Villeguérin 1993 : 209).

Le capital = das gezeichnete Kapital, das Eigenkapital

Wir können davon ausgehen, daß häufig die Sachverhalte des gezeichneten Kapitals und des Eigenkapitals durch den Terminus capital abgedeckt werden. Im Falle des Eigenkapitals handelt es sich um einen spezielleren Aspekt innerhalb des umfassenderen Sachverhalts der Kapitalerhaltung, d.h. des "capital à maintenir: capacité physique de production, ou capacité financière (capitaux propres), ou capacité économique de gain" (Lassègue 1993 : 44). Wir sehen an dem Zitat, daß der Terminus "capital" in einen noch weiteren Rahmen, als wir es hier tun, gestellt werden müßte. Zu präzisieren bleibt noch, daß der Terminus capitaux propres eine größere Eigenständigkeit aufweist als capital social, für welchen man sich in der Regel mit capital begnügt.
Erwähnt sei lediglich, daß wir bei Lassègue (1993 : 46) auf die adjektivische Nominalisierung les propres (für les fonds propres) aufmerksam geworden sind. Sie scheint uns aber von geringerer Frequenz. Sie entsprechen ebenfalls dem Eigenkapital und dürfen nicht mit den ressorces propres verwechselt werden (Cornu 1987 : 116), mit denen die Mittel zur Selbstfinanzierung gemeint sind.
Für die Anlage des Index ziehen wir aus dem Gesagten die folgenden Schlüsse. Eine äußerst geringe produktive Funktion entfaltet aus deutscher Perspektive die Äquivalenz:

le capital - das Kapital

Geht man von den in den beiden Bilanzen üblichen Benennungen aus, dann entsprechen sich:

le capital - das gezeichnete Kapital

Da aber nicht auszuschließen ist, daß capital in einer umfassenderen Weise von dem frankophonen Fachmann gebraucht wird, deckt diese Äquivalenz nur in geringem Maße die tatsächliche Sprachrealität ab. Um dieser näher zu kommen, sollte sofort eine begriffliche Engführung erfolgen, also:

le capital > le capital social, le capital souscrit; le capital nominal; les capitaux propres	das Kapital > das gezeichnete Kapital; das Nominalkapital; das Eigenkapital

Diese Präsentation weist einen gewissen Mangel auf. Es werden auf deutscher Seite terminologische Beziehungen zwischen Kapital und den hinter dem Winkelzeichen stehenden Benennungen suggeriert, die denen auf der französischen Seite nicht ganz entsprechen dürften. Dies deshalb nicht, weil die Verwendungsbedingungen von Kapital nicht direkt mit denen von capital vergleichbar sind. Le capital nominal stellt im Bezugsrahmen des französichen Systems eher eine Schöpfung denn einen vollgültigen terminus technicus dar. Wir wollen uns dennoch mit diesem Kompromiß zufriedengeben.

Le capital social, le capital souscrit = das gezeichnete Kapital

Le capital social und le capital souscrit fungieren beide als Äquivalente von das gezeichnete Kapital. Ihr Gebrauch zeichnet sich durch hohe Inkonstanz aus. Chmielewski (1992) verwendet im Textteil bei der Beschreibung der GmbH (24) und der AG (32) den Terminus capital social oder nur capital (30) und möchte diese Termini wohl mit Stammkapital und Grundkapital übersetzt haben. Im Index seines Buches gibt er für gezeichnetes Kapital das Äquivalent capital souscrit, obwohl der zusätzlichen Angabe von capital social nichts entgegenstehen dürfte, da das Stammkapital und das Grundkapital gezeichnetes Kapital darstellen. Caussemille (1992 : 36) verwendet für die französische Bilanz capital social und für die deutsche Bilanz capital souscrit. In Schwandtner (1994 : 218) erscheint hinter capital souscrit : gezeichnetes Kapital und hinter capital social/nominal : Nennkapital.
Zu präzisieren wäre, daß der Terminus capital souscrit seinen systematischen Ort in dem Sachverhalt der Unternehmensgründung hat, wo es um die Zeichnung der Anteile und Aktien geht, und damit um die Verpflichtung der Gesellschafter oder Mitglieder eines Unternehmens, einen bestimmten Teil des Eigenkapitals einzuzahlen. In capital social wird dagegen mehr das Gläubigerengagement aufgrund des Kapitaleinsatzes perspektiviert.
Alles in allem scheint im Hinblick auf die Äquivalentenfindung eine wirklich befriedigende Lösung nicht möglich. SoGeLex (1988) gibt capital social mit Gesellschaftskapital wieder. Dieses Äquivalent stellt aber keinen echten Terminus technicus der deutschen Rechnungslegungssprache dar. Wir entscheiden uns also für eine zweifache Erwähnung des Äquivalents gezeichnetes Kapital. Es ergeben sich dann im

Index die folgenden Einträge in konsultationslogischer Weiterführung des vorgenannten Eintrags:

le capital social - das gezeichnete Kapital

le capital souscrit - das gezeichnete Kapital

Wir fassen sie zusammen zu:

le capital social/souscrit - das gezeichnete Kapital

Die Darstellung im Index

Für den Terminus gezeichnetes Kapital stehen neben den differenziert die Gesellschaftsform indizierenden Termini Stammkapital (GmbH) und Grundkapital (AG) die lediglich das umfassendere Konzept 'Kapitalgesellschaft' indizierenden Termini Haftungskapital, Nennkapital, Nominalkapital zur Verfügung. Sie haben alle keine wirklich terminologisierten Entsprechungen auf französischer Seite. Le capital minimum d'une société par actions (Klee 1992 : 309) dürfte kaum den gleichen terminologischen Status haben wie das Grundkapital. Wir schagen, wie oben schon ersichtlich, die Benennung capital *nominal* vor. Sie bereitet dem frankophonen Benutzer keine Schwierigkeiten, da er mit solch einem "benachbarten" Konzept wie z.B. la valeur *nominale* des actions/parts sociales bestens vertraut ist:

le capital nominal	das Nominalkapital, das Nennkapital, das Haftungskapital

Ein nächster wichtiger Schritt für die indexikalische Darstellung besteht nun, wie angedeutet, in der Differenzierung der beiden Konzepte le capital social/souscrit und le capital nominal nach den verschiedenen Unternehmensformen. Bei der GmbH wird das gezeichnete Kapital bzw. das Nominalkapital Grundkapital genannt, bei der Aktiengesellschaft und der Kommanditgesellschaft auf Aktien spricht man von Stammkapital. Folgende Präsentationen sind denkbar:

le capital social/souscrit/nominal *(d'une S.A.R.L.)*	das Stammkapital *(einer GmbH)*
le capital social/souscrit/nominal *(d'une S.A., S.C.A.)*	das Grundkapital *(einer AG, einer KGaA)*

Im Zusammenhang mit Personengesellschaften, also Offene Handelsgesellschaft (OHG) (société en nom collectif = S.N.C.), Kommanditgesellschaft (KG) (société en commandite) sowie der "hybriden" und spezifisch deutschen GmbH & Co KG, spricht man am ehesten von Eigenkapital oder einfach Kapital. Eine Aufteilung in Eigenkapital und Haftungskapital entfällt, da die Gesellschafter immer auch persönlich mit ihrem Vermögen haften:

le capital *(d'une S.N.C., d'une S.C.)*	das (Eigen)Kapital *(einer OHG, einer KG)*
le capital (d'une GmbH & Co KG)	das (Eigen)Kapital/das Stammkapital *(einer GmbH & Co KG)*

Fassen wir nun die gesamten Einträge zusammen, so ergibt sich die folgende Präsentation:

le capital > le capital social, le capital souscrit; le capital nominal; les capitaux propres	das Kapital > das gezeichnete Kapital; das Nominalkapital; das Eigenkapital
le capital *(d'une S.N.C., d'une S.C.)*	das (Eigen)Kapital *(einer OHG, einer KG)*
le capital *(d'une GmbH & Co KG)*	das (Eigen)Kapital/das Stammkapital *(einer GmbH & Co KG)*
le capital nominal	das Nominalkapital, das Nennkapital, das Haftungskapital
le capital social/souscrit	das gezeichnete Kapital > GmbH, AG, KGaG
le capital social/souscrit/nominal *(d'une S.A.R.L.)*	das Stammkapital *(einer GmbH)*
le capital social/souscrit/nominal *(d'une S.A., S.C.A.)*	das Grundkapital *(einer AG, einer KGaA)*
les capitaux propres	das Eigenkapital

Diese Indexpräsentation bedarf in den Glossierungen noch weiterer Verfeinerungen. Insbesondere gilt dies für den Terminus Eigenkapital. Das deutsche und das französische Eigenkapital unterscheiden sich nämlich in ihrer Zusammensetzung. Die écarts de réévaluation (Neubewertungsrücklage), subventions d'investissements und provisions réglementées sind Bestandteile des französischen Eigenkapitals (Klee 1992 : 309). Das deutsche Eigenkapital kennt diese Elemente teilweise gar nicht (die ersten beiden Elemente) oder weist sie gesondert vor den Rückstellungen aus (das letzte Element als Sonderposten mit Rücklageanteil). Insofern kommt dem deutschen Eigenkapital das französische Konzept der situation nette näher, da aus diesem die beiden ersten Elemente entfernt sind. Allerdings enthält auch die situation nette immer noch die im deutschen System ungebräuchliche Neubewertungsrücklage (Lassègue 1993 : 344).
Es kam uns darauf an, zu zeigen, in welch enger Weise die Indexarbeit mit Terminologiearbeit verbunden ist. Die letztendliche Einsetzung eines Äquivalents stellt in der Regel den Endpunkt einer solchen Vorarbeit dar.

Fn : D: l'amortissement, la provision pour dépréciation - die Abschreibung Abschreibung (D) im engeren und im weiteren Sinne

Im Vergleich zum vorhergehenden Äquivalenztyp befindet sich in diesem -selteneren- Fall (Weiss 1992 : 304) das interlinguale Hyperonym im deutschen System, während die Hyponyme dem französischen System angehören. Er liegt z.B. in dem Konzept der 'Abschreibung' vor. Das HGB (§§ 253, 254) spricht in Bezug auf das Anlagevermögen und das Umlaufvermögen undifferenziert von Abschreibung. Gabler (1988 : 56) erwähnt zwar eine "Abschreibung im engeren Sinn" im Hinblick auf das Anlagevermögen, stellt dann aber fest, daß heute auch von "Abschreibung" (im weiteren Sinn) im Zusammenhang mit dem Anlagevermögen, dem Umlaufvermögen und den Bilanzierungshilfen gesprochen wird.
Anders liegen dagegen die Definitionsverhältnisse in der französischen "comptabilité". Erklärend sei gesagt, daß die beiden Termini Wertminderung und dépréciation auf der gleichen, obersten Hperonymieebene in ihrem jeweiligen System angesiedelt sind. 'Wertminderung' kann also als Hyperonym von 'Abschreibung' angesehen werden. 'Dépréciation' ist es von 'amortissement' und 'provision' (= das bilanzielle Instrument gegen die Wertminderung), wie den beiden folgenden funktionalen Definitionen (Klee 1992 : 289/290) zu entnehmen ist (Hervorhebung durch uns):

> **L'amortissement pour dépréciation** s'applique à des éléments d'actif dont l'amoindrissement de valeur est jugé irréversible en raison de l'usage, du temps, de changement de technique et de toute autre cause (PCG p.I.19).
> Par contre, tout amoindrissement de la valeur d'un élément d'actif résultant de causes dont les effets ne sont pas jugés irréversibles est constaté par une **provision pour dépreciation** (art. 8, al. 2 décret comptable du 29 novembre 1983).

Die "irrationale" Äquivalenz von provision pour dépréciation und Abschreibung/ Wertberichtigung

Der code de commerce (art. 14) differenziert ausdrücklich zwischen "amortissements et provisions". La Villeguérin (1993 : 62) präzisiert weiter: "En pratique, lorsqu'on utilise le terme amortissement sans autre précision, il s'agit d'amortissement pour dépréciation des immobilisations", also um (direkte) Abschreibungen des Anlagevermögens. Generell läßt sich sagen, daß der Terminus provisions pour dépréciation im wesentlichen für Abwertungen der Vorräte des Umlaufvermögens (les stocks et en-cours) und von Forderungen (les créances) verwendet wird (von der Aufzählung anderer Differenzierungen sehen wir hier ab). In diesem Moment liegen dann Abschreibungen auf Vorräte (provisions pour dépréciation des stocks) und Wertberichtigungen/Abschreibungen auf Forderungen vor. Wöhe (1992 : 122/123) bemerkt zu ersteren: Bei diesen Abschreibungen handelt es sich um außerplanmäßige Abschreibungen, da Vorräte im Gegensatz zu Anlagen keiner regelmäßigen Wertminderung durch Gebrauch unterliegen. Für die französische provision pour dépréciation gilt grundsätzlich: "La provision peut se superposer à un amortissement" (Lassègue 1993 : 302). Insofern kann die provision pour dépréciation mit der außerplanmäßigen Abschreibung in Verbindung gebracht werden.

Alles in allem gilt jedoch, daß der Vergleichbarkeit des deutschen und französischen Abschreibungssystems Grenzen gesetzt sind. Wesentlich hierbei ist, daß das Konzept der 'provision' als einer Art Rückstellung sich mit den Konzepten der 'direkten Abschreibung' bzw. 'indirekten Abschreibung' (= Wertberichtigung) nicht wirklich fassen läßt. Wietek/Chomiak de Sas (1990 : 301) sprechen bezeichnenderweise von Rückstellung für Wertberichtigungen auf Vorräte. Unser Experte macht allerdings darauf aufmerksam, daß Wertberichtigungen auf Vorräte "ein unüblicher Begriff" sei. Es gehe hier um den Sachverhalt der "Beachtung des strengen Niederstwertprinzips" bzw. des "verlustfreien Wertes". Es stellt sich hier jene "Irrationalität" in der Äquivalenzbeziehung ein, von der weiter oben Albrecht (1989) sprach. Von Bedeutung ist, daß die in Frankreich gemachte Unterscheidung zwischen "amortissements" ("Abschreibungen") und "dépréciations" (= provisions pour dépréciation) ("Wertberichtigungen") in Deutschland (in der Bilanz von Kapitalgesellschaften) nicht existiert (Caussemille 1992 : 26). Für Kapitagesellschaften gilt, daß bei ihren veröffentlichten Bilanzen der entsprechende Aktivposten vorher um die Wertberichtigungen vermindert wird. Es erfolgt also eine Umwandlung der indirekten Abschreibung (= Wertberichtigung) in eine direkte Abschreibung (Bucher o.J. : AKAD 8 Seite 8). Für diese Gesellschaftsform ist die passivische Wertberichtigung als eine Form indirekter Abschreibung nach dem HGB seit 1985 offiziell nicht mehr erlaubt (Lück 1989 : 865). In der französischen Bilanz erscheinen dagegen die (amortissements et) provisions als sogenanntes "actif soustractif" (Lück 1993 : 302).

Darstellung im Index

Für den Index schlagen wir die folgende Präsentation vor:

l'amortissement	die Abschreibung
la provision pour dépréciation *(stocks)* (F)	die Abschreibung (D), die Abwertung (D)
la provision pour dépréciation *(créances)* (F)	die Abschreibung (D), die Wertberichtigung (D)

Chmielewski (1992 : 325) spricht bei den Vorräten von "Abwertung". Wir haben uns diesem Vorschlag angeschlossen. BECK'scher Bilanzkommentar (1990 : § 253 521) gebraucht im Zusammenhang mit der Vorratsbewertung ebenfalls diesen Terminus. Er weist gegenüber den "vorbelasteten" Termini Abschreibung und Wertberichtigung jene Neutralität auf, die notwendig ist, um deutlich zu machen, daß das Konzept der verlustfreien Bewertung weder mit einer Abschreibung noch mit einer Wertberichtigung identisch ist.

8.3.2 Interlinguale Heteronymierelationen $F_{\pm 1}/D_{\pm 1}$

Bei diesem Äquivalenztyp sind die F- und D-Konzepte gegeneinander verschoben. Teilweise ist eine Vergleichbarkeit herstellbar, teilweise nicht. Teilweise ist eine

Deckung der Konzepte vorhanden, teilweise nicht. Es geht darum, innerhalb der beiden Konzepte jene Elemente ausfindig zu machen, für die sich eine Äquivalenzrelation sachsystematisch rechtfertigen läßt. Wir möchten diese Äquivalenzrelation an zwei Termini verdeutlichen. Einmal aus der vorrangigen Perspektive des deutschen Terminus Aktiengesellschaft und einmal aus der vorrangigen Perspektive des französischen Terminus frais d'etablissement. Die beiden Beispiele unterscheiden sich hinsichtlich der Komplexität der Äquivalenzproblematik. Im Falle der Aktiengesellschaft ist sie relativ einfach überschaubar, im Falle der frais d'établissement haben wir es dagegen mit einer komplexeren Heterogenität zwischen beiden Systemem zu tun.

La société par actions = die Aktiengesellschaft?

Darstellung in Wörterbüchern

Wörterbuchkritisch ist zunächst zu vermerken, daß die Übersetzung von Aktiengesellschaft durch société par actions -neben der Übersetzung durch société anonyme-, wie das etwa Potonnier (1), Boelcke/Straub/Thiele (2) und Doucet/Fleck (3) tun, nicht ganz korrekt ist bzw. zumindest klärender Hinweise bedürfte. Schauen wir einmal kurz in die F-D-Teilbände der genannten drei Wörterbücher:

(1) société anonyme - Aktiengesellschaft ((*abr:*) AG
société par actions - Aktiengesellschaft (*abr:*) AG

(2) société anonyme (S.A.) - Aktiengesellschaft (AG)
société par actions (S.A.) - Aktiengesellschaft (AG)

(3) société anonyme (S.A.) - frz. Aktiengesellschaft
société par actions - (1) (*i.w.S.*) Kapitalgesellschaft, (2) (*i.e.S.*) Kommanditgesellschaft auf Aktien

Genau genommen ist keine Äquivalenz korrekt. Am meisten bemüht sich (3) da, wo die Präzisierung frz. vor AKtiengesellschaft gegeben wird. Weitere mögliche Kommentierungen ersparen wir uns. Es kommt uns darauf an, auf die Spiegelung der Äquivalenzproblematik in lexikographischen Präsentationen hinzuweisen.

Société par actions = ?

Versuchen wir also, ein wenig Ordnung in diese Äquivalenzrelationen hineinzukriegen. Der französische Terminus société par actions umfaßt die société anonyme und die société en commandite par actions (La Villeguérin 1992 : 1165). Hierfür steht im deutschen System, strenggenommen, kein entsprechender gesonderter Terminus zur Verfügung (Benennungs-Null-Äquivalenz), es sei denn man entscheidet sich für die Benennung "Gesellschaft auf Aktien". Sie könnte dann als Äquivalent für société par actions fungieren. Gegen diese Benennung spricht, daß sie keinen terminologischen Status hat. Außerdem konnotiert sie relativ stark die Benennung Kommanditgesellschaft auf Aktien.

Wenn von "Aktiengesellschaft" die Rede ist, kann dieser Terminus wohl als Oberbegriff der beiden genannten Gesellschaftsformen fungieren. Oft ist mit der Aktiengesellschaft aber die AG (im deutschen Sinne) gemeint.

Deutsche AG und französische "AGs"

Die wesentlichen Unterschiede zwischen dem französischen und dem deutschen System sind die folgenden. In Frankreich gibt es einmal eine sogenannte traditionelle Form der Aktiengesellschaft (société anonyme de type classique/courant/traditionnel). In ihr wählt die Hauptversammlung den Verwaltungsrat (conseil d'administration), der aus drei bis zwölf Verwaltungsräten (administrateurs) besteht. Dieser wählt die Generaldirektoren (directeurs généraux) und den Präsidenten der Generaldirektion (président-directeur général). Zum andern gibt es seit 1967 eine weitere Form der AG, die aus den Organen Vorstand (directoire), Aufsichtsrat (conseil de surveillance) und Hauptversammlung (assemblée générale) besteht. Diese Form ähnelt der des deutschen Aktienrechts (Schwandtner 1994 : 181).
Spezifisch für das französische System ist weiterhin die gesetzlich festgelegte Unterscheidung zwischen solchen "sociétés anonymes faisant publiquement appel à l'épargne et les autres sociétés anonymes" (La Villeguérin 1993 : 1166). Bei ersteren spricht man von Publikumsgesellschaften, d.h. solchen Gesellschaften, bei denen das Grundkapital bewußt breit gestreut ist. Von einer weiteren Präzisierung dieser Möglichkeit der Kapitalerschließung durch eine bestimmte Form der société civile (code des sociétés 1992 : 1210-1229) sehen wir hier ab.

Indexikalische Präsentation

Die gewonnenen Einsichten in die Unterschiede der deutschen und französischen Aktiengesellschaften sollten sich wie folgt in der Indexpräsentation niederschlagen:

une société par action	eine Aktiengesellschaft *(désignation générale)*
la société anonyme à conseil d'administration (F)	die Aktiengesellschaft mit Verwaltungsrat (F), die französische Aktiengesellschaft
la société anonyme à directoire	die Aktiengesellschaft *(désignation spécifique)*, die AG
la société faisant publiquement appel à l'épargne (F)	die (börsennotierte) Publikumsgesellschaft (F)

Darüber, ob man den letzten Eintrag mit einem Kulturmarker versieht oder nicht, kann man geteilter Meinung sein. Legt man den Akzent, wie wir es getan haben, auf das französische Spezifikum der gesetzlichen Festschreibung dieser Unternehmensform,

läßt er sich rechtfertigen. Akzentuiert man dagegen den Sachverhalt als solchen, d.h. die breite Streuung von Aktien in einem Unternehmen, dann ist der Marker nicht begründet, denn das besagte Phänomen findet man natürlich auch in Deutschland.
Eine weitere Frage, die die Anlage des Indexes generell betrifft, läßt sich am Beispiel des Eintrags la société anonyme à conseil d'administration anschneiden. Wir haben hier eine Auswahl unter mehreren möglichen französischen Benennungen vorgenommen. Möglich wären auch la société anonyme de type courant/classique/traditionnel. Entscheidend ist, daß der ausgewählte Eintrag dem frankophonen Benutzer die präziseste Vorstellung des betreffenden fachlichen Konzeptes vermittelt. Es kann nicht darum gehen, diesem Benutzer viele muttersprachliche Alternativen anzubieten, ohne daß damit eine weitere Konzeptpräzisierung bewirkt wird.

Les frais d'établissement = ?

Bei den hier anzusprechenden relativ komplexen Äquivalenzrelationen ist es notwendig, innerhalb der beiden Konzepte jene Elemente ausfindig zu machen, für die sich eine solche Relation sachsystematisch rechtfertigen läßt. Schorr (1981 : 24) bemerkt zu dem Terminus les frais d'établissement folgendes:

> In den meisten Fällen werden die "frais d'établissement" mit "Gründungskosten" oder "Errichtungskosten" übersetzt. Diese Übersetzungen sind jedoch m.E. ungenau, da sich aus der französischen Definition des Terminus ergibt, daß es sich sowohl um Gründungs- als auch um Ingangsetzungskosten handelt.

Sie schlägt deshalb die folgende Übersetzung vor: Gründungskostem und Kosten der Ingangsetzung des Geschäftsbetriebs (22).

Darstellung in Wörterbüchern

Werfen wir einen Blick in einige Wörterbücher:

Potonnier:

frais d'établissement Einrichtungskosten; Errichtungskosten; Installationskosten; (d'une machine) Aufstellungskosten ...

frais d'établissement de la société Gründungskosten

Boelcke/Straub/Thiele:

frais de premier établissement Einrichtungskosten

Doucet/Fleck:

frais d'établissement Gründungskosten
frais de premier établissement Gründungskosten

SoGeLex:

frais d'établissement * Einrichtungs-, Gründungskosten

Für die ersten drei Einträge ist festzustellen, daß aus ihnen nicht hervorgeht, daß wir es mit einem für die französische Rechnungslegung spezifischen Sachverhalt zu tun haben. In SoGeLex erfolgen Ausführungen in einem Anhang, worauf der Asteriskus hinweist. Wenn man die Arbeit an einem zweisprachigen Wörterbuch als eine Form interkultureller Arbeit begreift (Hinnenkamp 1994 : 6), wie wir es tun, dann ist das inakzeptabel.

Potonnier möchte vermutlich durch die Hinzufügung des Genitivattributs de la société im zweiten Eintrag den Terminus gegen eine Verwechslung immunisieren. Der korrekte Terminus weist aber dieses explikative Element nicht auf. Im Grunde weiß man bei dem ersten Eintrag nicht, was gemeint ist. Ist die Rede von "Einrichtungskosten" im bilanztechnischen Sinne oder hat man es mit einer allgemeinen Benennung im Sinne von "Installationskosten" zu tun? Warum die Aufstellungskosten durch eine Glosse von den Installationskosten abgesetzt werden, können wir nicht nachvollziehen, da eine Maschine auch installiert werden kann. Mit dem deutschen Äquivalent im zweiten Eintrag "Gründungskosten" wird nur ein inhaltliches Element (frais de constitution) dieses umfassenderen Konzeptes benannt.

In Boelcke/Straub/Thiele erscheint das umfassendere Konzept frais d'établissement nicht. Dafür wird, ähnlich wie in Potonnier, nur ein Element (frais de premier établissement) dieses globalen Konzeptes benannt. Hier müßte man dann eher von Ingangsetzungskosten sprechen.

Doucet/Fleck verzichtet auf jegliche Differenzierung der Äquivalente, obwohl zwei unterschiedliche ausgangssprachliche Termini vorliegen.

Die genannten Beispiele sollen deutlich machen, daß etwas schwierigere Äquivalenzbeziehungen sehr schnell die Grenzen der fach(sprach)lichen Kapazität der vorhandenen Fachwörterbücher widerspiegeln.

Äquivalenzrelationen zwischen Konzeptelementen

Unter den frais d'établissement werden die folgenden Kosten zusammengefaßt (La Villeguérin 1993 : 630):

les frais d'établissement:

- les frais de constitution
- les frais de premier établissement
  - -- les frais de prospection
  - -- les frais de publicité
- les frais d'augmentation de capital et d'opérations diverses (fusions, scissions, transformations)

Neben den beiden oben erwähnten deutschen Äquivalenten Einrichtungs-, Gründungskosten findet man im Erläuterungsteil von SoGeLex (1988 : 89) noch die folgenden für frais d'établissement: Aufwendungen für die Errichtung und Erweiterung des Unternehmens, Errichtungskosten. Auffällig ist, daß die im Indexteil gegebenen Äquivalente hier nicht mehr erscheinen. Es ist nur ein Beispiel von vielen zitierbaren für die im fachsprachlichen Bereich immer wieder zu beobachtende (schwer vermeidbare)

Terminusvarianz. Nach SoGeLex fallen unter die Gründungskosten (frais de constitution) Registergebühren ("droits d'enregistrement") für die Einlagen, Aktenkosten (Stempelpapier, Notarhonorar), Kosten der Publizitätspflicht: Hinterlegung der Satzung in der Kanzlei des Gerichts, Veröffentlichung in einem offiziellen Anzeigenblatt (BALO), Bürgschaftsprovision, Grunderwerbsteuer, etc. Unter die Kosten der Vorlaufphase der Gründung (frais de premier établissement) fallen die Kosten für Marktforschung und Werbekosten, die entweder bei der Gründung des Unternehmens oder für die Entwicklung eines neuen Geschäftsbereiches entstehen. Als Kapitalerhöhungskosten (frais d'augmentation de capital) gilt ein enventuelles Disagio.
Die Bestandteile der frais d'établissement lassen sich zu folgenden deutschen Bilanzposten in Beziehung setzen, ohne mit diesen völlig deckungsgleich zu sein (durch die Unterstreichungen sollen diese Beziehungen veranschaulicht werden, im dritten Fall lassen sich diese nicht mehr genau fixieren):

frais de constitution > Aufwendungen für die Gründung des Unternehmens und für die Beschaffung des Eigenkapitals

frais d'augmentation de capital > Aufwendungen für die Gründung des Unternehmens und für die Beschaffung des Eigenkapitals

frais de premier établissement > Aufwendungen für die Ingangsetzung und Erweiterung des Geschäftsbetriebs

Zu erwähnen ist, daß der letzte französische Posten im Gegensatz zum deutschen z.B. keine Finanzierungskosten der Anlaufphase der Gründung enthält. Diese werden den charges à répartir sur plusieurs exercices zugeordnet (La Villeguérin 1993 : 632). Unter ihm können auch keine Aufwendungen für die Rekrutierung von Personal, wie das der deutsche Posten erlaubt, aktiviert werden (Caussemille 1992 : 18) Das heißt also, daß das französische Konzept der frais de premier établissement beschränkter im Umfang ist als das der Aufwendungen für die Ingangsetzung und Erweiterung des Geschäftsbetriebs.
Kein Gegenstand unserer Überlegungen sind hier, d.h. für die Zwecke der Indexerstellung, Unterschiede im Hinblick auf bestehende oder nicht bestehende Aktivierungsmöglichkeiten in der Bilanz. Sie sind etwa im Falle der Gründungskosten erheblich. Dieser weitergehende und für unser Wörterbuch äußerst wichtige Informationstyp wird erst innerhalb des jeweiligen Wörterbuchartikels in Form einer entsprechenden Glossierung berücksichtigt werden (siehe die Seiten 316ff.).

Präsentation im Index

Die gewonnenen Erkenntnisse sollten wie folgt in die Indexpräsentation einfließen:

les frais d'augmentation de capital (F) > les frais de création de l'entreprise et d'augmentation de capital (D)	die Kosten der Kapitalerhöhung (F) > die Aufwendungen für die Gründung des Unternehmens und für die Beschaffung des Eigenkapitals (D)
les frais de constitution (F) > les frais de création de l'entreprise et d'augmentation de capital (D)	die Gründungskosten (F) > die Aufwendungen für die Gründung des Unternehmens und für die Beschaffung des Eigenkapitals (D)
les frais d'établissement (F) > les frais de démarrage et de développement de l'activité (D) *(concordance)*	die Aufwendungen für die Errichtung und Erweiterung des Unternehmens (F) > die Aufwendungen für die Ingangsetzung und Erweiterung des Geschäftsbetriebs (D)
les frais d'établissement (F) > les frais de création de l'entreprise et d'augmentation de capital (D)	die Aufwendungen für die Errichtung und Erweiterung des Unternehmens (F) > die Aufwen-dungen für die Gründung des Unternehmens und für die Beschaffung des Eigenkapitals (D)
les frais de premier établissement (F) > les frais de démarrage et de développement de l'activité D)	die Kosten der ersten Errichtung (F) > die Aufwendungen für die Ingangsetzung und Erweiterung des Geschäftsbetriebs (D)

Dem dritten Indexeintrag kommt eine besondere Bedeutung für die Konsolidierung der französischen Abschlüsse mit dem Konzernabschluß der deutschen Muttergesellschaft zu. Heitzler (1991 : 74) und Caussemille (1992 : annexe XI.1) korrespondieren in ihren "Tables de correspondance de comptes/Tableaux de concordance comptes du PCG - états financiers allemands" die frais d'établissement mit den Aufwendungen für die Ingangsetzung und Erweiterung des Geschäftsbetriebs. Wir meinen, daß diese für einen großen Teil der Benutzer des Wörterbuchs wichtige Information im Index kenntlich gemacht werden sollte. Wir haben dies durch den Hinweis "concordance" getan.

8.4 Darstellung von Verb, Adjektiv, Adverb

Unsere bisherigen Überlegungen über die Äquivalenz stehen unter dem Primat der begrifflichen Präzision. Wir demonstrierten dies an der dominierenden terminologischen Einheit, dem Substantiv. Das Primat gilt natürlich ebenso für das Verb, das Adverb und das Adjektiv mit terminologischen Qualitäten (vgl. Binon/Verlinde 1994 : 2)

Kollokative Einbindung des Verbs

In Potonnier erscheint folgender Eintrag:

regrouper umgruppieren; umschichten; zusammenfassen; zusammenlegen; zusammenschließen

Im Index des PONS Fachwörterbuch Wirtschaft findet man folgende Beispiele:

verletzen: break; infringe; injure
verteilen: apportion; share; space out; spread

Die Problematik dieser Darbietungen für einen produktionsinitiierenden Index ist evident. Um dem Benutzer mehrfaches erfolgloses Konsultieren des Wörterbuchteils zu ersparen, ihn also sofort zu seinem gewünschten Artikel zu leiten, ist die Angabe einer kollokativen Verbindung unerläßlich. Dies dürfte selbst in einem Index mit Deutsch als Ausgangssprache kein Problem sein. Die alphabetische Übersicht kann durch eine geringe Änderung der Anordnung erhalten bleiben:

verletzen
    Vertrag, Verpflichtung, Recht, Gesetz - break
    Urheberrecht, Gesetz - infringe
    Person - injure
Verletzung ...

Für Verben mit terminologischer Qualität schlagen wir folgende Darstellung im Index vor:

décomposer (des postes) - untergliedern

regrouper (des postes) - zusammenfassen

subdiviser (des postes) - untergliedern

Ergänzt werden muß diese Anordnung durch einen Einstieg über das Substantiv:

postes (du bilan)- (Bilanz)Posten
    décomposer - untergliedern
    regrouper - zusammenfassen
    subdiviser - untergliedern

Eigenständigkeit des Adverbs

Besonderer Aufmerksamkeit im Index bedürfen die Adverbien, die oft recht stiefmütterlich behandelt werden. Das dürfte mit der ihnen (im Französischen) unterstellten derivativen Natur zusammenhängen. Schauen wir uns die folgenden Verwendungen in fachspezifischen Kontexten an:

Le directoire rend compte au conseil de surveillance ... soit **annuellement** ... soit **trimestriellement** (Chmielewski 1992 : 34).

Fiscalement, la perte latente constitue également une charge de l'exercice (Mikol 1992 : 57).

In Potonnier, Boelcke/Straub/Thiele sucht man vergeblich nach den drei (markierten) Adverbien. In Doucet/Fleck findet man zwar annuellement, aber nicht fiscalement, das dritte Beispiel ist weder als Adjektiv noch als Adverb lemmatisiert. Man kann sich leicht vorstellen, daß der frankophone Sprecher/Schreiber die semantische und syntaktische Autonomie des Adverbs wegen seiner in den meisten Fällen gegenüber dem Deutschen besonderen morphologischen Markiertheit in stärkerem Maße empfindet als der germanophone Sprecher/Sprecher. Dies untermauert umsomehr den Anspruch des Adverbs auf einen gesicherten Platz im Index des aktiven Wörterbuchs, das dem syntaktisch-konstruktiven Aspekt besondere Aufmerksamkeit schenken muß:

annuel - jährlich
annuellement - jährlich

.

.

fiscal - steuerlich
fiscalement - steuerlich

.

.

trimestriel - vierteljährlich
trimestriellement - vierteljährlich

Adjektiv und Adverb werden also in gleichem Maße berücksichtigt. Daß sich auch bei all denjenigen Adjektive, die wichtige Stellen innerhalb der Sachsystematik besetzen, dieser autonome Status in einem gesonderten Eintrag im Index niederschlagen muß, ergibt sich aus den vorherigen Ausführungen:

dominant
    influence - beherrschend
    ..
notable
    influence - maßgeblich

Ebenso erscheinen sie an der Stelle des Substantivs:

l'influence dominante - der beherrschende Einfluß
l'influence notable - der maßgebliche Einfluß

9. Übersetzungsverfahren

Wir fassen "Übersetzungsverfahren" nicht als einen streng definierten Terminus auf. Es geht uns vielmehr darum, relativ heterogene Erscheinungen in der übersetzerischen Praxis unter einem Begriff zusammenzufassen. Im wesentlichen wollen wir uns in diesem Abschnitt vier solcher Verfahren ansehen und sie im Hinblick auf ihre Relevanz für den aktiven Wörterbuchtyp befragen: zum einen die ***wörtliche Übersetzung*** und die ***paraphrasierende, explikative Übersetzung***, zum anderen die ***symmetrische Äquivalenz*** und die von uns so genannte "***Benennungsasymmetrie***", die wir für unsere Belange auch unter dem genannten Oberbegriff des Übersetzungsverfahrens zusammenfassen. Deutlich sei noch einmal gesagt: Unsere Untersuchungserspektive besteht darin, daß wir die jeweils kommentierten sprachlichen Einheiten auf ihre Eignung für die produktive Verwendung hin durchleuchten.

Unausgeschöpftes Potential des "qualitativen Matchings"

Wir betrachten -wie schon erwähnt- die für unseren Wörterbuchtyp geforderte Übersetzungshandlung im terminologischen Bereich im wesentlichen als eine Ajustierung sachsystematisch vergleichbarer Termini (vgl. Villard 1993). Es handelt sich dabei um eine inhaltlich anspruchsvolle Arbeit, die die Sprachkenntnis im Sinne des Verfügens über einen quantitativ reichen Wortschatz und über grammatische Kenntisse als selbstverständlich voraussetzt. Wir sind der Meinung, daß das im Rahmen der zweisprachigen Fachlexikographie wichtigste "Übersetzungsverfahren" der "Ajustierung" (des "qualitativen Matchings") in seinen Möglichkeiten bei weitem nicht ausgeschöpft ist (vgl. den "lexical transfer" bei Vollmer 1988 : 83).
Dies wird nur möglich sein, wenn es in Zukunft in erheblich stärkerem Maß als bisher gelingt, in den dafür zuständigen Ausbildungsgängen die "Blockierung" des Blicks auf sachsystematische Zusammenhänge aufgrund einer einseitigen linguistischen Fixierung auf die sprachliche Form zu überwinden. Wir sehen durchaus, daß die Möglichkeit einer Trennung formaler und semantischer Repräsentationen in der internen Struktur des mentalen Lexikons ihre Ursache hat, d.h. in dem Prinzip getrennter Subkomponenten wie etwa Syntax und Semantik. Gleichwohl besteht aber auch Interdependenz (Raupach 1994 : 27). Die Einräumung einer gewissen Priorität zugunsten des Semantischen läßt sich aber dennoch durch die bekannte vorsprachliche Autonomie mentaler Konzepte begründen (Schwarz/Chur 1993 : 67). Die ständig lauernde Gefahr der "Opazifizierung" des Inhaltlichen aufgrund einer institutionell antrainierten Formfixierung ist nur durch ständige intellektuelle Anstrengung zu beseitigen. Sie versucht immer wieder von neuem, durch die Form zu dem Inhaltlichen, d.h. zur Sachsystematik, und zwar in einer nicht nur punktuellen Weise "durchzustoßen". In der ständigen Bewußtmachung und dem "Aushalten" dieser Form-Inhalt-Dialektik übersetzerischen Handelns sehen wir das wohl wichtigste Qualifikationsmerkmal des Fachlexikograph-Übersetzers.

9.1 Wörtliche Übersetzung

Beispiele

Die folgenden Beispiele sollen deutlich machen, in welchem Maße die wörtliche Übersetzung -insbesondere im terminologischen Bereich- ein vermeidbares (Stör)Phänomen ist. Die Übersetzungsrichtung soll zunächst in unseren Überlegungen keine Rolle spielen. (Benutzte Abkürzung: POT = Potonnier F-D/D-F):

(1) les jetons de présence - Anwesenheitsvergütung, Präsenzgeld, Sitzungsgeld (POT)
(2) Aufsichtsratsvergütung - rétribution des membres du conseil de surveillance (POT)
(3) bilan commercial - kaufmännische Bilanz (POT)
(4) bénéfices industriels et commerciaux - gewerbliche und kaufmännische Gewinne (POT)
(5) impôt perçu par voie de retenue (ou de stoppage) à la source - an der Quelle erhobene Steuer (POT)
(6) Konten der Roh-, Hilfs- und Betriebsstoffe - comptes des matières premières et auxiliaires et des produits d'entretien et de fonctionnement (POT)
(7) Periodenabgrenzung - délimitation de deux périodes (POT)
(8) réserve sur bénéfices non distribués -Rücklage aus unverteilten Gewinnen (POT)
(9) normale Abschreibung - amortissement normal (POT)
(10) actif immobilisé - feste (festliegende) Aktiva (POT)
(11) dotation aux amortissements - Zuführung, Einstellung zu den Abschreibungen (SoGeLex)

Les jetons de présence - die Anwesenheitsvergütung?

(1) les jetons de présence - Anwesenheitsvergütung, Präsenzgeld, Sitzungsgeld (POT)

Kann problemlos und treffend durch den Terminus Aufsichtsratsvergütung oder Aufsichtsratsbezüge übersetzt werden. Da die jetons de présence sowohl den Mitgliedern des Aufsichtsrats als auch des Verwaltungsrats gewährt werden, ist lediglich eine monosemierende Glosse notwendig:

les jetons de présence *(conseil de surveillance)* - die Aufsichtsratsvergütung
les jetons de présence *(conseil d'administration)* (F) - die Bezüge des Verwaltungsrats(mitglieds) (F)

Wir weisen nebenbei darauf hin, daß die alleinige Angabe des Kompositums Aufsichtsratsvergütung als Äquivalent im Index zwar zu rechtfertigen ist. In jedem Fall muß aber im Wörterbuchartikel auch die genitivische Nominalgruppe die Vergütung des Aufsichtsratsmitglieds angegeben werden, da beide völlig verschiedene Verwendungskontexte verlangen können bzw. ermöglichen:

Ich beziehe eine Aufsichtsratsvergütung von X DM.

+Ich beziehe eine Vergütung des Aufsichtsratsmitglieds von X DM.

Auch im zweiten Fall ergeben sich vergleichbare Konsequenzen:

Meine Bezüge als Verwaltungsrat(smitglied)

(2) **Aufsichtsratsvergütung - rétribution des membres du conseil de surveillance** (POT)

Hier fragt man sich, warum nicht das im F-D-Teil des Potonnier gebrauchte jetons de présence als Äquivalent erscheint. Eine Symmetrie zwischen den beiden Teilbänden unter der Voraussetzung entsprechender Glossierungen wäre also durchaus angebracht.

Was ist ein "bilan commercial"?

(3) **bilan commercial - kaufmännische Bilanz** (POT)

Wie geraten (3) bilan commercial und kaufmännische Bilanz ins Wörterbuch? Da es leider nicht zur längst überfälligen Praxis gehört, dem Wörterbuchbenutzer im Vorwort Einblicke in die benutzten Korpora zu geben, sind wir auf Vermutungen angewiesen. In Potonnier D-F erscheint hinter Handelsbilanz (eines Unternehmens !!) bilan commercial. Hier wäre bilan comptable -zur Unterscheidung von bilan fiscal (Steuerbilanz)- das wohl eindeutigste Äquivalent. Als ziemlich sicher darf gelten, daß bilan commercial sich der Attraktionskräfte des deutschen Terminus Handelsbilanz (eines Unternehmens !!) kaum erwehren kann. Interessant ist, daß selbst der französische expert-comptable Heitzler (1991 : 12) diesen Terminus (hier im Plural) mit "bilans commerciaux" übersetzt. Möglicherweise spielt dabei die Tatsache eine Rolle, daß Heitzler Elsässer ist und daher dem deutschen System sehr "nahe".
Die Situation verkompliziert sich dadurch, daß es eben noch den volkswirtschaftlichen Terminus Handelsbilanz im Sinne der balance commerciale gibt. Fandrich (1988) sieht in "Commercial - ein Lexem mit Tücken". In ihrer aus einschlägigen französischsprachigen Wirtschaftspublikationen gewonnenen Zusammenstellung taucht die Verbindung "bilan commercial" (bezeichnenderweise) nicht auf. Das Beispiel zeigt insgesamt, daß das Verfahren der wörtlichen Übersetzung eine Menge Verwirrung stiften kann. Jedenfalls stehen auch in diesem Fall im französischen System mit der Opposition comptable : fiscal Attribute bereit, die zu der im deutschen Rechnungslegungssystem wichtigen Unterscheidung von Handelsbilanz und Steuerbilanz problemlos herangezogen werden können.

(4) **bénéfices industriels et commerciaux - gewerbliche und kaufmännische Gewinne** (POT)

Hier verhindert das "tückische" Lexem "commercial" wieder die Angabe des angemessenen Fachterminus Gewinn aus Gewerbetrieb Fandrich (1988 : 72) oder Einkünfte aus Gewerbebetrieb (Luckey 1992 : 117 ff.).

Auflösung der Terminologie durch wörtliche Übersetzung?

(5) **impôt perçu par voie de retenue (ou de stoppage) à la source - an der Quelle erhobene Steuer** (POT)

Hier wäre das treffende Äquivalent Quellensteuer. Im übrigen steht im französischen System mit retenue à la source (SoGeLex) ein Benennung mit Terminusqualität zur Verfügung.

(6) **Konten der Roh-, Hilfs- und Betriebsstoffe - comptes des matières premières et auxiliaires et des produits d'entretien et de fonctionnement** (POT)

Wir machen die Beobachtung, daß der Benutzer im Potonnier F-D hinter dem Eintrag comptes des matières premières et consommables die Äquivalente Konten der Roh-, Hilfs- und Betriebsstoffe findet. Es stellt sich daher die Frage, warum die terminologisch korrekte Kontenbezeichnung comptes des matières premières et consommables nicht als Äquivalent hinter dem deutschen Eintrag in (6) gegeben wird.

(7) **Periodenabgrenzung - délimitation de deux périodes** (POT)

Für Periodenabgrenzung, das wegen des explikativen Elementes "deux" keine vollkommen wörtliche Übersetzung darstellt, stehen im französischen System nach Mikol (1992 : 7) die folgenden Termini abrufbereit: (le principe de) spécialisation/d'autonomie/d'indépendance/de séparation des exercices. Das in (7) gegebene französische Äquivalent délimitation de deux exercices befindet sich nicht unter dieser Auswahl. Die wörtliche Übersetzung dürfte also auch hier durch den alleinigen Einfluß der ausgangssprachlichen Struktur zu erklären sein, nicht aber durch sachliche Erwägungen.

(8) **réserve sur bénéfices non distribués -Rücklage aus unverteilten Gewinnen** (POT)

Hier müßte als treffendes terminologisiertes Äquivalent Gewinnrücklagen erscheinen. Der Benutzer findet es übrigens im Potonnier D-F als ausgangssprachliche Einheit mit jenem französischen Äquivalent, das in (8) als Ausgangselement erscheint. Die besondere Übersetzungsanforderung ergibt sich daraus, daß nur im deutschen System ausdrücklich von Gewinnrücklagen, zur Absetzung von der Kapitalrücklage die Rede ist, während man sich im französischen System ein unspezifisches réserve, in eindeutigem Benennungsunterschied zu den primes d'émission (Kapitalrücklage) stehend, erlauben kann.

(9) **normale Abschreibung - amortissement normal** (POT)

In Chmielewicz/Schweitzer 1993 : 18) wird die normale Abschreibung nicht als Abschreibungsart angeführt. Dies ist nicht erstaunlich, da der übliche Terminus planmäßige Abschreibung ist. Wegen der schwierigen Übersetzbarbeit dieses Terminus ins Französische greift man offenbar gerne auf das problemlosere Äquivalent amortissement normal (z.B. auch die Expertin Caussemille 1992 : 25) zurück, gegen das sich sachlich nichts Gravierendes einwenden läßt. Im französischen System steht dem deutschen Terminus planmäßige Abschreibung nach unseren Recherchen kein kodifizierter attributiv spezifizierter Terminus gegenüber, d.h. man findet dort in der Regel lediglich amortissement als Pendant. Es sei denn, man betrachtet solche Termini wie amortissement linéaire oder amortissement constant (Burlaud/Eglem/Mykita 1995 : 19) als Normalfall. Dafür stehen allerdings im deutschen System auch entsprechende Termini bereit. Wir haben den Eindruck, daß der seltene Gebrauch von amortissement normal dann erfolgt, wenn ein Gegensatz zu den amortissements dérogatoires, also steuerlichen Sonderabschreibungen, hergestellt werden soll (Burlaud/Eglem/Mykita 1995 : 301). Als eine geeignete Entsprechung zur planmäßigen Abschreibung schlagen wir den Terminus amortissement technique vor, auf den wir bei Cozian (1996 : 96ff.) gestoßen sind.

(10) actif immobilisé - feste (festliegende) Aktiva (POT)

Das deutsche Äquivalent feste (festliegende) Aktiva ist ungebräuchlich. Man spricht von Anlagevermögen oder Vermögensgegenständen des Anlagevermögens.

Sprachstrukturelle Dominanz provoziert Wörtlichkeit

(11) dotation aux amortissements - Zuführung, Einstellung zu den Abschreibungen (SoGeLex)

Das deutsche Äquivalent Zuführung/Einstellung zu den Abschreibungen ist ein anschauliches Beispiel dafür, wie eine nicht notwendige wörtliche Übersetzung durch ausgangssprachliche Strukturen "provoziert" werden kann bzw. wie durch diese Strukturen der direkte Zugriff auf den treffenden Terminus verhindert werden kann. Der sprachlichen Korrektheit halber sei erwähnt, daß die Präposition "zu" nur mit "Zuführung" vereinbar ist, nicht aber mit "Einstellung", das "in" verlangt. Die genannte französische Nominalverbindung ist in vielen Kontexten auch einfach durch Abschreibungsbetrag oder Höhe der Abschreibung/Abschreibungshöhe zu übersetzen (zur besonderen Problematik des Terminus dotation vgl. Terminologie Comptable 1983 : 30f.).

Wörtlichkeit gefährdet Kontext, Kohärenz und kommunikative Funktionalität

Das Ergebnis unserer (stichprobenartigen) Untersuchung zu dem Phönomen wörtliche Übersetzung im terminologischen Bereich stimmt nachdenklich über den Stellenwert, der diesem Übersetzungsverfahren im Rahmen der Fachübersetzung zukommen sollte. Wir glauben, daß seine überproportionale Dominanz in starkem Maße die Folge einer an der sprachstilistischen Norm des Ausgangstextes orientierten

Übersetzungstradition ist. Das Bewußtsein, daß mit diesem Verfahren eine adressatenunspezifische systemkohärenzauflösende Dekontextualisierung des wörtlich übersetzenden Äquivalentes einhergeht, ist dabei nur schwach entwickelt. Die Problematik dieses Übersetzungsverfahrens dürfte daher in einem -nicht genügend reflektierten- Zusammenhang mit der Frage nach dem kommunikativen Status eines Zeichens -hier des Äquivalents- stehen.
Wir haben gesehen, daß sich zwei der vorgenannten Äquivalenzbeispiele als besonders problematisch erweisen. Bei dem ersten müßte einer (in entsprechendem Korpusmaterial selektierten) französischen/deutschen Übersetzung eines deutschen/französischen Phänomens der originale Terminus wieder zugordnet werden. Also z.B. anstelle bilan commercial - + kaufmännische Bilanz müßte Handelsbilanz wieder als Äquivalent "gefunden" werden. Bei der zweiten erschwert eine "schwierige", d.h. von dem zielsprachlichen Element "weit entfernte Struktur" den direkten Zugriff auf das vorhandene terminologisierte Äquivalent (s. Beispiel (11) dotation aux amortissements). Es braucht nicht besonders betont zu werden, daß die Vermeidung solcher Mängel für ein aktives Wörterbuch, das dem Benutzer eine präzis situierte Kommunikation in der fremdsprachlichen Zielsprache ermöglichen möchte, dringend notwendig ist. Die Toleranz eines passiven Wörterbuchs kann in dieser Hinsicht größer sein.

9.2 Umschreibung

Beispiele

(Abk. B/St/T = Boelcke/Straub/Thiele)

(1) Betriebsprüfung - vérification des livres et de la gestion d'une entreprise (B/S/T)
(2) Bewertungskontinuität - immuabilité (*od* identité) des méthodes d'évaluation dans les bilans successifs (POT)
(3) Gewinnvortrag - report (sur l'exercice subséquent) du solde excédentaire; profit à reporter (sur l'exercice suivant) pour reconstitution de capital; report de bénéfices (POT)
(4) Fremdkapitalzins - intérêt du capital dû aux tiers (POT)

Auch in den folgenden Überlegungen soll die Übersetzungsrichtung keine Rolle spielen. Es geht um eine kritische Betrachtung des Phänomens der Umschreibung im Hinblick auf die Möglichkeiten ihrer produktiven Verwendung.

Umschreibung als dysfunktionales Produktionselement

(1) **Betriebsprüfung - vérification des livres et de la gestion d'une entreprise** (B/S/T)
Der von Boelcke/Straub/Thiele verwendete Terminus (1) Betriebsprüfung stellt eine ältere Benennung für den durch die Abgabenordnung 1977 eingeführten Terminus Außenprüfung (vgl. Gabler 1988 : 479) dar. Die präziseste und aktuellste Benennung für den gemeinten Sachverhalt liegt mit dem Terminus die steuerliche Außenprüfung Lück (1989 : 82) vor. Im französischen System stellt der Terminus contrôles fiscaux den Oberbegriff von vier Prüfungstypen dar: le contrôle formel - le conrôle sur pièces - l'examen contradictoire - la vérification de comptabilité (La Villeguérin 1993 : 386). Aus dem Gesagten bietet sich für den Index unseres Wörterbuch die folgende produktionsökonomischere Äquivalenz an:

la vérification de comptabilité (F) - die steuerliche Außenprüfung (D)

Auf eine Hinzufügung der Kulturmarker kann man wegen der praktisch identischen Definitionen beider Konzepte (La Villeguérin 1993 : 1385) allerdings auch verzichten. Das Beispiel zeigt, daß eine Terminologierecherche die Notwendigkeit einer Praphrasierung stark in Frage stellen kann. Bekennt man sich jedoch ausdrücklich zur Explikation als einem konstitutiven Element des passiven (!) Wörterbuchs -etwa im Sinne des erklärenden fremdsprachigen Wörterbuchs von Scerba (1982 [1940] : 55)-, so hat es dort sicherlich eine funktionale Berechtigung. Das träfe dann für das in (1) gegebene Äquivalent zu. Setzt man das erklärende passive Wörterbuch in eine Beziehung zur fachlichen Kompetenz des Benutzers, ergibt sich auch innerhalb dieses Konzeptes ein Punkt, an dem die Explikation nicht mehr zu rechtfertigen ist.

(2) **Bewertungskontinuität - immuabilité** (*od* **identité) des méthodes d'évaluation dans les bilans successifs** (POT)

Für (2) lassen sich die gleichen Argumente wie im vorhergehenden Fall ins Feld führen. Mit permanence des méthodes (Lassègue 1993 : 277; La Villeguérin 1993 : 901) steht eine genaue Entsprechung im französischen System zur Verfügung.

(3) **Gewinnvortrag - report (sur l'exercice subséquent) du solde excédentaire; profit à reporter (sur l'exercice suivant) pour reconstitution de capital; report de bénéfices** (POT)

Durch Hinzufügung eines Attributs erhält man mit report (à nouveau) bénéficiaire (La Villeguérin 1993 : 28) das exakte Äquivalent von Gewinnvortrag. Zu achten ist darauf, daß man nicht, wie es der Experte Schwandtner (1994 : 199) und Siemens tun, Gewinnvortrag mit report à nouveau wiedergibt. Hierbei handelt es sich lediglich um den erfolgsunspezifischen Ergebnisvortrag (vgl. Schorr 1981 : 116). Gewinnvortrag und Verlustvortrag machen eine Attribuierung des Grundwortes report (à nouveau) durch bénéficiare und déficitaire notwendig.

(4) **Fremdkapitalzins - intérêt du capital dû aux tiers** (POT)

Am Äquivalent von Fremdkapitalzinsen, das durch charges financières oder frais financiers (Caussemille 1992 : 24) ersetzt werden kann, läßt sich auf ein für die Äquivalenzparaphrase typisches Merkmal hinweisen. Es ist in der Regel unvereinbar mit der in der parole notwendigen Instantiierung einer Äußerung. Sieht man von dem für unsere Belange weniger relevanten didaktischen Fach-Diskurs ab, so besitzt aux tiers diese Qualität nicht. Von dem Benutzer muß die Instantiierung selbst vorgenommen werden, z.B. durch à ma banque. Es ist aber keine Frage, daß ein aktives Wörterbuch dem Benutzer diese Arbeit so weit wie möglich abzunehmen hat.

Hochwertige Terminologiearbeit contra Paraphrase

Daß die Umschreibung für die Sprachproduktion ein unökonomisches Verfahren ist und deshalb möglichst zu vermeiden ist, ist evident. Es sollte deutlich geworden sein, daß wir hohe Erwartungen mit einer präzisen Terminologiearbeit verbinden. Wir glauben folglich, daß in vielen Fällen ein fachsprachlich etabliertes Äquivalent zu ermitteln ist. Wir tun dies unter Aufrechterhaltung der grundsätzlichen Annahme, daß völlige begriffliche Isomorphie der beiden Rechnungslegungssysteme den Ausnahmefall darstellt und daß es daher die besondere Aufgabe der Glossierung sein wird, die begriffliche Feineinstellung zu gewährleisten. Die Fälle, in denen ein paraphrasierend-explikatives Element des Äquivalents unvermeidlich ist, fallen unserer Meinung nach, wenn man von der Null-Äquivalenz (z.B. der Beirat *(einer GmbH)* le conseil consultatif (Chmielewski 1992 : 26)) absieht, nicht so sehr ins Gewicht. Wir sehen für ein solches Element lediglich dort eine Existenzberechtigung, wo es sich als ein hocheffizientes Mittel erweist, die Differenz zwischen vergleichbaren Konzepten zweier Systeme auf den Punkt zu bringen. Als Beispiel sei hier genannt: provisions pour litiges (F) - Rückstellungen für in Gang befindliche Prozesse (F). Hier kann durch den Zusatz in Gang befindliche verdeutlicht werden, daß für den Ansatz dieser Rückstellung in Frankreich speziellere Bedingungen als in Deutschland erfüllt sein müssen, wo schon vor Rechtshängigkeit die Bildung einer handelsrechtlichen Rückstellung möglich ist (Beck 249-100).

Transparenzfunktion der L_1-Umschreibung

Wird die Umschreibung als L_1-Element eingesetzt, kann sie die wichtige Aufgabe übernehmen, terminogische Transparenz herzustellen. Nehmen wir etwa das sehr frequente terminologische Syntagma die Auflösung der Rückstellung. Im strengen Sinn darf von einer Auflösung nur dann gesprochen werden, wenn der Grund zur Bildung der Rückstellung entfallen ist (Chmielewicz/Schweitzer 1993 : 1750). Wird sie dagegen in Anspruch genommen, muß man von Verbrauch, Zahlung oder Inanspruchnahme der Rückstellung sprechen. Wir haben den Eindruck, daß der Sprachgebrauch diese wichtige Unterscheidung nicht immer gebührend berücksichtigt. Chmielewski (1992) ist sich dieser Gefahr bewußt und und macht daher die folgende Unterscheidung:

la reprise de provision devenue sans objet	die Rückstellungsauflösung (303)
la reprise de provision pour utilisation	der Rückstellungsverbrauch (326)

Diese klare Unterscheidung bietet sich auch für den deutschen fachsprachlichen Gebrauch als vorbildliche Lösung an.
Ein weiteres Beispiel entnehmen wir ebenfalls Chmielewski (1992 : 140):

les provisions pour coûts liés à la clôture des comptes annuels: pour l'établissement et la révision des comptes annuels	die Rückstellungen für Jahresabschluß- und Prüfungskosten

Hier entsteht höchstens das (allerdings nicht gravierende) Problem, daß das Umschreibungsverfahren unter Umständen eine konzisere begriffliche Erfassung durch den frankophonen Benutzer erschweren kann, wenn ein an sich vorhandener aber nicht ermittelter genauer französischer Terminus zur Verfügung stünde.

Die konsultierten Wörterbücher bekommen das genannte terminologische Phönomen nicht in Griff oder unternehmen erst gar nicht den Versuch hierzu. Jedenfalls sucht man in den Bänden von Potonnier, Boelcke/Straub/Thiele Doucet/Fleck vergeblich nach der fachsystematisch zentralen Kollokation die Auflösung der Rückstellung. Das gleiche gilt für deren notwendige Unterscheidung von der Inanspruchnahme der Rückstellung. In Siemens trifft man auf das erstaunliche Syntagma "Auflösung von Rückstellungen wegen freigeworden". Die ebenfalls dort anzutreffende Nominalgruppe "Auflösung einer Rückstellung wegen Verbrauch" ist in sich widersprüchlich. Entweder liegt ein "Verbrauch" vor oder eine "Auflösung" (= Nicht-Verbrauch).

Kennzeichnung der L_2-Paraphrase erforderlich

Explikative und paraphrasierende L_2-Elemente haben dann im Index des aktiven Wörterbuchs eine Berechtigung, wenn auch nach intensiver Terminologierecherche kein -zumindest funktionales (Sarcevic 1989 : 278f.; Duval 1991 : 2819)- Äquivalent ermittelt werden kann. Sie stellen dann als L_2-Element einen notwendigen Kompromiß dar.
Wenn wir die Problematik genau auf das Sprachmaterial zuspitzen, das in dem Index zur Anwendung kommt, können wir davon ausgehen, daß der größte Teil des deutschen Sprachmaterials authentisches Material darstellt. Der restliche geringere Teil wird aus authentischem französischem Material gewonnen, weil es Sachverhalte behandelt, die zwar im deutschen System nicht vorhanden sind, mit diesem aber in einer für die Benutzungsintention des Wörterbuchs relevanten Beziehung stehen. Die deutschen Übersetzungen dieses französischen Materials haben einen "hybriden" Status. Ein echtes Problem für die Erfüllung der aktiven Funktion kann sich in diesem Fall ergeben, wenn das deutsche Äquivalent nicht ausreichend maniabel ist. Dann ist es unbedingt erforderlich, dessen hybriden Status deutlich zu markieren, wie dies immer wieder gefordert wird (Kocourek 1982 : 121; Rettig 1985 : 97, 108; Rossen-

beck 1994 : 146; Morgenroth 1994 : 46). Teilweise Abhilfe leistet hier der Gebrauch der Kulturmarker.

9.3 Symmetrische Äquivalenz

In dem Index des Wörterbuchs wird der Benutzer von F zu D geführt, im Eingang der Wörterbuchartikel dagegen von D zu F. Dieses biskopale Arrangement schlägt sich in den gängigen Wörterbüchern -mutatis mutandis- in einer häufig nicht gerechtfertigten symmetrischen Äquivalenz nieder. Eine solche verbietet sich in der Regel deshalb, weil es immer das ausgangssprachliche Konzept sein muß, aus dessen Perspektive das zielsprachliche Konzept zu betrachten ist. Wegen der Anisomorphie von Einzelsprachen ist eine einfache Reversibilität der Konzepte zwischen diesen grundsätzlich nicht möglich.

Provision pour impôts - Steuerrückstellung - provision pour impots?

Betrachten wir das folgende Beispiel aus Boelcke/Straub/Thiele:

F > D: provision pour impôts - Steuerrückstellung

D > F: Steuerrückstellungen - provisions pour impôts

Eine sich in dieser Form präsentierende Äquivalenzsymmetrie kann es nur bei völliger Identität der F- und D-Konzepte geben (Arntz 1994 : 288/289). Es sei denn, es handelt sich um das Konzept nur einer der beiden Sprachen. Dabei entsteht aber die für den Benutzer äußerst unbefriedigende Situation, daß er nicht darüber informiert wird, welchem System das Konzept originär angehört. Bei dem genannten Beispiel, ergeben sich, selbst wenn man nur eine geringe und bei weitem nicht ausreichende sachliche Präzisierung vornimmt, schon andere Äquivalenzverhältnisse:

les provisions pour impôts (D) - die Steuerrückstellungen (D)

les dettes fiscales (F) - die Steuerrückstellungen (D)

Wir haben lediglich eine kleine, aber entscheidende Verfeinerung vorgenommen, indem wir in die Reflexion über die Äquivalenzbeziehung einen notwendigen Perspektivenwechsel vom deutschen zum französischen System einbezogen haben. In der vergleichenden Gegenüberstellung von deutscher und französischer Bilanz korrespondiert der Experte Chmielewski (1992 : 137) funktional Steuerrückstellungen und dettes fiscales mit dem Hinweis: "Le poste Steuerrückstellungen comprend les impôts dûs au titre des exercices en cours ou antérieurs qui sont comptabilisés dans le bilan français comme dettes". Und schon gerät die in Boelcke/Straub/Thiele suggerierte symmetrische Äquivalenz ins Ungleichgewicht. Nehmen wir einmal an, daß die beiden genannten Äquivalenzen in dem Index des Wörterbuchs erscheinen, dann ergibt sich für den entsprechenden deutschsprachigen Wörterbuchartikel (D>F) der folgende Eintrag:

die Steuerrückstellungen (D) - les provisions pour impôts (D), les dettes fiscales (F)

Der Kulturmarker hinter provisions pour impôts ist deshalb ratsam, weil im französischen System der gleiche Terminus für einen Kontenposten belegt ist, der folgendermaßen beschrieben ist: "Ce compte accueille principalement, en pratique, les impôts qui peuvent être étalés sur plusieurs exercices, liés aux fusions et aux plus values de cession d'éléments d'actif" (Mikol 1992 : 56). Damit rückt dieser Posten zumindest in die Nähe einer Art (zeitweilig) steuerbefreiten Rücklage (z.B. für Ersatzbeschaffung, wenn ein neues Investionsgut angeschafft werden sollte). Er weist aber auch gemeinsame Elemente mit einer Rückstellung für latente Steuern (provision pour dettes ficales latentes) (La Villeguérin 1992 : 695) auf, da es sich um eine aufgeschobene Steuerzahlung handelt, deren endgültige Berechnung von zukünftigen Unternehmensergebnissen abhängt (La Villeguérin 1992 : 1021).
Um sich zumindest eine Vorstellung von der Komplexität der Äquivalenzproblematik des Konzepts der 'Steuerrückstellung' zu machen, haben wir nachstehend all jene Posten in der französischen Bilanz und dem Plan Comptable Général ausfindig gemacht, die unter Umständen mit dem deutschen Posten der Steuerrückstellungen in Verbindung gebracht werden können:

Rückstellungen für Steuern	dettes fiscales *(poste du bilan);* Etat - charges à payer *(compte 448);* impôts et taxes recouvrables *(compte 442);* impôts sur les bénéfices *(compte 444);* taxes sur le chiffre d'affaires *(compte 445);* "provision destinée à faire face au paiement d'impôts exigibles au cours des exercices suivants" *(La Villeguérin 1022, fisc: doc. adm. 4 E 322-1 à 9)*

Auch der Experte ist gegen Reversibilität nicht gefeit

Selbst der Experte Chmielewski (1992) erzeugt mit seinen Äquivalentenvorschlägen für Steuerückstellung eine gewisse Verunsicherung beim Leser. Wie wir schon sahen, gibt er im Bilanzvergleich das funktionale Äquivalent dettes fiscales an. Im Index (304) findet man hinter Steuerückstellung das wörtliche Äquivalent provision pour impôts. An anderer Stelle (140) übersetzt er den Terminus provisions pour impôts latents durch Rückstellung für Steuerabgrenzung/latente Steuer. Er gebraucht hier jedoch den französischen Terminus (provisions pour impôts) vermutlich entsprechend der französischen Systematik, versieht ihn aber mit dem Attribut latents, das von La Villeguérin (1992 : 1021) nicht benutzt wird und auch in der französischen Kontenbezeichnung des Plan comptable général (Konto 155) nicht hinzugefügt ist. Möglicherweise handelt es sich also um eine bewußte Anlehnung an den deutschen Terminus latente Steuern. Allerdings wäre die Wahl des französischen Attributs différés sachlich angemessener, denn im französischen System wird eine "distinction ... fondamentale" (699) zwischen der fiscalité latente und der fiscalité différée gemacht. Danach entsprechen sich latent (D) und différé (F). Unseres Erachtens erklären sich die Unsicherheiten, die sich beim Leser durch die von Chmielewski (1992) gegebenen Äquivalente einstellen, durch ein zu wenig reflektiertes Nebeneinander von funktionalem Äquivalent (Steuerrückstellungen - dettes fiscales) und wörtlichem Äquivalent (Steuerrückstellung - provision pour impôts). Hinzu kommt, daß im Falle des letzten französischen Äquivalents nicht genau entscheidbar ist, inwieweit seine Wahl durch den Rückgriff auf einen in der französischen Sachsystematik vorhandenen Terminus beeinflußt ist.

Folge unzureichender Konzeptanalyse

Aus dem vorangehenden Beispiel gewinnen wir folgende (generalisierbare) Erkenntnis: die in den gängigen Fachwörterbüchern anzutreffenden symmetrischen Äquivalenzen beruhen in vielen Fällen mit ziemlicher Wahrscheinlichkeit auf einer unzureichenden Analyse der Konzepte. Sie stellen für den fachlichen Dialog "gefährliche" Vereinfachungen dar und sind daher in dieser Form nicht akzeptabel. Die symmetrische Äquivalenz dergestalt, daß zwei Termini beliebig ihre ausgangs- und zielsprachliche Position miteinander tauschen können, ist nur dann zu rechtfertigen, wenn sie das Ergebnis einer intensiven intensional ausgerichteten terminologischen Analyse ist. Nicht selten wird aber eine extensional orientierte terminologische Heterogenisierung notwendig sein, wie dies in unserem Vorschlag der Fall ist. Es geht also darum, den Mangel an Reversibilität durch bessere oder mehr Äquivalente und/oder das Auslassen bestimmter Äquivalente auszugleichen (Steiner 1989 : 251).

9.4 Benennungsasymmetrie und -heterogenität

Zwischen den Teilbänden biskopaler Wörterbücher

In biskopalen Fachwörterbüchern macht man oft die Beobachtung, daß man unter den Äquivalenten vergeblich nach dem tatsächlich zutreffenden und in der Regel gebräuchlichsten Terminus sucht. Und doch findet man ihn als ausgangssprachliches Element im anderen Halbband. Es scheint also, als sei er "verlorengegangen". Erklärungsstärker dürfte aber die Annahme sein, daß durch eine Überbetonung der Übersetzungstätigkeit "im klassischen Sinne" in zu starkem Maße subjektive Produkte erzeugt wurden. Der Rückgriff auf die im L_2-System vorhandene Fachterminologie erfolgte dagegen in unzureichendem Maße. Wir unterstellen in diesem Fall bei unseren Überlegungen die Möglichkeit einer -bis zu einem gewissen Grad- problemlosen Reversibilität.

Werfen wir einen Blick in Potonnier F-D/D-F:

dotation des (aux) réserves	Dotierung der Reserven
Zuführung an (?) die Rücklagen	versement aux réserves, versement pour constitution de réserves, affectation aux réserves, incorporation aux réserves

Kommentar: das sicherlich (neben affectation) fachsprachlich gebräuchlichste französische Äquivalent dotation aux/des réserves erscheint nicht unter den vier französischen Äquivalenten. Im F-D-Teil trifft man nicht auf die äußerst gebräuchlichen deutschen Äquivalente Einstellung in die Rücklagen, Zuführung zu den Rücklagen. Nach incorporation aux réserves wird die linkische Kollokation Zuführung an die Reserven gegeben (der unpassende Gebrauch der Präposition an wiederholt sich also). Allerdings halten wir das vorfindbare Äquivalent Dotierung der Reserven in einer anderen Hinsicht für interessant. Wir werden im Zusammenhang mit der Frage der Terminologieharmonisierung darüber sprechen (siehe die Seiten 311f.).

affectation des bénéfices	Verwendung der Gewinne
Verwendung der Gewinne	emploi (destination) des bénéfices et profits

Kommentar: Sehen wir einmal davon ab, daß Gewinnverwendung ein stärkerer Terminologisierungsgrad zukommt als der genitivischen Konstruktion, so fällt auch hier auf, daß im D-F-Teil der treffende französische Terminus affectation nicht erscheint. Der fachsprachliche Charakter von emploi ist in diesem Kontext gering.

abandon de créance	Forderungsverzicht
Forderungsverzicht	abandon du recouvrement d'une créance

Kommentar: Das französische Äquivalent weist im Vergleich mit seiner ausgangssprachlichen Version eine vermeidbare Redundanz auf.

Innerhalb eines Teilbandes

Hinweisen möchten wir auf eine weitere Form der Benennungsasymmetrie, besser Benennungsheterogenität, innerhalb eines Teilbandes. Sie ergibt sich leicht dann, wenn ein Mehrwortlexem unter mehreren Lemmata erscheint. Wir geben wiederum ein Beispiel aus Potonnier (das Lemma ist unterstrichen):

schwebende Geschäfte	affaires pendantes (en cours, non terminées, non liquidées, en suspens)
schwebende Geschäfte	affaires pendantes, affaires non (encore) réglées; affaires non (encore) conclues

Eine solche Terminusmultiplikation ist für ein aktives Wörterbuch ungeeignet. Hier geht es um den (möglichst) treffenden Terminus im treffenden Kontext. Wenn man davon ausgeht, daß das genannte Zweiwortlemma starke Affinität mit dem Bereich der Rechnungslegung aufweist und daher sehr häufig auch in dem terminologischen Syntagma Rückstellungen für drohende Verluste aus schwebenden Geschäften gebraucht wird, und wenn man desweiteren bedenkt, daß hierfür etwa solche Äquivalente wie provisions pour pertes sur clients (douteux/litigieux) oder provisions pour litiges in Frage kommen (Lassègue 1993 : 302; Heitzler 1991 : 75), so entdeckt man, daß kein Äquivalent im Potonnier diesen kontextuellen Anforderungen genügt. Eine solche Übersetzungspraxis leistet einem dekontextualisierten "Bezeichnungswissen" (Wichter 1994 : 263-270) gefährlichen Vorschub. Dies gilt in jedem Fall für das Produktionswörterbuch. Dieser Gefahr kann nur durch das (nicht nur) lexikographische Desiderat exakten Domänenwissens wirkungsvoll begegnet werden.
Daß man sich über das hier beschriebene Phänomen auch amüsieren kann, zeigt das folgende Beispiel aus dem Potonnier:

> **clever** *(Umgangssprache)* adroit, habile, malin, rusé, astucieux, roublard, ingénieux, combinard, débrouillard, roué, finasseur, finassier, capable, habile.

Hier hat offenbar ein "entfesselter" Übersetzer der im wirtschaftlichen Tätigkeitsfeld hochgeschätzten Cleverness ein Denkmal setzen wollen. Vielleicht freute er sich auch, für eine Weile der strengen Disziplin terminologischen Übersetzens entfliehen zu können. Im Gegenband von Potonnier F-D bleiben davon nur capable und habile übrig. Clever steht dort aber leider nicht mehr dahinter.

Terminusmultiplikation ein notwendiges Übel?

Wir sind uns der Schwierigkeit bewußt, daß eine (vielleicht) wünschenswerte Abschwächung des Phänomens der "Terminusmultiplikation" selbst von verantwortlichen Fachvertretern kaum erreichbar zu sein scheint. So findet man z.B. in einem Lehrgang zur Buchführung auf einer Seite drei verschiedene Termini über einen als identisch aufzufassenden Sachverhalt (Bucher o.J. : AKAD 8 Seite 4f.): Rückstellung für Garantieansprüche/Garantieleistungen/Garantiearbeiten. Zumindest werden keine -wohl durchaus möglichen- begrifflichen Differenzierungen vorgenommen. Ebenso findet man dort etwa die folgende Erläuterung: "Man nennt solche Produkte unfertige Erzeugnisse oder auch Zwischenprodukte, Halbfertigfabrikate, Produkte in Arbeit oder angefangene Arbeiten" (ebd. AKAD 9 Seite 45).

Wir haben den Eindruck, daß es durchaus lohnend ist, solche "Synonyme" einmal ganz genau im Hinblick auf ihre spezifische Leistungsfähigkeit zu untersuchen. Da dies bisher nicht geschehen ist, ist unsere Haltung zu dem Phänomen der Terminusmultiplikation eher von Unsicherheit geprägt.
Das Problem ist in der Literatur hinreichend bekannt. Kocourek (1982 : 199) spricht sich für eine "autodiscipline non officielle" bzw. für eine "autorégulation terminologique" aus. Eine Synonymiereduktion könne durch Selektion erreicht werden.
Müller (1985 : 204) sieht die Notwendigkeit, im fachsprachlichen Bereich zwischen einer unvermeidbaren Synonymie und vermeidbaren "désignations hétérogènes" zu unterscheiden.
Nach Schmitt (1989_2 : 69) tragen die Übersetzer zur "hypertrophie lexicale douloureusement ressentie depuis plus d'un siècle" bei, da sie in isolierter Einzelarbeit versuchen, supranationale, nationale oder unternehmensinterne Normen in ihrer Terminogiearbeit zu erfüllen. Bei der von uns angesprochenen Untersuchung wäre es also -im Sinne Müllers- notwendig, diese berufssoziologisch bedingten (vermeidbaren ?) Phänomene innerhalb des Gesamtphänomens einzukreisen.
König-Dressler (1989 : 133) hat den Eindruck, daß die Unternehmen durch ihre hausinterne Terminologie nicht gerade zur Erleichterung der (inter)nationalen zwischenbetrieblichen Kommunikation beitragen.
Morgenroth (1994 : 72) differenziert die Problematik je nach "sciences naturelles" und "sciences sociales, économiques". In der Wirtschaftssprache sei keine "activité de normalisation" vorhanden, jeder Autor, jede "Schule" und jedes Land verwende die eigene Terminologie.

Internationalismen bringen nicht die "Lösung"

Die angeführten Äußerungen machen klar, daß man von einer allgemeinverbindlichen Terminologienormung weit entfernt ist. Reinart (1993 :113) stellt mit Blick auf die technische Terminologie fest, daß die These von der Internationalität der Fachterminologien problematisch ist. Internationalismen spielen eine weniger große Rolle als angenommen, außerdem bestehen auch bei diesen noch erhebliche einzelsprachliche Spielräume. Solche differenzierten Beurteilungen scheinen uns hilfreicher zu sein als jene so oft zu hörenden recht pauschal klingenden Aussagen: "l'adoption d'une nomenclature internationale ... s'imposera de plus en plus à l'avenir grâce à l'amplification des relations internationales" (Müller 1985 : 193).
Es ist bekannt, daß die "tendance vers l'anglicisme marque actuellement toutes les terminologies modernes" (Schmitt 1989 : 74). Wir werden es also immer mehr mit der Situation zu tun haben, daß eine original englischsprachige Terminologie, verbunden mit originärer Forschung, in andere Sprachen übersetzt werden muß, so daß dort eine Art hybrider Terminologie entsteht. Da deren Stabilität nicht sonderlich groß sein dürfte, kann die Hypothese gewagt werden, daß sich das Problem der Terminusmultiplikation in Zukunft sogar noch verstärkt. Wir fragten diesbezüglich Suzan Warwick vom Institut Dalle Molle der Universität Genf. Sie beschäftigt sich mit der Ermittlung von Terminologien durch Parallelisierung von (in der Regel) original englisch-

sprachigem mit übersetztem Textmaterial oder von übersetztem Textmaterial miteinander. Sie erklärte, daß sie das Problem der hybriden Terminologie durchaus sehe, daß aber die Entwicklung auf den einzelnen Gebieten derart schnell voranschreite, daß man auf Übersetzungen zurückgreifen müsse.
Hieraus und aus einem Ressourcenproblem, das originäre Terminologie auf der Grundlage originärer Forschung für viele Sprach- und Kulturräume in Zukunft immer weniger wahrscheinlich werden läßt, können wir schließen, daß dem Übersetzer in Zukunft eine noch größere Verantwortung als in der Vergangenheit bei seiner Entscheidung zufallen wird, welches Äquivalent das angemessene ist.

Minimaler "eurolecte" der Rechnungslegung

In welchem Maße von dem von Goffin (1994 : 155) erwähnten "eurolecte" terminologieharmonisierende Impulse ausgehen werden, bleibt abzuwarten. Im Bereich der deutsch-französischen Rechnungslegung konnten wir keine nennenswerten Einflüsse feststellen. Ganz amüsant ist an dieser Stelle der Hinweis von dem Wirtschaftsprüfer und Steuerberater Dietz Mertin, Frankfurt, der in seiner international ausgerichteten Arbeit die Erfahrung machte, daß die französischen Kollegen durch ihre in Französisch gehaltenen Vorträge "den Betrieb aufhalten", da sie ins Englische übersetzt werden müßten. Die "deutsche" Rechnungslegungssprache weist offensichtlich weniger Berührungsängste mit englischem Sprachmaterial auf als die französische. Nachstehend zwei Beispiele aus dem Bereich der Bilanzierung der **langfristigen Fertigung** (opérations de longue durée) (Chmielewicz/Schweitzer 1993 : 1641):

die Completed-Contract-Methode
die Percentage-of-Completion-Methode

Im Französischen erfordert das immerhin den folgenden Aufwand:

la méthode de la constatation du profit à l'achèvement des travaux (Sylvain 1982)
la méthode du % de l'avancement des travaux (Lafond/Vaughan 1993)

Allerdings verwendet Lassègue (1993 : 234) im Unterschied zu seinen vorgenannten Fachkollegen auch die ökonomischeren:

la méthode de l'avancement
la méthode de l'achèvement

Geringe deutsch-französische Terminologieharmonisierung

Die Ausbeute unserer Ausschau nach terminologischem Material, daß sich für eine Erleichterung der deutsch-französischen Verständigung im Bereich der Rechnungslegung anbietet, ist nicht groß. Das Englische springt bisweilen als "Harmonisator" in die Bresche. Nachstehend geben wir einige Beispiele:

activer - aktivieren
l'activation - die Aktivierung
passiver ? - passivieren
la passivation ? - die Passivierung
le goodwill (anstatt fonds commercial) - der Goodwill (anstatt Firmen- und Geschäftswert)
le groupe - die Gruppe (anstatt Konzern)
le cash flow - der Cash-flow
le leasing (anstatt crédit-bail) - das Leasing
la méthode L.I.F.O./F.I.F.O. etc. - die L.I.F.O./F.I.F.O.-Methode
l'amortissement normal - die normale Abschreibung
la dotation aux réserves - die Dotierung der Reserven/Rücklagen
doter les réserves - die Reserven/Rücklagen dotieren
les tantièmes - die Tantiemen

Das letzte Äquivalentenpaar ist allerdings problematisch. Diese Form der Gewinnbeteiligung, die im wesentlichen an Mitglieder der Unternehmensleitung aber auch an Arbeitnehmer bezahlt wird, ist in Frankreich aufgrund des Gesetzes vom 31. Dez. 1975 (Cornu 1987 : 800) nicht mehr gestattet. Die Mitglieder der Unternehmensleitung erhalten jetons de présence, die Arbeitnehmer z.B. primes de bilan (Ergebnisbeteiligung, die oft zu Weihnachten gezahlt wird).

Fazit: Äquivalenz ein anisormorphes Kontinuum

Ziehen wir nun am Ende unserer Ausführungen zur Äquivalenz im Index ein Fazit. Drei Markierungsmöglichkeiten lassen sich für die Äquivalenzrelationen resümieren:

- 1 : 1- Äquivalenz =
- Teiläquivalenz ±
- Teiläquivalenz, Null-Äquivalenz **(D)**, **(F)**

Wir haben es hierbei mit einem Kontinuum zu tun. Wenn wir nach der lexikographischen Umsetzbarkeit dieses Markierungssystems fragen, müssen wir vor allem nach der Möglichkeit seiner Rationalisierung fragen. Man könnte sich mit dem Benutzer darauf verständigen, daß in allen Fällen, in denen nicht die "="-Markierung oder nicht die Kulturraummarker erscheinen, die "±"-Markierung gilt. Der damit von dem Benutzer verlangte Bewußtseinswandel hinsichtlich der Äquivalenzverhältnisse zwischen zwei Sprachsystemen ist allerdings erheblich. Er müßte die Tatsache verinnerlichen, daß die Anisomorphie zwischen diesen beiden Systemen der Normalfall ist. In zweierlei Weise kann man ihm dabei Hilfestellung geben: durch entsprechende Instruktionen in der Einleitung und durch Glosseninformationen. Skeptisch sind wir, ob der Benutzer die Instruktionen liest (siehe Zöfgen 1994 : 58). Wir fragen uns daher: gibt es technisch eine Möglichkeit, den Benutzer eines Wörterbuchs bei der erstmaligen Benutzung seines Neuwerwerbs, zu "zwingen", die vielleicht zwei oder drei wichtigsten (kurzen und anschaulichen) Instruktionen wirklich zu lesen?

10. Die kontrastive Glosse

Hoher Stellenwert der Glosse im Kontext-Fachwörterbuch

Nach Hausmann (1991_1 : 2734, 2737) steht die Glosse im zweisprachigen Wörterbuch, neben Kotextangaben und Markierungsangaben, im Dienste der Äquivalenzdifferenzierung. Durch ihre monosemierende Wirkung erfüllt sie eine wichtige Aufgabe bei der genauen semantischen Identifikation einer Wortschatzeinheit. Die Glosse steht zu der glossierten Einheit in einem paradigmatischen Verhältnis. In Frage kommen synonymische Paraphrasen, Synonyme und Hyperonyme. Chmielewicz/Schweitzer (1991 : 2720), die noch "hyponym, ... antonym, subject or stylistic labels" erwähnen, heben hervor, daß "meaning discrimination" essentiell für das aktive Wörterbuch ist. Kromann (1992 : 157) stellt den Zusammenhang zwischen der normalerweise fehlenden vollständigen 1 : 1-Äquivalenz und der kommentierenden Glosse her. Er spricht von "massenhaften Beispielen für fehlende oder unzulängliche Kommentare zur partiellen Äquivalenz" auch in Spezialwörterbüchern mit Deutsch als einer der beiden Sprachen. Wir haben also der Glosse in der Konzeption des aktiven Kontext-Fachwörterbuchs einen gar nicht hoch genug zu veranschlagenden Stellenwert einzuräumen.

Kongruenzglossen bedürfen starker Absicherung durch Experten

Der Inhalt unserer Glosse ist im wesentlichen das Resultat einer kontrastiven Betrachtung der beiden Rechnungslegungssysteme. Dem Festhalten des Unterscheidenden gilt daher unsere besondere Aufmerksamkeit (vgl. Rey 1991 : 2865, 2869). Rossenbeck (1994 : 140) spricht sich allerdings auch für eine Information über bestehende Kongruenzen aus. Dies kann in der Tat nützlich sein für den Benutzer. Das Problem könnte jedoch darin bestehen, wann man mit Gewißheit sagen kann, daß Kongruenz vorliegt. Jedenfalls bedarf es hierzu eines durch einen Experten gut abgesicherten Urteils, etwa der folgenden Art: "Die principes comptables entsprechen den deutschen Grundsätzen ordnungsmäßiger Buchführung" (Opitz 1992 : 105 Anm. 117). Dennoch ist Vorsicht angebracht. Von der Expertin Caussemille (1992 : 6) erfahren wir nämlich, daß einer dieser Grundsätze, das Vorsichtsprinzip, z.B. bei der Bewertung des Vorratsvermögens aufgrund des Grundsatzes der verlustfreien Bewertung in Deutschland strenger gehandhabt wird als in Frankreich. Kongruenzglossen sollten also möglichst durch das Urteil mehrerer Experten abgesichert sein.

Vorteile der Wiegandschen Wissenstypen für die Glossierung

Wir werden bei der (seltenen) Kongruenzglosse und der häufigen kontrastiven Glosse zwei Typen von Informationen unterscheiden, die wir aus der von Wiegand (1994 : besonders 116-118) gemachten Differenzierung nach "gegenstandskonstitutivem Bedeutungswissen" und "fachenzyklopädischem Sachwissen" ableiten. Trotz einer -Gott sei Dank vermutlich- unmöglichen trennscharfen Grenzziehung zwischen beiden Wissenstypen sehen wir kein geeigneteres Wissensmodell. Einfach zu sagen, man könne diese Trennung nicht nachvollziehen (Bergenholtz 1994 : 54), ist der Bedeutung eines der schwierigsten semantischen Probleme nicht angemessen (siehe hierzu Kleiber 1993 : 49). Die dem ersten Wissenstyp zugeordnete Glosseninformation erfüllt die klassische Funktion der referentiellen Identifikation. Sie ist wichtig, damit Gesprächsteilnehmer über die gleiche Sache reden, also nicht aneinander vorbeireden. Die dem zweiten Wissenstyp zugeordnete Glosseniformation soll dem Benutzer entscheidungs- und zielorientiertes fachliches Handeln ermöglichen. Gesehen werden sollte die Problematik, daß sich bei der Schau auf ein unvertrautes System die Grenzen zwischen den beiden von Wiegand genannten Wissenstypen verschieben können. Wir haben daher anzunehmen, daß für den französischen Benutzer ein aus der Innenschau als gegenstandskonstitutiv charakterisiertes Bedeutungswissen in der Außenschau durchaus enzyklopädische Qualität annehmen kann. Es läßt sich unschwer ausdenken, daß die strenge Abgrenzung zwischen den beiden Glosseninformationstypen ebenso schwierig ist wie die zwischen den beiden genannten Wissenstypen. Wiegand (1994 : 117) nimmt nun eine wichtige Präzisierung vor, die sich sehr gut auf unser Glossenkonzept anwenden läßt:

> Wer fachenzyklopädisches Sachwissen zu einer Sache hat, hat immer auch das gegenstandskonstitutive Bedeutungswissen, welches der fachlichen Benennung bzw. den Benennungen für diese Sache zugeordnet ist, so daß er stets die Fachausdrücke korrekt verwenden kann. Das Umgekehrte gilt jedoch nicht.

Wir gehen bei unserem frankophonen Benutzer davon aus, daß er über ein gutes gegenstandskonstitutives Bedeutungswissen im Bereich der Rechnungslegung verfügt, allerdings nur in dem ihm vertrauten System des eigenen Kulturraums. Das gleiche gilt für die handlungssteuernde Glosse. In beiden Fällen werden wir Wert darauf legen, möglichst nur jene Informationen zu glossieren, die sich als konstrastive Restgröße aufgrund einer vergleichenden Betrachtung beider Systeme ergeben. Dieses hiermit vermittelte Wissen kann auch bei dem von uns anvisierten Fachmann nicht als bekannt vorausgesetzt werden. Wir werden die beiden Glossentypen "semantische Glosse" und "pragmatische Glosse" nennen.

Keine gute Glossierung zum Nulltarif

Wir haben in Doucet/Fleck D-F ein angesichts der vorhandenen Wörterbuchsituation seltenes Beispiel gefunden, dem für unsere Belange ein gewisser exemplarischer Wert zukommt:

> **Konkurs** *m* (1) *(Alltagssprache, juristisch nicht mehr korrekt in F, rechtlich richtig in B u. S)* faillite *f*, (2) *(Oberbegriff für Konkurs u. Vergleich)* concours *m*, (3) *(Konkurs in F. seit Gesetz vom 13.7. 1967)* liquidation *f* des biens, (4) *(in Anbetracht der Person des Schuldners)* faillite personnelle,

(5) *(in Hinblick auf das Unternehmen in der Wirtschaftssprache)* déconfiture de l'entreprise;

Auch in Potonnier trifft man vereinzelte Glossierungen an, die der Intention nahekommen, welche wir ihnen in unserem Konzept zuschreiben:

avoir fiscal *(en France: allègement fiscal ayant pour but d'encourager les investissements)* Steuernachlaß *m;* Steuervergünstigung *f; (en Allemagne: bon de crédit en cas de trop-perçu ou de cote formant surtaxe)* Steuerguthaben *n*

Die beiden Beispiele sollen auch verdeutlichen, daß ohne ein bestimmtes Maß an intellektuellem und zeitlichem Aufwand keine gute Glossierung erreichbar ist. Sie sollen auch verdeutlichen, daß es diese kostbaren Informationen nicht zum Nulltarif geben kann. Wir wissen nur allzu gut, "qu'un grand nombre de dictionnaires et autres produits terminographiques, sur papier et sur support informatisé, ne répondent que partiellement, voire très peu, aux besoins et aux souhaits des utilisateurs", z.B. u.a. wegen der "rareté des informations sémantiques ... ou purement pratiques" (Hermans 1993 : 3). Eine ungeheure Arbeit wartet hier auf ihre Erledigung. Sie wird sich im Hinblick auf eine qualitative Verbesserung der Fachkommunikation auszahlen.

Glossierungsentwürfe:

Der Anlagespiegel

Sehen wir uns also einige Glossierungen an, wie wir sie für notwendig halten:

der **Anlagespiegel** le tableau d'évolution de l'actif immobilisé
Possibilité d'inclure la synthèse des mouvements d'immobilisations de l'exercice dans le bilan (Caussemille 1992 : 16).

Der kontrastive Aspekt des pragmatischen Teils der Glosse beruht darauf, daß in Frankreich der Anlagespiegel (und der Abschreibungsspiegel) Pflichtbestandteil des Geschäftsberichts sind (Küting/Weber 1994 : 258f.). Dem frankophonen Benutzer wird also eine Information über die deutsche Bilanzierungspraxis gegeben, die ihm aufgrund einer anderweitigen Handhabung im eigenen Wirtschaftsraum nicht bekannt sein kann oder als nicht bekannt vorausgesetzt werden kann. An der Glosse fällt auf, daß die semantische (nicht-kontrastive) Information *(la synthèse des mouvements d'immobilisations de l'exercice)* und die pragmatische Information *(possibilité d'inclure ... dans le bilan)* in enger Verbindung erscheinen. Bei strenger Handhabung des kontrastiven Prinzips müßte die Glosse reduziert werden auf die Form *(possibilité de l'inclure dans le bilan).*

Die Anschaffungs- und Herstellungskosten

> die **Anschaffungs- und Herstellungskosten** les coûts d'acquisition et de production
> *Die Einzelkosten bilden die Wertuntergrenze der Herstellungskosten* (Küting/Weber 1994 : 274).

Der Glosse liegt die kontrastive Einsicht zugrunde, daß in Frankreich die Einzelkosten plus die zurechenbaren Gemeinkosten die Wertuntergrenze der Herstellungskosten bilden. Die jeweiligen Definitionen der Anschaffungskosten sind dagegen miteinander vergleichbar. Das Bestehen dieser Übereinstimmung wird also hier nicht betont. Damit soll nicht gesagt werden, daß eine Glossierung nicht auch unter Umständen hierauf einen Hinweis geben sollte. Das kann nur von Fall zu Fall entschieden werden.
Deutlich wird, daß wir den kontrastiven Aspekt als solchen nicht explizit machen. Dessen explizite Erwähnung würde folgende Formulierung erforderlich machen: *In Deutschland bilden nur die Einzelkosten die Untergrenze der Herstellungskosten, in Frankreich sind es dagegen die Einzelkosten und die Gemeinkosten.* Die hier über die kürzere Glosse hinausgehenden explizit gemachten Informationen halten wir aufgrund der beim frankophonen Benutzer vorausgesetzten Vertrautheit mit dem eigenen System für weglaßbar. Wir müssen also exakterweise von einer impliziten kontrastiven Glossierung sprechen.
In der von uns formulierten Glosse überlagern sich semantisch-referentielle und pragmatisch-handlungsrelevante Elemente in untrennbarer Weise. Möglich wäre auch eine andere Art der Formulierung der Glosse gewesen, z.B. *La définition allemande du coût de production apparaît plus restrictive et, par conséquent, plus prudente que la définition française* (Chmielewski 1992 : 106, 115). Diese Glosse liefert keine gegenstandskonstitutive Bedeutungsinformation, dafür aber eine fachliche Wertung, die durchaus von Relevanz für den Benutzer sein kann. Nun haben wir das zweite Glossenbeispiel in deutscher Sprache formuliert. Wir haben es bewußt getan, um am Ende unserer Beispielreihe auch zu dieser in der Literatur diskutierten Frage ein Fazit zu ziehen.

Funktionaler Zusammenhang zwischen Kulturraummarkern und Glossierung

Kommen wir zu einem weiteren Beispiel:

> die **Festwertmethode** (D) la méthode de la valeur fixe (D)
> *Constitue une règle simplificatrice, c.-à-d. une méthode particulière d'évaluation des stocks dans le cadre de l'inventaire physique.*

Die Kontrastivität beruht in diesem Fall darauf, daß wir es im deutschen System mit einem ausdrücklich definierten Inventurvereinfachungsverfahren bzw. Bewertungsvereinfachungsverfahren zu tun haben, während Chmielewski (1992 : 64) in ihm in bezug auf das französische System "simplement une modalité pratique différente" sieht. Ein weiteres Beispiel:

die **außerordentlichen Aufwendungen** (D) les charges exceptionnelles (F)
Notion beaucoup plus restrictive; la plupart des éléments qualifiés d'exceptionnels en France seront reclassés dans les autres produits *et les* autres charges d'exploitation *dans la présentation allemande*
(Caussemille 1992 : 64).

Dieser Glossentyp kann für den frankophonen Experten sehr wertvoll sein, weil er Informationen gibt, die für die Überführung eines französischen Einzelabschlusses in einen konsolidierten deutschen Abschluß und ganz besonders bei der Ableitung der Handelsbilanz II aus dem Einzelabschluß des konsolidierten Unternehmens (vgl. Küting/ Weber 1994 : 30) beachtet werden müssen.

die **immateriellen Vermögensgegenstände** les immobilisations immatérielles (±)
Nur sehr eingeschränkte Aktivierungsmöglichkeiten.

Die implizite Kontrastivität ergibt sich hier daraus, daß in Frankreich in stärkerem Umfang als in Deutschland die Möglichkeit besteht, immaterielle Vermögensgegenstände, z.B.Gründungs-, Forschungs- und Entwicklungskosten, zu aktivieren (Küting/Weber 1994 : 178).
Wir haben die drei vorstehenden Beispiele mit Äquivalenz- (±) bzw. Kulturraummarkern (D/F) versehen, um den funktionalen Zusammenhang, der zwischen ihnen und den Glossierungen besteht, zu verdeutlichen.

Glossierung von nomen actionis und nomen acti

Eine besondere Erwähnung verdient noch jene Glosse, die im Falle von nomen actionis und nomen acti notwendig wird. Die einschlägigen Fachwörterbücher lassen hier nicht selten die notwendige Sorgfalt vermissen (vgl. Potonnier für das folgende Beispiel). Wir präsentieren diese Erscheinung folgendermaßen:

die **Geschäftsführung** la direction
Organe de direction

die **Geschäftsführung** la gestion

Die Glosse als Handlungsinstrument

Die Glossen, von denen wir hier nur eine kleine Auswahl gegeben haben, erfüllen im "Kontext"-Fachwörterbuch vorrangig eine Kontextfunktion, indem der frankophone Benutzer zu fachlichem (Sprach)Handeln in dem ihm wenig vertrauten deutschen Rechnungslegungssystem befähigt werden soll.
Hartmann (1991 : 2858) spricht von der Möglichkeit einer "new generation of dictionaries of cross-cultural information", in die kontrastive syntaktische, semantische und pragmatische Informationen integriert werden könnten. Er fragt aber skeptisch: "Will bilingual lexicography manage to process this additional information in ways that can benefit the user of dictionaries?" Wir halten diese Integration dann für kein

quantitatives Problem, wenn durch eine präzise Analyse beider Syste-me das für das fachliche Handeln des anvisierten Benutzers nützliche kontrastive Element in maximal kondensierter Form herausgefiltert wird.

Positionierung der Glosse im Artikel

Bei der Anordnung der Glosse fällt auf, daß wir sie nicht, wie üblich, in Klammern gesetzt haben und daß sie nicht sofort nach dem Lemma, auf das sie sich bezieht, erscheint, sondern erst nach dem Äquivalent. Sie erscheint außerdem abgesetzt in einer neuen Zeile. Wir begründen diese Anordnung folgendermaßen: Eine Glosse, die zwischen dem Lemma und dem Äquivalent angeordnet ist, verhindert die ganzheitliche und damit einprägsamere Erfassung dieser beiden Einheiten (s. obiges Beispiel aus Doucet/Fleck). Dies ist besonders dann der Fall, wenn diese Information etwas umfangreicher ist. Der Zusammenhalt zwischen glossierter Information und Lemma ist durch dessen Hervorhebung in Fettdruck -im Unterschied zum Äquivalent- gewährleistet. Diese Anordnung verlangt logischerweise eine konsequente Degruppierung polysemer Lemmata.

Glossen in L_1- und L_2-Sprache

Was nun die Frage der Sprache der zu dem Lemma gegebenen Informationen betrifft, so erfordert sie ja nur für das aktive Wörterbuch ein wenig mehr Reflexion. Im passiven Typ ist die Sachlage klar: die Muttersprache des Benutzers stellt die beste Lösung dar. Für den aktiven Typ plädieren wir für eine flexible Handhabung, die sowohl auf die L_1-Sprache als auch die L_2-Sprache zurückgreift. Sie erscheint uns nutzbringender als eine starre entweder-oder-Lösung. Die Entscheidung ist von Fall zu Fall zu treffen. Rossenbeck (1994 : 149, 153) weist auf die nicht zu unterschätzende Funktion eines "Äquivalent-Surrogats" hin, welche durch Formulierungen in der L_2-Sprache ausgeübt werden kann. Er spricht auch von dem "Steinbruch", aus dem sich der Benutzer bedienen kann. Wir schließen uns dieser Sehweise mit einigen weiteren Präzisierungen an. Die folgenden Überlegungen sollten eine Rolle spielen bei der Entscheidung, ob die Glossensprache Deutsch (L_2-Sprache) sein soll:

i) Handelt es sich um eine primär semantische oder eine primär pragmatische Information?
ii) Ist eine Formulierung möglich, die im Rahmen der beim Benutzer vorausgesetzten deutschen Sprachfähigkeiten liegen?
iii) Sind die in der Information verwendeten Termini, deren Kenntnis zum Verständnis der Information unentbehrlich ist, selbst (sub)lemmatisiert?

In Beantwortung von i) vertreten wir die Auffassung, daß bei der semantischen, d.h. primär definierenden, Glosse in stärkerem Maße von der Benutzung der L_2-Sprache abgesehen werden kann, da sie von geringerer Sprachhandlungs- oder Problemlösungsrelevanz ist. Wir meinen damit, daß die größere Selbstverständlichkeit, mit der das in ihr enthaltene Wissen vorausgesetzt werden kann (siehe oben Wiegand), eine geringere Notwendigkeit eines Explizitmachens im Fachgespräch einschließt. Das betrifft z.B. ein solches definitorisches Element wie *la synthèse des mouvements d'immobilisation de l'exercice* in dem Glossenbeispiel der Anlagespiegel. Von echtem Vorteil für die Produktion fachlicher Sprachhandlungen ist dagegen der Terminus *Aktivierungsmöglichkeiten* in der Glosse zu den immateriellen Vermögensgegenständen. Mit ihm kann ein möglicher fachlicher Handlungsbedarf im entscheidungsorientierten Fachgespräch versprachlicht werden.

Die gesamte Formulierung der genannten Glosse erfüllt die in Überlegung ii) genannte Bedingung noch besser, wenn eine Vereinfachung etwa derart vorgenommen wird: *Nur geringe Aktivierungsmöglichkeiten.* Wir haben also das weniger frequente *eingeschränkt* durch das hochfrequente *gering* ersetzt.

Schließlich sei auch die Bedingung iii) erfüllt, d.h. der Terminus Aktivierungsmöglichkeit ist im Wörterbuch (sub)lemmatisiert. In diesem Fall halten wir die Präsentation der Glosse in deutscher Sprache für ein sehr geeignetes Mittel zur Steigerung der Produktionseffizienz des Wörterbuchs. Auch die Glosse zu den Anschaffungs- und Herstellungskosten, halten wir in dieser Form für präsentabel, da sie im wesentlichen aus drei Termini besteht, die auf jeden Fall lemmatisiert sind. Hinzu kommt, daß mit diesen Termini (Einzelkosten, Wertuntergrenze, Herstellungskosten), das Lemma schon innerhalb des Artikels auf der syntagmatischen Ebene eine paradigmatische semantische Vernetzung erfährt, deren Wert der Benutzer immer zu schätzen weiß.

Synthese von Fachlichkeit und Beziehung

Der Wert einer kontrastiven Glossierung für ein aktives Wörterbuch liegt unbestreitbar in der dadurch erzielbaren Verbesserung von Präzision und Effizienz des Fachgesprächs. Dabei darf man jedoch auf keinen Fall vergessen, in welchem Maße hiervon auch die interpersonalen Beziehungen tangiert werden. Die Beziehungs- und die Fachlichkeitsdimension lassen sich im Gegensatz zu einer weitverbreiteten Auffassung nicht klar trennen. Ganz deutlich sollte dies dort werden, wo sich im fachlichen Konzept selbst fachsystematisch und damit oftmals kulturell bedingte Sehweisen von Realität kundtun. Wir greifen zur besonderen Veranschaulichung unserer Auffassung auf ein Beispiel zurück, das Annick Bourguignon (1993 : 13) für die japanische Auffassung der Vorräte (les stocks) gibt:

> Pour les Japonais, le stock a un effet semblable à celui d'un ‹narcotique› qui masque, comme l'eau du lac qui submerge et dissimule un fond rocheux, les inefficiences de la gestion et de la production (prévision erronée de la demande, pannes, absences, production défectueuse ...). Le stock consomme de l'espace, des financements et se déprécie jour après jour, avec la rapide obsolescence des produits sur le marché. Le stock est un ‹mal absolu›.

11. Lexikalische und sprachstrukturelle Aspekte in kontrastiver Perspektive

Kontrastlinguistische Aufbereitung

Mit den folgenden Ausführungen rücken wir innerhalb unserer gesamten Darstellung am stärksten in die Nähe des "Lernwörterbuchs". Die "kontrastlinguistische Aufbereitung" des Sprachmaterials ist ein Aspekt, dem wir nun unsere Aufmerksamkeit zuwenden. Das Ziel besteht darin, den frankophonen Benutzer "auf die Gefahr muttersprachlicher Inferenz im Sinne von negativem Transfer aus L_1 hinzuweisen" (Zöfgen 1994 : 333). Wir schauen also bewußt mit den Augen des frankophonen Lerners auf die Formen und Strukturen des im Wörterbuch verwendeten deutschen Sprachmaterials und ermitteln vermutete Schwierigkeiten unter kontrastiver Perspektive (Bertrand 1990). In der Regel beruhen diese Schwierigkeiten in der kaum vermeidbaren "naiven" Übertragung der muttersprachlichen Struktur auf das fremdsprachliche Medium. Dieser "Sprachnaivität" muß auch ein Produktionswörterbuch mit fachlicher Akzentsetzung ohne jedes Wenn und Aber Rechnung tragen.

11.1 Produktionserschwernis durch Strukturdivergenzen

Die folgenden Überlegungen richten sich auf grammatische Erscheinungen im engeren Sinne.

Exakter Gebrauch von Präpositionen

Eines der größten Produktionsprobleme dürfte dem frankophonen Benutzer die sichere Handhabung der Präposition in ihrer so wichtigen syntaktischen und semantischen Bindefunktion bereiten (zu den besonderen Übersetzungsschwierigkeiten bei Präpositionen und "prepositional collocations" siehe Manley 1985 : 248). Von der Präpositionen gehen wichtige Informationen über die semantischen Rollen der Argumente von Verben, Substantiven und Adjektiven aus. Die Exaktheit einer Aussage wird somit wesentlich durch die exakte Verwendung von Präpositionen bestimmt. In ihrem Zwischenstatus zwischen lexikalischer Bedeutung und grammatischer "Bedeutungsentleerung", zwischen Inhalts- und Funktionswort, spiegelt sich in besonderer Weise eine mehr oder weniger starke Grammatikalisierung von Bedeutungsbeziehungen (vgl. Knobloch 1994 : 94).
Der frankophone Benutzer bekommt im Wörterbuchartikel die deutschen Strukturen als ausgangssprachliches Material präsentiert. Er befindet sich also in der "bequemen" Rezeptionssituation, in der ihm muttersprachliche Verstehenshilfen in französischer Sprache angeboten werden. Wir schlagen die geklammerte Einfügung des französischen präpositionalen Elementes in die deutschsprachige Kollokation möglichst

direkt hinter der "schwer zu produzierenden/zu verstehenden" Stelle vor. Dem Verstehen förderlicher ist es allerdings, die französische Übersetzung nicht nur auf die Präposition zu beschränken, sondern sie in einen verstehensfördernden Minimalkontext einzubetten. Hierbei können sich die Grenzen zwischen Verstehenshilfen, die grammatisch-strukturelle Einsichten vermitteln und solchen, die auch lexikalisch-semantische Informationen vermitteln, verwischen. Wir halten dies für keinen Nachteil.

Verstehenshilfen als Produktionshilfen

Die Möglichkeit zur aktiven Verwendung der L_2-Kollokationen erfordert eine möglichst weitgehende Absicherung ihres Verstehens durch den frankophonen Benutzer. Insofern ist die "Verstehenshilfe" angesichts der ihr zugedachten eigentlichen Funktion eine Produktionshilfe. Um den theoretischen Stellenwert dieser Aussage richtig einzuschätzen, bietet es sich an, auf die folgende Forderung Battenburgs (1991 : 118) hinzuweisen: "The traditional distinction between bilingual and monolingual learners' dictionaries must be reexamined". Vor dem Hintergrund der Notwendigkeit, nach der besten benutzerorientierten Präsentation des Sprachmaterials im produktionsorientierten Wörterbuch zu suchen, zerfließen in der Tat die starren Grenzen zwischen ein- und zweisprachigem Wörterbuch.

Präpositionale L_1-Produktionshilfen

Zur Ausarbeitung der Produktions- bzw. Verstehenshilfen greifen wir vornehmlich auf französischsprachiges Material in Chmielewski (1992) zurück. Sie sollen sich optisch unauffällig in die L_2-Kollokation einfügen, um die geschlossene Perzeption der letzteren so wenig wie möglich zu stören. Sie erscheint daher in kleinerem Druckformat als die deutschsprachige Kollokation:

Die Beträge sind in jedem Geschäftsjahr zu mindestens einem Viertel (au moins par quart) abzuschreiben.

Die Arbeiten müssen im folgenden Geschäftsjahr (sur l'exercice suivant) nachgeholt werden.

Die Abschreibung der Software bemißt sich nach der voraussichtlichen Nutzungsdauer (sur la durée probable d'utilisation).

Die Besteuerung erfolgte zum Marktpreis (sur la valeur marchande).

Die Wertberichtigungen sind bei den Vermögensgegenständen des Umlaufvermögens (sur les éléments de l'actif circulant) vorgenommen worden.

Die Fertigerzeugnisse sind mit den Herstellungskosten (pour leur coût d'acquisition) zu aktivieren.

Der Betrag wird unter (dans) dem Posten Nr. 14 ausgewiesen.

die bei (dans) den aktivierten Posten aufgelaufenen Abschreibungen

Die Vorauszahlungen wurden auf (étaient virées dans) das Konto Forderungen umgebucht.

innerhalb von drei Monaten nach (dans les trois mois qui suivent) dem Abschlußstichtag

Die Gesellschafter stellen einen Teil des Gewinns in (affectent en) die anderen Gewinnrücklagen ein.

Die Gesellschafter tragen einenTeil des Gewinns auf neue Rechnung vor (affectent ... au report à nouveau).

Die Aktien lauten auf den Inhaber (sont stipulées au porteur).

Den nachstehenden Beispielen liegt die kontrastive Auswertung präpositionaler Anschlüsse an Substantiven zugrunde:

Das Unternehmen hat eine Beteiligung an (une participation dans) einer GmbH & Co KG erworben.

die Veranlagung (l'imposition) der Zweigniederlassung zur Gewerbesteuer (à la taxe professionnelle)

die Forderungen gegen (les créances sur/envers) verbundene Unternehmen

die Verbindlichkeiten gegenüber (les dettes envers) verbundenen Unternehmen

eine Abschreibung über (sur) fünf Jahre

der Ausweis von Wechselkursverlusten bei Fremdwährungsgeschäften (sur les opérations en devises)

die Bewertung der Waren zu den zukünftigen Anschaffungskosten (l'évaluation ... au coût d'acquisition futur)

die Erträge aus (plus-values sur) Anlageabgängen

das Maßgeblichkeitsprinzip der Handelsbilanz für die Steuerbilanz (le principe de la prédominance du ... sur ...)

Auch in den folgenden Fällen sind produktionsstabilisierende Verstehenshilfen angebracht. Mit ihnen gehen wir über den vorerwähnten Typ von Strukturdivergenzen, welcher sich ausschließlich an einer Präposition aufhängen läßt, hinaus. Das adjektivische oder verbale Element tritt als produktionserschwerende Divergenz hinzu. Wir schließen nicht aus, daß in dem einen oder anderen Fall auch strukturell "nähere" Entsprechungen möglich sind. Meistens ist jedoch bei dieser Frage nicht entscheidend, ob eine solche Entsprechung im Sprachsystem vorhanden ist, sondern, ob diese in dem betreffenden fachlichen Kontext üblich ist:

Die Verluste können mit den einbehaltenen Gewinnen verrechnet werden (sont imputables sur)

Die Veräußerungsgewinne unterliegen (sont imposables à) der Körperschaftsteuer.

Natürliche Personen sind einkommensteuerpflichtig (sont imposables à l'impôt sur le revenu)

Adjektivische und verbale Expansionen im Französischen

Bei der Beschäftigung mit deutschem Korpusmaterial und parallelisierten französischsprachigen Texten ist uns aufgefallen, daß in vielen Fällen die deutsche Präposition in der französischen Konstruktion eine partizipiale oder adjektivische Expansion erfährt. Es bietet sich also in diesen Fällen an, dem frankophonen Benutzer durch das Einschieben solcher expandierter Elemente verstehensfördernde Produktionshilfen für die entsprechenden deutschen Präpositionen zu geben:

die gesetzlich vorgeschriebene Mindestgliederung der Bilanz für (applicable à) Kapitalgesellschaften

die Posten mit (identifiés par) einer römischen Zahl

die Forderungen mit einer Restlaufzeit von (venant à échéance dans) mehr als einem Jahr

die Steuern für (dûs au titre de) das laufende Geschäftsjahr die Erlöse bei (dégagée sur) der Veräußerung von Grundstücken (Erläuterung: la plus-value dégagée ..)

Wir berühren mit dieser Beispielgruppe der partizipialen Expansion jenes bestens bekannte Phänomen (Kocourek 1982 : 55; Stein 1993 : 126, 136), das sich dem Verbalcharakter des Französischen unterordnet und im Gegensatz zum Nominalcharakter des Deutschen steht. Nach unseren am Sprachmaterial beider Sprachen gewonnenen Eindrücken trifft es auch für den Bereich der Rechnungslegung zu. Wir geben nachstehend drei kurze Texte. Bei den ersten beiden handelt es sich jeweils um originale Auszüge aus dem code de commerce und dem HGB. Der dritte ist eine Übersetzung des zweiten ins Französische durch die frankophone Expertin Caussemille (1992 : 4):

> Les comptes annuels doivent être réguliers et sincères et donner une image fidèle du patrimoine, de la situation financière et du résultat de l'entreprise. (C.Com Art. 9 al.5)
>
> Der Jahresabschluß der Kapitalgesellschaft hat unter Beachtung der Grundsätze ordnungsmäßiger Buchführung ein den tatsächlichen Verhältnissen entsprechendes Bild der Vermögens-, Finanz- und Ertragslage der Kapitalgesellschaft zu vermitteln. (HGB § 264, II)
>
> Les comptes annuels de la société de capitaux doivent résulter d'une comptabilité régulière et doivent donner une image du patrimoine, de la situation financière et du résultat de la société de capitaux, correspondant à la réalité.

Aus der Gegenüberstellung wird die Dominanz der verbalen Struktur im Französischen recht gut deutlich. Sie erscheint in noch stärkerem Maße in dem übersetzten Text. Die originale Struktur des deutschen Textes, in dem der Nominalcharakter dominiert, ist also nicht transparent, wie das oft der Fall ist. Die muttersprachliche fachsprachliche Kompetenz der frankophonen Expertin hat dies offenbar verhindert. Nebenbei sei dennoch bemerkt, daß wir auf die wörtliche Übersetzung "correspondant à la réalité" von "ein den tatsächlichen Verhältnissen entsprechendes Bild" verzichtet hätten und den für diesen Sachverhalt etablierten Terminus "image fidèle" (true and fair view) verwendet hätten

Die nicht selten sprachökonomische Qualität der Verbalstruktur wird in den folgenden Beispielen deutlich. In der deutschen Fachsprache ist man in der Regel gezwungen, auf relativ schwerfällige nominale Konstruktionen zurückzugreifen, z.B.:

doter la réserve - eine Einstellung in die Rücklage vornehmen

créditer le compte - eine Habenbuchung in dem Konto vornehmen

débiter le compte - eine Sollbuchung in dem Konto vornehmen

provisionner les créances - eine Wertberichtigung auf Forderungen vornehmen

provisionner (intransitiver Gebrauch) - eine Rücklage bilden/eine Rückstellung bilden

Über provisionner erfahren wir von Lassègue (1993 : 304): "En argot comptable: constituer une provision." Zwar gibt es auch die Kollokationen ein Konto erkennen und ein Konto belasten, sie können jedoch in keiner Weise in der Gebrauchshäufigkeit mit ihren französischen Pendants konkurrieren. Die letzte Kollokation ist zudem stark durch den Bereich "Bank" okkupiert. Lediglich im ersten unserer Beispiele könnte sich mit der an Frequenz gewinnenden Kollokation eine Rücklage dotieren eine ähnlich ökonomische Verbindung wie die französische herausbilden.

Strukturelle Distanzen erzeugen Produktionslücken im Wörterbuch

Was kann man aus den angeführten Beispielen für das aktive Wörterbuch gewinnbringend festhalten? Uns scheint, daß die vorhandenen Fachwörterbücher die konstatierten "strukturellen Distanzen" zwischen der französischen und der deutschen Kollokation nicht genügend erfassen. Ein charakteristisches Beispiel ist die folgende ungemein frequente französische Konstruktion, der durchaus formelhafter Charakter anhaftet (Belletante 1990 : 125):

le compte 486 est crédité par le débit du compte de charge correspondant

Wir konnten diese Kollokation in keinem der drei von uns am häufigsten konsultierten Wirtschaftswörterbücher, Potonnier, Boelcke/Straub/Thiele, Doucet/Fleck ausfindig machen. Den Grund dieses generalisierbaren Phänomens sehen wir darin, daß in diesen Fällen die strukurellen Distanzen nicht mehr überbrückt werden. Hierdurch mag es nicht zu Rezeptionslücken kommen, in jedem Fall aber entstehen hier Produktionslücken. Es handelt sich dabei um so etwas wie weiße Flecken im aktiven Sprachverkehr zwischen den Mitgliedern zweier Sprachgemeinschaften. Ein aktives Wörterbuch muß sie ausfindig machen. Dem frankophonen Sprecher/Schreiber wird für die vorgenannte Kollokation folgende deutsche Entsprechung präsentiert:

Im Konto 486 wird eine Habenbuchung vorgenommen und im entsprechenden Aufwandskonto eine Sollbuchung

Auch ein solcher Ausdruck wie verzinst werden ist hier zu nennen. In keinem der genannten Wörterbücher findet man die treffende "Verstehenshilfe" être rénuméré. Es ist daher nicht verwunderlich, daß man nirgendwo für être rémunéré das Äquivalent verzinst werden antrifft:

die Schulden werden [mit 5 Prozent] verzinst (les dettes sont rénumérées [par un intérêt de 5%])

Ebenso:

die Wertberichtigungen werden erfogswirksam/gewinnerhöhend aufgelöst (les provisions sont rapportées au résultat)

La vie d'une entreprise - ?

Erwähnt sei auch noch eine sehr frequente französische Kollokation, die sich nur schwierig lexikalisch-semantisch und strukturell mit einer entsprechenden deutschen parallelisieren läßt. Man ist gezwungen, für jeden Einzelfall von neuem über ein Äquivalent zu entscheiden. Manchmal scheint eine Entsprechung überhaupt nicht möglich. Gemeint ist die Verbindung **la vie d'une entreprise.** Im Deutschen ist die Kollokation das Leben eines Unternehmens kaum gebräuchlich. Wenn sie gebraucht wird, ist sie stark metaphorisch markiert:

i) des frais similaires peuvent être immobilisés dans **la vie future de l'entreprise** (Caussemille 1992 : 18)
ii) **la vie de l'entreprise** est découpée en périodes ou exercices comptables (Esnault 1993 : 37)
iii) la publicité des événements importants de **la vie des sociétés** (Lassègue 1993 : 30)

Unter Wegfall einer exakten Entsprechung zu la vie kommen als Äquivalente für die Kollokation jeweils in Frage:

i) ein Temporaladverb: ... können zukünftig aktiviert werden
ii) eine determinative Umstandsbestimmung: Bei einem Unternehmen spricht man von
iii) eine Verkürzung der Genitivverbindung: wichtige Ereignisse des Unternehmens

In solchen und ähnlichen extremen Fällen schlagen wir für unser Wörterbuch eine vollständige Übersetzung vor.

Erhaltung struktureller Totalität

Gerade bei strukturell stark divergenten Kollokationen in den beiden Sprachen ist deren Struktur möglichst in Gänze zu erhalten. In Potonnier F-D findet der Benutzer die folgenden Teilstücke jener strukturellen Totalität:

créditer d'une somme - einen Betrag ins Haben buchen; für eine Summe erkennen; einen Betrag gutschreiben
créditer un compte - ein Konto erkennen; einem Konto gutschreiben

Nehmen wir nun den frankophonen Benutzer, der die deutsche Fachsprache aktiv erwerben möchte. Zuerst muß er die jeweils letzten Äquivalente unberücksichtigt lassen, da sie der Bankensprache angehören. Diese Information erhält er nicht. Für unsere Demonstration wichtiger ist jedoch die folgende Frage: Wie soll dieser Benutzer, ausgehend von dem von ihm ohne Mühe zu generierenden créditer un compte d'une somme, eine aus dem gegebenen deutschen Sprachmaterial äquivalente Kollokation synthetisieren? Ein so gut wie aussichtsloses Unterfangen. Das produktive Wörterbuch muß ihm diese Aufgabe abnehmen:

céditer le compte de la somme - den Betrag ins Haben des Kontos buchen

Im aktiven Wörterbuch sieht das etwa so aus:

Ich habe den Betrag ins Haben des Kontos gebucht (j'ai crédité le compte de la somme)

Die Adjazenz des Genitivattributs

Unter dem Gesichtspunkt der strukturellen Divergenz möchten wir desweiteren auf die folgende im Französischen übliche Verbindung hinweisen:

la détention par la société de ses propres actions (Chmielewski 1992 : 27)
l'inscription à l'actif des frais de démarrage et de développement de l'activité (Caussemille 1992 :18)
L'usine de Grundfos-France est passée d'une activité commerciale en 1972 à la fabrication quelques années plus tard de circulateurs de chauffage ... (Les Echos Mercredi 17 août 1994, p.11)

Die unterstrichenen Präpositionalphrasen bzw. im letzten Fall das adverbiale Element sind zwischen Kopf und Genitivattribut geschoben. In der deutschen Sprache ist dies "in der Regel" nicht möglich, obwohl auch hier "Verletzungen" der sog. Adjazenzbedingung nicht ausgeschlossen sind (Knobloch 1994 : 85). Eine Kollokation wie die folgende ist dennoch schwer akzeptabel:

+ der Besitz durch die Gesellschaft der Aktien

Die Tatsache, daß im Französischen die Adjazenz durch ein eingefügtes Adjektivattribut unterbrochen werden kann, dürfte dann keine negativen Auswirkungen auf die Handhabung der entsprechenden deutschen Verbindung haben, wenn das entsprechende deutsche Kompositum nur eine Möglichkeit für die Position des Adjektivs zuläßt, die Voranstellung:

la durée normale d'utilisation = la durée d'utilisation normale
die betriebsgewöhnliche Nutzungsdauer

Etwas komplizierter wird es dann für den frankophonen Enkodierer, wenn auch im Deutschen eine gewisse Variabilität der Postion des Adjektivs möglich ist:

le compte actif de régularisation = le compte de régularisation actif
das Konto Aktive Rechnungsabgrenzung

Es handelt sich hier um ein Aktivkonto mit der Bezeichnung Aktive Rechnungsabgrenzung.

Die Auslandsgesellschaft - die ausländische Gesellschaft

Muttersprachliche Verstehenshilfen sind auch in den Fällen vom Typ Auslandsgesellschaft (société au siège social à l'étranger) - ausländische Gesellschaft (société étrangère) angebracht. Weiss (1992 : 308) sieht in der korrekten Übersetzung solcher attributiver Beziehungen eine der "Hauptschwierigkeiten frankophoner Studenten".

11.2 Lexikalisch-semantische Produktionserschwernisse

Wir kontrastieren nun einzelne Termini, Wörter (z.B. Modalverben) oder Wortverbindungen und beurteilen sie unter dem Aspekt der Produktion.

Bilan social - Sozialbilanz

Man findet gelegentlich bilan social als Äquivalent für den deutschen bilanztechnischen Terminus
Handelsbilanz (Chmielewski 1992 : 44). Der Terminus bilan social hat aber schon eine eindeutige Definition im Bereich der französischen Unternehmenspublizität:

> Document unique récapitualant les principales données chiffrées qui permettent d'apprécier la situation de l'entreprise dans le domaine social, d'enregistrer les réalisations effectuées et de mesurer les changements intervenus au cours de l'année écoulée et des deux années précédentes (La Villeguérin 1993 : 171).

Danach sollte die französische bilan social mit der deutschen Sozialbilanz in Verbindung gebracht werden:

> Konzept einer systematischen und regelmäßigen Erfassung und Dokumentation der gesellschaftlich positiven und/oder negativen Auswirkungen von Unternehmensaktivitäten (Gabler 1988 : 1531)..

In beiden Fällen geht es um eine sozialverantwortliche oder gesellschaftsbezogene Rechnungslegung. Der von uns kritisch beurteilte Gebrauch des Äquivalents bilan social für die Handelsbilanz eines Unternehmens findet seine rationale Begründung darin, daß in dieser Verbindung das Attribut social in der frequenten Bedeutung 'das einzelne Unternehmen betreffend' verwendet wird. Es steht damit als Einzelbilanz in Opposition zur konsolidierten Bilanz, der bilan consolidé. Für den Einzelabschluß steht aber im französischen System der unzweideutige Terminus bilan individuel (Lassègue 1993 : 85) zur Verfügung. Unter Einschluß des in diesem Zusammenhang zu berücksichtigenden volkswirtschaftlichen Terminus Handelsbilanz sollten dem frankophonen Enkodierer die folgenden eindeutigen Äquivalenzanweisungen gegeben werden:

le bilan individuel - die Einzelbilanz

le bilan comptable - die Handelsbilanz
D'une entreprise.

le bilan fiscal - die Steuerbilanz

le bilan social - die Sozialbilanz
D'une entreprise.

la balance commerciale - die Handelsbilanz
De l'économie nationale.

Von weiteren Differenzierungsmöglichkeiten mit Hilfe des Terminus les comptes (annuels) für Abschluß sehen wir ab, da hier das Terminuspaar bilan - Bilanz im Mittelpunkt steht.

Provision, provision

Daß der Zugriff auf latente Steuern exakter über impôts différés als über impôts latents erfolgt, haben wir schon weiter oben bemerkt.
Schorr (1981 : 118) weist darauf hin, daß der französische Terminus provision keinesfalls mit Provision zu übersetzen ist (falsche Freunde). In der Tat ist bei diesem weiten Konzept äußerste Vorsicht geboten. Es empfiehlt sich, möglichst von den Mehrworttermini auszugehen, in die dieses Wort eingeht, wie z.B. provisions pour dépréciation - Wertberichtigungen, provisions pour charges - Aufwandsrückstellungen, provisions réglementées - Sonderposten mit Rücklageanteil, provisions spécifiques - Einzelwertberichtungen, provisions forfaitaires - Pauschalwertberichtigungen etc. Die Provision entspricht dagegen der commission, was auch Reinart (1993 : 115) bemerkt. Leider erzeugt sie im gleichen Zug eine erneute Unsicherheit mit der Äquivalenz provision - Vorrat. Vorrat/Vorräte im bilanztechnischen Sinn entsprechen jedenfalls stock/stocks.

Le bon de caisse, der Kassenbon

Große Verwirrung in den Wörterbüchern stiftet schließlich der Terminus bon de caisse (F), der gerne mit den so "naheliegenden" Kassenbon (falsche Freunde), Kassenbeleg übersetzt wird (Potonnier, Boelcke/Straub/Thiele, Doucet/Fleck). Selbst die im Bereich der Wirtschaftsprüfung tätigen Experten des SoGeLex führen hinter bon de caisse unmittelbar nebeneinander und ohne jede Erklärung Kassenquittung und Kassenschuldverschreibung an, womit zwei völlig verschiedene Sachverhalte gemeint sind. Das ist nur für den herübersetzenden deutschen Experten akzeptabel, der allerdings auch der Hauptadressat des SoGeLex ist. Man kann den französischen Terminus durch Hinzufügung lexikalischer Elemente in der folgenden Weise monosemieren bzw. kommunikativ funktionalisieren: bons de caisse (enregistreuse) (Lassègue 1993 : 282) und bons de caisse (à moyen terme) (La Villeguérin 1993 : 183). Zumindest hat man damit für den Index gut unterscheidbare ausgangssprachliche Einheiten zur Verfügung. Im ersten Fall haben wir es mit dem Kassenbeleg oder Kassenbon im zweiten Fall mit der Kassenverschuldverschreibung (D) oder Kassenobligation (D) zu tun. Letztere stellen lediglich funktionale Äquivalente dar, dafür aber solche, die dem französischen Phänomen am nächsten kommen. Das typisch französische Merkmal dieses kurz- oder mittelfristigen festverzinslichen Wertpapiers besteht darin, daß es neben Banken auch von Unternehmen emittiert werden kann (La Villeguérin 1993 : 183), während in Deutschland Banken und die öffentliche Hand die Emittenten sind (vgl. Büschgen 1991 : 406f.). Betrachtet man den bon de caisse (à moyen terme) schließlich unter dem Aspekt der Korrespondenz mit einem Konto der deutschen Bilanz, dann ist er als sonstige Wertpapiere im Umlaufvermögen einzuordnen (Heitzler 1991 : 86).

Modalverben

In der deutschen Rechtssprache wird zwischen Muß-, Soll- und Kannvorschriften unterschieden. Die Muß-Vorschrift schreibt ein bestimmtes Tun oder Unterlassen zwingend vor. Die Soll-Vorschrift erlaubt nur in besonderen Ausnahmefällen ein Abweichen von der gesetzlich vorgesehenen Rechtsfolge. Freies, aber nicht beliebiges, Ermessen wird bei der Kannvorschrift ("kann", "darf" u.ä.) eingeräumt (Creifelds 1990 : 363). Hierunter fällt auch brauchen ... nicht. Es ist erstaunlich, daß ein Wörterbuch für Wirtschaft, Recht und Handel, wie es Potonnier ist, solche juristisch zentralen Konzepte in Form der entsprechenden Modalverben nicht lemmatisiert. Die für die Rechnungslegung relevanten Gesetze machen reichlich Gebrauch von den genannten Vorschriftstypen:

Rückstellungen dürfen gebildet werden (peuvent être) (§ 249 (2) HGB)
Rückstellungen sind zu bilden für ... (doivent être) (§ 249 (1) HGB)
Für immaterielle Vermögensgegenstände des Anlagevermögens, die nicht entgeltlich erworben wurden, darf ein Aktivposten nicht angesetzt werden (ne peuvent être activés) (§ 248 (2) HGB)

Auch andere weniger direkte Äquivalente sind möglich. Ein Mutterunternehmen ... braucht einen Konzernabschluß nicht aufzustellen (§ 291 (1)) übersetzt Chmielewski (1992 : 79, 35) mit Une société-mère ne se trouve pas dans l'obligation d'établir des comptes consolidés. Peut ne pas établir ... wäre ebenso denkbar. Der Aufsichtsrat hat die Geschäftsführung zu überwachen (§ 87 (1) AktG) übersetzt er mit dem konstativen Le conseil de surveillance contrôle la direction de la société. Es gibt also eine Reihe von Möglichkeiten, deutsche Modalität im Französischen wiederzugeben. Eine eingehende Untersuchung im Hinblick auf unterschiedliche fachsprachliche Verwendungszwecke wäre lohnend. Entscheidend ist, daß dem frankophonen Benutzer unseres Wörterbuchs ein eindeutiges französisches Äquivalent für den deutschen Modalausdruck gegeben wird.

Semantisch entleerte Verben

Die starke sprachproduktive Potenz solcher Verben wie vornehmen, erfolgen, etc. ist bekannt: ich habe eine Abschreibung vorgenommen, die Zahlung erfolgte am ..., wir haben eine Rückstellung vorgenommen, etc. Sie haben ihre französischen Pendants in solchen Verben wie effectuer, réaliser, pratiquer, opérer, procéder à:

L'amortissement doit être pratiqué sur cinq ans.
Les dotations aux provisions sont opérées ..., etc.

Im Falle dieser Verbgruppe bietet sich eher eine kurze und zusammenfassende Darstellung in der Einleitung des Wörterbuchs an. Von einer besonderen Äquivalenzproblematik kann hier nicht gesprochen werden. Daher ist auch eine Einarbeitung als Verstehenshilfe nicht notwendig.

Fachliche Sprachformeln

Die zahlreichen Sprachformeln oder Sprachschablonen, die in der Sprache der Rechnungslegung vorhanden sind, bieten sich für eine zusammengefaßte Darstellung in der Wörterbucheinleitung an. Wilss (1994 : 17) bemerkt, daß wir mit sprachlichen Standardkonfigurationen auf situative Standardkonfigurationen reagieren. "Stereotypik" sollte keinesfalls nur mit dem alltagsweltlichen Bereich in Verbindung gebracht werden (z.B. Konerding1993 : passim). Typisiertes Wissen ist eine Erscheinung, die in jedem Bereich menschlichen Lebens vorhanden ist. Der Aspekt des Fachlichen oder Nicht-Fachlichen ist dafür nicht entscheidend, sondern ganz grundsätzlich das akkumulierte Wissen über welchen Sachverhalt auch immer. Nachstehend einige solcher Formeln:

bei fehlender vertraglicher Vereinbarung - en cas de silence des statuts

wenn der Gesellschaftsvertrag **nichts anderes bestimmt** - **sauf disposition contraire des** statuts

(die Gesellschafter) **haben Anspruch auf** (den Jahresüberschuß) - les associés **ont vocation à bénéficierdu** résultat distribuable

die Vergütung der Aufsichtsratsmitglieder soll **in einem angemessenen Verhältnis zu** (den Aufgaben) **stehen** - la rémunération des membres du conseil de surveillance doit **être raisonnable par rapport aux** tâches

Von den Bewertungsgrundsätzen darf nur **in begründeten Ausnahmefällen** abgewichen werden - **Il ne** peut être dérogé aux principes d'évaluation **que dans des cas exceptionnels dûment motivés**

die Anschaffungskosten werden **sofort als Aufwand verbucht** - les frais d'acquisition sont **inscrits directement en charges**

... **müssen im Anhang angegeben werden - mention doit être faite dans l'annexe**

nach vernünftiger kaufmännischer Beurteilung - d'après le jugement du commerçant honnête et avisé, etc.

Der Bestätigungsvermerk

Zum Abschluß einer Arbeit, die sich mit den fachsprachlichen Aspekten der Rechnungslegung beschäftigt, sei jene zentrale Formel angeführt, mit der der Abschlußprüfer die Gesetz- und Ordnungsmäßigkeit von Jahresabschluß und Lagebericht testiert: der Bestätigungsvermerk (§ 322 (1) HGB):

Die Buchführung und der Jahresabschluß entsprechen/Der Konzernabschluß entspricht nach meiner/unserer pflichtgemäßen Prüfung den gesetzlichen Vorschriften. Der Jahresabschluß/ Konzernabschluß vermittelt unter Beachtung der Grundsätze ordnungsmäßiger Buchführung ein den tatsächlichen Verhältnissen entsprechendes Bild der Vermögens-, Finanz- und Ertragslage der Kapitalgesellschaft/des Konzerns. Der Lagebericht/Konzernlagebericht steht im Einklang mit dem Jahresabschluß/ Konzernabschluß.

A la suite de la vérification effectuée conformément à mes (nos) obligations professionnelles, je déclare (nous déclarons) que la comptabilité et les états financiers annuels (comptes consolidés) sont con-formes aux prescriptions légales (allemandes). En respectant les principes de comptabilité régulière, les états financiers annuels (comptes consolidés) donnent une image fidèle du patrimoine, de la situation financière ainsi que des résultats de la société (ainsi que du résultat de l'ensemble con-stitué par les entreprises comprises dans la consolidation). Le rapport de gestion concorde avec les états financiers annuels (avec les comptes consolidés).
(Chmielewski 1992 : 82)

Konklusion und Perspektiven

Die Ausführungen sollten deutlich gemacht haben, daß ein auf Sprachproduktion hin konzipiertes Kontext-Fachwörterbuch erhebliche Anforderungen an die Qualität von Korpusermittlung, Lemmaselektion, Kollokationserarbeitung, Äquivalenten und Glossen stellt. Daß dies ebenso für die Mikrostruktur gelten dürfte, ist unschwer zu erraten. Um einen solchen Wörterbuchtyp zu erstellen, ist es notwendig, tief in das Sach-, Handlungs- und Sprachsystem des L_2-Kulturraums einzudringen, weit tiefer als es für ein Rezeptionswörterbuch erforderlich ist. In gleichem Maße ist es notwendig, die selbstverständliche Gültigkeit des Wissensvorrats des eigenen Sprach-, Sach- und Handlungssystems, kurz, der eigenen Kultur, zu relativieren.

Orientierungspunkt dieser Qualitätsarbeit hat immer die face-to-face-Kommunikation zu sein. Schließlich geht es ja darum, den Benutzer mit dem lexikographisch Möglichen in den Stand zu versetzen, eine solche Situation zu bestehen. Wir betrachten die Dominanz der rezeptiven Einstellung zum Wörterbuch als ein Phänomen, das sich zu einem Großteil durch die in der Vergangenheit schwer überbrückbaren Distanzen zwischen den Kulturräumen erklärt. Sie erschwerten die direkte Begegnung. Heute spielen Distanzen keine Rolle mehr. Die direkte Begegnung, und sei sie mediengestützt, wird immer mehr zum Normalfall. Sie führt Menschen aus den unterschiedlichsten Kulturräumen und Arbeitsbereichen zusammen. Sie erlaubt die, trotz aller Interpretationsaktivitäten, um vieles bequemere, da tendenziell meditative, Rezeptionshaltung nicht, sondern verlangt die aktive Teilnahme am Gespräch. Nur ein hochwertiges Werkzeug in Form des aktiven Wörterbuchtyps kann die Teilnehmer auf diese Situationen vorbereiten. In dieses Werkzeug muß die Komplexität der realen Sprachproduktionssituation, soweit sie lexikographisch abdeckbar ist, einfließen.
Wenn wir von der zentralen These der Mannheimer Regulationstheorie des Sprechens ausgehen (Herrmann/Grabowski 1994 : 12), daß sich der Sprecher, um erfolgreich zu kommunizieren, ein möglichst getreues Bild vom Bewußtseinsinhalt seines Partners zu verschaffen hat, dann muß das entscheidende Konsequenzen für eine sprachproduktionsorientierte Lexikographie haben. Es ist unsere feste Überzeugung, daß diese Konsequenzen in dem Maße stärker fühlbar werden, wie der Grad der Fachspezifik einer Kommunikation zunimmt. Die Anforderungen an den Sprecher aus dem Kulturraum X, das Bewußtsein des Hörers aus dem Kulturraum Y zu antizipieren, werden folglich immer höher. Hierin zeigt sich für uns die gerade von Vertretern der Sprachdisziplinen so gern "übersehene" und verkannte "soziale" Substanz des Fachgesprächs. In der Zukunft stellt sich für eine produktionsbezogene Fachlexikographie die höchst interessante und anspruchsvolle Aufgabe, riesige bisher unbearbeitete Mengen solcher Bewußtseinsinhalte von Mitgliedern anderer -in unserem Fall-Wirtschaftskulturräume zu erarbeiten. Das Vertrautwerden mit den Begriffssystemen dieser Kulturräume verlangt von den verantwortlichen Lexikographen, Übersetzern, Fachexperten und Linguisten eine Menge an Einfühlungsvermögen, sagen wir ruhig

"Empathie" und geben diesem in der interkulturellen Diskussion so häufig gebrauchten Begriff die dringend notwendige inhaltliche Substanz. Neue Kulturen, sollen sie tragfähige Denk- und Verhaltensmuster hervorbringen, entstehen weder an Urlaubsstränden, noch in Raststätten an der autoroute du soleil, noch am kalten Büffet in internationalen Hotels, noch während dreiwöchiger Spracherlebnisreisen, sie entstehen in mühsamer aber tragfähiger Form dort, wo Menschen verbindlich miteinander arbeiten und miteinander sprechen müssen.

Die Qualität der aktiven Fachwörterbücher wird entscheidend davon abhängen, wie die -nach gängiger Vorstellung- für die Sache und für die Sprache Verantwortlichen die Synthese der beiden -unserer Meinung nach möglichst nicht zu trennenden- Aspekte zustandebringen. Da ist auf beiden Seiten noch vieles verbesserungsfähig. Schmitt (1995 : 1083) stellt fest, daß bei Sprachwissenschaftlern wenig Sympathie für sachnormativ bestimmte Studien besteht, obwohl das Europa von morgen mehr denn je auf die Zusammenarbeit von Wirtschafts- und Sprachwissenschaft angewiesen sei. Schmitt wird sich unserer Meinung sicher anschließen, daß diese Zusammenarbeit nicht an Europas Grenzen Halt machen darf. Entscheidend ist jedenfalls, daß sich beide Seiten aufeinanderzubewegen. Linguisten sollten sich nicht nur für das Allgemeine zuständig fühlen (de Beaugrande 1991). Sie sollten sich auch mehr um das sachliche Detail kümmern, da man in ihm viel darüber erfährt, wie Sprache funktioniert. Ebenso ist an die Vertreter der Sachdisziplinen die Aufforderung zu richten, ein oftmals erstaunlich naives Sprachverständnis kritischer zu hinterfragen. Grossfeld (1995 : 113), ein vergleichender Bilanzrechtler, gibt hierzu ein aufschlußreiches Beispiel:

> Vor einigen Jahren suchte eine europäische Großbank einen Juristen, der die Bilanzregeln aller bedeutenden Staaten kenne!. Diese dümmliche Suche kennzeichnet ... den verbreiteten Irrtum, daß Bilanztechniker und Finanzanalysten nur Zahlen verstehen müssen, und daß schon die Art ihrer Tätigkeit sie für Internationales qualifiziert.

Diese A-sozialität gegenüber sprachlich-kulturellen Phänomenen korreliert mit einem naiven Sprachverständnis, das Wörter zu Etiketten degradiert. So ist es zu erklären, daß Leistungen, die eine gute Übersetzungsarbeit abverlangt, in den Sachdisziplinen in der Regel nicht angemessen eingeschätzt werden können.

Ende der siebziger Jahre hielt Harald Weinrich (1978) ein "Plädoyer für ein interdisziplinäres Wörterbuch der deutschen Sprache". Es sollte eine Brücke schlagen zwischen der "Gemeinsprache" und den Fachsprachen. Das Projekt wurde wieder fallengelassen. Bei allem Respekt vor der enormen Arbeitsleistung, die damals viele schon in dieses Vorhaben investiert hatten. Wir sind sicher, daß es keine Chance haben konnte, weil es von einer nicht mehr (noch niemals ?) haltbaren Auffassung über ein angebliches "Verhältnis", von "Gemeinsprache" und Fachsprachen ausging. Durch die Aufgabe des Projektes wurden noch größere Enttäuschungen vermieden, die sich nach unserer Einschätzung später notgedrungen eingestellt hätten. Immer stärkere gesellschaftliche Arbeitsteilungen und und immer feinere gesellschaftliche Gruppenbildungen lassen sich nicht durch ein künstlich übergestülptes Gebilde, dem Linguisten den Namen "Gemeinsprache" gegeben haben, aufheben. Es ist ja noch nicht einmal ausgemacht, ob es jene "verlorene" Lebenstotalität, der manche so gerne nachtrauern, jemals faktisch gegeben hat. Realistischer für die Zukunft scheint uns folgende Einschätzung aus der Feder eines Soziologen zu sein (Voss 1994 : 281):

> Eine ... zunehmend erforderliche Methodik der Alltagspraxis bedeutet aber nichts anderes als eine immer stärker reflexive und schließlich sogar bewußt *zweckrationale Gestaltung der Lebensführung* – eine in wachsendem Maße bewußt und aktiv effizienzorientierte *Alltags-Organisation*, die sich immer mehr von traditionalem, auf selbstverständlicher Eingelebtheit und Gewohnheit beruhenden Formen des Alltags abhebt.

Wenn es heute und in Zukunft darum geht, neue "Inter-Kulturen", ob innerhalb eines Kulturraumes oder zwischen verschiedenen Kulturräumen entstehen zu lassen, dann kann diese Erneuerung nur von dort ausgehen, wo Menschen arbeitend und im direkten Gespräch miteinander kooperieren (müssen). Sie tun das nicht als terminologische Datenbanken, sondern in ihrer jeweiligen Totalität als Mensch. In diesem Umstand liegt das öffnende soziale Moment, das über das Fachgespräch in einem unzulässigerweise terminologisch verengten Sinne hinausweist. Wir begreifen die in einem interkulturellen Fachgespräch abverlangten mühevollen Antizipations- und Verstehensbemühungen als eine Chance, solide Fundamente zu schaffen für zukünftige neue Kulturen. Ein wichtiges, wenn nicht das wichtigste, Werkzeug, das zur Vorbereitung dieser Begegnungen zur Verfügung gestellt werden muß, ist das aktive Fachwörterbuch. Wir halten es für das beste Mittel, den von Weinrich zu Recht beklagten "Wildwuchs" Vergangenheit werden zu lassen.

Es ist nicht auszuschließen, daß es hierbei auch um die Frage einer grundsätzlichen Regeneration lexikographischer Praxis und Reflexion weit über den hier angesprochenen Rahmen hinaus geht. Diese notwendige Erneuerung sollte entscheidende Impulse aus einer fachspezifischen Lexikographie erhalten. Insofern könnte Hausmanns (1989_1) am Anfang des 19. Jahrhunderts ausgemachter Paradigmenwechsel in der Lexikographie tatsächlich eine, möglichst verschlankte, Neuauflage erleben.

Literatur

Wörterbücher, Lexika

Boelcke, Jürgen/Straub, Bernard/Thiele, Paul (1989): Wirtschaftswörterbuch. Band 1 Deutsch - Französisch. Band 2 Französisch - Deutsch. Wiesbaden. Gabler.

Büschgen, Hans E. (1991): Das kleine Börsen-Lexikon. 19. aktualisierte Auflage. Verlagsgruppe Handelsblatt. Düsseldorf.

Chmielewicz, Klaus/Schweitzer, Marcel (Hrsg.) (1993): Handwörterbuch des Rechnungswesens. Dritte, völlig neu gestaltete und ergänzte Auflage. Schäffer-Poeschel. Stuttgart.

Cornu; Gerard ([3]1992): Vocabulaire juridique. Presses universitaires de France.

Creifelds, Carl (1990): Rechtswörterbuch, hrsg. von Lutz Meyer-Gossner. München. C.H. Beck'sche Verlagsbuchhandlung.

Dictionnaire d'Apprentissage du Français des Affaires (DAFA). Tome I: Le monde du travail (version août 1994). Jean Binon. Katholieke Universiteit Leuven.

Dictionnaire de la comptabilité et des disciplines connexes. Ferdinand Sylvain, C.A.. Institut des comptables agréés. Ordre des experts comptables et des comptables agréés - Paris, Institut des reviseurs d'entreprises - Bruxelles. 1982.

Dictionnaire de l'entreprise. Pol Guyomarc'h. Hatier. 1993.

Dictionnaire du français langue étrangère. Niveau I/Niveau II. Jean Dubois (et al.). Larousse. Paris. 1978/1979.

Doucet, Michel/Fleck, Klaus E.W.: Wörterbuch der Rechts- und Wirtschaftssprache. 1 allemand-français (1977). 2 français-allemand (1988). München. C.H. Beck'sche Verlagsbuchhandlung.

Duden. Das Große Wörterbuch der deutschen Sprache. In 6 Bänden. Bibliographisches Institut Mannheim. Dudenverlag. 1976.

Fussan, Herbert Martin (1988): Jahres- und Konzernabschluss. Kommentator Verlag. Frankfurt am Main.

Gabler Wirtschaftslexikon. Taschenbuch-Kassette mit 6 Bänden. 12. Auflage 1988. Wiesbaden.

Haensch, Günther/Desportes, Yvon (1994): Wirtschaftsterminologie Französisch/Deutsch. Systematischer Wortschatz mit zwei alphabetischen Registern. Hueber.

Hamblock, Dieter/Wessels, Dieter (1989): Großes Wörterbuch Wirtschaftsenglisch. Cornelsen Girardet. Düsseldorf.

Hohenstein, Götz (1993): Fachbegriffe Finanz- und Rechnungswesen - Glossary of financial and accounting terms. Gabler.

Lafond, Patrick/Vaughan, Richard (1993): L'Anglais de l'Expert-Comptable. Editions Le Monde de l'Entreprise. Le Cannet.

Lassègue, Pierre (1993): Lexique de comptabilité. 3e édition. Dalloz. Paris.

Lexikon sprachwissenschaftlicher Termini, hrsg. von Rudi Conrad. VEB Bibliographisches Institut Leipzig. 1985.

Longman Language Activator. The World's First Production Dictionary. Longman. 1993.

Lück, Wolfgang (1989): Lexikon der Rechnungslegung und Abschlußprüfung. 2. Auflage. Marburg. Hitzerroth Verlag.

The AOTS. Nihongo Dictionary for Practical Use. The association for overseas technical scholarship (AOTS) and 3 A corporation. Tamamura, Fumio.Tokyo. 1993.

PONS Fachwörterbuch Wirtschaft. englisch-deutsch. deutsch-englisch. Collin, P.H./Janssen, Sigrid/Kornmüller, Anke/Livesey, Rupert Klett. Stuttgart. 1990.

Potonnier, Georges Ed./Potonnier, Brigitte (1970): Dictionnaire de l'économie du droit et du commerce. Tome II Français - Allemand. Brandstetter Verlag. Wiesbaden.

— (1982): Wörterbuch für Wirtschaft Recht und Handel. Band I Deutsch - Französisch. Wiesbaden. Brandstetter Verlag.

Robert, Paul (1985): Le Petit Robert. Dictionnaire alphabétique et analogique de la langue française, rédaction dirigée par A. Rey et J. Rey-Debove. Paris.

Satzlexikon der Handelskorrespondenz. Lexique phraséologique de la correspondance commerciale. D-F/F-D. Zavada, Dusan/Hartgenbusch, René: Brandstetter. Wiesbaden. 1971.
Siemens. Fachwörter des Rechnungswesens. Ausgabe 8.77. Deutsch - Französisch. Redaktion: Wittelsbacherplatz 2, 8000 München 2, ZBR 1.
SoGeLex: Lexikon mit Erläuterungen von Begriffen aus Steuer-, Rechnungs- und Bankwesen französisch - deutsch, von Amand Rufin & Kollegen der MRT Treuhandgesellschaft mbH Wirtschaftsprüfungsgesellschaft, Steuerberatungsgesellschaft Frankfurt und Günter Baumann, Société Générale-Elsässische Bank & Co. Frankfurt im November 1988.

Tamamura, Fumio (1993): The AOTS. Nihongo Dictionary for Practical Use. The association for overseas technical scholarship (AOTS) and 3A corporation. Tokyo.
Tuck, Allene (ed.) (1993): Oxford Dictionary of Business English for Learners of English. Oxford University Press.

Wagner, Horst/Morgenroth, Klaus (1995): Wirtschaftslexikon Französisch. Definitionen, Übersetzungshilfen, Glossare. Hueber. München.

La Villeguérin Editions. Dictionnaire de la comptabilité: Sous la direction de Erik de La Villeguérin. 4e édition - 1993/1994. Paris. (zitiert: La Villeguérin)

Závada, Dusan/Hartgenbusch, René (1971): Satzlexikon der Handelskorrespondenz. Lexique phraséologique de la correspondance commerciale. D-F/F-D. Brandstetter. Wiesbaden.

Sekundärliteratur

Adamzik, Kirsten (1992): Ergänzungen zu Ergänzungen und Angaben. Deutsche Sprache 4. 289 - 313.
Albrecht, Jörn (1989): Übersetzungsbezogene Terminologiearbeit im Bereich der romanischen Sprachen. Ein Bericht aus der Praxis. In: Dahmen/Holtus/Kramer/Metzeltin (Hrsg.). 258 - 277.
— (1992): Wortschatz versus Terminologie: Einzelsprachliche Charakteristika in der Fachtermino-logie. In: Jörn Albrecht/Richard Baum (Hrsg.) (1992). 59 - 78.
Albrecht, Jörn/Baum, Richard (Hrsg.) (1992): Fachsprache und Terminologie in Geschichte und Gegenwart. Narr. Tübingen.
Altmeier, David/Kaiser, Ulrich/Kebbe, Torsten/Kretschmar, Matthias/Maier Friedbert/Schenkel, Matthias (1994): Bilanzpolitische Gestaltungsmöglichkeiten in Frankreich. In Küting/Weber, Internationale Bilanzierung. 154 - 180.
Arndt, Horst/Janney, Richard W./Schaffranek, Gerald (1990): Überlegungen zu Sprachprogrammen für Manager in Industrie und Handel. Die Neueren Sprachen 89/1, 2 - 19.
Arntz, Reiner (1988) (Hrsg.): Textlinguistik und Fachsprache. AILA-Symposion. Hildesheim 13-16. April 1987. Olms. Hildesheim.
— (1992): Interlinguale Vergleiche von Terminologien und Fachtexten. In: Kontrastive Fachsprachenforschung, hrsg. von Klaus Dieter Baumann, Hartwig Kalverkämper. Forum für Fachsprachenforschung. Narr. Tübingen.
— (1994): Terminologievergleich und internationale Terminologieangleichung, In: Mary Snell-Hornby (Hrsg.). 283 - 310.

Baier, Claus-Michael. Rechtsanwalt - Steuerberater. KPMG Deutsche Treuhandgesellschaft. Aktiengesellschaft Wirtschaftsprüfungsgesellschaft. Frankfurt am Main.
Baskevic, Valentina/Levickij, Viktor (1991): Zu den Begriffen 'semantische Valenz' und 'lexikalische Kombinierbarkeit'. Deutsch als Fremdsprache, H. 4, 206 - 210.
Battenburg, John D. (1991): English Monolingual Learner's Dictionaries. A user-oriented study. Niemeyer. Tübingen.
Baumann, Klaus-Dieter/Kalverkämper, Hartwig (Hrsg.) (1992): Kontrastive Fachsprachenforschung. Narr. Tübingen.
Baumgratz-Gangl, Gisela (1992): Interkulturelle Probleme sprachlicher Verständigung zwischen Deutschen und Franzosen am Beispiel der Mobilität im Hochschulbereich. Zielsprache Französisch 4/1992, 208 217.
Baur, Walter (1978): Sanierungen aus Unternehmenskrisen. Gabler.
Bausch, Karl-Heinz/Schewe, Wolfgang H.U./Spiegel, Heinz-Rudi: Fachsprachen. Terminologie • Struktur • Norm. Hrsg. DIN Deutsches Institut für Normung e.V. Berlin. Beuth Verlag. 1976.

Beaugrande, Robert de (1991): Communication and freedom of access to knowledge as an agenda for the special purpose language movement. Fachsprache 3-4, 98 - 109. Braunmüller. Wien.

Bechert, Johannes (1991): Der Sprachbegriff der Linguistik und die Schwierigkeiten der Sprachkontaktforschung. In: Betriebslinguistik und Linguistikbetrieb. Akten des 24. Linguistischen Kolloquiums, Universität Bremen, 4.- 6. September 1989. Band 1. Hersg. von Eberhard Klein, Françoise Pouradier Duteil und Karl Heinz Wagner. Niemeyer. Tübingen. 53 - 63.

Beckmann, Frank/Heyer, Gerhard (Hrsg.) (1993): Theorie und Praxis des Lexikons. de Gruyter. Berlin - New York.

Beck'scher Bilanz-Kommentar. Der Jahresabschluß nach Handels- und Steuerrecht. Das Dritte Buch des HGB. 2.Auflage. München.

Beck'sches Steuerberaterhandbuch 1988. Verlag C.H. Beck. München.

Béjoint, Henri (1988): Scientific and Technical Words in General Dictionaries. International Journal of Lexicography. Vol. 1 Number 4 Winter 1988, 354 - 368.

Benes, Eduard (1976 [1966]): Syntaktische Besonderheiten der deutschen wissenschaftlichen Fachsprache. IN: Bausch, Karl-Heinz/Schewe, Wolfgang H.U./Spiegel, Heinz-Rudi: Fachsprachen. Terminologie • Struktur • Norm. Hrsg. DIN Deutsches Institut für Normung e.V. Berlin. Beuth Verlag. 88 - 98.

Benson, Morton (1985): Collocations and idioms. In: Dictionaries, lexicography and language learning, ed. by Robert Ilson. Pergamon Press. 61 - 68.

Benson, Morton/Benson, Evelyn/Ilson, Robert (1986): Lexicographic description of English. John Benjamins Publishing Company. (chapter six: Lexical combinability 252 - 262).

Benson, Morton (1990): Culture specific items in bilingual dictionaries of English. Dictionaries. Journal of the Dictionary Society of North America, 12, 43 - 54.

Bergenholtz, Henning/Schaeder, Burkhardt (1977): Deskriptive Lexikographie. Zeitschrift für germanistische Linguistik 5, 2 - 33.

Bergenholtz, Henning (1984): Grammatik im Wörterbuch: Syntax. Germanistische Linguistik 3-6/84. Studien zur neuhochdeutschen Lexikographie V, hrsg. von Herbert Ernst Wiegand, 1 - 46.

— /Mugdan, Joachim (1990): Formen und Probleme der Datenerhebung: Gegenwartsbezogene synchronische Wörterbücher. In: Wörterbücher. Ein Internationales Handbuch zur Lexikographie. Zweiter Teilband. Walter de Gruyter Berlin New York. 1611 - 1625.

— (1992): Lemmaselektion in zweisprachigen Wörterbüchern. In: Worte, Wörter, Wörter-bücher. Lexikographische Beiträge zum Essener Kolloquium, hrsg. von Gregor Meder und Andreas Dörner. Niemeyer Tübingen. 49 . 65.

— /Pedersen, Jette (1994): Zusammensetzung von Textkorpora für die Fachlexikographie. In: Schaeder/ Bergenholtz (Hrsg.) (1994). 161 - 176.

— /Schaeder, Burkhard (1994): Fachlexikographie, Fachwissen und seine Repräsentation in Wörterbüchern. Ein Vorwort. In: Burkhard Schaeder/Henning Bergenholtz (Hrsg.): Fachlexikographie. 1 - 8.

— /Tarp, Sven (1994): Mehrworttermini und Kollokationen in Fachwörterbüchern. In: Schaeder/Bergenhotz (Hrsg.) (1994). 385 - 419.

Bertrand, Yves (1990): Quelques problèmes de l'enseignement de la grammaire allemande à des débutants adultes. Nouveaux cahiers d'Allemand, 8, 1990/1 mars, 353 - 384.

Binon, Jean (1991): Un dictionnaire d'apprentissage du français des affaires. Projet et propositions de réalisation. In: Proceedings of the Symposium on differentiation in LSP, Learning and Teaching. Leuven, 7-10 november 1990, Serge Verlinde (ed.). Institut voor Levende Talen. Leuven. Belgium.

— (1994): Dictionnaire d'Apprentissage du Français des Affaires (DAFA). Tome I: Le monde du travail (version août 1994).

Binon, Jean/Verlinde, Serge (1994): The learner's dictionary and the learner's needs. A Learner's Dictionary of Business French. Institute of Modern Languages. K.U. Leuven. Belgium.

Blühdorn, Hardarik (1993): Funktionale Zeichentheorie und deskriptive Linguistik. Ein Entwurf am Beispiel des Gegenwartsdeutschen. Verlag Palm & Enke. Erlangen und Jena.

Blumenthal, Peter (1983): Syntax und fachsprachliche Syntax im deutsch-französischen Sprachvergleich. Zeitschrift für französische Sprache und Literatur 93, 44 - 69.

Bogaards, Paul (1990): Deux langues, quatre dictionnaires. In: Lexicographica. Internationales Jahrbuch für Lexikographie. Edited by Frederic F.M. Dolezal, Antonín Kucera, Alain Rey, Herbert Ernst Wiegand, Werner Wolski, Ladislav Zgusta in conjunction with the Dictionary Society of North America (DSNA) and the European Association for Lexicography (EURALEX). Coordinating Editor: Thorsten Roelcke. 6/1990. 162 - 172.

Bollinger, Daniel/Hofstede, Geert (1992): Les différences culturelles dans le management. Comment chaque pays gère-t-il ses hommes? Les Editions D'Organisation. Paris.

Bolten, Jürgen (1991): Fremdsprache Wirtschaftsdeutsch: Bestandsaufnahme und Perspektiven. In: Interkulturelle Wirtschaftskommunikation (1991). 71 - 89.

Bourguignon, Annick (1993): Le modèle japonais de gestion. Repères. Editions La Découverte. Paris:

Börner, Wolfgang/Vogel, Klaus (Hrsg.) (1994): Kognitive Linguistik und Fremdsprachenerwerb. Gunter Narr Verlag. Tübingen.

Braunert, J. (1993): Zum Verhältnis von allgemeinsprachlicher und fachsprachlicher Kompetenz - Lernverhalten und Lernerfolge in einem Kurs für Fachsprache Wirtschaftsdeutsch. Fachsprache, Heft 3-4, 139 - 147.

Brause, Ursula (1987): Kollokations- und Valenzrelationen (Probleme der Erfassung und Darstellung syntaktisch-semantischer Relationen im Rahmen des "Komplexwörterbuchs"). In: Studien zu einem Komplexwörterbuch der lexikalischen Mikro-, Medio- und Makrostrukturen ("Komplexion"). Linguistische Studien Reihe A, Arbeitsberichte 169/1. 269 - 322.

Breindl, Eva (1989): Präpositionalobjekte und Präpositionalobjektsätze. Niemeyer. Linguistische Arbeiten 220.

Brinckmann, Hans (1975): Rechtshandlungen und Sprechhandlungen. Umgangssprachliche Äußerungen und fachsprachliche Konventionen bei Rechtsgeschäften. In: János S. Petöfi/Adalbert Podlech/Eike von Savigny (Hrsg.) (1975): Fachsprache - Umgangssprache. Wissenschaftstheoretische und linguistische Aspekte der Problematik, sprachliche Aspekte der Jurisprudenz und der Theologie, maschinelle Textverarbeitung. Scriptor Verlag. Kronberg/Ts. 197 - 222.

Bucher, Josef (o.J.): AKAD: Buchführung I. Unter Mitarbeit von Dr. Walter Schneider. AKAD Verlag AG. Stuttgart.

Buhlmann, Rosemarie (1989): 'Fachsprache Wirtschaft' - gibt es die? In: Jahrbuch Deutsch als Fremdsprache 15. München iudicium. 82 - 108.

Bundesanzeiger: Jahresabschlüsse und Hinterlegungsbekanntschaften - Beilage zum Bundesanzeiger.

Burger, Harald (1973): Idiomatik des Deutschen. Tübingen. Niemeyer.

Burlaud, A./Eglem, J.Y./Mykita, P. (1995): Dictionnaire de gestion: Comptabilité, finance, contrôle. Foucher. Paris.

Butzkamm, Wolfgang (1993): Psycholinguistik des Fremdsprachenunterrichts. 2. Auflage. UTB 1505. Francke.

Castan, Edgar (1993): Rechnungslegung in der Europäischen Gemeinschaft. Besonderheiten des Jahresabschlusses und Lageberichts in den 12 EG-Staaten. Beck. München.

Caussemille, Edith (1992): Les comptes annuels de sociétés de capitaux en France et en Allemagne. Etude comparative en vue de l'intégration des comptes de sociétés françaises dans les comptes consolidés de groupes allemands. Mémoire présenté en vue de l'obtention du diplôme d'expertise comptable. Session novembre-décembre 1992. Centre de recherche et de documentation des experts comptables et des commissaires aux comptes. Paris.

Chmielewski, Daniel (1992): Comprendre la comptabilité allemande. Dunod. Paris.

Chur, Jeannette (1993): siehe Schwarz, Monika.

Code de commerce (Übersetzung des Handelsgesetzbuchs in der Collection Jupiter). Mars 1993.

Code de commerce. 89e édition. Dalloz. Paris. 1993-1994.

Code des sociétés. Dispositions générales, sociétés civiles, sociétés commerciales, sociétés cotées en Bourse, sociétés particuliéres; Dalloz. 1992.

Collette, Christine (1992): La taxe professionnelle. Etude comparée France - Allemagne. Revue de Comptabilité Française, Nr. 239, novembre, 80 - 93.

Conso, Pierre (1983): Théorie et pratique comptables. Que sais-je? PUF. Paris

Cop, Margaret (1990): The function of collocations in Dictionaries. In: BudaLEX '88 Proceedings. Papers from the 3rd International EURALEX Congress, Budapest 4 -9 September 1988, ed. by T. Magay and J. Zigány. Akadémiai Kiadó, Budapest. 35 - 46.

Coseriu, Eugenio (1988): Sprachkompetenz. Grundzüge der Theorie des Sprechens. Bearbeitet und herausgegeben von Heinrich Weber. Francke Verlag. Tübingen.

Cowie, A.P. (1987): Syntax, dictionary and the learner's communicative needs. In: The dictionary and the language learner. Papers from the EURALEX Seminar at the university of Leeds, 1-3 April 1985, edited by Anthony Cowie. Niemeyer. Tübingen. 183 - 192.

Cozian, Maurice (1996): Précis de fiscalié des entreprises. Vingtième Édition. Éditions Litec. Paris.

Dahmen, Wolfgang/Holtus, Günter/Kramer, Johannes/Metzeltin, Michael (Hrsg.) (1989): Technische Sprache und Technolekte in der Romania. Romanistisches Kolloquium II. Narr. Tübingen.

Dauses, August (1994): Theorien der Linguistik. Grundprobleme der Theoriebildung. Franz Steiner Verlag. Stuttgart.

Dietze, Joachim (1989): Einführung in die Informationslinguistik. Die linguistische Datenverarbeitung in der Informationswissenschaft. Linguistische Studien. VEB Verlag Enzyklopädie Leipzig.

— (1994): Texterschließung: Lexikalische Semantik und Wissensrepräsentation. Saur. München.

Donalies, Elke (1994): Idiom, Phraseologismus oder Phrasem? Zum Oberbegriff eines Bereichs der Linguistik. Zeitschrift für germanistische Linguistik 22. 1994, 334 - 349.

Drozd, Lubomír (1978): Zur formalen und inhaltlichen Charakteristik des Fachwortes. Muttersprache Jg. LXXXVIII, 281 - 286.

Dryberg, G./Tournay, J.)1990): Définition des équivalents de traduction de termes économiques et juridiques sur la base de textes parallèles. Cahiers de lexicologie. Vol. LVI 1990-I-II. Actes du colloque franco-danois de lexicographie. Copenhague, 19 et 20 septembre 1988. 261 - 274.

Duhme, Michael (1991): Phraseologie der deutschen Wirtschaftssprache: eine empirische Untersuchung zur Verwendung von Phraseologismen in journalistischen Fachtexten. Essen. Die Blaue Eule. (Diss.)

Dürscheid, Christa (1991): Modelle der Satzanalyse. Überblick und Vergleich. KLAGE Kölner Linguistische Arbeiten - Germanistik. Hrsg. von Heinz Vater. Gabel Verlag. Hürth-Efferen.

Duval, Alain (1991): L'équivalence dans le dictionnaire bilingue. In: Wörterbücher. Ein internationales Handbuch zur Lexikographie, hrsg. von Franz Josef Hausmann, Oskar Reichmann, Herbert Ernst Wiegand, Ladislav Zgusta. 3. Teilband. Walter de Gruyter Berlin New York. 2817 - 2824.

Les Echos. Le Quoditien de l'Economie. Paris.

Eisenberg, Peter (1986): Grundriß der deutschen Grammatik. Stuttgart. J.B. Metzlersche Verlagsbuchhandlung.

Eroms, Hans-Werner (1991): Valenzbindung und Valenzschichtung im Satz. In: Elisabeth Feldbusch (Hrsg.): Linguistisches Kolloquium 25, 1990, Paderborn. Bd. 2. Innovation und Anwendung. Linguistische Arbeiten 271. Niemeyer. 219 - 231.

Eroms, Hans-Werner (1994): Die Schichtung des Satzes und der Streit der Grammatiker. Sprachwissenschaft. Band 19 (1994) • Heft 1, 1 - 21.Esnault, Bernard (1993): Le bilan d'entreprise (Que sais-je?)

Fandrich, Brigitte (1988): *Commercial* ein Lexem mit Tücken, Lebende Sprachen Nr. 2/88, 71 - 74.

Fanselow, Gisbert/Felix, Sascha w. (1987): Sprachtheorie. Eine Einführung in die Generative Grammatik. Band 2: Die Rektions- und Bindungstheorie. Francke Verlag. Tübingen.

Fenk-Oczlon, Gertraud (1983): Bedeutungseinheiten und sprachliche Segmentierung. Eine sprachvergleichende Untersuchung über kognitive Determinanten der Kernsatzlänge. Tübingen. Gunter Narr Verlag.

Fillmore, Charles, J. (1968): Plädoyer für Kasus. In: Werner Abraham (Hrsg.): Kasustheorie. Frankfurt/M.. 1 - 118.

Fleischer, Wolfgang (1982): Phraseologie der deutschen Gegenwartssprache. VEB Bibliographisches Institut Leipzig.

Fleischer, Wolfgang/Barz, Irmhild (1992): Wortbildung der deutschen Gegenwartssprache. Niemeyer. Tübingen.

Fluck, Hans-Rüdiger (1992): Didaktik der Fachsprachen. Aufgaben und Arbeitsfelder, Konzepte und Perspektiven im Sprachbereich Deutsch. Narr. Tübingen.

Földi, Tamas (1988): Multilingual dictionary of economics: targets and solutions. In: Terminology and knowledge engineering. 61 - 67.

Foucher: Plan comptable général. Liste intégrale des comptes. Edition 1994. Foucher.

Fraas, Claudia (1989): Terminologiebetrachtung - Sache der Fachleute oder der Linguisten? Fachsprache International Journal of LSP, 106 - 113.

Freytag, Sigrid (1992): Veränderungen der Wortfolge innerhalb komplexer Nominalgruppen. Deutsch als Fremdsprache 3, 156 - 162.

Friederich, Wolf (1993): Lexikographie und Computer. Lebende Sprachen 3/93, 104 - 105.

— (1994): Was ist ein "Production Dictionary"?. Wieweit kann ein Wörterbuch helfen, sprachliche Sicherheit in der Zielsprache zu gewährleisten? Lebende Sprachen 3/94, 107 - 109.

Friedrich, Jean-Jacques (1993): Comptabilité générale et gestion des entreprises. Hachette Supérieur. Paris.

Galinski, Christian/Nedobity, Wolfgang (1987): Eine terminologische Datenbank als Managementinstrument. In: Translation und interkulturelle Kommunikation, hrsg.von J. Albrecht/H.W. Drescher/H. Göhring/N. Salnikow. FAS Publikationen des Fachbereichs Angewandte Sprachwissenschaft der Johannes Gutenberg Universität Mainz in Germersheim. Reihe A - Abhandlungen und Sammelbände. Peter Lang. 273 - 281.

Gansel, Christina (1992): Semantik deutscher Verben in kognitionspsychologischer Sicht. Peter Lang.

Gauthier, Franck/Xardel, Dominique (^{2}1993): Le management interculturel. Que sais-je? Presses Universitaires de France. Paris.

Gerber, Manfred (1990): Syntaktische Standardisierungstendenzen in den englischen Fachsprachen der Technik. In: Empfehlung Standard Norm. Beiträge zur Rationalisierung in der Fachkommunikation, hrsg. von Lothar Hoffmann. Leipzig. Verlag Enzyklopädie. 34 - 43.

Goffin, Roger (1994): L'expérience de la terminologie à la Commission des Communautés européennes. Un bilan provisoire (1958 - 1992). In: Langues sociétés en contact, publiés par Pierre Martel et Jacques Maurais. Canadiana Romanica volume 8. Niemeyer. Tübingen. 149 - 158.

Götzinger, Max Wilhelm (1836): Von den Wortarten. In: Burkhard Schaeder/Clemens Knobloch (Hrsg.) (1992): Wortarten. Beiträge zur Geschichte eines grammatischen Problems. Reihe Germanistische Linguistik. Niemeyer. Tübingen. 83 - 98.

Gräfer, Horts/Demming, Claudia (Hrsg.) (1994): Internationale Rechnungslegung. Schäffer-Poeschel Verlag. Stuttgart.

Grevisse, Maurice/Goosse, André (1988): Le Bon Usage. Grammaire Française. 12e édition. Duculot.

Groffier, Ethel/Reed, David (1990): La lexicographie juridique. Principes et méthodes. Québec.

Grosjean, René Klaus (1993): Wie lese ich eine Bilanz? Ein Crashkurs für Nicht-Fachleute. Econ Verlag. Düsseldorf.

Gross, Gaston (1988): Degré de figement des noms composés. Langages. Les expressions figées, par Laurence Danlos. Juin 88, 90, 57 - 72.

Gross, Harro (1990): Einführung in die germanistische Linguistik. München. iudicium verlag.

Grossfeld, Bernhard (1995): Vergleichendes Bilanzrecht. Die Aktiengesellschaft. Zeitschrift für das gesamte Aktienwesen, für deutsches, europäisches und internationales Unternehmens- und Kapitalmarktrecht, 3/95, 112 - 119.

Hahn, Walther von (1983): Fachkommunikation. Entwicklung • Linguistische Konzepte • Betriebliche Beispiele. Sammlung Göschen. de Gruyter. Berlin -New York.

Hall, Edward T./Hall, Mildred Reed (1984): Les différences cachées. Une étude de la communication internationale. Comment communiquer avec les Allemands. stern magazin. Hamburg.

Handelsblatt. Wirtschafts- und Finanzzeitung. Düsseldorf.

HGB. Handelsgesetzbuch, Wechselgesetz, Scheckgesetz. 25. Auflage 1991. Beck-Texte im dtv. München.

Hartmann, Reinhard Rudolf Karl (1991): Contrastive linguistics and bilingual lexicography. In: Wörterbücher. 3. Teilband. 2854 - 2859.

Hausmann, Franz-Josef (1977): Einführung in die Benutzung der neufranzösischen Wörterbücher. Niemeyer Tübingen.

— (1985): Kollokationen im Deutschen Wörterbuch. Ein Beitrag zur Theorie des lexikographischen Beispiels. In: Lexikographie und Grammatik. Akten des Essener Kolloquiums zur Grammatik im Wörterbuch 28 - 30. 6. 1984, hrsg. von Henning Bergenholtz und Joachim Mugdan. Niemeyer. 11 - 130.

— /Reichmann, Oskar/Wiegand, Herbert Ernst/Zgusta, Ladislav (Hrsg.) 1989/1990/1991 Wörterbücher. Dictionaries. Dictionnaires. Ein internationales Handbuch zur Lexikographie. 3 Teilbände . Walter de Gruyter Berlin New York.

— (1989_1): Kleine Weltgeschichte der Metalexikographie. In: Wörterbücher in der Diskussion. Vorträge aus dem Heidelberger Lexikographischen Kolloquium, hrsg. von Herbert Ernst Wiegand. Tübingen. Niemeyer. 75 - 109.

— (1989_2): Das Satzwörterbuch. In: Wörterbücher. Ein internationales Handbuch zur Lexikographie. Erster Teilband. 1050 - 1053.

— (1989_3): Le dictionnaire de collocations. In: Wörterbücher. Ein internationales Handbuch zur Lexikographie. Erster Teilband. 1010 - 1019.

— (1989_4): Lexikographie und Gesellschaft 1: Wörterbücher und Öffentlichkeit. In: Wörterbücher. Ein internationales Handbuch zur Lexikographie, hrsg. von Franz Josef Hausmann, Oskar Reichmann, Herbert Ernst Wiegand, Ladislav Zgusta. 2. Teilband. Walter de Gruyter Berlin New York. 1 - 18.

— (1991_1): Spezifische Bauteile und Strukturen zweisprachiger Wörterbücher: eine Übersicht. In: Wörterbücher. Dritter Teilband. 2729 - 2769.

— (1991_2): Le lexicographe et la linguistique. In: Actes XVIe colloque international de linguistique fonctionnelle. Sorbonne, Paris 29 juin - 4 juillet 1989. 37 - 42.

— (1993_1): Ist der deutsche Wortschatz lernbar? Oder: Wortschatz ist Chaos. Info DaF 20, 5, 471-485.

— (1993_2): Was ist eigentlich Wortschatz? (Manuskript. Veröffentlicht im Tagungsband des Arbeitskreises der Sprachzentren).

— (1994): Typologie du dictionnaire général bilingue. In: Portugiesische und deutsche portugiesisch-deutsche Lexikographie, hrsg. von Udo L. Figge. Sonderdruck aus Lexicographica. Series Maior, Band 56. 11 - 33.

— (1995) (Manuskript): Von der Unmöglichkeit der kontrastiven Lexikologie. In: Von der Allgegenwart der Lexikologie. Kontrastive Lexikologie als Vorstufe zur zweisprachigen Lexikographie. Akten des internationalen Werkstattgesprächs zur kontrastiven Lexikologie 29. - 31.10.1994 in Kopenhagen, hrsg. von Hans-Peder Kromann (†) und Anne Lise Kjaer. Tübingen. Niemeyer.

Hazera, Marie Pierre/Horn, Herbert, M. (1989): Pratique de la recherche et de la traduction des néologismes. In: Les relations entre la langue allemande et la langue française. Wissenschaftsforum 18-19-20 octobre. Organisé par le Romanisches Seminar et l'Institut für Übersetzen und Dolmetschen der Universität Heidelberg. Avec l'aide du Ministère de la francophonie et du ministère de la recherche et de la technologie (DIST). Conseil international de la langue française, 97 - 103.

Heitzler, Jean-Marc (1991): Mise en place d'un outil de transcription de comptabilité française en comptabilité allemande destiné aux petites et moyennes entreprises. Mémoire en vue de l'obtention du diplôme d'expertise comptable. Session mars/avril 1991. Centre de recherche et de documentation des experts comptables et des commissaires aux comptes. Paris.

Helbig, Gerhard (1994): Das Verhältnis von Sprachwissenschaft und Sprachunterricht im Wandel der Zeiten. Deutsch als Fremdsprache, Heft 4, 201 - 208.

Helbig, Gerhard/Buscha, Joachim (1991): Deutsche Grammatik. Ein Handbuch für den Ausländerunterricht. Verlag Enzyklopädie • Langenscheidt.
Henne, Helmut (1985 [1976]): Prinzipien einsprachiger Lexikographie. In: Probleme des Wörterbuchs. Hrsg. von Ladislav Zgusta. Wissenschaftliche Buchgesellschaft. Darmstadt. 222 - 247.
Hermans, A. (1993): Etude des dictionnaires spécialisés par les méthodes de l'analyse de la valeur. Centre de Terminologie de Bruxelles. Institut Libre Marie Haps.
Herrmann, Theo/Grabowski, Joachim (1994): Sprechen. Psychologie der Sprachproduktion. Spektrum Akademischer Verlag. Heidelberg • Berlin • Oxford.
Hinnenkamp, Volker (1994): Von den Schwierigkeiten (mit) der Interkulturellen Kommunikation, Sprache und Literatur, 74, 3 - 17.
Hoffmann, Lothar (1985): Kommunikationsmittel Fachsprache. Eine Einführung. Zweite völlig neu bearbeitete Auflage. Tübingen. Gunter Narr Verlag.
— (1987): Syntactic Aspects of LSP. Special Language. Fachsprache 3-4. 98 - 105
— (1992): Vergleiche in der Fachsprachenforschung. In: Baumann/Kalverkämper (Hrsg.). 95 -107.
Hörmann, Hans (1977): Psychologie der Sprache. Zweite, überarbeitete Auflage. Springer-Verlag. Berlin• Heidelberg•New York.
Hyldgaard-Jensen, Karl/Zettersten, Arne (Hrsg.) (1992): Symposium on Lexicography V. Proceedings of the Fifth International Symposium on Lexicography May 3 - 5, 1990 at the University of Copenhagen, hrsg. von Lexicographica Series Maior 43. Niemeyer. Tübingen. 17 - 24.

Ickler, Theodor (1985): Valenz und Bedeutung. Beobachtungen zur Lexikographie des Deutschen als Fremdsprache. In: Lexikographie und Grammatik. Akten des Essener Kolloquiums zur Grammatik im Wörterbuch. 28. - 30. 6. 1984. Hrsg. von Henning Bergenholtz und Joachim Mugdan. Niemeyer. Tübingen. 358 - 377.
— (1994): Methodische Probleme bei der semantischen Fundierung der Grammatik. In: Deutsch als Fremdsprache, Heft 2, 80 - 85.
Ihle-Schmidt, Lieselotte (1983): Studien zur französischen Wirtschaftssprache. Lang. Frankfurt/Main - Bern.
Interkulturelle Wirtschaftskommunikation (1991), hrsg. von Bernd-Dietrich Müller. Band 9. Studium Deutsch als Fremdsprache - Sprachdidaktik. iudicium verlag. München.
Ivir, Vladimir (1988): Collocations in Dictionaries: Monolingual and Bilingual. In: Lexicographical and Linguistic Studies. Essays in honour G.W. Turner, edited by T.L. Burton and Jill Burton. 43 - 50

Jahr, Silke (1993): Das Fachwort in der kognitiven und sprachlichen Repräsentation. Allgemeine Literatur- und Sprachwissenschaft. Eine Schriftenreihe der Ernst-Moritz-Arndt-Universität Greifswald. Hersg. von Jürgen Klein und Günther Weise. Verlag Die Blaue Blume. Essen.
Johnson-Laird (1987): The mental representation of the meaning of words. Cognition. International Journal of Cognitive Science, 25, 189 - 211.

Kalverkämper, Hartwig (1990): Der Einfluß der Fachsprachen auf die Gemeinsprache. In: Deutsche Gegenwartssprache: Tendenzen und Perspektiven, hrsg. von Gerhard Stickel. Jahrbuch des Instituts für deutsche Sprache 1989. 88 - 133.
— (1992_1): Hierarchisches Vergleichen als Methode in der Fachsprachenforschung. In: Baumann/Kalverkämper (Hrsg.) (1992). 61 - 77.
— (1992_2): Die kulturanthroplogische Dimension von 'Fachlichkeit' im Handeln und Sprechen. Kontrastive Studien zum Deutschen, Englischen, Französischen, Italienischen und Spanischen. In: Albrecht/Baum (Hrsg.) (1992). 31 - 58.
Kees de Boot (1992): A bilingual production model: Levelt's speaking model adapted. Applied Linguistics, vol. 13/1 march, 1 - 24.
Klaus, Georg/Buhr, Manfred (Hrsg.) (1972): Marxistisch-Leninistisches Wörterbuch der Philosophie. Handbuch rororo Rowohlt.
Klee, Louis (coordinateur) (1992): La comptabilité des sociétés dans la C.E.E. La Villeguérin. Paris.
Kleiber, Georges (1993): Prototypensemantik. Eine Einführung. Übersetzt von Michael Schreiber. Narr. Tübingen.
Klix, Friedhart (1984): Über eine natürliche Grundfunktion des menschlichen Gedächtnisses. In: Gedächtnis - Wissen - Wissensnutzung, hrsg. von F. Klix. Berlin. 9 - 73.
Knobloch, Clemens (1994): Sprache und Sprechtätigkeit. Sprachpsychologische Konzepte. Tübingen. Niemeyer.
Kocourek, Rostislav (1982): La langue française de la technique et de la science. Brandstetter. Wiesbaden.
Koller, Werner (1992): Einführung in die Übersetzungswissenschaft. 4. Auflage. Quelle § Meyer. UTB. Heidelberg - Wiesbaden.
Konerding, Klaus-Peter (1993): Frames und lexikalisches Bedeutungswissen. Untersuchungen zur linguistischen Grundlegung einer Frametheorie und zu ihrer Anwendung in der Lexikographie. Reihe Germanistische Linguistik 142. Niemeyer. Tübingen.

König-Dressler, Ingrid (1989): Traduction d'un dictionnaire? Problèmes du travail lexicographique bilingue. In: Les relations entre la langue allemande et la langue française. Wissenschaftsforum 18-19-20 octobre. Organisé par le Romanisches Seminar et l'Institut für Übersetzen und Dolmetschen der Universität Heidelberg. Avec l'aide du Ministère de la francophonie et du ministère de la recherche et de la technologie (DIST). Conseil international de la langue française, 129 - 134.

Krahl, Cordula (1991): Zum Kollokationsverhalten englischer Temperaturadjektive. Adjektiv-Substantiv-Kollokationen. In: Elisabeth Feldbusch (Hrsg.) Neue Fragen der Linguistik. Akten des 25. Linguistischen Kolloquiums, Paderborn. Bd. 2. Innovation und Anwendung. Linguistische Arbeiten 271. Tübingen. Niemeyer. 159 - 163.

Kramer, Wolfgang (1992): Interkulturelle Kompetenz: Zum neuen Anforderungsprofil an international tätige Mitarbeiter. In: Fremdsprachen in der Wirtschaft. Ein Beitrag zur interkulturellen Kompetenz. Hrsg. von Wolfgang Kramer, Reinhold Weiß. Deutscher Institutsverlag. Köln. 9 - 46.

Kroeber-Riel, Werner (1969): Wissenschaftstheoretische Sprachkritik in der Betriebswirtschaftslehre. Semantische und pragmatische Untersuchungen betriebswirtschaftlicher Sprachen. Berlin. (Habilitationsschrift).

Kromann, Hans-Peder/Riiber, Theis/Rosbach, Paul (1984): Überlegungen zu Grundfragen der zweisprachigen Lexikographie. Germanistische Linguistik 3-6/84, Studien zur neuhochdeutschen Lexikographie, hrsg. von Herbert Ernst Wiegand. Olms. 159 - 238.

Kromann, Hans-Peder (1985): Zur Selektion und Darbietung syntaktischer Informationen in einsprachigen Wörterbüchern des Deutschen aus der Sicht ausländischer Benutzer. In: Lexikographie und Grammatik. Akten des Essener Kolloquiums zur Grammatik im Wörterbuch 28.6. - 30.6. 1984, hrsg. von Henning Bergenholtz und Joachim Mugdan. Niemeyer. 346 - 357.

— (1989): Zur funktionalen Beschreibung von Kollokationen und Phraseologismen in Übersetzungswörterbüchern. In: EUROPHRAS 88. Phraséologie contrastive. Actes du Colloque international Klingenthal - Strasbourg 12 - 16 mai 1988, éd. par Gertrud Gréciano. 265 - 271.

— /Riiber, Theis/Rosbach, Paul (1991): Theorie der zwei- und mehrsprachigen Lexikographie I: Prinzipien und Bauteile. In: Wörterbücher. Ein internationales Handbuch zur Lexikographie, hrsg. von Franz Josef Hausmann, Oskar Reichmann, Herbert Ernst Wiegand, Ladislav Zgusta. 3. Teilband. Walter de Gruyter Berlin New York. 2711 - 2728.

Kromann, Hans-Peder (1992): Wörterbücher und ihre Benutzer. Wörterbücher mit Deutsch als Objektsprache. In: Vilmos Ágel/Regina Hessky (Hrsg.), Offene Fragen - offene Antworten in der Sprachgermanistik. Niemeyer. 151 - 164.

Küting, Karlheinz/Weber, Claus-Peter (1994): Internationale Bilanzierung. Rechnungslegung in den USA, Japan und Europa. Verlag Neue Wirtschaftsbriefe. Herne/Berlin.

Laurén, Christer (1993): Semantische Rollen in sechs schwedischen Technolekten. In: Hartmut Schröder (Hrsg.) (1993): Fachtextpragmatik. Narr. Tübingen. 257 - 289.

Laurencikovà, Erika (1988): Modale Infinitivkonstruktionen in der Fachsprache Ökonomie. Deutsch als Fremdsprache 2/1988, 68 - 71.

Lauterbach, Stefan (1993): Genitiv, Komposition und Präpositionalattribut - zum System nominaler Relationen im Deutschen. Studien Deutsch, hrsg. von Dietrich Krusche und Harald Weinrich. München. iudicium verlag.

Lavoyer, Jean-Claude (1989): Manuel de consolidation. De l'initiation à la pratique. La Villeguérin. Paris.

Lehr, Andrea (1993): Kollokationsanalysen - Von der Kollokationstheorie des Kontextualismus zu einem computergesteuerten Verfahren. Zeitschrift für germanistische Linguistik, 21.1. 2 - 19.

Lenneberg, Eric, H. (1975): The concept of language differentiation. In: Foundations of language development. A multidisciplinary approach. Volume I, ed. By Eric H. Lenneberg/Elizabeth Lenneberg. 17 - 33.

Liebaug, Bruno/Liebaug-Dartmann, Hildegard (1989): Wörterbücher für den Fachunterricht Physik in Studienkollegs für ausländische Studierende. Lexicographica 5, hrsg. von A. Kucera, A. Rey, H.E. Wiegand, L. Zgusta. Niemeyer. 143 - 158.

Linz, Erika (1994): Ist die Sprache ein Modul des Geistes? Zum linguistischen Kognitivismus Noam Chomskys. Sprache und Literatur in Wissenschaft und Unterricht. 1994 • 1. Halbjahr, 2 - 19.

Litters, Ulrike (1995): Interkulturelle Kommunikation aus fremdsprachendidaktischer Perspektive. Konzeption eines zielgruppenspezifischen Kommunikationstrainings für deutsche und französische Manager. Gunter Narr Verlag. Tübingen.

Lochard, Jean (1993): Initiation à la comptabilité analytique. Collection ›Les carnets de l'entreprise‹. Les Editions d'Organisation. Paris.

Lötzsch, Ronald (1991): Die Komposita im zweisprachigen Wörterbuch. In: Wörterbücher. Ein internationales Handbuch zur Lexikographie. Dritter Teilband. Walter de Gruyter Berlin New York. 2779 - 2782.

Luckey, Günter (1992): Bilanzen und Steuern. Schäffer Poeschel Verlag. Stuttgart.

Lüdi, Georges (1985): Zur Zerlegbarkeit von Wortbedeutungen, In: Handbuch der Lexikologie, hrsg. von Christoph Schwarze/Dieter Wunderlich. Athenäum. Königstein/ts. 64 - 102.

Malige-Klappenbach, Helen (1980): Fachwortschatz und Allgemeinwortschatz im Hinblick auf das Wörterbuch der deutschen Gegenwartssprache (WDG) und im Hinblick auf die Wörterbücher der Akademie der Wissenschaften in der Sowjetunion. In: Studien zur modernen deutschen Lexikographie. Ruth Klappenbach (1911-1977) Auswahl aus den lexikographischen Arbeiten erweitert um Beiträge von Helene Malige-Klappenbach, hrsg. von Werner Abraham unter Mitwirkung von Jan F. Brand. John Benjamins B.V. Amsterdam. 297 -313.

Manley, James (1985): Processing excerpts for the bilingual dictionary. In: Proceedings of the Second International Symposium on Lexicography May 16-17, 1984 at the University of Copenhagen, edited by Karl Hyldgaard-Jensen and Arne Zettersten. Niemeyer. Tübingen. 245 - 254.

Mazars, Robert/Lebrun, Jean-Louis (1993): Comptabilité dans les principaux Etats de la CEE. Principes comptables et états financiers. Encyclopédie Delmas pour la vie des affaires.

Mazière, F. (1981): Le dictionnaire et les termes. Cahiers de lexicologie, 39, 79 - 104.

Mertin, Dietz: Wirtschaftsprüfer und Steuerberater. Mitglied der Geschäftsleitung - Partner. Coopers&Lybrand Treuarbeit Deutsche Revision. Aktiengesellschaft Wirtschaftsprüfungsgesellschaft Steuerberatungsgesellschaft. Frankfurt am Main.

Mikkelsen, Hans Kristian (1992): What did Scerba actually mean by 'active' and 'passive' dictionaries? In: Symposium on Lexicography V. Proceedings of the Fifth International Symposium on Lexicography May 3-5, 1990. Hrsg. von Karl Hyldgaard-Jensen und Arne Zettersen. 25 - 40. Lexicographica Series Maior 43. Niemeyer. Tübingen.

Mikol, Alain (1992): Le Plan comptable commenté (Que sais-je?)

Möhn, Dieter/Pelka, Roland (1984): Fachsprachen. Eine Einführung. Germanistische Arbeitshefte 30. Niemeyer. Tübingen.

Møller, Elisabeth (1988): Komposita - Ihre Behandlung in ein- und zweisprachigen Wörterbüchern. In: In: Symposium on Lexicography III. Proceedings on the Third International Symposium on Lexicography May 14-16, 1986 at the University of Copenhagen, edited by Karl Hyldgaard-Jensen and Arne Zettersten. Niemeyer. 503 - 515.

Morgenroth, Klaus (1993): Methoden der Fachsprachendidaktik und -analyse. Deutsche Wirtschafts- und Wissenschaftssprache. Peter Lang. Frankfurt am Main.

— (1994): Le terme technique. Approches théoriques, études statistiques appliquées à la langue de spécialité économique du français et de l'allemand. Beihefte zur Zeitschrift für Romanische Philologie. Band 250. Niemeyer. Tübingen.

— /Wagner, Horst (1991): L'allemand économique d'entreprise. Initiation et entraînement. Ellipses. Paris.

Moulin, A. (1979): Dictionaries - General, Technical, Specialist, etc. - and how they often leave (foreign) advanced learners in the lurch. I: Dictionaries and their users. Papers from the 1978 B.A.A.L. Seminar on Lexicography, ed. by R.R.K. Hartmann. Volume 4. Exeter Linguistic Studies. 76 - 81.

Mugdan, Joachim (1984): Grammatik im Wörterbuch: Wortbildung. Germanistische Linguistik. Studien zur neuhochdeutschen Lexikographie IV, hrsg. von H.E. Wiegand. Olms. 237 - 308.

— (1992): On the typology of bilingual dictionaries. In: Symposium on Lexicography May 3 - 5, 1990, hrsg. von Karl Hyldgaard-Jensen und Arne Zettersen. Lexicographica Series Maior 43. Tübingen. Niemeyer. 17 - 24.

Müller, Bernd-Dietrich (Hrsg.) (1991): Interkulturelle Wirtschaftskommunikation. Studium Deutsch als Fremdsprache - Sprachdidaktik. iudicium verlag. München.

Müller, Bodo (1985): Le Français d'aujourd'hui. Traduit de l'allemand par Annie Elsass. Klienksieck.Paris.

Munsberg, Klaus (1993): Mündliche Fachkommunikation in der anorganischen Chemie. Analyseverfahren für empirisches Datenmaterial. In: Hartmut Schröder (Hrsg.) (1993): Fachtextpragmatik. Narr. Tübingen. 359 - 394.

Naumann, Bernd (^{2}1986): Einführung in die Wortbildungslehre des Deutschen. Germanistische Arbeitshefte 4. Niemeyer. Tübingen.

— (1992): Das Wort und seine Bausteine. In: Vilmos Ágel/Regina Hessky (Hrsg.), Offene Fragen - offene Antworten in der Sprachgermanistik. Reihe Germanistische Linguistik 128. Niemeyer. Tübingen. 95 - 109.

Neubauer, Fritz (1980): Die Struktur der Explikationen in deutschen einsprachigen Wörterbüchern. Eine vergleichende lexiko-semantische Analyse. Hamburg. Helmut Buske Verlag.

Ohnacker, Klaus (1992): Die Syntax der Fachsprache Wirtschaft im Unterricht Deutsch als Fremdsprache. Peter Lang.

Opitz, Kurt (1983): The terminological/standardised dictionary. Special-purpose lexicography. Dictionaries for technical use. In: Lexicography: Principles and Practice, ed. by R.R.K. Hartmann. Academic Press. 163 - 180.

— (1990_1): The technical dictionary for the expert. In: Wörterbücher. Ein internationales Handbuch zur Lexikographie. Zweiter Teilband. 1505 - 1512.

— (1990_2): Formen und Probleme der Datenerhebung III: Fachwörterbücher. In: Wörterbücher. Ein internationales Handbuch zur Lexikographie. Zweiter Teilband. 1625 - 1631.

Opitz, Marcus (1992): Ein Vergleich der Wirtschaftsprüfung in Frankreich und Deutschland. Objekte und Normen der Prüfung, Qualität und Berichtsform der Abschlußprüfer. Verlag Josef Eul. Bergisch Gladbach-Köln.

Ortner, Lorelies (1991): Grundformen der Komposition. In: Ortner, Lorelies/Müller-Bollhagen: Deutsche Wortbildung. 112 - 124.

— /Müller-Bollhagen, Elgin/Ortner, Hanspeter/Wellmann, Hans/Pümpel-Mader, Maria/Gärtner, Hildegard (1991): Deutsche Wortbildung: Typen und Tendenzen in der Gegenwartssprache. Eine Bestands-aufnahme des Instituts für deutsche Sprache Forschungsstelle Innsbruck. Vierter Hauptteil. Substantiv-komposita (Komposita und kompositionsähnliche Strukturen 1). Sprache der Gegenwart; Bd. 79. Walter de Gruyter Berlin New York.

Pape, Helmut (1989): Erfahrung und Wirklichkeit als Zeichenprozeß. Charles S. Peirces Entwurf einer Spekulativen Grammatik des Seins. Suhrkamp. Frankfurt am Main.

Peat/Marwick/Mitchell & Co. (Hrsg.) (1987): Bilanzrichtlinien-Gesetz. Der Leitfaden für den neuen Jahresabschluß. München. C.H. Beck'sche Verlagsbuchhandlung.

Pechmann, Thomas (1994): Sprachproduktion. Zur Generierung komplexer Nominalphrasen. Westdeutscher Verlag. Opladen.

Peirce, Charles S. (1976): Schriften zum Pragmatismus und Pragmatizismus. Hersg. von Karl-Otto Apel. Übersetzt von Gert Wartenberg. Suhrkamp Verlag. Frankfurt am Main.

Piaget, Jean (^{2}1981): The psychogenesis of knowledge and its epistemological significance. In: Language and learning. The debate between Jean Piaget and Noam Chomsky, ed. by Massimo Piattelli-Palmarini. 23 - 34.

Picht, Heribert (1993): Terminologie - Ein trans- und interdisziplinäres Wissensgebiet. Die Entwicklung nach Eugen Wüster. Fachsprache International, Heft 1-2, 2 - 18.

Piirainen, Ilpo Tapani/Airismäki, Jarmo (1987): Sprache der Wirtschaftspresse. Untersuchungen zum Sprachgebrauch des "Handelsblattes". Bochumer Studien zur Publizistik- und Kommunikationswissenschaft. Bochum. Studienverlag Dr. N. Brockmeyer.

Pinkal, Manfred (1985): Kontextabhängigkeit, Vagheit, Mehrdeutigkeit. In: Christoph Schwarze/Dieter Wunderlich (Hrsg.) (1985): Handbuch der Lexikologie. 27 - 63.

Plan comptable général (P.C.G.) 1982. Editions Foucher. Paris.

Pöhl, Esther (1988): Vorschläge zu einem neuen zweisprachigen Übersetzungswörterbuch (Deutsch-Italienisch). In: T. Magay and J. Zigány (eds.): BudaLEX '88 Proceedings. Papers from the 3rd International EURALEX Congress, Budapest, 4 - 9 September 1988. Akadémiai Kiadó, Budapest. 429 - 437.

Pooten, Holger (1994): Deutsche Rechnungslegung. In: Gräfer/Demming (Hrsg.), Internationale Rechnungslegung. 307 - 370.

Quisthoudt-Rowohl, Godelieve (1988): A la recherche des termes: une approche méthodologique. In: Arntz, Reiner (1988) (Hrsg.). 251 - 263.

Raupach, Manfred (1994): Das mehrsprachige mentale Lexikon. In: Wolfgang Börner/Klaus Vogel (Hrsg.). 19 - 37.

Reichmann, Oskar (1990): Formen und Probleme der Datenerhebung I: Synchronische und diachronische historische Wörterbücher. In. Wörterbücher. Ein internationales Handbuch zur Lexikographie. Zweiter Teilband. 1588 - 1611.

Reinart, Sylvia (1993): Terminologie und Einzelsprache. Vergleichende Untersuchung zu einzelsprachlichen Besonderheiten der fachsprachlichen Lexik mit Schwerpunkt auf dem Sprachenpaar Deutsch-Französisch. Peter Lang. Frankfurt am Main.

Reinhardt, Werner/Köhler, Claus/Neubert, Gunter (1992): Deutsche Fachsprache der Technik. Hildesheim. Olms.

Reis, Marga (1982): Zum Subjektbegriff im Deutschen. In: Satzglieder im Deutschen. Vorschläge zur syntaktischen, semantischen und pragmatischen Fundierung, hrsg. von Werner Abraham. Studien zur deutschen Grammatik 15. Stuttgart. Gunter Narr Verlag. 171 - 211.

Rettig, Wolfgang (1985): Die zweisprachige Lexikographie Französisch - Deutsch, Deutsch - Französisch. Stand, Probleme, Aufgaben. In: Lexicographica. Internationales Handbuch für Lexikographie, ed. by Antonin Kucera, Alain Rey, Herbert Ernst Wiegand, Ladislav Zgusta. 1/1985. Niemeyer. Tübingen. 83 - 124.

Rey, Alain (1991): Divergences culturelles et dictionnaire bilingue. In: Wörterbücher. Ein internationales Handbuch zur Lexikographie, hrsg. von Franz Josef Hausmann, Oskar Reichmann, Herbert Ernst Wiegand, Ladislav Zgusta. 3. Teilband. Walter de Gruyter Berlin New York. 2865 - 2870.

Rickheit, Gert/Strohner, Hans (1993): Zu einer kognitiven Theorie konzeptueller Inferenzen. In: Beckmann/Heyer (Hrsg.). 141 - 163.

Roberts, Roda P. (1991): Organization of information in a bilingual dictionary. In: EURALEX '90 Proceedings. Actas del IV congres international. Edited by BIBLOGRAF. In collaboration with THE COMMISSION OF

THE EUROPEAN COMMUNITIES. Directorate-General Telecommunications, Information Industries and Innovation. 219 - 231.
Rossenbeck, Klaus (1987): Lexikologische und lexikographische Probleme fachsprachlicher Phraseologie aus kontrastiver Sicht. In: Translation and Lexicography. Papers read at the EURALEX Colloquium held at Innsbruck 2 - 5 July 1987, hrsg. von Mary Snell-Hornby, Esther Pöhl, Benjamin Bennani. 197 - 210.
— (1991): Zwei- und mehrsprachige Fachwörterbücher - Prolegomena zur Theorie und Praxis der Fachlexikographie. Hermes. Journal of Linguistics 7. 29 - 52.
— (1994): Enzyklopädische Information im zweisprachigen Fachwörterbuch. In: Burkhard Schaeder/Henning, Bergenholtz (Hrsg.), Fachlexikographie. Fachwissen und seine Repräsentation in Wörterbüchern. Narr. Tübingen. 133 - 159.
Roussel Uclaf: Rapport de gestion du directoire - exercice 1993. Paris
Ruß-Mohl, Stephan/Stuckmann, Heinz D. (Hrsg.) (1991): Wirtschaftsjournalismus. Ein Handbuch für Ausbildung und Praxis. List Verlag. München • Leipzig.

Sager, J.C. (1994): Reflections on Terminological Translation Equivalents. Lebende Sprachen 2/94, 55 - 57.
Sandberg, Bengt (1982): Zur Valenz der Substantive. Deutsch als Fremdsprache, H. 5. 272 - 279.
Sarcevic, Susan (1989): Conceptual dictionaries of translation in the field of law. International Journal of Lexicography, vol. 2 number 4, winter, 277 - 293.
Scerba, L.V. (1982 [1940]): Versuch einer allgemeinen Theorie der Lexikographie. In: Aspekte der sowjetrussischen Lexikographie, hrsg. von Werner Wolski. Reihe Germanistische Linguistik. Niemeyer. Tübingen. 17 - 62.
Schaarschuh, Fritz-Jürgen (1991): Wirtschaftsdeutsch = deutsche Fachsprache der Wirtschaft? Deutsch als Fremdsprache, Heft 3, 140 - 145.
Schaeder, Burkhard (1984): Anleitung zur Benutzung einsprachiger neuhochdeutscher Wörterbücher. Der Deutschunterricht 5/84, 81 - 95.
— (1990): Das Problem der Äquivalenz - aus der Sicht der Internationalismen-Forschung. In: Peter Braun/Burkhard Schaeder/Johannes Volmert (Hgg.) (1990): Internationalismen. Studien zur interlingualen Lexikologie und Lexikographie. Niemeyer. Tübingen. 63 - 74.
— (1991): Fachlexikographie: Die Terminologiedatenbank. Internationale Projektierung als fachliches Dokumentations- und Informationssystem, als Hilfsmittel bei der Textrezeption, -produktion und -translation sowie als Lehr-/Lernmittel, Hermes, Journal of Linguistics 7, 53 - 70.
— (1994): Zu einer Theorie der Fachlexikographie. In: Schaeder/Bergenholtz (Hrsg.). 11 - 41.
— /Bergenholtz, Henning (Hrsg.) (1994): Fachlexikographie. Fachwissen und seine Repräsentation in Wörterbüchern. Narr. Tübingen.
Scharf, Hans-Werner (1994): Das Verfahren der Sprache. Humboldt gegen Chomsky. Ferdinand Schöningh. Paderborn.
Schedlbauer, Hans (1993): Sanierungsfähigkeitsprüfung - eine neue Herausforderung für die Beratungspraxis. DStR 6, 218 - 223.
Schewe, Gerhard/Zanger, Cornelia (1991): Sanierungsberatung: Dimensionen der technologischen Krise in den neuen Bundesländern - Strategien zu ihrer Bewältigung, DSWR 12/91, 277 - 282.
Schippan, Thea (1992): Lexikologie der deutschen Gegenwartssprache. Niemeyer. Tübingen.
Schmitt, Christian (1989_1): Zur Ausbildung technischer Fachsprachen und Terminologien im heutigen Französisch. In: Dahmen/Holtus/Kramer/Metzeltin (Hrsg.).173 - 219.
— (1989_2): La formation des langues de spécialité allemandes et françaises et l'apport de l'anglais. In: Les relations entre la langue allemande et la langue française. Wissenschaftsforum 18-19-20 octobre. Organisé par le Romanisches Seminar et l'Institut für Übersetzen und Dolmetschen der Universität Heidelberg. Avec l'aide du Ministère de la francophonie et du ministère de la recherche et de la technologie (DIST). Conseil international de la langue française, 69 - 78.
— (1995): Sachnorm und Sprachnorm. Eine kontrastive Studie zu Zentralbegriffen des deutschen und französischen Bausparwesens. In: Wirtschaft Gesellschaft Unternehmen. Festschrift für Hans Pohl zum 60. Geburtstag. Herausgegeben von Wilfried Feldenkirchen, Frauke Schönert-Röhlk und Günther Schulz. 2. Teilband. Franz Steiner Verlag. Stutgart. 1067 - 1085.
Schmitt, Peter A. (1994): Die "Eindeutigkeit" von Fachtexten: Bemerkungen zu einer Fiktion. In: Mary Snell-Hornby (Hrsg.): Übersetzungswissenschaft. Eine Neuorientierung. Zur Integrierung von Theorie und Praxis. 2. Auflage. Francke Verlag. Tübingen.252 - 282.
Schneider, Franz (1989): Comment décrire les actes de langage? De la linguistique pragmatique à la lexicographie: "La belle affaire!" et "Tu m'en diras tant!" Linguistische Arbeiten 227. Niemeyer. Tübingen.
— (1993): Überlegungen zu dem Konzept eines Kontext-Fachwörterbuchs der Wirtschaftsfachsprache. Norden 30, 1 - 47. Gengobunkabu, Hokkaido-Universität. Sapporo.
— (1994): Semantische Vernetzung als konstitutives Prinzip der Makrostruktur eines aktiven Kontextfachwörterbuchs (Wirtschaftsfachsprache). Fachsprache 16. Jahrgang Heft 3-4, 116 - 129.
Schneider, Walter (o.J.): AKAD: Rechnungswesen I. AKAD Verlag AG. Stuttgart.

Schnorr, Veronika (1992): Lexikographie zwischen Theorie und Praxis. In: Symposium on Lexicography V May 3 - 5, 1990, hrsg. von Karl Hyldgaard-Jensen und Arne Zettersen. 411 - 413.
Schorr, Margit (1981): Die Bilanz der Aktiengesellschaft. Ein terminologischer und inhaltlicher Vergleich. Französisch - Deutsch. Diplomarbeit. Universität des Saarlandes. Fachrichtung Angewandte Sprachwissenschaft sowie und Dolmetschen.
Schwandtner, Heike, C. (1994): Französische Rechnungslegung. In: Gräfer/Demming (Hrsg.), Internationale Rechnungslegung. 161 - 228.
Schwarz, Monika/Chur, Jeannette (1993): Semantik. Ein Arbeitsbuch. Gunter Narr Verlag. Tübingen.
Shanteau, James (1992): Competence in experts: The role of task characteristics. Organizational behavior and human decision processes 53, 252 - 266.
Sinclair, John (1991): Corpus, Concordance, collocation. Oxford. University Press.
Singer, Horst (1993): Sprachwissen und Weltwissen im Lexikon. In: Theorie und Praxis des Lexikons, hrsg. von Frank Beckmann und Gerhard Heyer. de Gruyter. 74 - 86.
Snell-Hornby, Mary (Hrsg.) (^{2}1994): Übersetzungswissenschaft. Eine Neuorientierung. Zur Integrierung von Theorie und Praxis. Francke.
Sommerfeldt, Karl-Ernst (1993): Operationale Grammatik des Deutschen. Eine Skizze. iudicium verlag. München.
Der Spiegel. Wochenzeitschrift. Spiegel-Verlag Rudolf Augstein GmbH & Co.KG. Hamburg.
Standop, Ewald (1985): Englische Wörterbücher unter der Lupe (bes. Kap. 8 Zweisprachige Wörterbücher. 75 - 85). Niemeyer. Tübingen.
Starke, Günter (1986): Prädikate zum Ausdruck von Beziehungen zwischen Sachverhalten. Deutsch als Fremdsprache 3. 148 - 153.
Stawinoga, Rainer (^{3}1994): Handbuch der französischen Körperschaftsteuer. Deutsch-Frabzösische Industrie- und Handelskammer (Hrs.). Paris.
Stein, Achim (1993): Nominalgruppen in Patentschriften. Komposita und prädikative Nominalisierungen im deutsch-französischen Vergleich. Linguistische Arbeiten 303. Niemeyer. Tübingen.
Stein, Gabriele (1989): From Bilingual to the Monolingual Dictionary. In: T. Magay and J. Zigány (eds.): BudaLEX '88 Proceedings. Papers from the 3rd International EURALEX Congress, Budapest, 4 - 9 September 1988. Akadémiai Kiadó, Budapest. 401 - 407.
Steiner, Roger, J. (1989): The absence of text: the bilingual dictionary as an index. International Journal of Lexicography, vol. 2 number 3, autumn. Special issue "The dictionary as text", 249 - 257.
Sternkopf, Jochen (1992): Valenz in der Phraseologie? Ein Diskussionsbeitrag. Deutsch als Fremdsprache 4. 221 - 224.
Stolze, Radegundis (1994): Übersetzungstheorien. Eine Einführung. Narr Studienbücher. Tübingen.
Storrer, Angelika (1992): Verbvalenz. Theoretische und methodische Grundlagen ihrer Beschreibung in Grammatikographie und Lexikographie. Niemeyer. Tübingen.
Stück, Hans-Hermann (1992): Buchführungstraining. Heyne Verlag. München.

Terminologie comptable (1983). Ordre des comptables agréés du Quebec. Montréal.
Terminology and knowledge engineering. Supplement ed. by Hans Czap, Christian Galinski. Proceedings International congress on terminology and knowledge engineering. 39 Sept. - 1. Oct. 1987 University of Trier. FRG, organized by the International Information Centre for Terminology (INFOTERM) and the Association for Terminilogy and Knowledge Transfer, under the patronage of UNESCO. Indeks Verlag. Frankfurt/M.
Thomas, Gothild (1992): Kotatsu, doma, yukata. Zu einem Phänomen der Wortsemantik im zweisprachigen Wörterbuch am Beispiel des Sprachenpaares Japanisch - Deutsch. In: Lexicographica Series Maior 42. Worte, Wörter, Wörterbücher. Lexikographische Beiträge zum Essener Linguistischen Kolloquium, hrsg. von Gregor Meder und Andreas Dörner. 147 - 154.
Tomaszcyk, Jerzy (1984): The culture-bound element in bilingual dictionaries. In: LEXeter' 83 Proceedings. Papers from the International Conference on Lexicography at Exeter, 9 - 12 September 1983, ed. by R.R.K. Hartmann. Niemeyer. Tübingen. 289 - 297.

Ueki, Michiko (1991): Konflikte in interkultureller Kommunikation. Japan-Deutsches Zentrum Berlin. Symposium Deutsche Literatur und Sprache aus ostasiatischer Perspektive, 26. 8. - 30. 8. 1991. Band 12, 310 - 320.

Verlinde, Serge (1995): La combinatoire du vobabulaire des fluctuations dans le discours économique. Cahiers de Lexicologie, 1995-1, 137 - 176.
Viehweger, Dieter (1982): Die Darstellung semantischer Vereinbarkeitsbeziehungen zwischen lexikalischen Elementen im einsprachigen Wörterbuch des Deutschen. In: Linguistische Studien. Wortschatzforschung heute. Aktuelle Probleme der Lexikologie und Lexikographie, hrsg. von E. Agricola, J. Schildt, D. Viehweger. VEB Verlag Enzklopädie Leipzig. 23 - 41.

— (1988_1): Die Makrostruktur des Lexikons, theoretische Explikation und Darstellung im allgemeinen einsprachigen Wörterbuch des Deutschen. In: Symposium on Lexicography IV. Proceedings of the fourth international Symposium on Lexicocraphy April 20 - 22, 1988 at the university of Copengagen, ed. by Karl Hyldgaard-Jensen und Arne Zettersen. Lexicographica Series Maior 26. Niemeyer. 7 - 31.

— (1988_2): Kollokationen im Lexikon und deren Darstellung im Wörterbuch. In: Symposium on Lexicography III. Proceedings on the Third International Symposium on Lexicography May 14 - 16, 1986 at the University of Copenhagen, edited by Karl Hyldgaard-Jensen and Arne Zettersten. Niemeyer. 107 - 134.

Vigener, Gerhard (1979): Die zeichentheoretischen Entwürfe von F. de Saussure und Ch. S. Peirce als Grundlagen einer linguistischen Pragmatik. Narr. Tübingen.

Villard, Claudie (1993): Vergleichende Übersetzung am Beispiel deutsch-französischer Wirtschaftstexte. In: Klaus Morgenroth (Hrsg.). Peter Lang. Frankfurt am Main. 119 - 136.

Vollmer, Jürgen (1988): EUROTRA - goals, organization and framework decision. In: Terminology and knowledge engineering. 80 - 87.

Voß, Günter G. (1994): Das Ende der Teilung von "Arbeit und Leben"? An der Schwelle zu einem neuen gesellschaftlichen Verhältnis von Betriebs- und Lebensführung. In: Soziale Welt. Umbrüche gesellschaftlicher Arbeit, hrsg. von Niels Beckenbach und Werner van Treeck. Sonderband 9. Verlag Otto Schwarz & Co.. Göttingen. 268 - 294.

Vossenkuhl, Wilhelm (1995): Ludwig Wittgenstein. Beck'sche Reihe Denker. Verlag Beck. München.

Wagner, Horst (1989): Les dictionnaires du français langue de spécialité/langue économique. In: Actes du XVIIIe Congrès International de Linguistique et de Philologie Romanes. Université de Trèves (Trier), publiés par Dieter Kremer. Tome IV. 209 - 219.

— (1993): Welche Wörterbücher brauchen Lernende von Fachsprachen? In: Klaus Morgenroth (Hrsg.). Peter Lang. Frankfurt am Main. 137 - 160.

Warner, Alfred (1976 [1966]): Phraseologische Grundsätze für die Technik - Bildung und Anwendung fachsprachlicher Wendungen. In: Bausch, Karl-Heinz/Schewe, Wolfgang H.U./Spiegel, Heinz-Rudi (Hrsg.) (1976). 99 - 113.

Weinrich, Harald (1978): Plädoyer für ein interdisziplinäres Wörterbuch der deutschen Sprache. In: Henne/Mentrup/Möhn/Weinrich (Hrsg.): Interdisziplinäres deutsches Wörterbuch in der Diskussion. Schwann. Düsseldorf. 11 - 30.

— (1993): Textgrammatik der deutschen Sprache. Unter Mitarbeit von Maria Thurmair, Eva Breindl, Eva-Maria Willkop. Dudenverlag.

Weiss, Bert (1992): Lernziel Explizität: Hauptschwierigkeiten frankophoner Studenten beim Übersetzen französischer Wirtschaftstexte ins Deutsche. In: Albrecht/Baum (Hrsg.). 302 - 318.

Weiss, Reinhold (1992): Fremdsprachen in der Wirtschaft: Bedarf und Qualifizierung. In: Fremdsprachen in der Wirtschaft. Ein Beitrag zur interkulturellen Kompetenz. Hrsg. von Wolfgang Kramer, Reinhold Weiß. Deutscher Institutsverlag. Köln. 77 - 177.

Welke, Klaus M. (1988): Einführung in die Valenz- und Kasustheorie. VEB Bibliographisches Institut Leipzig.

Wellmann, Hans (1991): Morphologie der Substantivkomposita. In: Ortner, Lorelies/Müller-Bollhagen: Deutsche Wortbildung. 3 - 111.

Wichter, Sigurd (1985): Sprache als Instrument und als Reflexionsobjekt, Zeitschrift für germanistische Linguistik 13.1985, 1-17.

— (1988): Signifikantgleiche Zeichen. Untersuchungen zu den Problembereichen Polysemie, Homonymie und Vagheit auf der Basis eines kommunikativen Zeichenbegriffs am Beispiel deutscher Substantive, Adjektive und Verben. Narr Verlag. Tübingen.

— (1994): Experten- und Laienwortschätze. Umriß einer Lexikologie der Vertikalität. Reihe Germanistische Linguistik. Niemeyer. Tübingen.

Wiegand, Herbert Ernst (1977): Fachsprachen im einsprachigen Wörterbuch. Kritik, Provokationen und praktisch-pragmatische Vorschläge. In: Kongreßberichte der 7. Jahrestagung der Gesellschaft für Angewandte Linguistik GAL e.V. Trier 1976, hrsg. von Helmut Schumacher, Burkhard Leuschner. Hochschulverlag - Stuttgart. 39 - 65.

— (1983): Was ist eigentlich ein Lemma? Ein Beitrag zur Theorie der lexikographischen Beschreibung. Germanistische Linguistik 6-6/82. Studien zur neuhochdeutschen Lexikographie III, hrsg. von H.E. Wiegand, 401 - 473.

— (1984): Germanistische Wörterbuchforschung nach 1945. Eine einführende Übersicht für Deutschlehrer. Der Deutschunterricht 5/84, 10 -27.

— (1988): Was eigentlich ist Fachlexikographie? Mit Hinweisen zum Verhältnis von sprachlichem und enzyklopädischem Wissen. In: Munske, H.H./Polenz, P. von/Reichmann, O./Hildebrandt R. (Hrsg.): Deutscher Wortschatz. Lexikologische Studien. Ludwig Erich Schmidt zum 80. Geburtstag von seinen Marburgern Schülern. Berlin New York. 729 - 790.

– (1990): Die deutsche Lexikographie der Gegenwart. In: Wörterbücher. Ein internationales Handbuch zur Lexikographie, hrsg. von Franz Josef Hausmann, Oskar Reichmann, Herbert Ernst Wiegand, Ladislav Zgusta. 2. Teilband. Walter de Gruyter Berlin New York. 2100 - 2246.

– (1994): Zur Unterscheidung von semantischen und enzyklopädischen Daten in Fachwörterbüchern. In: Burkhard Schaeder/Henning, Bergenholtz (Hrsg.), Fachlexikographie. Fachwissen und seine Repräsentation in Wörterbüchern. Narr. Tübingen. 103 - 132.

Wierzbicka, Anna (1985): Lexicography and conceptual analysis. Karoma Publishers Inc. Ann Arbor.

Wietek, S.M./Chomiac de Sas, P. (1990): Unternehmensbewertung und Bilanzierung in Frankreich. Ein Leitfaden für die Praxis. Fachbuchreihe der AHK Paris. Deutsch-Französische Industrie- und Handelskammer.

Wilss, Wolfram (1992): Übersetzungsfertigkeit. Annäherungen an einen komplexen übersetzungspraktischen Begriff. Tübingen. Gunter Narr Verlag.

– (1994): Kontrastive Linguistik und Übersetzungswissenschaft. Versuch einer Abgrenzung. Deutsch als Fremdsprache, Heft 1, 13 - 19.

Woetzel, Harold (1984): Historisch-systematische Untersuchungen zum Komponentialismus in der linguistischen Semantik. Eine Kritik des Elementarismus. Germanistische Linguistik 1-2/84. Olms. Hildesheim.

Wöhe, Günter/Döring, Ulrich (^{17}1990): Einführung in die Allgemeine Betriebswirtschaftslehre. Vahlen. München.

– (1992): Bilanzierung und Bilanzpolitik. Betriebswirtschaftlich - Handelsrechtlich - Steuerrechtlich. Vahlen. München.

Wolf, Barbara (1990): Nominalkompositionen im Deutschen und Französischen. Eine Untersuchung der französischen Entsprechungen zu deutschen Nominalkomposita aus verschiedenen fachsprachlichen Sachbereichen. Münstersche Beiträge zur Romanischen Philologie 5. Kleinheinrich. Münster.

Wolf, Jakob (1993): Grundwissen Bilanz. Heyne Verlag. München.

Woll, Artur (1991): Wirtschaftslexikon. Oldenbourg. München Wien.

Wörterbücher. Dictionaries. Dictionnaires. Ein internationales Handbuch zur Lexikographie, hrsg. von Franz Josef Hausmann, Oskar Reichmann, Herbert Ernst Wiegand, Ladislav Zgusta. 3. Teilband. Walter de Gruyter Berlin New York.

Wüster, Eugen (^{3}1991): Einführung in die Allgemeine Terminologielehre und Terminologische Lexikographie. Abhandlungen zur Sprache und Literatur. Hrsg. von Richard Baum und Frank-Rutger Hausmann unter Mitwirkung von Jürgen Grimm. Mit einem Vorwort von Richard Baum. Romanistischer Verlag. Bonn.

Zgusta, Ladislav (1971): Manual of Lexicography (chapter VII: The bilingual dictionary).

Zöfgen, Ekkehard (1994): Lernwörterbücher in Theorie und Praxis. Ein Beitrag zur Metalexikographie mit besonderer Berücksichtigung des Französischen. Lexikographica Series Maior 59. Niemeyer. Tübingen.

Zuengler, Jane/Bent, Barbara (1991): Relative knowledge of content domain: An influence on native – non-native conversations. Applied Linguistics, vol. 12 Nr. 4, 397 - 415.

Index

Kolibri 360 GmbH
Ferdinand-Jühlke-Straße 7
99095 Erfurt, Deutschland
produktsicherheit@kolibri360.de